城市规划资料集

第五分册 城市设计(下)

总 主 编　中国城市规划设计研究院
　　　　　建设部城乡规划司
第五分册主编　上海市城市规划设计研究院

中国建筑工业出版社

目 录

上 册

1 总论 …………………………………………………………………… 1

    1.1 编写立意 …………………………………………………………… 3
    1.2 城市设计简史与范畴、理论和原则 ……………………………… 4
    1.3 现代城市设计理念与渊源 ………………………………………… 8
    1.4 我国当代城市设计进展 …………………………………………… 10
    1.5 城市设计基本要素 ………………………………………………… 11

2 区域发展战略及总体城市设计：区域、城市、中心城、分区 ………… 17

    2.1 概述 ………………………………………………………………… 19
    2.2 秦皇岛西部滨海地带 ……………………………………………… 21
    2.3 深圳总体城市结构 ………………………………………………… 24
    2.4 广州城市发展战略概念 …………………………………………… 27
    2.5 厦门本岛东南滨海地区 …………………………………………… 33
    2.6 上海城市空间发展结构 …………………………………………… 42
    2.7 澳大利亚堪培拉总体城市设计 …………………………………… 44
    2.8 美国旧金山城市设计研究 ………………………………………… 48
    2.9 上海中心城总体城市设计研究 …………………………………… 56
    2.10 浙江金华总体城市设计 …………………………………………… 61
    2.11 上海中心城分区城市设计结构 …………………………………… 64
    2.12 唐山市中心城区 …………………………………………………… 66
    2.13 宜昌中心城区 ……………………………………………………… 69
    2.14 昆明主城核心区概念规划 ………………………………………… 80
    2.15 山东蓬莱中心城区 ………………………………………………… 83

3 城市局部范围的城市设计(一)：中心、商业街、大道 ………………… 91

    3.1 概述 ………………………………………………………………… 93

3.2　上海虹桥新区 ·· 94
3.3　上海陆家嘴中心区 ·· 97
3.4　深圳中心区 ·· 102
3.5　北京商务中心区(CBD) ··· 105
3.6　北京中关村西区 ··· 108
3.7　上海人民广场地区 ·· 113
3.8　上海南京东路商业步行街 ·· 117
3.9　北京王府井商业街 ·· 122
3.10　大连城市中轴——人民路、中山路 ··· 125
3.11　大连星海湾商务中心 ··· 129
3.12　江阴新中心 ··· 132
3.13　嘉兴中心区 ··· 136
3.14　哈尔滨中央大街步行街 ··· 141
3.15　厦门市府大道地区 ··· 143
3.16　厦门旧城保护与中山路商业步行街 ··· 148
3.17　中山孙文西路文化旅游步行街 ··· 153
3.18　澳大利亚布里斯班步行街 ··· 156
3.19　美国明尼阿波利斯尼可莱特步行街 ··· 159
3.20　香港中环、湾仔步行系统 ··· 163
3.21　北京长安街 ··· 165
3.22　青岛东海路 ··· 167
3.23　法国巴黎香榭丽舍大街 ··· 174
3.24　法国巴黎德方斯副中心区 ··· 178
3.25　美国华盛顿宾夕法尼亚大街 ·· 180
3.26　美国华盛顿中心区 ··· 184
3.27　德国柏林新行政中心 ·· 187

下　册

4　城市局部范围城市设计(二)：旧城保护、居住区 ······················ 189

4.1　旧城保护城市设计概述 ·· 191
4.2　北京中轴线 ·· 192
4.3　北京什刹海历史文化保护区 ··· 202

4.4 黄山屯溪老街 207
4.5 西安钟鼓楼广场 212
4.6 广州沙面 218
4.7 广州骑楼街保护与开发规划设计研究 222
4.8 哈尔滨圣索菲亚教堂广场 227
4.9 上海历史文化风貌区保护(附：外滩实例) 229
4.10 厦门鼓浪屿风景名胜区 232
4.11 上海"新天地"广场地块 235
4.12 居住区城市设计概述 240
4.13 上海新康花园 244
4.14 上海陕南邨 245
4.15 上海古北新区Ⅲ区 246
4.16 上海万里示范居住区 249
4.17 湖州东白鱼潭居住小区 251
4.18 湖州碧浪湖居住区 254
4.19 厦门瑞景新村 257

5 城市局部范围城市设计(三)：滨水区 261

5.1 概述 263
5.2 四川都江堰景区 266
5.3 厦门员当湖滨水区 270
5.4 厦门莲前路 273
5.5 宁波核心滨水区 275
5.6 上海黄浦江两岸地区 279
5.7 杭州市江滨城市新中心 285
5.8 天津北运河治理工程 290
5.9 成都府南河滨水区 295
5.10 沈阳新开河滨水区 300
5.11 日本横滨21世纪滨水区(MM21) 305
5.12 日本东京幕张新都市 307
5.13 日本东京临海副都心——彩虹城 316
5.14 澳大利亚悉尼2000奥运会址 323
5.15 美国巴尔的摩内港 325
5.16 桂林环城水系 326

6 节点的城市设计：中外城市节点实例 ... 331

6.1 概述 ... 333
6.2 北京天安门广场 ... 355
6.3 北京东皇城根遗址公园 ... 357
6.4 铁路上海站地区环境整治 ... 359
6.5 台北火车站特定专用区 ... 361
6.6 上海豫园旅游商城 ... 364
6.7 南京夫子庙 ... 367
6.8 深圳中心区中心广场及南中轴 ... 369
6.9 上海静安寺地区 ... 372
6.10 浙江临海崇和门广场 ... 376
6.11 重庆人民广场 ... 379
6.12 上海2010年世界博览会入选方案（2001年）... 382
6.13 昆明世界园艺博览会 ... 384
6.14 梵蒂冈圣彼得广场 ... 387
6.15 意大利威尼斯圣马可广场 ... 388
6.16 意大利罗马波波罗广场 ... 390
6.17 澳大利亚悉尼达令港 ... 391
6.18 美国费城市场东商业中心 ... 393
6.19 日本大阪商务园区 ... 396
6.20 日本东京新宿副中心 ... 397
6.21 美国纽约洛克菲勒中心 ... 400
6.22 纽约金融中心及帕特里公园城 ... 404
6.23 德国柏林波茨坦广场 ... 408
6.24 美国圣保罗旧城中心 ... 410
6.25 日本名古屋久屋大道公园 ... 426
6.26 大阪花与绿博览会 ... 428

本分册有关项目组稿撰稿者名单 ... 431
提供城市设计项目实例的机构 ... 434
参考文献 ... 435
后记 ... 437

4 城市局部范围城市设计（二）：旧城保护、居住区

　　城市旧城保护和居住区城市设计是城市局部范围城市设计的重要内容。

　　本章概述了旧城保护城市设计的性质，从历史文化名城、历史保护区、重点文物保护单位三个层次介绍了保护方针、原则与内容。实例部分相应列入国内不同层次、类型的10个实例，包括北京、黄山、西安、广州、哈尔滨、上海、厦门等城市旧区保护案例，有的对设计方案进行介绍，有的项目已实施并有一定的影响。

　　本章还对居住区城市设计要求作了理论概括，综述居住区城市设计的重要性、必要性、目标、理念与运用原则，对居住区城市设计特点、理论源、空间塑造、形态格局、历史文脉等作了阐述。实例部分选择了包括上海、湖州和厦门等城市的部分优秀近代住宅区、中外合作设计的小区以及较优秀的居住区规划设计7个，一般都具有一定的城市设计内涵。

4.1 旧城保护城市设计概述

4.1.1 旧城保护内容

旧城保护与整治型城市设计是城市局部范围城市设计中又一项重要内容，是体现城市历史文化内涵和城市特色的重要手段，其核心是如何处理好新与旧，保护、继承与发展的关系，实施办法也是以保护、整治为主，适当更新改造，反对大拆大建。

旧城保护整治内容很丰富，包括旧城格局、总体风貌以及城内文物古迹、历史街区的保护等。对于旧城中因其历史悠久而具有重要价值，又保存较好，且被公布为国家和省级历史文化名城的，其保护内容一般比较明确，包括以下三方面内容：

① 名城格局和整体风貌保护；
② 历史文化保护区保护；
③ 重点文物保护单位保护。

其中，重点文物保护单位由于有文物法、具体保护范围和保护要求，并获得一定的经费，因此在保护措施上能得到保证。名城格局和整体保护由于范围广，与新的城市建设，包括城市功能、道路交通、现代化城市基础设施、新建筑群体等矛盾很大，名城保护往往得不到保证，特别是高层建筑、交通干道对名城的传统格局和风貌影响最大。改革开放20多年来，我国城市建设发生质的变化，同时，古城特别是历史文化名城保护遇到严峻的挑战，不少已遭到破坏。因此，宏观层次保护十分困难，而微观层次的保护——重点文物单位的保护，虽然有保证，但所占比重小，又比较分散，对名城保护作用就比较弱。所以，中观层次的保护——历史文化保护区或历史街区保护就显得十分重要。

历史街区是指在名城之中历史悠久、保存较好、具有浓郁传统风貌、并有一定规模的历史地段，包括历史街区、风景名胜区、乃至郊外小镇、村落等。它们代表着传统功能与风貌，是活的历史，因此被定为名城保护中的重点。历史文化保护区不同于文物保护单位，不少目前还在使用，或居住或进行商业文化活动，所以，一方面要保护其传统风貌不变，一方面又会随着时代发展而变化。同时，历史文化保护区不是重点文物，没有固定经费，这些都给保护工作带来很大困难。总之，历史文化名城保护是由以上三方面保护内容共同组成一个保护体系。一般旧城也常常会涉及其中部分内容，保护原则与方法也大致相同。

4.1.2 旧城保护与城市设计

旧城保护的方针是以保护整治和适当更新改造为主，不能推倒重来。要保护旧城格局、传统风貌及其文化内涵，整治环境，更新改造城市基础设施。这些工作都应通过城市规划与城市设计来完成。

旧城保护的城市设计并非采取一成不变的方针，而是在继承发展的基础上，结合城市设计手段去创造或整合富有历史文化特色的城市空间格局。如北京天安门广场原是封建帝都皇城前的一个宫廷广场，呈"T"形，北为天安门，东、西、南三面均有门，是一个封闭型的广场。规划将天安门广场面积扩到43hm²，长安街拓宽到120m，建成了人民大会堂、中国国家博物馆、毛主席纪念堂、人民英雄纪念碑及国旗旗杆区等，使广场从形式到内容都有了重大的改观，但地区规划设计仍以天安门为中心，空间布局左右对称，保持和继承了传统格局，成为保护性城市设计的一个典范。

旧城保护的城市设计应和旧城改造规划相结合，适应时代的需要，增加旧城活力，实现可持续发展。

旧城保护的城市设计应体现整体保护和积极保护的原则。整体保护即要把旧城环境作为一个整体来考虑，旧城周边自然山水环境、文物保护单位及其周边环境、历史街区及其周边环境等，都应作为一个整体。积极保护不是把旧城看作是一个死的文物，而是看作一个活的有机体，它会随着时代变化而发展。城市发展是必然的，但旧城发展应在保护的前提下实现可持续发展，即保护、继承与发展相互结合，而保护性城市设计正是要很好地解决这些矛盾。本资料集分册中提供的一些较好实例在不同的程度上都体现了这些原则。

此外，本章和第五章——城市局部范围城市设计(三)中还提供了不少城市居住区和滨水地区城市设计实例，有的也是属于旧城范畴。它们构思巧妙、环境优美，旺盛的人气和空间魅力都充分体现出"以人为本"、"和谐完美"、"充满活力、可持续发展"的保护性城市设计原则。

4.2 北京中轴线

4.2.1 概况

中国是历史悠久的文明古国，北京作为辽、金、元、明、清和新中国的首都，以其严整的城市形态、深厚的文化底蕴，成为华夏文明的中心。其中城市中轴线更是世界城市建设艺术的杰出代表。

北京的中轴线全长25km左右，核心区宽度约1000m。是北京城的脊梁，也是形成北京空间架构的重要组成部分。北京中轴线分成三部分，即从永定门至鼓楼的7.8km旧城中轴线；从永定门到南苑的8km南中轴线；从钟鼓楼至洼里的9km北中轴线。

在北京市总体规划中，对中轴线采取继承与发展的方针，使之成为城市最主要的南北轴线。中轴线的中段是北京旧城传统城市中轴线，它是世界上最成功的建筑艺术线，以此轴线为脊梁的北京旧城的总体布局和城市艺术也赢得了各种赞誉。

进入21世纪以来，北京城市建设高速发展以及面临2008年奥运机遇，城市面貌处于快速变化中。在新北京的发展中，中轴线又向南、北延伸，形成南中轴线和北中轴线，在中轴线北延长线上又规划了奥林匹克运动会场馆。如何进一步明确中轴线在北京城市发展中的地位和作用，妥善处理保护与发展的关系，确定空间形态等成为急需解决的问题。

本篇介绍北京中轴线城市设计的两个方案实例。

4.2.2 北京市城市规划设计研究院方案

4.2.2.1 原规划设想
①旧城中轴线
北京旧城中轴线发端于元大都城，经明永乐年间建设内城，嘉靖年间建设外城，使旧城中轴线不断形成与强化。以紫禁城和皇城为中心，轴线穿过故宫三大殿、天安门至地安门的位于中轴线的门楼，向北经景山最高点万春亭，以钟鼓楼为北端点；向南穿过千步廊(即现在的天安门广场)、大明门、正阳门、前门箭楼，经天桥至永定门为南端点，形成了气势恢宏、规模空前的城市轴。在这条轴线上及其两侧，按照"前朝后市，左祖右社"的规划，布置了皇宫、太庙、社

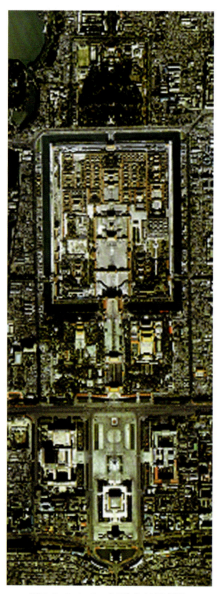

图4.2.2.1-1 旧城中轴线照片

4.2 北京中轴线

图4.2.2.1-2 中轴线规划图

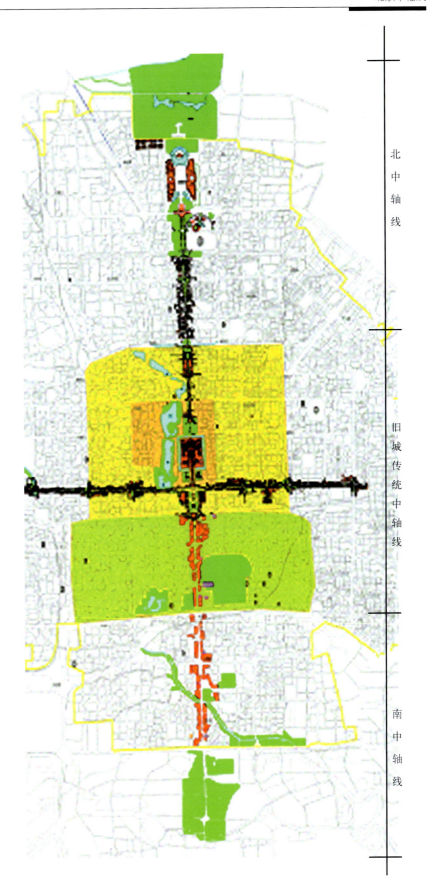

图4.2.2.1-3 中轴线分段示意

北中轴线

旧城传统中轴线

南中轴线

193

稷坛、天坛、先农坛等封建王朝最重要的建筑群。

北京城市总体规划中尽量保持旧城中轴线的原有风貌特点：

从正阳门箭楼至钟鼓楼段共5km，是中轴线最核心的部分，完整地保留了景山、故宫。天安门广场经过人民英雄纪念碑的建设、建国十年大庆的扩建和随后的毛主席纪念堂的建设，改变了城市以故宫为中心的格局，天安门广场成为连接南北中轴线和东西中轴线的城市中心广场，初步形成了历史与现代融合、体现首都中心的独特风貌。

从正阳门箭楼至珠市口，规划中强调保持传统商业街面貌；珠市口至永定门则突出天坛、先农坛分列两侧的传统格局，强调控制轴线两侧的建筑高度和体量，保持中轴线两侧的开阔空间。

②南中轴

南中轴从永定门到南苑，是传统轴线向南的延伸，形成城市干道。干道两侧安排大型公共建筑，其与城市三环路、四环路相交的节点规划标志性建筑，开辟城市广场，突出体现风格各异、层层递进的首都南大门的形象。从四环路至南苑段是城市绿化隔离地区，为大面积的绿色空间，中轴路两侧各留出绿化隔离带，突出绿化环境优势，形成庄严、美丽的气氛，成为南大门的前奏。

③北中轴

北中轴从钟鼓楼向北至洼里，是传统中轴线向北的延伸，采用"虚实结合"的处理手法。其北端是规划的2008年奥运会主会场——奥林匹克公园。奥林匹克主会场分列轴线两侧，轴线向北安排了大面积的森林公园，为整个中轴线的端景；由此向南直至北土城(元大都城墙遗址)为林荫大道，以衬托北部公建群和奥林匹克公园的壮观景象；北土城以南至二环路两侧已建成诸多办公及酒店建筑，建筑高度控制保持比较平稳的天际线。

4.2.2.2 城市设计

①目标

城市设计着力于在保护传统中轴线的基础上发展南北延长线，规划以北端体育文化城、中部的历史文化城及南端的科学文化城为基础形成一条有鲜明民族特征的、融合了艺术和纪念意义的轴线，使北京中轴线所串联的城市空间成为欢乐庆典的中心。

图4.2.2.1-4 中轴线分段照片1

图4.2.2.1-5 中轴线分段照片2

图4.2.2.2-1 城市设计分析图1

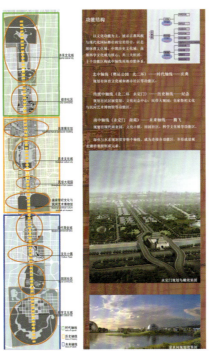

图4.2.2.2-2 城市设计分析图2

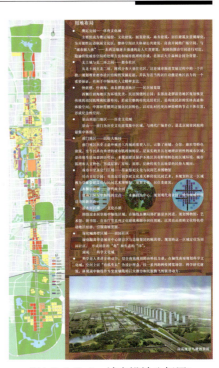

图4.2.2.2-3 城市设计分析图3

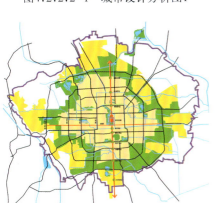

图4.2.2.2-4 中轴线与城市空间系统关系图

② 功能结构

以文化功能为主，展示古都风貌与现代化国际都市的完美结合。以北部体育文化城、中部历史文化城、南部科学文化城为核心，共3大组团、10个功能区构成中轴线用地功能体系。

北中轴线（奥运公园—北二环）—时代轴线—庆典，规划有体育文化城和都市社区等功能区。

传统中轴线（北二环—永定门）—历史轴线—纪念，规划有民居展览馆、文化纪念中心、民俗大观园、皇家祭祀

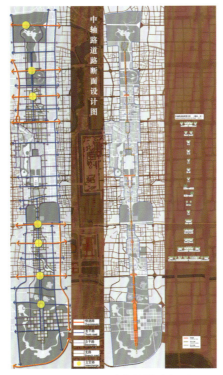

图4.2.2.2-5 城市设计分析图4

文化与民间艺术博物馆等功能区。

南中轴线（永定门—南苑）—未来轴线—腾飞，规划有现代商业园、文化小镇、田园社区、科学文化城等功能区。

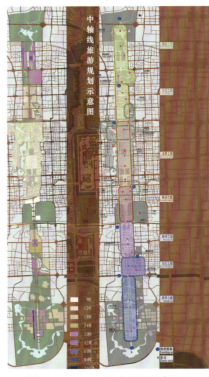

图4.2.2.2-6 城市设计分析图5

绿化与水系规划贯穿整个轴线，成为连接各功能区并形成景观走廊的重要组成元素。

③ 用地布局

奥运公园——体育文化城：

4 城市局部范围城市设计(二)：旧城保护、居住区

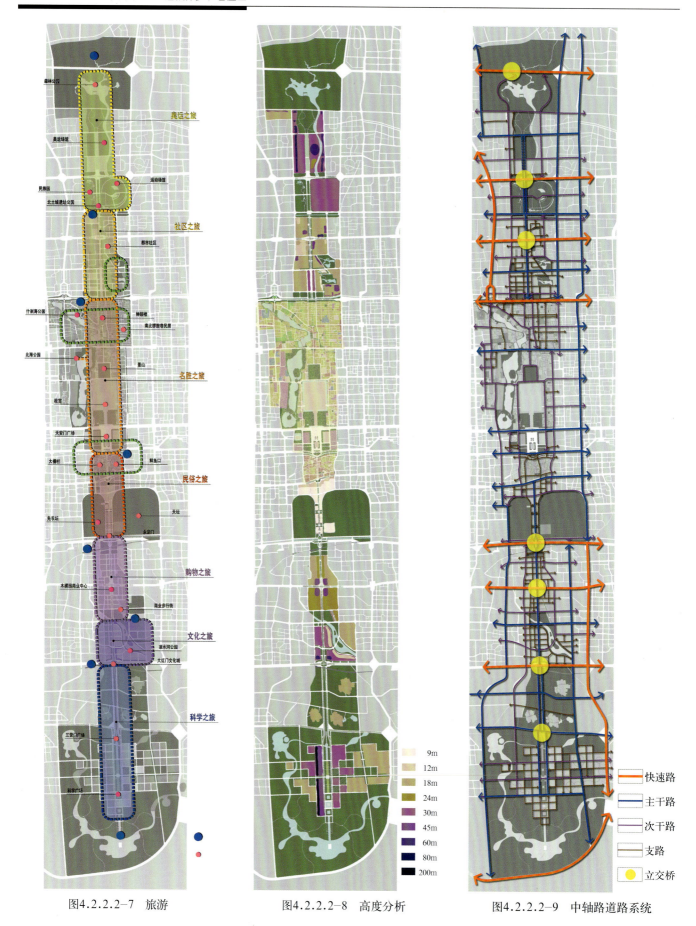

图4.2.2.2-7 旅游　　　　图4.2.2.2-8 高度分析　　　　图4.2.2.2-9 中轴路道路系统

主要包括奥运场馆、文化建筑、展览建筑、商务建筑、居住建筑及景观绿化，为开放性运动休闲文化区。整体空间以大体量公共建筑、自由开阔的广场空间，与"城市插入体"——东西边缘逐步渗透的近人尺度建筑、封闭的围合空间进行对比，隐喻传统城市空间的处理方法和城市肌理的形成，北部以大片森林公园为背景。

北土城与北二环之间——都市社区：

从北土城至北二环，现状分布大量住宅区，这是城市渐进发展过程中的一个片段，规划尊重都市社区结构的发展足迹，并认为适当的居住功能是地区活力的一个重要保证，有利于中轴线的人文精神表达。

钟鼓楼、什刹海、南北锣鼓巷地区——民居展览馆：

西侧什刹海地区为环境优美、民居围绕的公园；东部南北锣鼓巷地区规划恢复传统的胡同肌理和院落布局，形成完整的传统民居社区，是传统民居的实体真迹和体验空间；中部钟鼓楼周边强化民居特色，以对比衬托突出钟鼓楼的节点主体位置，形成纪念性空间。

景山到前门地区——历史文化城：

景山——前门为历史文化建筑集中区域，与现代广场并存，是北京城市风貌的最集中体现。

前门地区——民俗大观园：

前门地区历史上是外城进入内城的重要入口，云集了商铺、会馆、旅社等特色建筑，至今仍具有典型的城市肌理和特征，是真实的并具有地理识别性的城市区域，是传统生活场景的活化石。保护本地区具有鲜明特色的区域环境、城市肌理和人文特色，形成原址、原味、原形，反映传统生活场景的民俗大观园。

珠市口至永定门区域——皇家祭祀文化与民间艺术博物馆：

结合天坛公园、先农坛公园祭祀文化及天桥传统民间艺术，将这一区域视为皇家祭祀文化与民间艺术博物馆，规划文化、居住类建筑。

木樨园区域——现代商业园：

以南三环与中轴线的交点——木樨园为中心，规划现代商业区，成为南城经济活力的新亮点。

凉水河区域——文化小镇：

围绕凉水河穿越中轴线区域，在轴线东侧局部扩展凉水河道，规划博物馆、艺术馆、图书馆、音乐厅等系列文化建筑和部分居住用地，以其高品质的文化特色带动地区经济，引领南城发展。

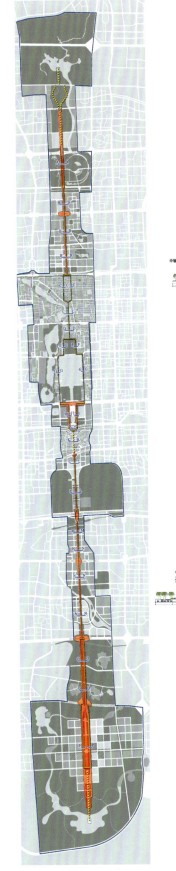

图4.2.2.2-10 中轴路道路断面设计

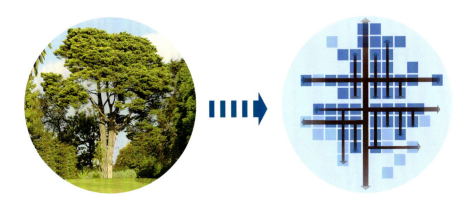

图4.2.2.2-11 中轴路有机生长分析

4 城市局部范围城市设计(二)：旧城保护、居住区

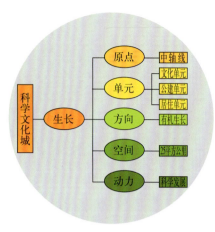

图4.2.2.2-12 科学文化城有机生长框图

绿化隔离带区域——田园社区：

绿化隔离带是城市中心建设区与边缘集团的隔离带，规划将这一区域定位为田园社区，形成居住的"岛"和生态的"洋"。

南苑——科学文化城：

科学是人类进步的动力，结合南苑现有的高科技力量，在轴线南端规划科学文化城，空间上以"有机生长"为设计理念，以一系列的科技博览场馆、科学研究建筑，体现南中轴线作为发展轴线的巨大潜力和民族腾飞的强劲动力。

4.2.3 中国城市规划设计研究院方案

4.2.3.1 认识中轴线

城市中轴线包含了北京过去至今近千年来的建设成就，也暴露了当前北京城市发展建设的不少问题。中轴线及核心部位——天安门广场在中国人民心目中的地位和它所承载的非凡意义是超越于一切物质功能之上的，而成为一种国家的象征。作为这种意义的物质载体——城市中轴线，它所体现的应是一种"中国气质"，这种气质集中体现了中华民族的性格品质和中华文化的"精、气、神"，也即是

图4.2.3-1 天安门广场

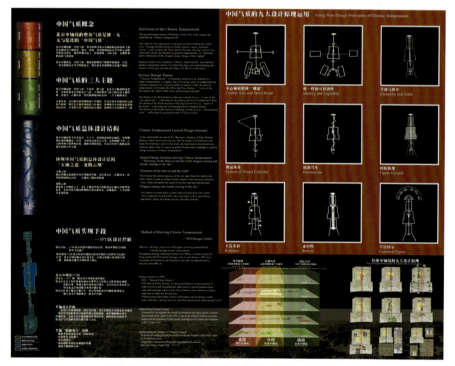

图4.2.3-2 传统中轴线的解读及设计原则运用

民族精神：体现了坚毅的民族信仰和自豪感，充满自信的开拓精神；大国气度：体现了民族骨气与大家风范，以及开放的胸襟和对外来文化的包容性；古都神韵：体现了深厚的文化底蕴，含蓄的文明传承，重义礼信的民族性格。

总之，北京中轴线是体现"中国气质"的精神象征的物质载体，是包含世界文化遗产和体现北京国际化职能的轴线，它整体代表了民族精神、大国气度和古都神韵，作为中国的脊梁，它也是集中展现着中华文明的过去、现在和未来精粹的文化轴线。

4.2.3.2 主题构思

北京市中轴线城市设计的主题为

——"中国气质"。"中国气质"的体现，也即是民族精神、大国气度的体现。这种精神象征的物化，即是通过中轴线来展现文化精髓和体现国际化的职能。这一主题一直贯穿于中轴线的城市空间设计及土地利用之中。

同时，城市设计应从传统中汲取其精髓并加以运用。作为北京市中轴线的精华，传统中轴线体现出了一种永恒的"中国气质"，这种气质使中国文化物化于整个轴线空间之中，它为城市设计提供了丰富的思想宝库。通过对其的解读，总结出传统精髓，即其所蕴含的9大设计原则(即：中心轴、惟一性和可识别性、等级与秩序、视觉体系、和谐共生、图底肌理、丰富性、永恒性、宇宙图示)，并将此运用到设计中去。

4.2.3.3 宏观定位

北京中轴线与城市未来空间结构发展模式的选择与整体城市功能布局等功能因素密切相关，其独有的"中国气质"的文化象征意义以及对于未来城市整体空间秩序的控制影响作用，具有惟一性和不可替代性。

北京国际化进程的加快和自身发展的需要将进一步促进城市空间的拓展。受自然地理环境、社会经济文化等诸多因素的制约与影响，城市北部和西部应限制发展，东部和南部应成为未来城市主要发展方向。由此确定未来中轴线在北部不应继续延长，北中轴线应就此收头。而未来南中轴的生长和终结，应结合未来北京城南部空间发展模式的选择而定。

兼顾北京经济和社会现状发展条件，轴向发展模式是当前较现实的解决途径。通过加大城南两带和南中轴的建设，一方面可有效疏解老城人口压力；另一方面，又可为未来城南北

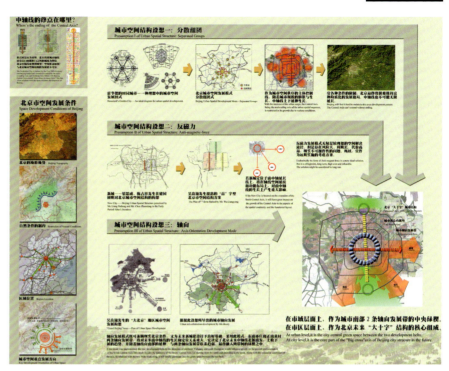

图4.2.3-3 北京城市空间结构发展分析

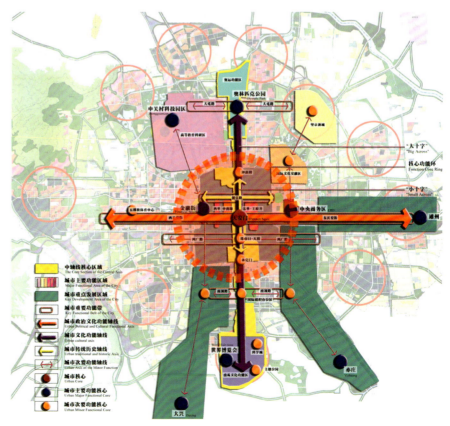

图4.2.3-4 中轴线与城市空间结构

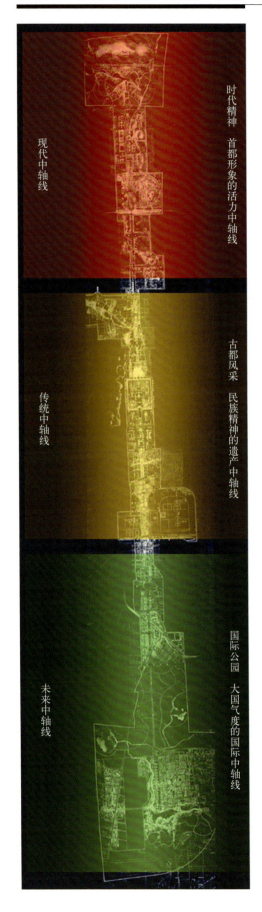

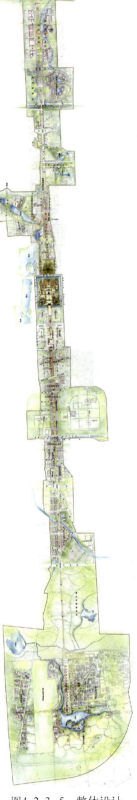

图4.2.3-5 整体设计

京新城或首都区战略的远期实施建设打下良好的环境基础。采用此模式，中轴线上收下展，轴线向南部的延伸，随着与两条轴向发展带联系趋弱，最终融入两带间的绿楔之中。在这种模式下，中轴线将成为未来北京城市的"双十字"功能与空间结构的重要组成：南北中轴线与东西长安街构成的"大十字"轴，是未来北京城市功能结构中至为重要的政治文化核心轴线，它统帅和组织了未来北京东西南北的各大城市主要功能片区；南北7.8km传统中轴线与东西朝阜大街构成的"小十字"轴，是体现北京历史文化遗产中心轴线，它对北京名城的整体保护、古都神韵的展现、中国气质的强化具有重大意义。

4.2.3.4 整体设计

北京中轴线的"中国气质"主题，具体体现为"古都风采、时代精神和国际公园"3个设计分主题。这3个主题贯穿于北京中轴线的北段、中段和南段3个不同空间区段之中，并总体展现出北京中轴线的整体气质。

北京中轴线中段的主题是"古都风采：永恒的民族精神的遗产中轴线"，其独一无二的文化遗产价值和丰厚的文化底蕴集中展现了中华文化的神韵与灵魂。建议7.8km长的北京传统中轴线申报世界文化遗产。设计主要为：在整体保护的前提下，整合梳理城市格局结构并通过发展旅游赋予其活力，充分展示"古都风采"；恢复轴线结构性景物并以其带动点组织城市空间；以新的交通组织观念(如容量控制、提倡步行化和与人友善的交通模式等)，以及通过更为宏观的组织来处理旧城的交通问题。

北京中轴线北段的主题是"时代精神：现代化的首都形象的活力中轴线"。北京中轴线北段是魅力活力的中轴线，集中代表和展现了北京现代化的城市风貌、2008年奥林匹克盛会的人类体育文化结晶、充满生机动感的发展成就。设计主要为：北面奥林匹克公园内造山作为中轴线的北端，以体现中国的传统意识；将原规划方案国家体育场的位置调整到邻近大屯路，使交通组织及与城市的联系更为合理，也使其与公园内的山体及千年步道的关系更为密切；整治和控制北二环至土城段街景界面，加强绿化建设，并且整合、设计公共空间使其系统化。

北京中轴线南段的主题是"国际公园：未来的大国气度的国际中轴线"。北京中轴线南段是属于世界的中轴线，是明日中国各种机遇和无限可能性的开放展场。它的中国气质物化为北京国际化大都市的形象、世界性和国家性的文化舞台和活动场地。设计中充分体现了北城南野的、郊野化的城市景观。通过对世界性都市的比较研究，以城市设计来明确发展方向，确立发展结构，预留发展平台，设计了永定门外商业文化区、凉水河核心功能区(国际/区域组织驻地)，以及南苑中心区(包括航天/航空科技城、航天/航空博物苑、世界博览会场地、主题森林公园)。

4.2.3.5 建设实施建议

为保证中轴线"中国气质"成功体现，其建设与实施的基本策略包括以下几个方面：

①设立"城市设计特别政策控制区"(Special Policy District)，即SPD区。

这是为了保护和强化城市中那些具有特殊人文和景观价值的区域而划定的特别政策区。区内制定区别于其他区域特殊的设计控制准则和政策，施行更为严格的城市三维设计控制。

②实施设计控制

这是针对SPD区内城市三维实体空间的整体环境和空间品质的提高而实施的设计控制体系。它是未来中轴线建设管理过程中，确保高质量高水平建设的重要控制手段。它包括SPD区设计控制导则的编制、设计控制审议程序与制度、设计控制导则的实施等内容。

③实施"旗舰项目"战略

北京中轴线建设应大力引进有利于强化中轴线气质的、能加强与带动地区发展的、富有活力和魅力，并能与北京未来城市发展目标相适应的旗舰项目。结合对北京与世界性都市的比较研究，确定具体的旗舰项目为"一举措、两申报、六建设"："一举措"为南部考虑建设北京第二国际机场；"两申报"为传统中轴线申报世界文化遗产、北京申办世界博览会；"六建设"为建设永定门外商业文化区、凉水河国际/区域组织驻地、南苑航天/航空科技城、南苑航天/航空博物苑、南苑世界博览会场地、南苑主题森林公园。

4 城市局部范围城市设计(二)：旧城保护、居住区

4.3 北京什刹海历史文化保护区

4.3.1 概况

什刹海位于北京旧城西北隅，由西北向东南迤逦为什刹西海、什刹后海和什刹前海3片水面；南与北海、中海、南海3片皇家园林水面相接，共同构成京城六海水系。什刹海有钟、鼓楼、王府、庙宇、传统商业街和大片四合院住宅区，是京华胜地，展示出老北京浓郁的古都风情，也是古都北中轴重要景观地带(图4.3.1-1、图4.3.1-2)。

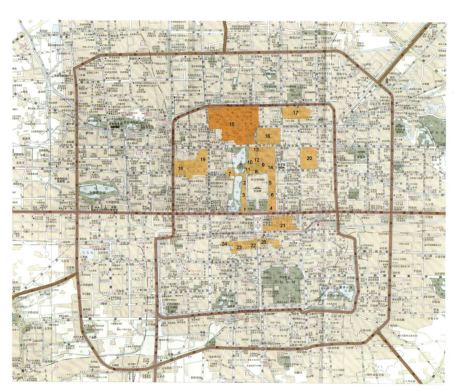

图4.3.1-1　25片历史文化保护区分布图
15-什刹海地区

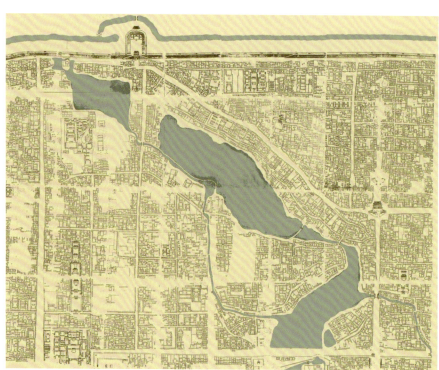

图4.3.1-2　清乾隆什刹海地区地图

什刹海历史早于北京城。元大都时，什刹三海原是一片辽阔大水面，称积水潭，又名海子，是大都航运中心，京杭大运河通过通惠河，直达什刹海。当年"舳舻蔽水"商业十分繁荣，明以后航运停止，水面缩小分成什刹三海。但这里景色秀丽，宛若江南，不少达官贵人在此构筑宅第、园林，众多寺庙也在此兴建，逐渐成为京中独有的市井园林和相映成趣的胜地，具有很强的市民性，与南城天桥共同形成旧城南北两处民俗活动中心。天桥属下层劳动人民，这里又有一种"八旗遗风"的旧贵族气息。

1984年西城区政府对什刹海地区进行大规模整治，并邀请清华大学编制什刹海地区总体规划，历经8年，于1992年前后完成，由市政府批准；以后又进行了控制性详细规划，几期建设迄今已有18年之久。

什刹海地区面积有146hm²，水面34hm²，功能复杂，内容丰富，保护规划首先遇到的是地区定性问题。经反复调查研究与推敲，明确什刹海不是一般的城市绿地，而是一个富有特色的"历史文化保护区"，也是一个"历史文化风景旅游区"。首先，它历史悠久，已有800多年，早于北京古城。其次文化内容丰富，有3处国家级重点文物保护单位和十余处市级文物保护单位，其他王府、庙宇、街市、胡同、四合院、名人故居等十分丰富，文化底蕴十分深厚。第三，自古以来，这里就是京华胜地与市民休闲游憩去处。目前，什刹海更是中外游客向往的游览地方。第四，这里风景秀丽，银锭观山是燕京小八景之一，也是京城与西山景观视廊相连之处。因此定性为"什刹海历史文化旅游风景区"是合适的(图4.3.1-4)。

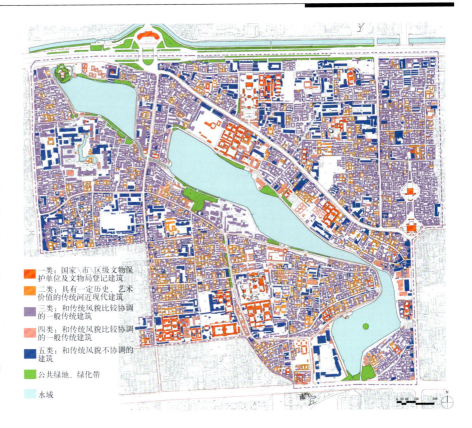

图4.3.1-3 现状建筑风貌评估分析图

图4.3.1-4 保护和控制范围图

4.3.2 规划内容

4.3.2.1 规划原则

(1) 继承优良传统，充实活动内容；
(2) 保护文物古迹，展现古都风貌；
(3) 坚持市井民俗，再现城市园林；
(4) 近期现实可行，远期理想美化；
(5) 全面综合规划，讲求实际效益。

这5条概括了什刹海地区功能、景观特色和规划设计的目的与方法。

总之，这是贯彻一条"保护、整治、开发、管理"相结合的方针。

4.3.2.2 规划内容

规划内容涉及功能活动、景观特色、文物古迹、园林绿化、道路交通、商业旅游、水系活动、四合院保护以及基础设施等，并规划设计了一系列景点。在规划的同时，第一批景点也陆续开始建设，如前海入口广场、潭苑、后海码头、小游园休息廊、望海楼、银锭桥改建、西海垂钓区等，什刹海面貌有了很大改观，逐渐吸引中外游人前往参观游览(图4.3.2-2、图4.3.2-3、图4.3.2-4、图4.3.2-5、图4.3.2-6)。

20世纪80年代末90年代初，北京旧城改造和房地产开发之风也影响到什刹海，如西海北岸和后海北岸鸦儿胡同两片首先立项赴港招商引资。其中西海北沿占地1.86hm^2，鸦儿胡同6.12hm^2，搬迁原有居民，改建高档四合院。西海北沿共建7套四合院，鸦儿胡同拟建11套，已建起5套。由于成本高、售价贵，存在不少问题。为此从1993年开始，又进行什刹海地区控制性详细规划，其目的是进一步深化总体规划，解决两方面的问题，一是加强地区内的保护力度和深度，对重点文化保护单位、传统四合院区、传统商业街和沿海风景提出更明确的保护措施，以免受到开发影响；二是

图4.3.2-1 空间景观结构规划分析图

图4.3.2-2 什刹海景点1

图4.3.2-3 什刹海景点2

图4.3.2-4 什刹海景点3

图4.3.2-5 什刹海景点4

图4.3.2-6 什刹海景点5

适当扩大什刹海周边建设控制区范围，为该地区经济发展包括房地产开发和旅游开发增加资源。

在此期间，什刹海旅游得到快速发展。"胡同游旅游开发公司"以什刹海自然与人文景观为依托，开展了"坐三轮，逛胡同，做一天北京老百姓"为主题的胡同游，收到很好效果。以后又发展成水陆结合，更增添了不少旅游内容。为此，1990年代后期又编制了什刹海地区旅游规划。

1999年，北京市规划委组织了旧城25片历史文化保护区的保护规划，什刹海地区是25片中面积最大、内容最丰富、又经过长期规划建设的一片。新一轮保护规划对范围内现状作了更深的调研，基本上做到深入四合院落，摸清底数；保护方针上也更严格，基本上不打破原有院落界限，杜绝了今后的成片开发，而以保护、整治为主，实施由政府进行操作的实施模式。2000年完成了25片规划后，由西城区政府委托，又开始了对烟袋斜街和金丝套地区，以及环三海景观的整治规划，为25片保护规划的实施进行试点。

4.3.2.3 实施效果

纵观什刹海历史文化保护区保护规划的制订、修改和实施过程，达到了四个目标：

① 基本上保护了这片地区的传统风范和城市功能；

② 整治了环境，建起了一批景点，使地区面貌得到了改善，为旅游业开展创造了条件；

③ 初步探索了保护、整治、开发与管理相结合的经验，探索管理体制；

④ 建立起高等院校学术部门和政府管理部门长期合作的机制，以及规划、设计、实施与管理的结合体制。

4.3.3 城市设计要点

什刹海地区城市设计内容较丰富，包含了以下三个方面。

4.3.3.1 环境景观设计

本环境景观设计属于微观范畴城市设计，既要与建筑设计结合起来，又要求在总体环境中起到画龙点睛作用。此类设计有西海汇通祠、后海望海楼、前海荷花市场和潭苑以及银锭桥改造等景点设计。以汇通祠重建为例，它始建于明代，地处六海进水口与城墙南侧小山上，名镇水观音庵，清乾隆时更名汇通祠。20世纪70年代因建地铁被拆，小岛也被夷平，建成地铁积水潭站。重建时鉴于当时具体条件，如新堆土山上不能打基础，北

东入口景观意象图

街道景观意象图

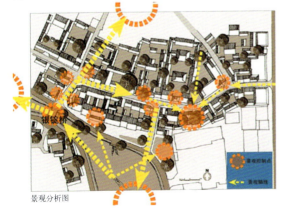

景观分析图

烟袋斜街南临什刹海，北望钟鼓楼，南端有燕京小八景之一的银锭观山，加之斜街有多处转折收放，沿街的传统店铺引人入胜，在烟袋斜街构成了一个多层次的景观体系。

现状比较好的景观点有：
  银锭桥景观
  钟鼓楼景观
  什刹海景观

有待进一步发掘建设的有：
  烟袋斜街沿街景观
  烟袋斜街东入口景观
两幅景观意象图是根据现状想象绘制。

图4.3.3-1 烟袋斜街景观现状

面城墙已被拆除，代之以宽阔二环路城市干道等。为此，重建时在祠下开辟两层地下空间作为文化娱乐设施，旁建茶室及观景平台(现为著名风味餐厅)，地铁通风口也进行处理，形成一组依山就势高低错落建筑群。结合地铁车站入口和原有城墙旧址，在环境处理上使这一组古建与毗邻德胜门箭楼共同构成北二环展现古都风貌的重要景点，与东面地坛、雍和宫、孔庙、国子监遥相呼应。

4.3.3.2 保护型城市设计

按照历史地段的保护整治要求进行。即保护真实的文化遗存和传统风貌，更新基础设施，整治区内景观环境，并增加活力，延续其社会功能。十几年来对区内西海西河沿、金丝套、鸦儿胡同、烟袋斜街、白米斜街以及环三海滨水地带都做了不少保护整治工作。以烟袋斜街为例，2002年拆除了两侧商店的违章搭建，对沿街立面进行了初步整治，更新了基础设施，铺砌了石板路面，从而为这条历史悠久，具有传统风貌特色的小街的发展打下了较好的物质基础。

4.3.3.3 社区设计

什刹海历史文化旅游风景区同时又是一个范围广、人口多的文明社区，地跨厂桥、新街口的两个街道。社区建设好坏直接影响到本区的保护与发展。为此保护规划又选取柳荫街东面的金丝套作为社区规划试点。金丝套地处前海与后海之间，三面环水，西与恭王府相接，东有银锭桥与烟袋斜街、鼓楼相连，目前是胡同游核心地段。这里共有大小金丝套等10多条胡同，曲折有致分别伸向前、后海河沿，古都风貌最为浓郁。上世纪90年代末，什刹海研究会、管理处以及规划设计部门以此为重点，进行深入逐户调查，对其今后的社区功能、人口政策、危旧房改造、基础设施更新、精神文明建设、旅游发展等进行综合研究，做出规划，并拟对其街巷空间、滨水环境整治进行详细设计。

此外，什刹海历史文化保护区外还有很大一片建设控制区，其北临北二环，南临平安大街，西接新街口内大桥，东邻鼓楼前街，均是北京古城核心地段，需根据其不同的地段特点，进行大量的城市设计工作。

图4.3.3-2 烟袋斜街规划总平面图

4.4 黄山屯溪老街

4.4.1 概况

屯溪老街位于安徽省黄山市屯溪区，是一条有着悠久历史、传统风貌和深厚文化底蕴的文化旅游商业街。目前吸引着越来越多的中外游客，并被建设部定为国家级历史文化保护区的试点。

屯溪地处安徽省东南皖南山区，新安江源头。曾是徽州地区专署所在地。下属绩溪、歙县、休宁、黟县、祁门、婺源(现划归江西省)。所谓"一府六县"是"徽文化"发祥地。这里山川秀丽，人文荟萃，反映在哲学、数学、文学、艺术、医学、建筑等各个领域，是我国重要地域文化之地。目前，歙县已被公布为国家历史文化名城。黟县西递宏村古村落被定为"世界文化遗产"。以"世界自然与文化遗产"黄山和九华山为代表的皖南旅游业正蓬勃开展，屯溪老街旅游业也日益兴旺，为世人所瞩目。1987年撤地设市，成立黄山市，下辖三区四县。原屯溪市成为黄山市屯溪区，市政府设在屯溪，城市得到很大发展。而屯溪老街保护一直受到历届政府重视。

老屯溪是由屯溪、黎阳、阳湖三镇组成。屯溪黎阳在新安江上游率水

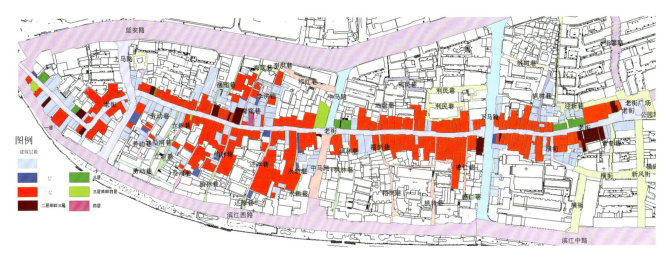

图4.4.1-1 建筑高度现状

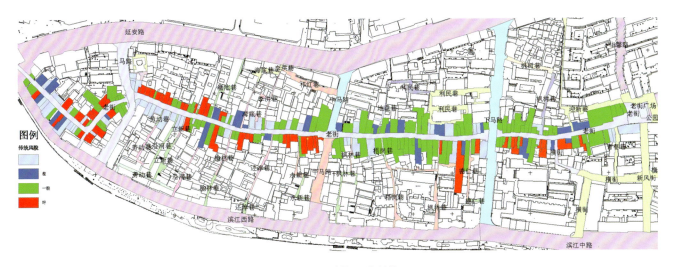

图4.4.1-2 建筑风貌现状

北岸，而横江又把屯溪与黎阳分成东西两片，由明代石桥镇海桥(俗称老大桥)相联系。屯溪老街就是先从黎阳开始沿率水发展并跨过老大桥向屯溪发展。最盛时"街长四里"，至今黎阳段已衰落，桥东屯溪段依然繁荣。屯溪老街和江南古镇众多商业街一样，是因水运而兴衰。上世纪中叶开始，因水土流失，水运停顿代之以公路交通，大部分老街都逐渐衰退。而屯溪老街因陆路交通发达，先后建成公路、铁路，以后又通航空，加上旅游业快速发展，给老街带来巨大商机。另一方面，老街本身条件包括曲折有致规划布局、高低错落街道空间、浓郁徽派建筑风格、精美的外檐装修以及深厚文化底蕴，使游人流连忘返(图4.4.1-1、图4.4.1-2)。

目前老街全长800多米，蜿蜒曲折，有3条横街穿过，将江、城、街、山联系起来。另外也将老街分成几个不同风貌特色的街区。其中以一马路至三马路为精华部分，无论其空间尺度、建筑风貌和装饰精美均属上乘(图4.4.1-3)。

老街两侧店铺均为2层，总高8~9m左右，街宽5~6m左右，街高宽比为1:1.5，尺度宜人。一般都为一开间，底层较高，全部开敞；二楼较矮，全为木装修，有檐口、挂落，二楼稍稍外挑，有栏杆。为防火两侧山墙高出屋面，形成徽派建筑特有马头墙。粉墙，黛瓦，加上粟壳色木装修饰面，形成统一的色调风格。老街装修继承了徽派古建筑三雕(砖雕、木雕、石雕)传统，再加上黑底金字、名人书写的匾额、楹联，使老街透出深厚的传统文化气息。由于各家店铺开间大小不一，地界参差不齐，形成了老街错落有致的布局和景观风貌。老街地区全部为石板路面，下有排水暗沟；通过保护整治，移走电杆明线，统一招幌、广告，使老街保持了浓郁的传统风貌(图4.4.2-1、图4.4.2-2、图4.4.2-3)。

4.4.2 保护整治规划

屯溪老街保护规划开始于1985年。参照国际上对历史地段的某些做法，首先明确保护的方针原则。保护方针是坚持保护整治，适当更新，反对大拆大建。当地领导和群众一直重视对老街保护。如上世纪50年代后期修建机场时，即避开老街，在街后居住区中辟出一条新路——延安路，从而保护了老街。在十年动乱中，市民也纷纷自发起来保护老街店面装修不受破坏。因此，1979年规划屯溪市时就明确要保护老街。

图4.4.1-3　屯溪老街

图4.4.2-1　老街1

4.4.2.1 保护原则

保护原则提出了整体保护与积极保护两项原则。

整体保护原则指不仅保护老街本身，还要保护街后徽州民居传统街区；保护周边山水环境，这是有形物质环境。此外，还要保护老街传统经营方式及老街全部文化底蕴。

积极保护原则：即把保护与继承发展结合起来，增加老街活力；把保护与规划结合起来，纳入现代化城市生活，更新基础设施，改善居民生活条件。此外还要调动一切积极因素，投入老街的保护、整治与更新工作。

4.4.2.2 划定保护范围

(1) 核心保护区：老街包括两侧店面进深每边20m（一般店面进深在20m左右）；此外两侧街巷民居各进深5m。对核心保护区建筑高度、立面形式、材料、色彩均严格控制，保持传统风貌(图4.4.2-4)。

(2) 建设控制区：北至延安路，南至滨江路，西至老大桥，东到黄山东路，包括老街两侧传统徽州民居。建筑高度控制在15m，建筑风貌为徽州民居传统形式。

(3) 环境协调区：包括原屯溪三镇及周边山水环境。建设高度控制在30m，建筑风貌为新徽派建筑，同周围山水相协调。

4.4.2.3 进行节点城市设计

对老街东西两端入口和3个主要交叉口、节点进行了城市设计，此项工作随着老街保护与整治进展深度不断进行调整修改。

4.4.2.4 设施更新改造

参与对老街基础设施改造和沿街店面建筑的保护、整治以及适当更新改造工作。

此项工作也是与当地规划设计和建筑设计部门共同配合进行。

4.4.2.5 立法

规划参与老街保护条例的制订与执行。

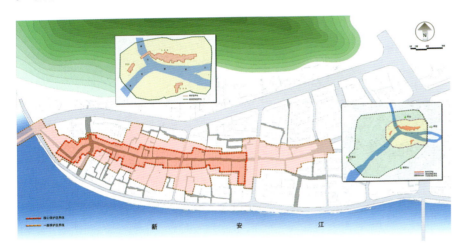

图4.4.2-2 规划保护范围

图4.4.2-3 老街2

图4.4.2-4 老街3

4.4.3 实施效果

屯溪老街保护规划自1985年制定以来，经过1993年修订和多年来的实践，使老街保护与整治工作不断深化，取得了较大的成果。

(1) 经济效益上取得了很大的发展。沿街店铺1979年为114家，总营业面积为5100m²，到1993年增加到227家，总营业面积为14300m²，增加了2~3倍。目前规模更大，经营品种也有很大变化。其中出售书画、古董、工艺品、旅游产品的商店从1979年的15%增加到1993年的48.6%。

(2) 社会效益上，目前老街已成为黄山市旅游重要品牌，广大市民保护意识更大大加强。1993年居民调查中98%的居民拥护保护、整治方针；多年来黄山市领导班子多次更迭，但对老街保护的重视程度始终没有变。

(3) 环境效益上，多年来，老街传统风貌得到了很好保护、继承与发展。具体表现在：

① 老街不仅本身得到很好保护，两侧建设控制区也得到有效控制，环境得到了改善；

② 经济上得到了发展，文化上也得到重视。现在老街上文化内容在增加，如黄山书画院、三百砚斋、艺林阁等的出现，另外还有不少文化设施在街后居民区中进行建设，如博物馆、收藏馆等。

屯溪老街管理体制也逐渐完善，制订管理条例，并逐步纳入信息化管理模式。

1996~1998年，老街保护工作上又开展了国际合作，由当地建委规划部门、清华大学与日本京都市规划局负责京都历史街区保护的专家等组成研究课题组，对老街北侧从渔池巷到海底巷等3条街巷形成的徽州民居地块，进行修建性保护规划和城市设计。

4.4.4 城市设计

屯溪老街城市设计属微观范畴，是一项保护型城市设计，涉及节点设计、街巷设计、沿街立面整治和环境设计等方面。

4.4.4.1 节点设计

节点设计包括东、西2个入口广场、3个交叉路口以及滨江地带。节点设计主要考虑三个方面：一要展示老街传统景观风貌；二要体现屯溪江、

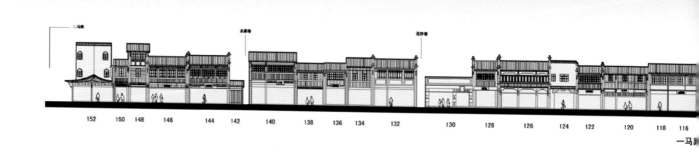

图4.4.4 街道立面

城、街、山的空间联系；三要满足日益增长的旅游观光需要。近年来对东入口广场的整治、滨江牌坊和休息长廊的建设均取得了较好的效果。

4.4.4.2 街巷设计

老街两侧有几十条小巷，呈鱼骨状向纵深延伸，是老街城市肌理和传统风貌重要组成部分，要很好加以保护。渔池巷保护整治工作已开始启动，其中八号院、九号院已修复完毕，辟为徽派建筑博物馆；院前鱼池也要恢复，并与巷后延安路北侧的胡开文徽墨厂联系起来。徽墨厂是处于山坳中的重要旅游参观点，两者相互结合，渔池巷将成为一条联系老街与后山的文化旅游路线。街巷设计不只是保持其外貌特色的环境设计，还包括巷内的功能设计和大量徽州民居的保护、整治与利用。

4.4.4.3 立面整治

老街两侧分布着大大小小227家店面，丰富多彩，琳琅满目，代表着老街悠久的历史，反映出不同阶段的街市盛衰。对这些都应精心保护。另外也有一些1960～1970年代建的体量高大、很不协调的多层建筑，对其立面需要加以改造。近年来，由于经济发展，一些商店老板为显示其财力和气派，刻意在立面上大做文章。雕梁画栋，搬来不少江浙一带的繁琐装饰，违背了徽商朴实崇俭的传统和原有的风格，城市设计对此也加以严格限制和引导。老街在立面整治的做法是：

①认定一枝笔。由有关专家负责，重要老街店面翻修必须经过专家审定。多年来取得很好的效果。

②制定标准立面。在老街店面调查基础上，根据不同的性质、规模和标准，以及不同的地段特点，制定出若干种标准立面形式、材料、色彩以及做法等，供业主选择(图4.4.4)。

③建立数据库，进行数字化管理，对老街每幢商店都有详细档案及维修措施。

4.4.4.4 环境设计

环境设计包括老街铺地、照明、小品、绿化以及沿街商店的牌匾、招幌、遮阳棚、卷帘门、室内地面等，城市设计时都对环境进行专项整治和设计。

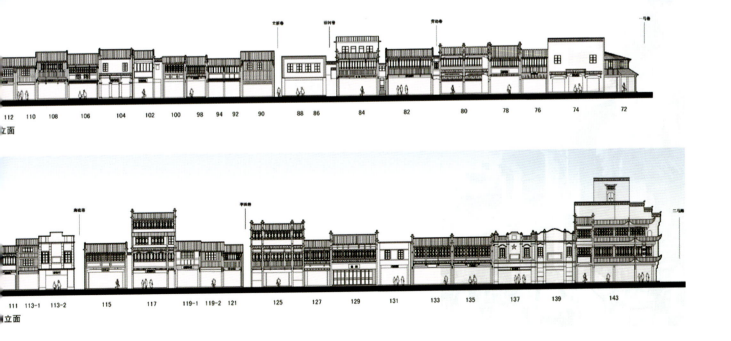

4.5 西安钟鼓楼广场

设计单位：规划设计：西安市城市规划设计研究院、中国建筑西北设计研究院

建筑设计：中国建筑西北设计研究院、总参工程兵第四设计研究院

4.5.1 概况

钟鼓楼广场的兴建，是20世纪末西安古城保护与更新的一项重点工程。1994年7～10月钟鼓楼广场进行控制性详细规划，1995年3月与可行性研究报告同步，按控制性详细规划深化为实施总体方案和建筑方案，1995年11月完成初步设计，1996年4月完成施工图设计。工程经两年半的施工，于1998年4月竣工开业。广场建成以来初步收到预期的效果，得到社会各界的首肯。这与规划师、建筑师密切合作，从规划到设计自始至终以城市设计思想为主导，用城市设计的观点和方法进行工作是分不开的。对钟鼓楼广场进行城市设计的主旨，是期望能在西安市中心创造一个使市民活动得更有意义的环境，通过改善空间环境质量，进而改善和提高人们的生活质量并促进城市经济发展和振兴。

4.5.2 规划过程

坐落在西安旧城（明清西安府城）中心的钟楼、鼓楼是古城的标志，它们分别建于1384年与1380年。在西安城市现代化进程中，围绕钟、鼓楼开辟市中心广场曾经有过3个主要的规划方案。

1953年城市规划确定由钟楼和鼓楼分别组成两个相邻的广场。钟楼广场以钟楼为中心，以4座公共建筑向心围合，以后按此规划相继修建了邮电大楼、钟楼饭店和开元商城。

1983年城市规划将原规划的两个广场合并为一，拟在钟鼓楼之间开辟绿化休息广场。这个方案保证了钟、鼓楼之间的通视，突出了古城特色，为市民提供了休息场所，改善了市中心生态环境。但十几年来由于拆迁和建设的资金难以筹措，规划未能实施。

1994年由城市规划部门和建筑设计单位通力合作，以城市设计的思维和方法，分析历史和现状，综合考虑解决各项功能问题和环境要求，充分估计开发和运营的经济效益，通过可行性研究共同拟定了规划方案。此方案保持了1983年城市规划的基本格局，提出在广场下进行地下空间开发，在广场北侧增设步行商业街，从而强化广场现代化和多元化的功能，提高市中心繁华地区的土地利用率，使规划方案更趋合理、技术先进、利于操作。这个方案被确定为实施方案。

事实说明在20世纪50年代制订总体规划时就有城市形体环境的概念，当时的城市功能比较简单，采用了两个广场分别保护和衬托两座古建筑的格局。1980～1990年代对古城保护与更新的需求日益提高，城市设计在塑造城市形体环境与生活环境时，不仅要考虑景观艺术，还要引入行为心理、社会、生态乃至经济等诸多因素，因而逐步发展为1994年的钟鼓楼广场规划方案也是历史的必然。

4.5.3 空间分析研究

就形态而言，城市空间是建筑实体和它们之间的外部空间虚实相辅、刚柔相济的共同体。城市空间如同城市标志性建筑一样，也是城市中最吸

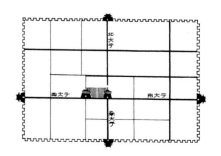

图4.5.3-1 钟鼓楼广场位置图

引人的因素。古今中外城市设计佳作多源于杰出的建筑形象和优美的外部空间所共生的特色环境，使人为之倾倒。它们雄辩地证明了城市公共空间不可取代的重要意义。为了塑造好钟鼓楼广场这一城市公共空间，在城市设计时对场地进行了空间分析。

从城市总体空间来看，钟鼓楼广场位于东、西、南、北4条商业大街交会处，又是从碑林经书院门、南门、南大街到鼓楼以北的北院门、化觉巷清真寺这条古城文化带的重要关节，区位十分优越(图4.5.3-1、图4.5.3-2)。钟楼和鼓楼都是国家重点文物保护单位，两楼造型宏伟、遥遥相望。晨钟暮鼓是古代城市管理与当地民间习俗的重要一环。钟鼓楼广场的建设必须考虑古城保护与更新中的诸多条件和因素，理应以钟鼓楼的建筑形象为主体，创造一个完整的、富有历史内涵而又面向未来的城市公共空间。

从历史上该地段具体空间形态看，明清两代历时五百余年间，这里均为西安府署等官府所在地，民国期间也是长安县政府等行政机关，没有其他里坊民居。此地段的空间形态是东西两端分别有高踞在崇台之上的钟鼓楼，两楼之间则是低矮的坡顶平房。1950年代以来，两楼高耸的立体轮廓依然如旧，但官府衙门不复存在，代之以沿街的124户临时铺面和其后拥塞的296户简易民房，成为密度大、质量差的危房改造重点地段。由此确定这里应保持两楼高耸、中间低平的空间特征。

这样，通过对城市空间的宏观研究给广场定了"性"，通过地段的微观分析给广场定了"势"。

4.5.4 塑造城市空间的功能

4.5.4.1 从分析功能入手

从钟鼓楼的历史背景、区位环境以及今后市中心的现代化功能等诸方面分析，广场设计需要着重解决的问题是：

①突出两座古建筑的形象，保持它们的通视关系；

②提供一个以绿地为主的文化休息广场，提高市中心环境质量；

③改善市中心交通状况，解决钟楼盘道周围人车分流的问题；

④就地安置原有名牌老店，并改善其经营条件；

⑤兴建现代化商业设施，进行古城更新，并由此解决广场工程所需建设费用；

⑥在市中心兴建平战结合的人防工程。

经过多方案比较，认为单一的平面广场难以担负如此多样的功能，采

图4.5.3-2 钟鼓楼广场鸟瞰

图4.5.3-3 钟鼓楼广场规划全景效果

用空间立体混合是综合解决上述问题的最佳选择。城市空间的立体混合是高度城市化、用地节约要求、现代人际交往和城市生活的产物。可以说城市化的多功能选择了立体混合空间；立体混合空间又满足与丰富了城市多功能的配置。

4.5.4.2 立体化布局

基地东西长270m，南北宽100m不等，共计2.18hm²，将空间划分为地下、地面、地上三个层次，共分五大部分。

① 主体广场是9426m²的绿化广场，东西长144m，南北宽64m，属地面层；

地面标高以下有：

② 下沉式广场是6274m²的硬质铺地广场，这是一个人流集散的交通广场；

③ 下沉式步行商业街，沿鼓楼东西向轴线布置，宽10m，长144m。东起下沉式广场，西连鼓楼盘道。

④ 地下商城，总面积31386m²，地下二层，主入口开在下沉式广场西侧，另在下沉式商业街和绿化广场上设多处入口；

地面以上有：

⑤ 传统商业楼，总面积12957m²，高3～4层，沿下沉式商业街北侧布置。底层出入于下沉式街，地面层设骑楼通过过街桥与绿化广场相联系，有石阶与下沉式广场相通。

4.5.4.3 经济和技术制约

城市设计在解决功能和视觉艺术的同时，离不开经济条件和技术措施。钟鼓楼广场的城市设计要考虑地下空间的开发对邻近两座古建筑地基可能产生的影响。由规划、勘察、设计、施工、文物等有关部门共同研究、科学论证、实验观测后，才最终确定地下建筑的范围、深度。原规划地下商城为3层，在充分估算投资之后不得不削减为2层。北侧的传统商业楼原规划为地上2～3层，在落实拆迁安置所需建筑面积后，又不得不加为3～4层。经过多方配合，才使城市设计落在实处。

4.5.5 外部空间设计

外部空间设计是广场城市设计成败关键所在。要创造多层次、多功能、多景观、多情趣的多元空间，必须把握好广场空间的界定和个性化空间的塑造这两个重要环节。

4.5.5.1 广场空间的界定

钟鼓楼广场包含视觉空间、围合空间和功能空间三个层次，它们在空间构图上担负着不同的作用，对设计也有着不同的要求。视觉空间是指人在广场上视线所及的范围；周边建筑物作为钟鼓楼背景，应该控制其高度，形成相对低平的轮廓线，色彩要

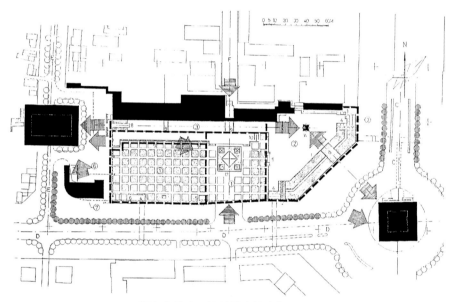

图4.5.5-1 钟鼓楼广场空间界定

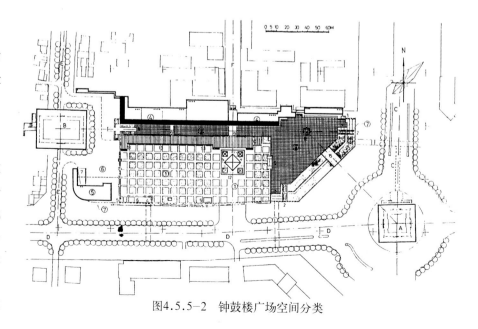

图4.5.5-2 钟鼓楼广场空间分类

和谐协调，特别须取消破坏环境的广告。围合空间是指环绕广场的实体界面所形成的空间范围；东起钟楼、西至鼓楼、北依商业楼、南至广场外沿的行道树。在这个范围三面是建筑，一面是行道树和城市干道，呈半围合状态。广场北侧的商业楼担负着屏蔽北邻建筑和烘托钟鼓二楼的作用，采用了关中传统民居和商业建筑的风格和色彩，平面呈整齐的带状，保持对钟鼓二楼从属陪衬的地位，统一协调。功能空间指广场上担负各种功能的不同空间范围；组织这些空间的手法是灵活、多样的。有的是以不同的地面标高界定，有的是以石栏、石凳、列柱、花坛、庭园灯等小品建筑分隔。这些界定物贴近人的活动，故而格外讲究尺度宜人，处理细致、实用而有新意（图4.5.5-1、图4.5.5-2）。

4.5.5.2 个性化空间塑造

为了通过景观让人们体会到某种场所感，从而吸引更多的人来享用这一城市公共空间，让不同的人都能找到适合自己的场所，愿意作更长时间的停留，在广场设计中运用现代规划、建筑、环境艺术的设计手段和传统园林划分景区、组织景观、成景得景的手法相结合，力图创造一系列具有个性特色的空间单元。

（1）绿化广场（图4.5.5-3、图4.5.5-4） 这是钟鼓楼广场上最大的空间领域，平坦、开阔。它包含着3个"场所"：第一个是南向主入口至塔泉一带的硬质铺地，是钟鼓楼广场的主要入口区。在此人们既可以纵览整个广场，也可进行健身和文娱活动。第二个场所是面积最大也最难设计的草坪区。对这片广场的处理曾经作多方案的比较。如：全部花岗石铺砌上面放养鸽子；作传统园林布局搞

小桥流水；作西式的高低错落台地花园广场；铺大草坪加花卉图案等。最后明确的方案是：这个广场应是匀质的构成，才能更好地衬托两座古楼；应以绿化为主，但必须让人走得进、坐得下，还要赋予一定的历史文化内涵。于是，设计了由象征古城田字形格局的方格路网组成的供人散步赏景的场所。广场以草地鲜花为背景，路网交点上由4个3m间距成组的石凳在宽阔的广场上构成一个个尺度宜人的聚合空间（图4.5.5-5、图4.5.5-6）。绿化广场周边的带状花池用厚厚的池壁为人们提供小憩的座位。第三个场所在绿化广场北侧，在成列的王朝柱和石栏之间设置8m宽的带形休息平台。由于较草坪区低90cm，又有列柱起空间划分的作用，这里自成一个空间单元，是同时可以欣赏绿化广场、下沉式商业街和骑楼的最佳区域，也是摆设露天茶座引人逗留的好场所（图4.5.5-7）。

（2）下沉式广场 这是一个交通广场，是人们从钟楼盘道进入地下商城和下沉式商业街必经之地，且东、南侧均有出入口分别与北大街和西大街的过街地道相连。为了加强下沉空间的开放性，面向钟楼一侧设计成通长大台阶，既可为人们提供席地而坐的条件，也可作为观赏下沉式广场举行群众文化活动的看台（图4.5.5-8）。

（3）下沉式商业步行街（图4.5.5-9、图4.5.5-10） 其南侧有地下商城，北侧为中小型商业铺面，一律采用4m开间窑洞式券面以强调小街的步行尺度。为了增加亲切感，沿街布置了盆花、坐凳和装饰性壁灯（图4.5.5-11）。

（4）骑楼 在传统商业楼临广场一侧的地面层，设计了通长144m的骑楼，作为从开敞空间到室内空间的过

图4.5.5-3 钟鼓楼广场景观

图4.5.5-4 从钟鼓楼看广场

图4.5.5-5 宜人的绿化广场

图4.5.5-6 石凳组成聚合空间

图4.5.5-7　与骑楼隔街相望的休息平台

图4.5.5-12　个性化的过渡空间

图4.5.5-8　从地下商城入口看下沉广场

图4.5.5-13　地下商城内景

图4.5.5-9　下沉广场效果

图4.5.5-14　塔泉下的商城中庭

图4.5.5-10　自鼓楼东侧看下沉广场

图4.5.5-11　过街桥

渡，不仅具有交通功能，并为顾客提供了观赏广场和城市的好场所。这种个性化的空间处理大大增加了购物的趣味性(图4.5.5-12)。

(5)地下商城(图4.5.5-13)　是一个相对独立的封闭空间，由于其首层与下沉式广场、下沉式商业街同层，从这两个室外空间进入商城自然避免了"入地"之感。其营业大厅中部设有两层通高的中庭。庭顶即是广场上的塔泉，透过有水流淌着的玻璃顶取得自然采光，形成地下空间建筑艺术处理的高潮(图4.5.5-14)。

4.5.6　多流线的灵活运动系统

作为城市公共空间的钟鼓楼广场具有城市生活的综合性，需要按照人们不同的行为需求组织多流线的灵活运动系统。在广场中的运动流线有观光、购物、餐饮流线，还有货运、消防疏散、扑救流线、员工流线以及残疾人流线等。其中观光、购物、餐饮流线是公众流线，不但流量大而且往往需要彼此兼容又可灵活转换。钟鼓楼广场设计以三线二面合理组织了多流线的灵活运动系统(图4.5.6)。三

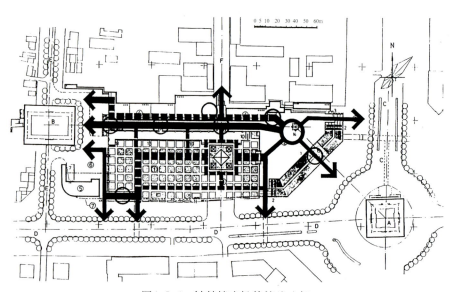

图4.5.6　钟鼓楼广场的流线分析

线：地下商场一线、下沉式商业街一线、骑楼一线，这三线都是西与鼓楼盘道相连，东侧汇集到下沉广场。二面：绿化广场和下沉式广场。绿化广场上有棋盘式的路网，下沉式广场则是四通八达的交通枢纽。在设计中重视以下三方面的特性。

4.5.6.1 导向性

设计通过方向界定和对景两种手法引导流线。沿东西向布置的商业楼、下沉街、王朝柱等都明确界定并强调了东西走向，这是联系钟鼓二楼的方向。在此基础上，下沉式商业街西以鼓楼为对景，东以"时光"雕塑为对景，加强了导向性。广场主入口和社会路（城市规划中的步行商业街）南口在广场惟一的南北轴线上。塔泉在它们之间，分别成为两个入口的对景，突出了广场这一南北通道的重要性。

4.5.6.2 灵活性

按照人的行为模式，广场需要有便于灵活转换的运动系统。这种灵活性主要体现在转换节点的配置和适当手法的运用。如：在下沉式商业街上架设的两处天桥，连接了骑楼与绿化广场。骑楼东端设石阶与下沉式广场相通。骑楼在社会路两侧设置的公用开敞楼梯成为骑楼、社会路、下沉商业街的一个连接点等。沟通地面上下的基本方式有各式台阶、自动扶梯、楼梯、电梯和坡道。广场南侧与人行道之间、绿化广场标高变化处都设有无障碍坡道。

4.5.6.3 趣味性

多流线灵活运动系统使人们能自由地活动于动与静、地上与地下、室内与室外、开阔与纵深、清雅与繁华等相异情调的空间之中，步行其间不断获得新的景观和感受，体验到某些趣味甚至戏剧性效果。

4.5.7 文化环境

城市设计所创造的形体环境质量还要体现在各要素之间协调、和谐、形象优美，并具有特色和可识别性。钟鼓楼广场的主题决定了广场风格必须是传统的基调，但这样大型的城市中心广场毕竟是城市现代化的产物，因而它又不可避免地应该具有新时代的气息。在设计中是通过突出主题特征来创造传统而有新意的文化环境的。由于历史遗存的建筑维系着连绵的文化，是人类享受的资源，钟鼓二楼交相辉映的都市特色为人们提供了超越时空的连续感，因而在设计全过程始终把充分展现这两座历史建筑的形象放在首位。环境艺术处理上既保证从广场观赏钟鼓楼的开敞空间，同时又布置了作为近景、中景的小品，以丰富景观效果（图4.5.7-1、图4.5.7-2）。力求围绕"晨钟暮鼓"这一历史意味浓郁的主题，向古与今双向延伸。在广场上设置的主要造型艺术品有：

(1)**城史壁** 在绿化广场主入口西侧，利用凸出地面的疏散楼梯间，设计成一座具有纪念性与科普性的城史石壁，上面刻有西安的历史地图。

(2)**王朝柱** 在绿化广场北侧设有12根花岗石柱，表现曾有12个王朝在西安建都，同时这也是丰富广场空间层次的重要构成。

(3)**时光雕塑** 在下沉式广场中，位于鼓楼东西轴线与钟楼45°法线交会点，设置以"时光"为主题的大型城雕。

(4)**塔泉**(图4.5.7-3) 在绿化广场入口的南北轴线上设置24m×24m方形水池，池中设置1大4小共5个玻璃坡顶。它们既是喷泉也是地下商城中庭的采光屋顶。玻璃塔脊上设有不锈钢构架，其造型与钟鼓楼坡顶有所呼应。构架中设有水管，造成玻璃面上不断有薄薄的流水，不仅增加景观情趣，而且保持了玻璃锥体的清洁明亮。

西安钟鼓楼广场是运用城市设计处理城市公共空间的初步尝试。广场及地下建筑已竣工投入使用。对于优化城市环境，提高城市生活质量开始发挥积极作用。相信在艺术小品和绿化配置全面到位之后，必将更加成为广大市民喜闻乐见的文化游憩场所，成为古都西安的城市大客厅。

图4.5.7-1 近景—石凳

图4.5.7-2 夜景中的草坪灯

图4.5.7-3 塔泉夜景

4.6 广州沙面

设计单位：广州市城市规划勘测设计研究院

4.6.1 概况

沙面始建于1861年，是一个面积22h㎡的人工岛。在全国12个城市曾经有过的30个租界中，惟独广州沙面还拥有清晰的边界、完整的格局。1996年被确定为全国重点文物保护单位。

沙面是广州市近代按照西方近代城市规划理论建设起来的社区。规划手法是当时殖民地建设中常用的，特点是用地分配上预留绿化、公园及球场等公共设施场地。在两维平面上划分用地，尽量采用小方格网道路以保证每块用地都有临街面，以便于拍卖给分散的建房者。公共绿地集约设置，重点经营滨江公园区和沙面大街；滨水空间向居民开放，面向开阔的白鹅潭，造成"沙面虽小，天地很大"的气势，体现了土地利用的公益观念和民主意识；其建筑风格反映了西方19世纪末期折衷主义的文化艺术趣味。

4.6.2 面临的问题

广州沙面建筑群具有相当的文化和文物价值，多年来由于过分强调利用而疏于保护投入，原租界建筑的不当使用和自然老化、危化相当严重。但是保护工作面临重重困难，社会和民间对历史性建筑不断蚕食和破坏的

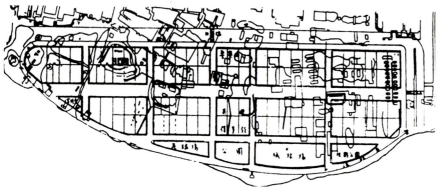

图4.6.1-1 沙面规划图

图4.6.1-3 江畔绿瓦亭

图4.6.1-4 原法国公园

图4.6.1-2 现状鸟瞰图

图4.6.2 北边的立交桥

无组织性力量，远远大于有组织的规划与保护的力度。以至于再不拿出积极有效的保护措施和保证足够的资金投入，沙面建筑群的保护工作就会落空。沙面这样的历史文化地区，超过现有文物法规覆盖范围，在政府财力有限的情况下，保护资金投入产出的良性循环应该是保护工作的着力点。需要加大保护力度，采用更为进取和有力的措施，争取政府有一定的投入，而更重要的是巧妙进行政策设计，制定相应的法规和政策，借助社会资金开展保护工作。必须充分利用沙面的区位优势，广泛吸纳社会资金，结合文化资产的整体开发经营，发掘和善用优秀近代建筑的使用价值，力争在保护中获得应有的效益，并将收入用于本地区的保护。

4.6.3 保护方略

地区性质：近代历史文化保护区，全国重点文物保护单位——广州沙面建筑群(清)所在地，未来发展成为广州市的历史文化博览区、国际性的涉外商务旅游区，适宜现代文明生活，人口密度较低的居住社区。

4.6.3.1 分类保护

在社会调查中，对怎样保护沙面建筑共推荐了4个方案。近五成市民认为应采用"保留外形，更新内部结构"一项，有三成的市民认为应"尽量维护，不能改变"，同意"拆除重建，模仿旧样式"的占14%，而赞成"完全重建"的仅5%。大多数人希望维持建筑物外形的原有风格。规划确定了保护区划，要求按所划定的优秀近代建筑保护分级、分类实施控制，严格管理。

第一类：不得改变建筑原有的外部装饰、结构体系、平面布局和内部装修。

第二类：不得改变建筑原有的外部装饰、基本平面布局和特别有特色的内部装修；建筑内部其他部分允许根据使用需要作适当的变动。

第三类：不得改变建筑主要立面及其原有的外部装饰，允许建筑内部根据使用需要作适当的变动。

4.6.3.2 财政政策

通过认真的政策设计，重新恢复沙面传统的涉外商务功能，将有限的资金用于环境景观改造，改善本地区的市政设施与公共环境品质。

尝试把第二、三类建筑推出，引入市场机制，在严格保护管理的前提下让投资者得到一定的合理回报，从而使保护工作获得资金支持。

图4.6.3-1 立面保护

图4.6.3-2 优秀近代建筑保护分级

图例
- 精品级优秀近代建筑
- 重点级优秀近代建筑
- 特色级优秀近代建筑
- 一般近代建筑
- 永久性新建筑
- 高层建筑
- 草地
- 古树名木
- 乔木
- 环境小品、构筑物
- 水体
- 道路

图4.6.3-3　优秀近代建筑保护整治规划平面图

4.6.4 城市设计

沙面毕竟是19世纪末建设的一个历史地区，设施的水准不高，有的已经老化，而且许多配套设施如停车场等还严重不足，这限制了本区的发展潜力。政府必须积极改善本区的市政设施与公共环境品质，提升本地区的环境质量，以期吸引非政府投资用于本地区建筑保护。

目前，沙面地区的功能和形态有很大改变，外部空间已经不可能完全恢复历史原貌。既要满足未来发展历史博览、商务旅游功能对空间的需求，又要体现历史性地区的特色，城市设计在景观设计中采用风格性修复的方法，重点对外部空间的实质构成进行组织。充分运用与建筑格调相协调的历史性风格进行创造性的环境设计，整合空间要素，使沙面形成

图4.6.4-1　露德堂前广场

图4.6.4-2　规划鸟瞰图

为一个完整的、具有欧陆风情的景观整体。

作为广州市的历史文化博览区，确立了恢复沙面"水天一色、田园风光"的自然景观特征和"欧陆风情"的人文景观特征的目标。为拓展活动空间，规划设计了一系列公共小广场。

为保证滨水空间向珠江开放，建议拆除进入白天鹅宾馆的高架桥，而改为隧道。按沿江法式风格恢复原法国公园，恢复原沿江码头——绿瓦亭，修葺滨江步道……

为激活沙面传统的涉外商务功能，建设低密度居住社区等都需要足够的停车空间。城市设计提出在沙基涌底集中建设地下(水下)停车场的想法，这同时还可以保证地区步行化目标的实现，提高防洪能力。

图4.6.4-5　恢复绿瓦亭

图4.6.4-3　原粤海关前广场

图4.6.4-6　恢复法式公园

图4.6.4-4　滨江步道

图4.6.4-7　原汇丰银行前广场

图4.6.4-8　原美国领事馆前广场

图4.6.4-9　南北向剖面图

4.7 广州骑楼街保护与开发规划设计研究

设计单位：广州市城市规划勘测设计研究院

4.7.1 概况

骑楼式建筑是在广州老城区普遍存在的具有岭南特色的建筑形式，骑楼街是广州市具有地方风貌特色和历史意义的地段。

广州的骑楼式建筑是20世纪初出现的。鸦片战争以后，随着帝国主义军事、经济、政治侵略的加深，西方的文化思想和建筑形式也逐渐进入广州，在广州形成了一批模仿西方建筑风格的近代建筑。骑楼式建筑就是在当时的社会文化背景中产生的，多为2～4层，一层前部为骑楼柱廊，后部为店铺，二层以上为住宅；临街立面建筑风格中西合璧，极具特色。骑楼建筑并肩联排而建，形成连续的骑楼柱廊和沿街建筑立面，也就是骑楼街。

由于骑楼可以避风雨、防日晒，特别适应岭南亚热带气候，骑楼内廊以内的店铺也便于敞开门面、陈列商品，以广招顾客，所以骑楼街逐步成为广州商业街道的主要模式。目前广州保存下来的骑楼街仍具有数量多、分布集中、密度大的特点。据调查，截止至1999年12月，广州市区内骑楼街路段总计有36条，长度达22480m，集中分布在老城区约10k m²范围内。但是，随着城市人口的快速增长和城市建设的迅速发展，骑楼街这种适应1920～1930年代社会经济状况而产生发展起来的街道空间形式在现代社会中也存在一些缺陷，如道路空间狭窄、缺少绿化等等。

4.7.2 骑楼街整体风貌评价

骑楼街之所以能够展现出历史上一定时期的城市风貌，带给人们地区归属感和历史的回忆，不是由于某一幢或寥寥几幢老建筑的存在，而是由于许多元素共同构成的骑楼街整体风貌的作用。街区内的单体建筑并不都具有文物价值，但它们所构成的整体环境和秩序却反映了某一历史时期的风貌特色，因而使价值得到了升华。因此，骑楼街的保护价值应当由其整体风貌来决定。

影响骑楼街整体风貌的因素很多，且这些因素的影响作用并非等同，有些因素会显得更为重要。评价不可能将一切有关因素都考虑在内，重要的是分离出那些对人的感受影响

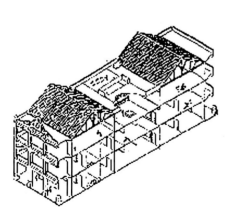

图4.7.1-1 骑楼功能布局示意(资料来源：韦湘民、罗小未，《椰风海韵——热带滨海城市设计》)

图4.7.1-2 1920年代的广州长堤商业街

最大的关键因素。

采用以上的整体风貌评价体系，对广州现状骑楼街进行整体风貌定量评价，按照得分的高低将广州现存骑楼街分为五级，为确定骑楼街保护和发展格局、措施提供依据。

4.7.3 规划目标

从物质实体的层面上保护骑楼建筑和骑楼街这种具有地方特色的建筑形式和街道风貌；从保护地方文化的层面上保护骑楼商业街所代表的岭南地区传统商业与居住活动形式；保护、改造传统骑楼街，使骑楼街所体现的城市文脉在当代社会以至于未来的发展中得以延续；通过骑楼街保护和开发，保护和改善老城区空间结构，丰富和提升广州城市的文化内涵；继承发展骑楼的建筑形式，引进新的功能，将骑楼与当代社会的生活方式和要求结合起来，使这种具有地方特色和历史意义的传统建筑形式获得新的生命力而得以保存和发展，为现代化城市的街道景观增添色彩，创造新时代的地方性特色。

4.7.4 规划布局

广州市骑楼保护与发展规划布局是在综合分析现存骑楼街状况、城市商业布局、道路交通发展规划及与历史文化名城保护的关系等基础上确定的，包括以人民南路——长堤一带市级商业中心为核心的"骑楼风貌区"；以第十甫——上下九一带市级商业中心为核心的"西片骑楼街区"；以北京路——中山路一带市级商业中心为核心的"东片骑楼街区"。骑楼布局与道路交通规划的关系遵循以下的原则：规划骑楼街不得布置在快速路两侧；尽可能避免布置在I级主干道两侧（现

骑楼街整体风貌评价因子分级　　　　表4.7.2

序号	评价因子	权重	属性分级		评价值
1	骑楼建筑的连续性	2.3	双边骑楼	80%以上	10
				60%~80%	8~9
				60%以下	6~7
			单边骑楼	80%以上	4~5
				60%~80%	2~3
				60%以下	0~1
2	建筑质量	0.6	好		8~10
			中		4~7
			差		1~3
3	审美价值	2.1	风格统一，立面丰富，特征性强		8~10
			风格较统一，立面较丰富，有一定特征		4~7
			立面简单，无明显特征		1~3
4	街道功能	1.4	商业街		8~10
			商业、交通混合道路		4~7
			交通性道路		1~3
5	历史地位	1.8	历史上有较高地位		8~10
			历史上有一定地位		4~7
			历史上无特殊地位		1~3
6	街道的空间尺度	1.4	H/D=0.8~1.2，尺度亲切宜人		8~10
			H/D=1.2~2		4~7
			H/D=2以上，有压抑感		1~3
7	周边环境条件	0.4	加分	滨水	1~10
				有文物保护单位	
				有公共绿地	
			减分	高架路或分隔带	-10~0
				天桥	
				有与骑楼街风貌不协调的建筑	
合计	总体风貌评价	10			

图4.7.4　广州市骑楼街保护与发展规划布局图

有或有特殊历史地位的路段除外）；Ⅱ级主干道两侧可适当考虑布置骑楼；骑楼（尤其是传统骑楼形式）设置的重点应在次干道与支路沿线；街坊路及居住小区级道路也可以设置骑楼。

4.7.5 规划措施

在综合分析各条骑楼街的区位、现状风貌、街道功能、与城市道路交通的关系、保护或改造的社会价值、经济价值，以及现实可行性等情况的基础上，将广州骑楼街分为"核心保护段"、"重点改造段"、"风貌协调段"及"建设开发段"四种类型，采取不同的保护、改造方针和措施，以利于在保护骑楼街区整体风貌的基础上突出重点，确保一批建筑艺术价值和文化价值较高的路段得到应有的重视。

对骑楼街整体风貌的保护与延续着重于对能反映出骑楼街风貌特色的要素的控制，主要包括以下几个方面：街道空间的尺度与比例，沿街建筑天际轮廓线，建筑风格、色彩与材料，建筑的细部特征以及代表性或标志性建筑等。

4.7.5.1 核心保护段

对周边环境的控制：控制骑楼街入口处及周边的用地性质；控制道路中线两侧各50m范围内的建筑高度。

对街道功能的控制：保持现有的商业功能；街道两侧的办公用地应加以控制。

对街道空间特质的控制：街道的宽度和道路的线型必须严加保护；街道骑楼的连续性必须加以保持；街道的轮廓线、街道空间的高宽比必须严格控制。

对现状建筑的控制：必须严格保护有历史价值的代表性建筑，不允许任何导致改变主体的新建、拆除或改动；对一般建筑应保持建筑物的使用功能与格局，原有的细部装饰、材料与色彩应保持原状；违章搭建必须限期拆除；对受到破坏而使骑楼不能连续的地段，应采取措施，恢复骑楼形式；不得再新建建筑。

交通组织措施：有条件的可在街道两侧开辟辅道，以疏解交通压力，改

图4.7.5-2　人民南路

图4.7.5-3　下九路骑楼街风貌

图4.7.5-4　中山路新骑楼建筑风貌

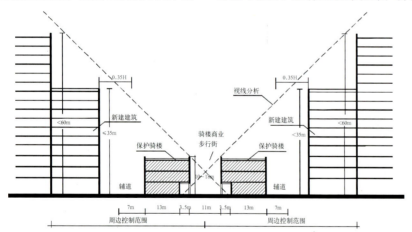

图4.7.5-1　核心保护段上下九路骑楼街规划控制

图4.7.5-5　核心保护段下九路立面整饰后效果

善街道环境，辟为步行或公交专用道。

建筑细部及街道环境控制：建筑的轮廓线应加以保护，不得加建或改建，建筑的高度与比例应加以保护，建筑物原有的细部要加以保护，建筑的材料与色彩应保持原状，所做改动必须符合街道整体气氛；街道的铺装材料与形式在有条件时可恢复原有的做法，街道中的广场、绿地要加以保护和完善。

4.7.5.2 重点改造段

对街道功能的控制：保持街道原有的功能，街道原有的商业功能与商业门类应加以强化以突出其特点。

对街道空间特质的控制：道路断面、宽度应尽量保持现状；道路的线型要加以保护；街道的高宽比必须保持并作为对新建建筑体量与高度的控制要素；街道的轮廓线要保持现有的韵律。

对现状建筑的控制：保护现状较有特色的骑楼建筑；对现有建筑立面的改动必须加以管理，以现状街道风貌为基调，对立面设计较差的现代建筑重新整饰；违章建筑与临时搭建应予清理；街道应保持连续的骑楼街形式，对缺失路段通过改造或加建予以补齐。

对新建建筑的控制：街道两侧应避免再建设大体量建筑；新建建筑应为骑楼形式并尊重街道的空间特质和原有骑楼建筑的风格、体量、材料、色彩与细部装饰。

建筑细部及街道环境控制：建筑物的立面形式要加以控制，建筑风格、材料与色彩应协调。

4.7.5.3 风貌协调段

对街道功能的控制：保持现状街道功能特色，改造与建设应保持其生活性街道的功能，强化公共服务功能，突出其联系骑楼风貌区与东片骑楼街区的过渡作用。

对街道空间特质的控制：保护街道现有重要的空间特征，沿街建筑的兴建与改建必须保持骑楼街形式；街道的高宽比尽可能加以保护；道路的线型、断面可以根据需要进行适当的调整。

对现状建筑的控制：保护现状较有特色的骑楼建筑；对于一般的骑楼尽可能地保护或改造；沿街的树木、绿化、广场、大型单位可加以保留。

对新建建筑的控制：新建建筑应保持骑楼形式并维持街道现状高宽比；沿街建筑风格和尺度要加以控制，与街道总体环境气氛相协调。

建筑细部及街道环境控制：路段的建筑风格、骑楼高度要协调，符合相邻骑楼风貌区的环境气氛要求。

4.7.5.4 建设开发段

随着经济发展和城市建设的推进，为了使骑楼街在广州未来的发展中找到其适当的地位和发展形式，有必要进行新骑楼街建设开发的探索。

对街道功能的控制：新建骑楼街选择在生活性道路上，要求建筑物首层的使用功能应是可以为市民出入的公共性场所，如商业、服务业与其他公共服务设施。

对街道空间特质的控制：骑楼街

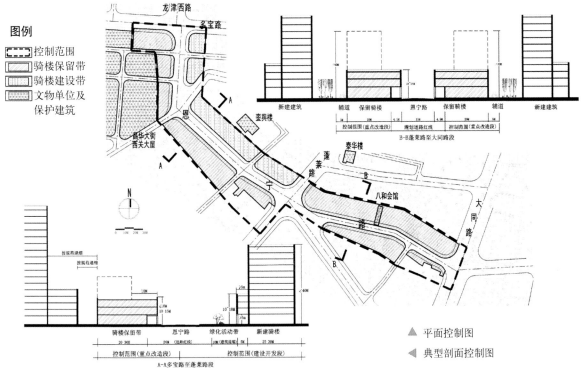

▲ 平面控制图
◀ 典型剖面控制图

图4.7.5-6 —骑楼街规划控制示意

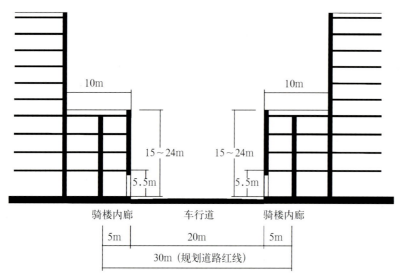

图4.7.5-7 压人行道式新建骑楼街

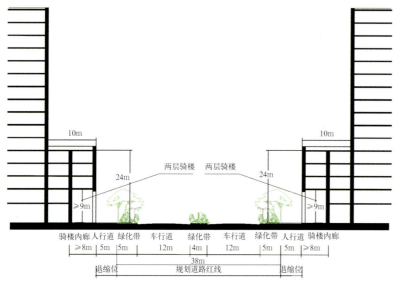

图4.7.5-8 退缩道路红线式新建骑楼街

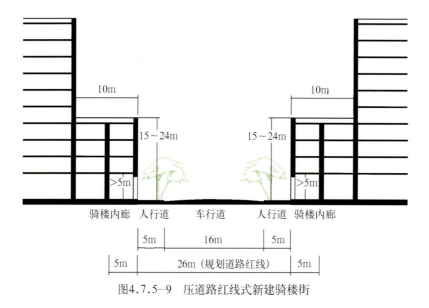

图4.7.5-9 压道路红线式新建骑楼街

沿街建筑以现代建筑风格为主，街道高宽比H/D为0.6~0.8，整条街道应风格协调，裙楼高度、骑楼高度、柱距等要素应有整体控制。

骑楼建筑与道路断面的关系：根据道路的区位、功能、宽度等不同，新骑楼街的道路断面采取3种不同的形式。

a.骑楼压人行道式：即骑楼跨建在人行道上，利用骑楼内廊作为人行道。这种道路断面形式是老骑楼街普遍采用的形式。

b.骑楼压道路红线式：骑楼建筑外边线与道路红线重合。这种断面形式既可以保证道路的车行与人行道宽度，又比较接近老骑楼街的街道空间特征。

c.骑楼退缩道路红线式：与其他道路一样，骑楼建筑退缩道路红线建设。对于道路宽度较宽、交通功能较强的道路，这种断面形式能使道路空间更为开敞，且可以通过人行道与骑楼内廊分别负担街道的行人和逛街购物的不同人流，还可以避免老骑楼街缺少绿化的缺点。

对现状建筑的控制：对现状永久性非骑楼式建筑，要求进行改建或加建骑楼。

对新建建筑的控制：裙楼高度控制在18~24m，按照道路的区位和路宽对建筑总高进行严格的控制；骑楼内廊净高5~9m，骑楼进深5~8m，柱距6~8m。

建筑细部及街道环境控制：以现代建筑风格为主，在一些部位适当运用装饰手法，与周边传统骑楼街风格相协调。整条街道应风格协调，对建筑色彩和建筑材料按照道路的区位提出要求，应控制玻璃面积占外墙面积的比例不宜过大。

4.8 哈尔滨圣索菲亚教堂广场

4.8.1 概况

圣索菲亚教堂始建于1907年，原是沙俄远东步兵师的木结构随军教堂，1912年扩建为砖木结构的教堂，1923年开始在现址上进行第三次扩建，于1932年落成。建成之后的圣索菲亚教堂富丽堂皇，典雅超群，带有浓郁的拜占庭建筑风格。教堂平面为拉丁十字形，外墙采用清水红砖，砖饰细腻、精美。教堂总面积721m²，建筑总高度53.3m；东西向轴长约42m，南北向轴长约28m。轴线相交处上部，高高突起的带有拱券长窗的16面体鼓座上是巨大、饱满的"洋葱头"穹顶，统率着四翼大小不同的帐篷顶。教堂周围的建筑最高为3层，低于教堂主体鼓座，使教堂的轮廓清晰可见。

自文化大革命开始，教堂的周边环境不断恶化，先后有20多栋诸如办公楼、住宅楼、厂房、商店、变电所、锅炉房等建筑在周围建起，建筑密度高达65%，把教堂围得水泄不通，人们根本找不到一个可以完整观赏它的视点。

1985年，哈尔滨市政府将圣索菲亚教堂列为一类保护建筑，从而避免了它的进一步破坏，但其周边环境仍处于混乱状态。1996年11月，圣索菲亚教堂被国务院批准为国家重点文物保护单位，恢复教堂建筑本来面目的时机已经成熟。1997年，哈尔滨市政府决定对教堂及其环境进行修复和整治，现改为建筑艺术馆与建筑艺术广场。

4.8.2 整体规划

通过综合整治，恢复圣索菲亚教堂的历史原貌，消除周边的不安全因素和脏、乱、差状况，提高环境质量和城市品位，为城市中心区提供一个游览、购物、休憩的良好场所。

4.8.3 单项设计

4.8.3.1 建筑修复

本着修旧如旧、恢复历史原貌的原则，分8个方面、357个子项对教堂进行修复，其中包括墙体、门窗、屋面、地面、室内、宗教饰物、建筑物安全防护等。

图4.8.2 教堂外貌

图4.8.3-1 教堂及东广场全景

4.8.3.2 周边环境改造

拆除教堂周围与教堂建筑风格不协调的建筑物、构筑物1.4万m²，动迁居民和工商业户98户，个体业者210户，国有企业单位8家；搬迁周边占道摊位、商亭53户。对透笼街和兆麟街进行拓宽改造，完成农贸市场的退路进厅及周边建筑的立面整修。

4.8.3.3 广场建设

(1) 广场设计

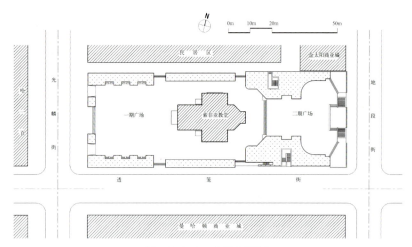

图4.8.3-2 广场平面图

一期工程在教堂西侧辟建6640m²的文化休闲广场，以教堂为主体，采取对称的布局。二期工程在教堂东侧辟建两千余平方米的广场，广场地下建哈尔滨城市规划展览馆，整个广场空间分布在教堂的四周，沿广场周边配置低矮的围栏，栏柱采用清水红砖，花饰与教堂窗棂图案相似，围栏造型与教堂形象相协调。广场四周共开设10个入口，地面采用浅灰色粗面花岗岩石板铺砌，其色彩与教堂基座相协调，古朴而典雅。广场地面高于人行道60～80cm，设有踏步和无障碍通道与广场相连通。广场西端入口处与教堂的垂直视角接近45°，是比较理想的观赏点。

(2) 绿化设计

广场主轴线两侧布置块状绿地，铺设草坪，栽种松树、杨树。

(3) 夜景观设计

采用泛光灯和投光灯结合的办法，烘托广场的夜间魅力。灯具造型采用古典形式。

(4) 水体设计

在广场西侧入口处设活动式喷泉，增加广场的前景，同时可以调节广场的湿度。

(5) 广场小品

广场内共设24组休息坐椅，采用古典形式，与整体环境相协调。地面上设古典造型的售票亭，广场南侧设地下公共厕所。

图4.8.3-3 教堂及西广场全景

图4.8.3-4 广场人与鸽子

4.9 上海历史文化风貌区保护（附：外滩实例）

4.9.1 概况

上海是国家历史文化名城，拥有丰富的近代历史文化遗产，是具有鲜明时代特征的都市型名城。不同类型的历史建筑和传统的风貌街区形成上海独特的风貌特色，体现古今中外文化交汇的兼容性，使城市许多街区富有特性，并形成特定的城市空间格局和文化视觉效果。

上海历史文化风貌保护主要范畴包括名城和保护区。

历史文化名城的保护：是指既保护原有文物遗迹、历史建筑，又保护城市历史文化名城环境风貌。历史风貌保护区：是指上海中心城范围内那些具有独特的历史文化景观，形成独特的城市风貌需加保护的地区。

4.9.2 保护区构成

根据具有独特历史文化景观，形成独特的城市历史风貌特征的原则，上海城市总体规划(1999～2020)在中心城区范围内规划了11个历史文化风貌保护区。按照相关研究，初步确定中心城11个历史文化风貌保护区总用地为1783hm²。

①以优秀近代建筑群为代表的外滩历史文化风貌保护区，用地99hm²。

②以中共"一大会址"等革命史迹为主的思南路历史文化风貌区，用地56hm²。

③以豫园为核心，由传统街巷网络形成的老城厢历史文化风貌保护区，用地199hm²。

④以国际饭店等优秀近代建筑群为代表的人民广场历史文化风貌保护区，用地67hm²。

⑤以锦江饭店等优秀近代建筑为代表的茂名路历史文化风貌保护区，用地53hm²。

⑥按1930年代"大上海都市计划"实施形成的城市格局为主的江湾历史文化风貌保护区，用地368hm²。

⑦上海近代商业建筑、文化最集中的南京东路历史文化风貌保护区，用地32hm²。

⑧近代花园住宅最集中的衡山路历史文化风貌保护区，用地366hm²。

⑨以革命烈士就义地和著名塔、寺为主的龙华历史文化风貌保护区，用地43hm²。

⑩以鲁迅先生墓和近代里弄住宅为主的山阴路历史文化风貌保护区，用地74hm²。

⑪以宋庆龄墓和独立式花园住宅为主的虹桥路历史文化风貌保护区，用地426hm²。

4.9.3 保护原则

①保护区内整体风貌和环境，保护真实的历史遗存，挖掘城市历史文

图4.9.2 中心城历史文化风貌保护区分布示意(1999年)

化内涵；

②继承和发扬历史文脉，保护名城特色，保护及合理利用历史文化资源，正确处理保护和发展的关系；

③注意区内整体风貌的保持和延续；

④改善地区基础设施及整治物质生活环境；

⑤严格控制在保护范围内或建设控制地带内建筑物(构筑物)的新建、改建。

4.9.4 保护策略与实施

4.9.4.1 建立保护等级体系

保护区的保护应建立在保持历史延续性的基础上，兼顾历史，放眼未来，因而分等级、有侧重地保护风貌区中的历史建筑与环境，有利于协调保护与发展的关系。

针对整个保护区的具体情况，将保护区划分为核心保护区和建设控制地带。所谓核心保护区是具有某些独特品质和特色的，必须加以特别保护或强化的地区；核心保护区内已列为文物保护单位或优秀近代保护建筑的，应严格按照有关的法律、法规进行保护。建设控制地带要求环境与建筑的整治和维护相一致，对建筑、设施、环境较差的，需重新整治与开发的地区，其改造必须与保护、保留建筑的历史空间环境相协调，注意历史文脉的延续。

4.9.4.2 编制保护区规划

对风貌保护区的保护首先要着手从土地利用、容积率、空地率、建筑高度、建筑体量、绿化、建筑风格、形式、色调等方面编制保护区的详细规划，对严格保护或保存(Preservation)、控制和协调发展(Conservation)范围做出规定。对重点地段要进行城市设计，强调新建筑和保护建筑的关系，确定地区的主要空间形态。

4.9.4.3 建立相应的法律法规

对已完成城市设计的风貌保护区、重点地段应首先对近期涉及发展的保护街区、街坊、地块提出城市设计实施导则。

4.9.4.4 建立保护机制

建议研究建立城市历史风貌保护的机制，如建立为保护提供财政支持的发展权有偿转移(TDR)试点，包括保护地块许可转移的开发权额度、区位价值评价、转移方向、管理实施等，使城市保护得到必要的经济基础，并在实施上逐步制度化。

4.9.5 附：外滩优秀近代建筑风貌保护区实例

外滩对上海来说，有着非凡的历史意义和文化价值，是上海的标志

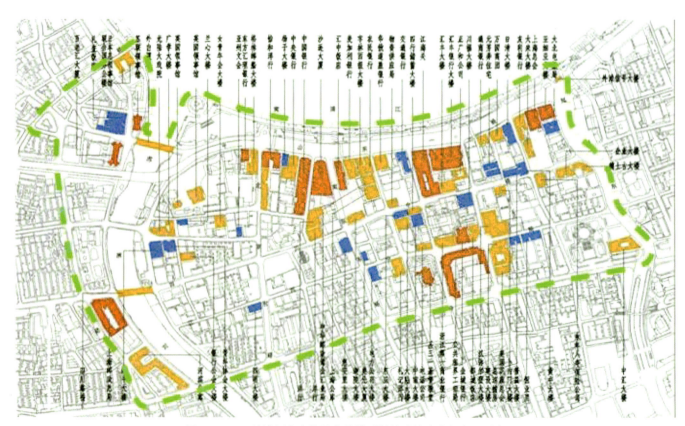

图4.9.5-1 外滩历史文化风貌保护区保护建筑分布图(1999年)

和象征，它代表了旧上海繁荣的商业和金融中心地位，代表了上海中西合璧的独特的建筑文化背景。1996年11月，国务院发布通告将外滩沿线1905年至1935年间建造的建筑群定为全国重点文物保护单位。外滩建筑具有鲜明的欧洲新古典主义和折衷主义风格，风格协调、鳞次栉比的优秀近代建筑群结合滨江绿化带，组成上海市中心区的一个独特风貌保护区——外滩。

外滩保护区东至黄浦江、南到延安东路、西至河南中路、北至天潼路，用地面积为99hm²，是1845年上海被强辟的第一块租界，区内现存有大量的近代西洋建筑，大多是18世纪末至1940年代建造的。

外滩沿线建筑群和邮政总局为全国重点文物保护单位，区内有市级优秀近代保护建筑单位79处，其他有一定保护、保留价值的建筑占有较大的比例。外滩建筑群25幢大楼中有11幢银行建筑，以及为之服务的俱乐部、旅馆和办公建筑等。外滩建筑的主要特征具有明显的西洋古典主义和折衷主义风格。外滩建筑历经1873年至1936年的60多年的建设期，建筑群在建材的质感、色彩、建筑高度等方面呈现协调统一，其大部分建筑的立面构图具有明显的三段式划分，底部一般采用粗犷的毛石砌成的基底座，显得庄重轩昂，中段采用通贯2至3层的巨柱廊，上段则是建筑语言丰富的檐部和地标性的屋顶。外滩建筑一般为6层，衬托出分布均衡的百老汇（上海大厦）、沙逊（和平饭店）、中国银行、海关、汇丰（浦发）银行、亚细亚大楼等重点建筑，并以其卓越的形象和特殊的处理形成明显的城市标志。

保护区内的建筑原则上以保护、保留为主，不但要保护单幢风格迥异的建筑，而且更要保护好其街区的原有格局和环境风貌。对可改造的地块，要严格控制建筑的性质、容量和高度，新建筑要与周边的保护建筑的文脉相协调，保护外滩优美、尺度宜人而富有节奏的建筑群轮廓线，同时在风貌区中严格控制建筑高度。对已列入保护的建筑采取保护为主，对未列入保护而质量尚可的建筑尽量采取保留的方法。

图4.9.5-2　外滩航摄图

图4.9.5-4　邮政总局

图4.9.5-3　外滩建筑群

4.10 厦门鼓浪屿风景名胜区

设计单位：厦门市城市规划设计研究院

4.10.1 概况

鼓浪屿是国家重点风景名胜区，全国35个重要景区之一和全国ＡＡＡＡ级旅游区。鼓浪屿曾是外国领事馆区，有中西合璧的"万国建筑"群。鼓浪屿还以"钢琴之岛"、"音乐之乡"的美誉著称于世。鼓浪屿风景名胜区以发展旅游观光休闲度假为主要功能。

4.10.2 规划构思

4.10.2.1 自然与人文、历史与现代的和谐

浪屿宛如牙雕盆景，小巧优美精致，具有优越的自然条件和独特的自然景观，融山、海、林、礁石、沙滩为一体。丰富的人文景观有郑成功雕像、纪念馆、水操台、仿明城、八卦楼、林巧稚纪念园、三一堂、天主教堂、各国领事馆以及许多历史建筑，坐落在绿阴树丛自然景观之中，优雅而和谐。然而，近年来的一些开发建设出现了密度高、体量大、色彩艳丽的现象，有的甚至破坏了自然环境。因此，规划设计中特别注重保护，并使人文景观与自然景观和谐，现代与历史和谐。

4.10.2.2 扩大开放空间，压缩规模

由于历史原因和近期不适当的开发，鼓浪屿局部地段人口过多，建筑过密，体量尺度失衡，严重影响了整体环境形象。因此规划减少人口至1万人以下，拆除有碍观瞻的不良建筑，严格控制建筑总量，疏散建筑密度，尽可能扩大公共开敞旅游空间，提高环境和景观品位。开发建设贯彻"四宜四不宜"方针，即："宜小不宜大，宜低不宜高，宜疏不宜密，宜散不宜聚"。控制建筑容积率在0.3以下，建筑密度10%～15%，绿地率大于55%。

4.10.2.3 保持"步行岛"特色，组织好交通和游览路线

鼓浪屿面积小，景观资源丰富，地形起伏，逐步形成了"步行岛"，岛上没有机动车、自行车。为了适应现代旅游发展的需要，仅在规定游览线路(含环岛路)开通少量无污染的小型电瓶车供游人使用。

图4.10.1-1 区位图

图4.10.1-2 美丽优雅的鼓浪屿

图4.10.2-1 轮渡休闲文化广场总平面

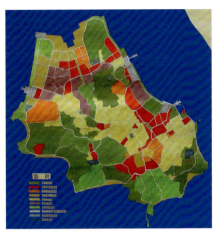

图4.10.2-2 用地布局

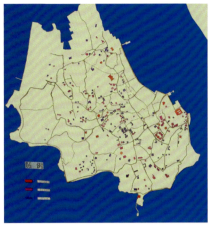

图4.10.2-4 历史风貌建筑保护

图4.10.2-3 道路旅游线路

图4.10.2-5 景观分析、景观控制

4.10.2.4 运动景观系列

鼓浪屿的自然人文景观犹如粒粒珍珠散落在美丽的小岛上，城市设计就是要把这些散落的珍珠串联起来，组成璀璨耀眼的项链。把原有的自然人文景观和新开发的人文景观，通过广场、道路、游览线路(包括水上)组成有序的运动的景观系列，如海景系列、自然风光系列、风貌建筑系列、文化游乐系列、观赏系列、休闲度假系列等。

4.10.2.5 节点

节点是城市设计的亮点，节点的选择主要有人流集散中心、道路游线交会处、重要景点景观区、重要公共建筑(群)、视觉焦点、重要观景点等，其中突出的重点是轮渡休闲文化广场和环岛路的设计。

4.10.3 空间布局

4.10.3.1 "一心二环五区"

一心：以日光岩为景区中心和旅游活动中心。

二环：内外两个互通的环状道路(外环为环岛路)把多功能片区和景区景点连接起来。

五区：东南西北中5个功能区。即：滨海游览购物文化休闲区、自然风景休养度假区、自然风景文化艺术游览区、滨海休闲娱乐区、生活居住区。

4 城市局部范围城市设计（二）：旧城保护、居住区

图4.10.3-1 空间结构

图4.10.3-3 以大榕树为中心的轮渡广场

图4.10.3-2 文化休闲广场

图4.10.3-4 环岛步游道

4.10.3.2 风景游览区划分

①日光岩中心景区；②皓月园、大德记浴场、升旗山公园、毓园景区；③港仔后浴场、延平公园、菽庄花园景区；④鸡母山、英雄山景区；⑤大小浪洞山、文化艺术中心、亚热带植物园景区；⑥笔架山公园、八卦楼、摩崖石刻景区；⑦燕尾山公园、游艇俱乐部景区。

4.10.4 景观控制

4.10.4.1 视线与视廊控制

①外部景观视线视廊有两个层次，一是从鹭江道、海沧、嵩屿及西海域看鼓浪屿，展示鼓浪屿的立面景观；二是从鼓浪屿看厦门鹭江道、海沧新城以及海上景观；

②内部观景视线视廊控制，岛内各景点之间的单向或双向视廊确定视廊控制区。

4.10.4.2 天际线轮廓控制

以山体岩石自然形态为天际轮廓主体，辅以山、石、建筑、雕塑等为控制点，如日光岩、英雄山、升旗山、浪洞山、燕尾山郑成功雕像、八卦楼、轮渡码头等。

图4.10.4 环鼓路局部景观设计

4.11 上海"新天地"广场地块

4.11.1 概况

根据上海城市总体规划，卢湾区太平桥地区是"九五"期间重点改造地区，《太平桥地区控制性详细规划》将这一地区的功能确定为居住、商业、办公和休闲等。同时，该地区又位于思南路历史文化风貌保护区东侧（图4.11.1-1），地区内有全国重点文物保护单位——"一大"会址。1996年方案起步实施后，在"一大"会址东侧修建了人工湖，环境、社会效益显著（图4.11.1-2）。

为了"一大"会址及其邻近街坊（109号和112号街坊）的保护和发展，卢湾区人民政府于1997年8月正式委

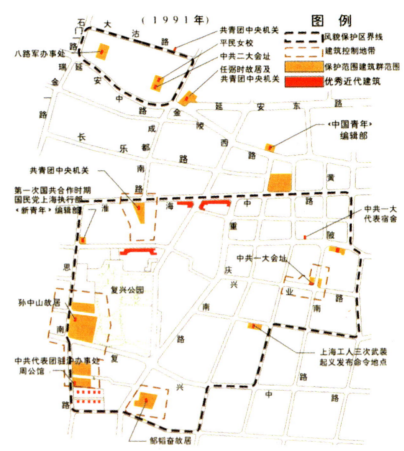

图4.11.1-1　新天地广场地块位于风貌保护区东部

图4.11.1-2　地区鸟瞰

托美国SOM国际有限公司和上海市城市规划设计研究院进一步深入编制了《卢湾区109号和112号街坊修建性详细规划》。

109号和112号街坊位于太平桥地区西北部，109号街坊现状用地面积16913m²；112号街坊现状用地面积16475m²。现有建筑以二类旧式里弄为主，有少量商业和教育设施，建筑质量和环境质量较差，公共设施缺乏。109号街坊东南侧（兴业路106号）为全国重点文物保护单位——中国共产党第一次全国代表大会会址。

4.11.2 规划构思

①保留传统的城市纹理与建筑特征；

②在传统城市纹理的基础上合理演绎新建筑的基本尺度；

③制订一个经济上可行的保护、发展规划；

④控制"一大会址"周围的用地，使其性质与之相匹配；

⑤规划清晰的步行道系统，贯通整个保护区；

⑥加强历史保留区和湖区开放空间系统的相互渗透(图4.11.2)。

4.11.3 保护规划要求

在三个层次上保护"一大会址"周边风貌，控制建筑布局，它们分别为：

①保护范围：完整和完好地保留原有建筑，本项目中为中共"一大"会址，使之成为永久性纪念建筑。

②建设控制范围：这部分建筑或空间由于距保护建筑较近，要控制新建筑的高度、体量、结构、色彩，保持和保留历史性建筑风貌与基本特征。

③建设协调范围：对新建筑进行高度容量控制和外观协调。这个范围内的建筑开发量成为两街坊开发量的经济平衡因素，不同功能和新使用者的需求要求这些建筑空间的处理方式要有所突破创新，但必须使这些建筑和保护建筑相互协调。

为使109、112街坊能更符合现代使用要求和更好地维护区内的历史风貌，两个街坊应保持较小的建筑尺度和较低的建筑层数，质地较细，纹理均匀，以便与湖区一起形成整个太平桥地区相对开敞的空间。109和112街坊借鉴西欧中世纪街区不规则路、广场布置方式，使传统空间更具人情味；整个109街坊以及112街坊的北半部，建筑体量与屋顶形式必须与保护建筑统一；占地和体量较大的建筑如剧场应设置在112街坊的南半部；黄陂南路沿街立面需要重点处理；相邻街坊新建筑的设计应与传统尺度色彩相协调。

4.11.4 空间格局

把109街坊内多个广场连接起来，形成南北向序列空间主轴，与东西向兴业路步行街副轴形成十字形开放空间格局，以适应参观游览人群在

图4.11.2 新天地广场全景

图4.11.4-1 新天地广场总体布局示意

"一大"会址周围活动的需要，同时，也将109和112街坊步行系统、人工湖有机地联系起来(图4.11.4-1、图4.11.4-2)。

南北主弄在广场中起主导作用，东北角太仓路弄堂口为广场入口的口门节点，左右两旁是星巴克咖啡店(Starbucks)和上海东魅会所的石库门，以及东面墙角黑色大理石与玻璃建造的现代风格的瀑布水池(图4.11.4-4、图4.11.4-5)，预示旧式里弄具有今天的现代生活内容。主弄两旁是原来的青砖与红砖相间的清水砖墙和保留下来的弄堂口或石库门(图4.11.4-6、图4.11.4-7)。其中，法国酒吧会所(Le Club)旁具有明显西洋风格的原明德里的弄堂口和作为日本亚科音乐厅(ARK)主楼的那幢典型的两厢一厅的3层楼住宅(图4.11.4-8)，以及法国乐美颂歌舞餐厅(La Maison)旁原敦和里的9个朝东的石库门(图4.11.4-9)，被保留下来作为南北主弄的重要题材和现代生活的公共休闲场所。原石库门的黑漆木门被换成玻璃门窗，人们可以从门外看见里面的现代化陈设和活动情景(图4.11.4-3)，空间有宽有窄，为一簇簇的露天餐座或茶座提供了室外空间(图4.11.4-10)。在主弄的中段，通道被拓宽成为一个小广场(图4.11.4-11)，这里正好集中

图4.11.4-3 室内通过玻璃门敞开，一览无余

图4.11.4-2 总体布局与原有建筑

图4.11.4-4 左方为北里太仓路入口

图4.11.4-7 原昌新里的弄堂口

图4.11.4-5 北里太仓路入口

图4.11.4-8 ARK音乐餐厅

图4.11.4-6 傍晚的广场

图4.11.4-9 原敦和里一连9个朝东的石库门

图4.11.4-10　南北主弄

图4.11.4-11　主弄中段的小广场

图4.11.4-12　Luna餐厅是现代式的

图4.11.4-13　Luna餐厅内部

图4.11.4-14　法国乐美颂歌舞餐厅

图4.11.4-15　法国乐美颂歌舞餐厅店前一排9个清一色的玻璃石库门和阳伞

图4.11.4-16　"屋里厢"的入口

图4.11.4-17　玻璃拱顶

图4.11.4-18　兴业路的风貌保护

图4.11.4-19　从北里望向南里

了好几个餐厅、专卖店、艺术展廊如玻璃工场等的出入口。支弄可以深入到每个角落。主弄地面铺砌的主要是花岗石，而支弄地面则全部铺以从旧房子拆下来的青砖。Luna餐厅(图4.11.4-12、图4.11.4-13)部分采用了现代风格和玻璃幕墙，但其尺度与色彩，特别是在新与旧的交接上十分注意把包含到内部的原来弄堂——昌新里的一部分作为其内部一个内院餐厅，内院的一面墙是石库门。法国乐美颂歌舞餐厅把敦和里的面貌几乎完全保护下来，内部改建简洁、柔和(图4.11.4-14、图4.11.4-15)。主弄在接近兴业路时是一段上面覆盖了玻璃拱顶的廊——又一口门节点(图4.11.4-16、图4.11.4-17)。两侧是商店与进入石库门展览馆——"屋里厢"的入口，也预示了南里的开始。上海坊是历史保护区最南面密度较高的商业区内的开敞空间，有很多室外活动和大量人流；二层平台为群众文艺表演和商业推销活动提供舞台；在L形广场的转角处规划了一座钟楼，提供一个导向标志；广场的绿化以单植树和花坛为主，座椅与树结合；规划布置喷泉；上海坊作为多种室外活动的场所，可配置适应保护区开敞空间使用的有中国特色的城市环境小品。

兴业路步行街按街道形式设计，需要时可允许贵宾车辆、救护车和消防车等出入。广场南里沿新业路认真地保留了原兴业路上的旧时里弄场景(图4.11.4-18、图4.11.4-19)，而广场南端几幢高约20m、乳白色的纯现代风格的商业与娱乐性建筑(图4.11.4-20、图4.11.4-21、图4.11.4-22、图4.11.4-23、图4.11.4-24)构成了广场南部的旧式里弄风貌与广场对面的现代高楼的一个过渡。南里的时尚广场在演出摇滚乐的时候确实需要一个体量较大的现代化背景。广场北里安静、文雅与高消费,而南里却是热闹、随意与比较大众化的,为此,在规划与设计中应考虑意向转换。

事实上,这里几乎所有的旧屋均要经过大兴土木与脱胎换骨才能更新使用,因而其成本(动迁、修缮、更新、改造)高达2万余元/m²,如作为居住之用显然难以操作运营。

4.11.5 街道规划设计

为保护历史保护区和改善步行环境,限制过境交通,规定保持原控制红线。其中,兴业路:红线宽度为12m,步行为主,行道树沿用法国梧桐,路灯采用古典形式;黄陂南路:从湖滨路到自忠路段红线宽度为12m,行道树是法国梧桐,采用古典形式路灯;马当路:红线宽度为24m,也是布置法国梧桐,采用标准路灯;自忠路:红线宽度为20m,沿湖绿带采用另一特色树种;太仓路:红线宽度20m,仍保持双向交通,采用标准路灯。

此外,本项目实施中积累了历史保护(Perservation)建筑周边调整功能、整治环境交通、开展保护性改建(Conservation)的建筑装饰等处理手法,包括从运用市场手段保护历史文化的经验。今后太平桥地区的继续改建需要根据城市及地区新的政策、计划、市场态势,研究规划和进行实施。

图4.11.4-20 兴业路步行街

图4.11.4-21 从兴业路向东望一大会址和黄陂南路

图4.11.4-22

图4.11.4-23 新天地广场自北而南的鸟瞰图

图4.11.4-24 新天地广场沿马当路的新建筑有可能成为广场内低矮的石库门房子同对面即将建设的高层建筑的成功过渡

4.12 居住区* 城市设计概述

4.12.1 概况

居住，既是城市四大基本功能(工作、居住、休憩、交通)有机组成部分，又是现代大城市病(过密、拥挤、污染、住宅紧缺)的相关主题。居住环境与人关系最为密切，因此，它是衡量城市生活质量的关键。

居住涉及城市全体居民，"以人为本"的原则在社会主义中国就是以全体人民为本，要使人们居住条件不断改善、安居乐业；在富裕住区锦上添花的同时，更应致力于提高低收入者住区的生活和环境质量，为人民大众创建舒适、方便、优美和富有特色的住区环境。

居住区是城市最基本的用地，住宅建设占城市总建设量一半以上，房产业已成为我国国民经济支柱产业。通过城市设计提高住区环境质量，具有巨大经济效益和社会效益。

改革开放后我国城市化快速发展，人们对住房的需求猛增。以特大城市为代表，随着高层高密度住宅的开发，出现了人性化空间消失和绿地紧缺的问题；环境设计中有的住区铺砌过多，绿化重草轻树；有的盲目仿欧仿古，影响历史建筑保护。另外，环境污染、交通干扰也日趋严重。近几年来，"城市设计"、"国际咨询"有时被误导，用作为不良开发规划和房产项目的包装，失去其原意。改革开放以来全国新建住区中，能体现真正城市设计内涵的优秀住区不多。因此，大力倡导和开展住区城市设计已成为当务之急。

4.12.2 城市设计目标

功能第一、环境宜人、人的尺度、人景交融是居住区城市设计的基本目标。

住区城市设计在满足居民基本活动需求的同时，必须更加注重"人"的生活质量和素质的提高；必须具有适应性、灵活性和公正性要求，以创建舒适、宜人、优美而富有特色的现代人居环境；运用城市设计语言提高新建、改建、更新、改善维护等不同类型、不同规模和不同发展时期住区的可居住性；深化完善其规划、设计、实施质量；为建立城市设计运作体系以形成良好的人居环境奠定坚实基础。

4.12.3 城市设计理念与运用

4.12.3.1 住区城市设计的特性

住区城市设计要以居民行为方式和心理感受的综合分析为基础，运用城市设计语言，重点对住区内建筑群体的体量、尺度、比例、关联、色彩、气氛和环境整体进行创造性的综合设计。

居住功能、环境、活动、行为、尺度……有类同性，住区物质要素，尤其是住宅，质地(texture)细、组合混和容易形成均匀纹理(grain)，有利于建构整体、有机和谐的城市肌理(urban fabric)。因而，做好住区城市设计，是形成整体城市设计的基础。

然而住区城市设计的效果又是脆弱的。一些住区毗邻体量大、视感不良的非居住建筑；毗邻交通干线或有交通穿越；或者住区本身规划开发强度过高、建筑设计理念不良等，都会导致不良后果。反之，依山、面水、毗林、向景、迎阳迎主导风、近标志性建筑，或拥有良好的造景设计环境，都可能产生良好的效果。

*注：泛指大型居住地区、居住区、小区、街坊、里弄以及住宅聚集地等，本文统称住区。

所以，住区城市设计必须纵观全局、统筹兼顾、慎之又慎。

4.12.3.2 居住区城市设计的理论源

住区建设量大、面广、多样，住区城市设计理论必须博采众长，联系实际，开拓创新。理论源包括：道萨亚迪斯(C.Doxiades)Ekistics理论(亦称人居理论或城市化理论)；林奇(K.Lynch)的《城市意象》、《总体设计》理论；西特(C.Sitte)的《市政艺术》；吉伯德(F.Gibberd)的《市镇设计》；培根的《城市设计》(关于设计结构、同时运动系统、图底关系等论述)；哈格(M.Harg)的《设计结合自然》；"第十小组(Team 10)"的场所理论；韦恩·奥图等的《美国都市建筑——城市设计的触媒》，以及我国传统风水理念

的精华等。这些都提供了可借鉴的理论源，供城市设计师联系住区实际整合创新。

"第十小组(Team 10)"总结的关于"好的城市设计"的主要概念包括：场所(Place)、多样性(Variety)、连贯性(Contextual)、渐进性(Incremental)、人的尺度(Human Scale)、通达性(Accessibility)、易识别性(Legibility)、适应性(Adaptability)，它们都是对住区城市设计的要求。日本横滨都市计划局提出包括眺望、散步道、标志、历史文物、水边、小品、中心公园、路标、花园道、水、街景、艺术品、商业街(Mall)、立面、广场、趣味、街角、照明、林阴道和广告等20项城市设计主题，也是住区城市设计中应当考虑的。

4.12.3.3 塑造空间

住区城市设计是研究住区各项物质要素在四维时间—空间关系上的安排，是以居民为主体，协调人与人、人与运动、人与建筑、建筑与建筑之间关系的综合设计。空间环境塑造是住区城市设计的命脉。

在住区合理的规划开发强度的基础上开展城市设计，首先就要求住区建筑实体合理集中，形成住区空间体系、空间节点序列和空间网络。从城市设计的实质看，没有空间就没有城市设计，"过密一无所获"。空间网络必须和规划组团结构结合，与绿化旷地、步行系统结合起来，在土地细分、空间组织及小品配套等方面要考虑空间的综合使用和兼容性要求。

如：将住区图书馆、文化馆同商

图4.12.3　慕尼黑一居住区的活动中心方案(图片来源：朱家瑾编，《居住区规划设计》，中国建筑工业出版社)

店、健身中心结合,既提高空间使用效益,又扩展了交往空间,增强设施的吸引力。住区公共空间是展示住区环境品质的视域,其城市设计要兼顾各种使用要求。德国慕尼黑一居住区的活动中心方案(图4.12.3)较好地体现了住区塑造公共活动空间的城市设计效果。

4.12.3.4 关注运动视感

生活是一连串感受的连续流,住区城市设计的目的就是要影响使用空间的居民,使他们得到连续不断的感触和意象。住区每个视点产生的印象必须是连续而和谐的。"路"或"路径"(Path)是居民视觉运动的渠道。慢速运动主要感受的是"边缘"(Edge),即界面细部的质感,或粗或细;居民快速运动主要感受不同质地混和,即"纹理"(Grain)的均匀或不均匀,以及是否形成韵律。两者还将显示毗邻"区域"(District)的特征、"节点"(Node)的内聚性以及"标志"(Landmark)性建筑、重点建筑的支配和次支配感。住区城市设计在充分考虑地方特点、历史文化和生态环境条件的同时,重视上述要素的设计是确保住区空间环境质量的基础。

4.12.3.5 形态格局

形态格局是意象要素的载体,要求整体和谐、有秩序感;要求格局结构明晰、可感可读。住区建设快速发展时期,住宅产业化带来的统一性不能造成景观单调;多元、断续发展带来多样性,但不应导致杂乱无章。组团内,宅间空间结合住宅体型组合,应形成可供活动的向阳、方位良好的空间,依托组团、邻里、里弄、院落组织的这种小、多、匀半公共空间,应引向公共旷地系统,并有利于组织多种功能活动。住区建筑宜朴素,色调一般宜淡雅协调。住区城市设计除了住宅群体空间、道路景观和绿地外,重点对象应该是公共活动中心空间序列和小区标志物形象的环境布置。住区公共中心建筑应重点处理好,以突出标志性建筑的丰富性和独特性,有利于打破住宅组团建筑的单调。住区形态格局设计要因地制宜,做到结合地形,节约用地、能源和建材。

4.12.3.6 文脉与识别性

尊重自然环境、历史发展、已有规划设计精华,就是尊重相应文脉,并与住区识别性和特色相辅相成。尊重自然,就要将天时地利、自然赐予的要素尽可能纳入住区城市设计加以利用和发扬。要尽可能避免扰动自然环境,恣意开山填海,破坏植被,或大范围填土推丘挖湖,糟踏有机表土,都是不尊重自然的表现。

旧城历史地段住区必须注意保护、保存与更新的协调发展。应体现城市传统形象和突出所在住区的识别性、标志性、特色和吸引力,通过历史建筑符号、格局语言的运用,恰当地延续历史文脉。充分考虑地方特点、历史文化和生态环境条件,形成人文、自然有机交织的住区环境。大范围仿古是不合适的。近代住宅的格局形式可以借鉴和推陈出新,已建住宅的扩展应发掘其优势并予以深化完善和整合。

标志性建筑是对住区环境识别性或导向性的重点,通过空间的连续性和统一对比,有韵律、有层次地引向标志物,有机、有序地达到优美的空间效果。

4.12.3.7 赋予场所新的内涵(空间+活动=场所)

充分利用住区空间网络、公共旷地、公共建筑、环境设施,组织反映现代生活特征的多种社区活动功能,包括学习、科普、文化、娱乐、健身、社交、休闲、医疗等,形成不同"人群"、多元文化共存的空间环境品质。城市设计要注重住区空间的多功能,各项活动各得其所,使住区真正成为宜人的、有文化科技内涵的、人性的、友善交流的多元活动场所。住区城市设计应突出所在住区各类空间的场所感、特色性和吸引力,探寻并注意保留原有的人文活动脉络。

步行是居民最基本的行为之一,愉快安全的步行空间是住区公共空间体验的主要场所。结合住区步行空间的布置,明确住区公共空间的活动主题,有利于赋予住区活动场所新的内涵。

4.12.4 管理与实施

必须将住区城市设计视作一个独立的工作阶段。首先,要在形成良好的住区规划基础上,提出城市设计任务,然后落实城市设计,并与原住区规划整合,经审定后实施。对确定的住区一期实施项目还要提出城市设计实施导则。

住区城市设计实施应善于将住区环境的历史信息加以吸收提炼,融合在现代设计语言中,维护、养育具有地方特色的住区文化脉络。要注意邻里空间的中介过渡与交往性,重视小街、小巷、古树、小广场等环境要素的运用和住区商业中心的设计,给居民一个互动、可传的认同感和文化归属感。上海国际住宅设计竞赛一等奖方案就较好地体现了这种要求(图4.12.4)。

对重点区域、视觉走廊、主要景观带的建筑开敞空间、住宅风格、广场设置、绿化、雕塑、小品及灯光照明烘托;对架空线网、路灯、标识、灯箱、广告、书报亭、公交站点、车辆停放；对外挂空调及排水、室外晒衣、垃圾废物箱的设置等景观要求，规划、设计、管理之间要密切配合，推动住区环境要素之间美化的协同构筑。对住区城市设计的重要对象，其位置、控制范围、配置指标、功能和形式要求必须精心考虑。绿地、室外场地和小品处理得好对环境设计可以事半功倍。

让居民参与设计是住区城市设计和物业管理结合点。按居民(业主)的需求安排住区设施，让开发商、居民介入物业管理的全过程。运用走访调查、研讨会、展览、物业咨询和方案竞赛等形式，集中居民有关对建筑造型、结构、外墙、装饰材料、色彩、花园、植物等设计的意见，作为住区城市设计依据之一。

住区城市设计在居民参与的基础上，应以法规、条例形式进行推进，以协调控制所有建筑环境设施的建设。对有助于形成良好的住区环境的开发(如增加开放空地、设置公共文化休闲设施等)，采取鼓励诱导政策，如：容积率转移(TDR)、放宽高度限制、容积率奖励等，以创造富有魅力的住区环境。

图4.12.4　上海国际住宅设计竞赛一等奖方案效果图之一
(图片来源：《上海住宅设计国际竞赛获奖作品集》，中国建筑工业出版社)

4.13 上海新康花园

新康花园位于上海淮海中路1273弄，建于1934年，由英国马海洋行负责设计。建筑采用混合结构，为西班牙式住宅，占地面积1.3hm^2，建筑面积0.93万m^2，容积率为0.7。

建筑单体由11幢2层公寓和4幢5层公寓住宅组成。总平面采用鱼骨式的对称布置，总弄宽敞，直通复兴中路。2层公寓全部采用分层叠合、复式(Duplex)处理，底层和楼层分户出入，互不干扰；2层公寓每户南面设小花园，种植统一的雪松，绿化布置形成协调的花园空间；红色筒瓦坡屋顶，淡蓝色外墙和小花园围墙与绿化形成丰富的色彩。4幢5层公寓的四、五层为跃层式单元，立面采用角窗；对称围合成弄内的集中旷地，在复兴中路南入口形成良好的口门视觉效果，与北侧入口转折形成对比。在弄内设集中车库。

新康花园是保护颇好的一组西班牙式的花园公寓住宅小区，环境幽静，建筑装饰考究，已被列为上海市文物保护单位。

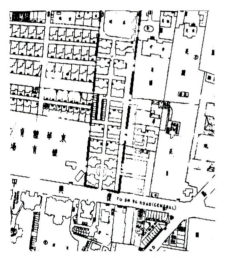

图4.13-1　总平面图(1947)

图4.13-2　入口

图4.13-3　航摄照片

4.14 上海陕南邨

陕南邨位于上海市陕西南路151-187号,由葡萄牙建筑师李维设计。建于1930年,占地面积1.4hm^2,建筑面积2.1万m^2,容积率为1.5。

由16幢4层点式公寓住宅组成。建筑单体为砖木结构,点状,一梯二户,进深较大,达17m。总平面采用错列式布置,体型活泼,用地紧凑,建筑间距为1:1。总体平面布置利用点状错列式布置和转角窗的合理采光,较好地解决住宅日照的要求。住宅底层不设单独围墙,充分利用建筑间距种植高大乔木,形成住宅小区较好的绿化环境。住宅屋面采用坡顶红瓦,与简洁的建筑外墙色彩较协调。

上世纪60年代初,陕南邨点式住宅设计格局合理提高密度、兼顾环境和空间变化的经验运用于上海蕃瓜弄棚户区改建,后推广。

图4.14-2 航摄照片

图4.14-3 住宅外貌

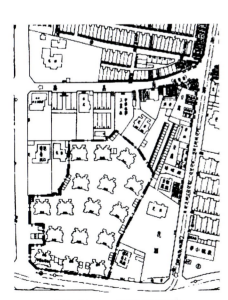

图4.14-1 总平面(1947)

图4.14-4 小区住宅群

4.15 上海古北新区Ⅲ区

设计单位：法国里昂城市开发公司
　　　　　上海市城市规划设计研究院

古北新区位于上海市区西部、虹桥新区西南侧，总面积约136.61hm²，分为Ⅰ、Ⅱ、Ⅲ区。其中古北路以西的Ⅲ区自1986年起规划开发，并以其独特的空间形态和居住氛围而成为上海涉外住区的典范，被评为1990年代上海十大新景观之一。

4.15.1 功能布局

古北Ⅲ区总用地52.34hm²，总建筑面积约39万m²。自西向东依次布置低层别墅、多层住宅、小高层住宅和高层住宅。其间布置了一处2层会所，为小区内居民提供餐饮、文娱、会务、展览等多项健身服务。小区水城路入口的东南角建有大型的家乐福超市。Ⅲ区的教育设施包括一所小学、一所幼儿园，Ⅰ、Ⅱ区内还建设一所九年一贯制学校和幼儿园、托儿所各一所。古北路沿线预留数幢高层办公建筑。

4.15.2 道路交通

古北Ⅲ区周边的延安西路、虹许路、古北路分别为城市快速道路、主干路、次干路。整个小区的道路网呈"T"形加环路的形式，避免过境车辆穿越。小区道路又分两级：主要道路红线宽为24m；支路红线宽18m。为有利于建筑布局，道路间基本为垂直交叉。

4.15.3 空间形态

古北新区Ⅲ区的规划，吸收法国新城经验，采用对称格局：以横贯东西的黄金城道为主轴，区内设若干南北向的副轴。轴线的交叉处与尽端布置若干休闲广场，西端以一抬高的平台广场和一组较高的建筑作为主轴的高潮和终端。同时，建筑与广场相互穿插形成轴线两侧张弛有序的建筑界面，强化轴线空间的变化和节奏，并

图4.15.1　功能结构分析

图4.15.2　道路系统规划

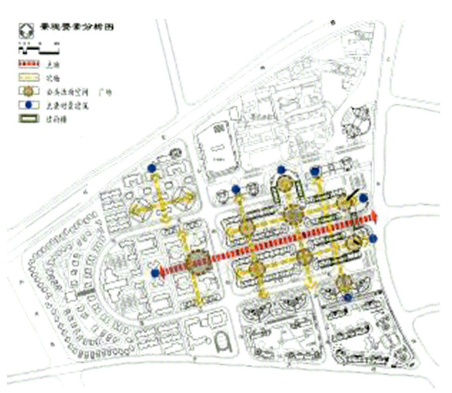

图4.15.3-1　景观要素分析

采用过街楼、拱门等建筑处理手法进一步丰富轴线的空间序列感。

主副轴的交叉处与终端的休闲广场是重要的公共活动空间。广场平面设计为半圆形、方形、椭圆等几何形状，并通过绿化、地面铺砌、高差、水景、小品的精心组织，体现小区景观。此外，组团内的庭院空间也是主要的公共活动场所，是公共空间到私密空间的过渡，其设计风格与小区广场相协调。同时，连续、规整的建筑立面所界定的街道空间形成富有特色的公共空间。较多的建筑退界(10m以上)营造亲切宜人的街道尺度(路幅比1∶1.5～1∶2)；宽阔的人行道布置了绿化、花坛、小品、座椅等供行人观赏休憩，同时多处过街楼的设置增强了街道空间的纵深感。

建筑单体与组群的设计吸收了法国传统与现代住区建筑空间处理手法和建筑语言的精华，结合新技术、新材料的运用，与整个小区的空间格局与风格相协调。建筑组群强调对称、围合、连续、对景，以及行列式的多层(5层)或小高层建筑(10层)与局部的高层建筑(13、23层)的对比变化，形成丰富、有序、宏伟的空间景观。中国四合院式的建筑平面布局也得到运用与发展，如钻石公寓旋转45°布局的6层围合建筑，以略大于1∶1的建筑

图4.15.3-4　夜景

图4.15.3-5　小区水景

图4.15.3-2　规划效果图

图4.15.3-6　小区绿化

图4.15.3-3　建筑群外貌

图4.15.3-7　过街楼

间距和转角跌落处理形成居民户外活动的向阳内庭。

小区的核心部分荣华东道、黄金城道两侧建筑采用古典三段式、拱门、圆柱等传统建筑语言，与现代建筑设计手法相结合，形成和谐的整体。周边的多层住宅、别墅则采用现代简洁的建筑语言，并注意色彩协调。

4.15.4 开发机制

古北新区Ⅲ区能够建设成为设施完善、风格协调、管理先进的居住区，得益于其良好的开发机制。1986年12月成立古北新区联合发展公司，负责新区开发建设。依据统一规划、统一设计、统一开发以及先地下、后地上的原则，近期建设与远期规划结合。做到道路、市政设施先行，并对绿化、公益型公共建筑等进行统筹协调，形成完善的配套和良好的投资环境。严格按照规划与建筑设计要求进行建设，不盲目增加地块容积率，保持整个小区风格的完整统一。小区建成后完善周到的物业管理使得房价虽然大大高于周边地区，但是仍保持着较好的租售业绩。

当然，项目实施后也发现由于强调空间的围合、对称，产生了部分朝向通风较不利的住宅单元；环境设计中偏重于硬质景观的设计，绿化率和停车位数量也需提高。

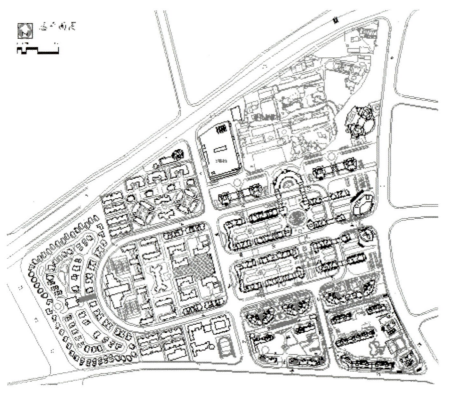

图4.15.3-8　规划总平面

图4.15.3-9　小区外观

4.16 上海万里示范居住区

4.16.1 概况

万里示范居住区是上海市政府在1996上海国际住宅设计竞赛后，为了推动住宅建设整体水平的提高而确定的四大示范居住区之一。万里示范居住区位于普陀区的西北部，通过国际方案征集优选，采纳法国夏邦杰事务所规划设计方案，并与华东建筑设计院等合作深化实施。总用地224hm²，建筑面积215万m²，居住人口约6.3万。1997年启动，于2002年全部建成。

4.16.2 规划

规划按照"以人为本"的原则，从社会效益、经济效益和环境效益出发，对居住区的功能布局、道路交通、公建设置、绿化环境、空间形态等方面做了整体规划设计。

4.16.2.1 功能

万里住区以真华路和新村路为界分为北、东、西三大片居住小区和一部分发展备用地，共18个街坊。区内设1处居住区中心、3个小区中心、1所市级重点中学、2所中学、3所小学、4组幼托和3座敬老院，并均合理分布。区内有机地布置了四纵一横5条绿化带，每个住宅街坊均有一侧毗临绿带，其中一条绿带宽约100m，其余30m，为居住区带来了盎然的生机。

4.16.2.2 道路交通

万里居住区道路交通呈正交方格网，而以新村路(35~52m)和真华路(35m)为主要道路骨架；区内其他道路(20~24m)和总弄以新村路为基准分别与之平行或垂直。居住区内的道路交通组织分为允许车行和限制车行两种。后者通过断面和设施的规定，控制其在城市道路上的出入口。

4.16.2.3 公建设置

万里居住区的公建配套分为居住区级和居住小区级两个级别。居住区中心公建群规划位于真华路东、新村路两侧、大场浦以西的6号街坊和11号街坊，既相对独立，又是整个居住区人流集聚点和交通枢纽。各居住小

图4.16.2-1 规划总平面

图4.16.2-2 绿化布置

图4.16.2-3 标准住宅组团

图4.16.2-4 小区实景

区中心设于各小区的交通节点上，均临街布置，方便居民的出行使用。为适应人口老龄化趋势，万里居住区在每个小区中心内都规划安排了规模适中与设施完整的敬老院，相对独立设置于小区中心，提供休闲娱乐交流的空间和一定数量的床位及康复娱乐设施。

4.16.2.4 绿化环境

万里居住区的绿化设计是整个方案的精髓。公建绿地、道路绿地与沿河流绿地形成完整的绿化系统。居住区绿地率达50%，四纵一横5条绿带构成了全区的格局结构和景观框架。横轴—新村路道路绿化东西向横贯居住区；4条纵轴一主三辅，主轴净宽100m，长1km以上，与两侧的高层住宅楼宇相结合形成了居住组团空间形态的中心；3条辅轴宽度也在30m以上，分设于主轴两侧，长宽不一，伸缩有致。绿轴作为各居住区的公共开放空间，根据规模、区位，以不同的表现手法，配置各种休闲、娱乐、赏景和标志性的构筑物，为居民提供了近在家门和户外交流、沟通的场所空间。

4.16.3 城市设计理念要素

(1)绿轴路网格局 绿轴与支路路网整合，划分出与新村路正交、均衡的发展用地格局，为开发母题(街坊、组团)奠定基础。"一主三辅"绿轴段作为毗邻住宅组团的公共活动空间，并以关联性、识别性形成有连续性的整体。南北绿轴构成强引风通道，有利于住区生态。

(2)母题 入选方案以回字形多层住宅组团为母题，似感单调，日照不良。深化后，因地制宜有机变化，又具有统一性。点式高层住宅成组成带，体型方位合理变化，日照视线遮挡小，空间视感富有变化，成为辅助母题(Motive)。建筑格局中，质地粗细分明，分布混合形成均匀纹理，从而使整个格局机理规整、有机、有序。母题也是构成东、南、北3个"区"(District)整体感与识别性的基本要素。

(3)标志性建筑 地区中心两幢标志性高层建筑突出中心，加强其内聚性，又是新村路东进、西行的对景和导向标志(Symbol for orientation)。主绿轴北端这两幢高层公寓提供视觉焦点并限定南敞北闭的空间。

(4)高层带 保持必要的开发量，强化、界定绿化主轴空间，两侧高层带界定东、南片区的"边"(Edge)，烘托东西入口口门(Gate way)视觉构图。良好的景观、观景效果将提高房产市场价值。

(5)实施 整体规划设计思维合理，实施应能取得城市设计的相同效果，关键是设计必须落实规划理念。绿轴的设计、造景、种植、小品和建筑的造型、群体色彩必须继续深化研究和完善实施。

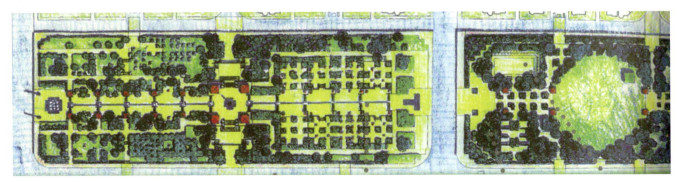

图4.16.2-5 绿化主轴

4.17 湖州东白鱼潭居住小区

设计单位：中国建筑技术设计研究院

4.17.1 概况

东白鱼潭小区位于湖州市区东北部，距市商业中心3km。总用地15.92hm²。

小区用地范围东西短、南北长。区内地势平坦，大部分为农田桑地。自然地坪标高（黄海高程）1.8～2.0m左右。河流由西向东南蜿蜒曲折穿区而过。少量村庄地势相对较高，沿河

图4.17.1-1 规划模型

图4.17.1-2 规划总平面

而建、布局零乱。

东白鱼潭小区是建设部第三批全国住宅小区试点工程之一，是湖州市政府面向百姓实施"安居工程"的主要项目。规划按照"**造价不高水平高，标准不高质量高，面积不大功能全，占地不多环境美**"的建设要求，充分体现现代人的生活居住方式，以建设具有江南水乡优美居住环境、完善的服务设施、丰富的人文景观的21世纪新型住宅小区为目标。

4.17.2　城市设计理念

①从小区与城市以及自然环境的关系构成出发，体现交通便捷、环境亲切、居住舒适和安全性要求。

②利用自然地形，因地制宜，体现地方特色，使小区成为城市中人工与自然环境相结合的社区。

③充分体现"以人为本"的规划思想，尊重自然，重视环境保护，人车分流。

4.17.3　城市设计手法

①借景

将郊外山体等自然环境景观引入城市小区。小区西侧利用现状保留的东白鱼潭河流空间，将郊外仁皇山景引入小区中心绿地，使中心绿地显得自然开畅，与城市环境达到良好的结合。

②构景

利用自然地形，延续历史文脉，构建小区现代居住环境。保留了东白鱼潭河流水系，体现江南水乡城市"千溪遍万家"的布局特点，因地制宜地利用了东白鱼潭水系，构筑了现代居住临水人家。设计了"小区—组团—院落"三级结构，即1个小区、5个组团、15个院落。形成了"鱼潭映月荷花香"的人居环境，延续了江南水乡环境风貌和庭院传统文化特色。

③组景

小区主入口设在南侧，与城市公交、居民进出联系方便。太湖石作为小区主入口标志，具有强烈的导向性和识别性。从主入口往北形成南北轴线，将主入口标志、道路桥梁、河流广场、绿地柱廊、踏步庭院、树木门楼、建筑色彩等环境要素有机组织起来，通过对景、借景、衬景等多种处理手法，使周围环境与建筑形成高低错落、进退有序活泼的空间界面和良好的视觉景观。东西向自然与人工环境相结合的景观轴线，通过河流、石拱桥、文化活动中心、小区中心绿地、幼儿园、网球场、游泳池等活动空间的有机组织，打破了小区建筑的行列式布局，丰富了小区中心内部空间景观。

④环境设计

公共绿地设计注重环境整体效果，细部设计体现"以人为本"。沿河步行道环境设计充分考虑老年人、小孩行走特点，缓坡起伏小，并结合保留的树木、水面设计绿化、亭廊、休闲座椅等活动空间，使环境更趋亲切。运用环保和生态的理念种植乡土

图4.17.3-1　保留水系

图4.17.3-2　临水住宅

图4.17.3-3　小区广场

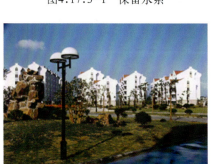

图4.17.3-4　小区沿路景观

图4.17.3-5　环境设计局部

图4.17.3-6　石拱桥

树种，形成个性鲜明的金桂苑、塔松苑、桃李苑、翠竹苑、梅林苑等5个各具特色的居住组团。

庭院设计了半公共空间、半私有空间，为相邻住宅的老年人、小孩设计交往休息游玩场所和活动设施，空间层次丰富，领域感较强。住宅建筑在体现江南民居建筑特色的基础上，吸收现代处理手法，进行传统创新。采用现浇坡屋面，利用坡顶大小、长短变化、相互参差组合的退台形式，错落有致地勾勒出丰富的天际轮廓线，并使传统的老虎窗和厢房等建筑符号与居住实用性得到很好结合，再现了湖州江南水乡环境建筑与风貌。

4.17.4 综合效益

小区规划总用地15.92hm²，总人口6493人，总户数1855户。总建筑面积17.05万m²，人均公共绿地3.44m²，绿地率42%。1998年小区建成以后，为市政府加快旧城改造，解决安居房起了一定作用。

图4.17.3-9 太湖石

图4.17.3-14 小区空间色彩处理

图4.17.3-10 小区绿化

图4.17.3-15 中心绿地

图4.17.3-11 小区河流空间

图4.17.3-16 步行空间与河流

图4.17.3-7 小区中心空间

图4.17.3-12 环境小品

图4.17.3-17 小区庭院

图4.17.3-8 住宅与河流

图4.17.3-13 小区道路

图4.17.3-18 小区中心环境

4.18 湖州碧浪湖居住区

设计单位：中国建筑技术研究院

4.18.1 概况

碧浪居住区坐落于湖州碧浪湖畔道场山下，距市中心商业区约1km。现状用地以农田和桑地、居民宅基地为主，平均地面高程1.80m左右(黄海高程)。居住区近山面水，可远眺南郊风景区道场山万寿寺，可俯视碧波粼粼的碧浪湖。享有盛名的湖州中学和市体育馆距居住区约400m；与市环城医院和碧波湖小学联系十分方便。整个用地形态东西长约2000m，南北宽约600m，总用地103.42hm²。

居住区总建筑面积约70万m²。一期工程已建2个小区，总用地为25.23hm²，总建筑面积25.16万m²，

图4.18.1-1 规划总平面

图4.18.1-2 小区详细规划图

建筑开发强度为1.0。总居住户数2328户，居住人数7449人。

4.18.2 城市设计特点

体现传统建筑与现代江南民居布局的有机结合，以"营造湖州水乡传统建筑风貌和现代景观特色空间"为目标。

4.18.2.1 引入南郊绿色景观

将河流、道路、区内住宅、公共建筑有机组织在一起，形成空间视廊。6条景观通道将道场山万寿寺塔景观和十里青山、万顷碧波形成居住区的借景，使居住区内空间景观与远山近水取得联系，并通过它将郊野自然景观引入市中心区。

4.18.2.2 利用地域独特的地理环境，创造地方建筑特色

充分利用区域内独特的山水自然环境，在居住区中设计东西向生活性绿轴，形成不同层次的公共空间和节点，将人的活动和绿色景观组织在一起，力求体现水乡城市环境风貌。

图4.18.2-3　小区住宅外貌

图4.18.2-8　环境小品

图4.18.2-4　宅间绿地

图4.18.2-9　亭廊

图4.18.2-5　牌坊建筑

图4.18.2-10　休息空间处理

图4.18.2-1　住宅立面处理

图4.18.2-6

图4.18.2-11　组团绿地1

图4.18.2-2　小区中心绿地

图4.18.2-7　小区绿化

图4.18.2-12　组团绿地2

居住区公建与住宅布局、道路广场、庭院设计充分利用和保护好内外河道水系和古树名木。沿河设置20～30m宽滨河绿地与亲水性较强的商业步行街、中心绿地相连。具有传统文化的牌坊建筑与小区入口处假山遥相呼应，虚实轴线对比强烈。几组不同的景观处理既分隔了居住区内部空间，又使居住区在景观风貌上形成整体。庭院之间用连廊曲折迂回，缩小了空间尺度，丰富了空间层次，创造了宜人的生活环境。

4.18.2.3 现代建筑与江南传统民居有机结合

传统民居建筑中的廊、檐、骑楼、厢楼、坡顶、院落等建筑符号在现代居住区中得到充分的运用，并且赋予建筑新的语汇。建筑与内外水系、花草树木、步行道、休闲广场、庭院河石、游玩设施取得有机的联系，形成一个和谐的整体，使小区基本做到了休闲有处坐，交往有处留，晴天有花赏，雨天不湿鞋。创造了具有强烈地方建筑特色的空间环境氛围，人情味浓，亲和性强。

4.18.3 环境设计

居住区绿地由中心绿地、组团绿地、院落绿地及道路绿地组成，点线面相结合。主入口主题景观创意设计突出体现了"千溪遍万家，秀透庭院石"的湖州水乡民居建筑布局地域特色和"行遍江南清丽地，人生只合住湖州"的环境氛围。

中心绿地力求创造湖州水乡城市环境特色和传统风貌；带形浅水溪流、休憩性花池与拼饰铺地亲水性强，与底层架空休憩长廊、茶室和综合楼成为一体。架空休憩长廊与园林景墙等组合一起，设置坐凳和其他小品，空间尺度亲切。

组团绿地体现自然性、地方性。草地、树木和高低起伏、富有变化的土丘与中心绿地相呼应，并以土丘、树木为中心，通过住宅架空层使住宅群体空间得以沟通。20个组团绿化基调树种突出茶、竹文化，主调树种各有不同。中心绿地以白玉兰、海棠表现春景；碧晶院以棕榈、紫薇表现夏景；碧玉院以红枫、柿树表现秋景；碧翠院以金钱松、腊梅表现冬景；玉湖院以紫玉兰、碧桃表现春景；泓亭院以合欢、石榴表现夏景；浮云院以银杏、木芙蓉表现秋景；松阴院以云杉、红梗木表现冬景。

居住区绿化总面积35万m^2。其中，已建2个小区绿化总面积99700m^2，公共绿地总面积28800m^2，人均公共绿地3.87m^2，绿地率40%。

4.19 厦门瑞景新村

设计单位：厦门市城市规划设计研究院

4.19.1 概况

为带动厦门岛东部地区的开发，在莲前路和洪山柄路南、云顶岩山北麓新建跨世纪的洪文居住区，面积72hm^2，其西小区即瑞景新村为首期开发项目。

4.19.2 规划设计构想

① 保持小区与居住区在空间结构上的完整与统一。

洪文居住区以2个"风车"状道路网将用地划分成"一心三区"（居住区中心及东西北3个居住小区），形成

图4.19.1 瑞景新村基地位置

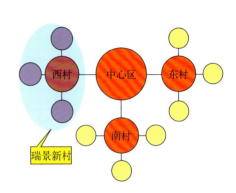

图4.19.2-1 居住区规划结构

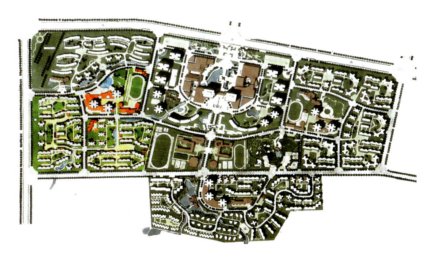

图4.19.2-2 洪文居住总平面图

图4.19.2-3 洪文居住区路网结构

其空间结构用地布局的特色。瑞景新村是作为居住区有机组成部分，强调协调一致。

② 把自然景观融于小区环境之中，创造有特色的空间景观。

保留了原有北高南低的地形，利用原有的水渠池塘串联组成水系，并巧妙地结合自然地形的高差，创造了具有鲜明特色的水环境和空间景观。规划中还把原有较大的树木和一口古井组织到小区环境之中，体现了尊重自然和历史的设计理念。

③ 结合"风车"状路网组织空间，形成小区结构布局的特色。

④ 依照人的行为流线布置配套齐全的公共服务设施，体现"以人为本"的设计理念。

4.19.3 用地布局

"风车"状路网把小区用地划分成东南西北4个"叶片"和1个中心。其中东片为居住区中心用地，其余每个"叶片"由2~3个居住组团组成。小区共有8个居住组团，第一期开发6个组团。中心布置了小区中心绿地、文化娱乐中心、管理机构及小学。在中心绿地与小学中间布置了3幢高层住宅，使空间上有所分隔，丰富了小区的空间轮廓，同时成为小区入口的主要对景建筑，在空间上起到了支配作用。

4.19.4 景观组织

4.19.4.1 入口与对景

根据人流分析，将小区入口设在西侧。入口处设置小区标志，并把道路加宽到22m以增加入口的开阔感。入口面对小区中心绿地以3幢高层住宅为衬托，以"温馨的家"雕塑为视觉焦点。

4.19.4.2 水景

在水源的源头利用在施工中挖掘出的一组岩石组成"瑞景源"景点。结合地形的高差使水流蜿蜒曲折流经各居住组团和中心绿地。沿着水流在周边设置亭、榭、坝、桥、点步石、亲水平台、戏水池等景观小品和步行休闲小道，形成江南水乡"小桥流水人家"的诗情画意。地形的高差更丰富了空间的层次感，达到良好的视觉环境效果。

4.19.4.3 各具特色的组团绿地

居住组团以组团中心绿地为核心，以"均好性"为原则组织建筑空间布局。各组团中心绿地布置不同的亭、廊、雕塑、活动场地作为视觉中心，并形成各自特色，增加识别性。尽量使每个住户都能透过门窗阳台从不同角度观赏到中心绿地，享受公共绿地空间。

4.19.4.4 统一而又变化的建筑造型和色彩

各组团住宅设计统一采用闽南民居建筑符号(如山墙、屋顶、檐口等)，统一尺度比例，而细部处理则各有变化；建筑材料基本统一，建筑色彩基调而有色差，使小区各组团的建筑达到了在和谐统一中有变化，产生一种"整体美"。

图4.19.3　瑞景新村总平面图

图4.19.4-1　中心绿地水景

图4.19.4-4　雕塑——温馨之家

图4.19.4-2　购物服务中心

图4.19.4-5　居住组团入口的停车

图4.19.4-6　流经居住组团的小溪

图4.19.4-3　组团儿童游戏场

图4.19.4-7　"瑞景源"——水系的源头

4.19.4.5 丰富"三率"(绿地率、绿视率、彩视率)

绿地系统由宅前庭院绿地、组团中心绿地、小区中心绿地以及道路绿地、水系绿地等组成，绿地率大于42%。结合竖向设计布置垂直绿化，增加绿化率。在乔灌木树种的选择上注意色彩的搭配，花卉在不同季节有不同的色彩，提高视觉景观质量。

4.19.4.6 曲折变化的道路

小区级道路呈"风车"状，组团级道路成内环状，道路线型曲折有变，"通而不畅"，保证小区环境的安静，创造变化的建筑空间，达到步移景异的视觉效果。

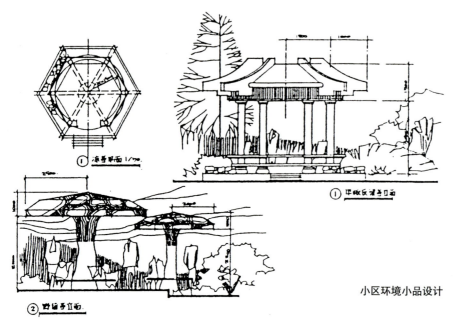

小区环境小品设计

图4.19.4-8 环境设计1

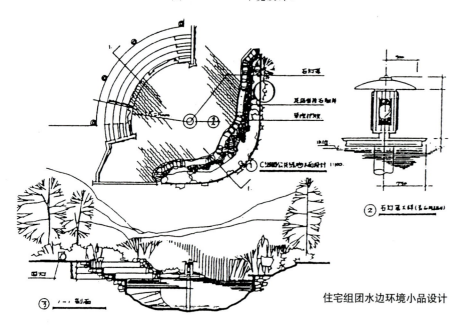

住宅组团水边环境小品设计

图4.19.4-9 环境设计2

图4.19.4-10 建筑与自然环境的和谐统一

图4.19.4-11 保留榕树、古井——历史的记忆

图4.19.4-12 结合水景的竖向设计

5 城市局部范围的城市设计（三）：滨水区

结合一系列滨水区开发国际研讨会的城市设计理念简介，对滨水区城市设计范围、滨水区公共环境的特征及城市设计要点作了阐述。实例部分包括都江堰、厦门、宁波、上海、杭州、天津、成都、沈阳等城市滨水区10例，有的在实施中，有的是城市设计国际咨询方案；国外实例包括日本、澳大利亚、美国等城市滨水区5例。

5.1 概述

城市滨水区的概念是：城市中陆域与水域相连的一定区域的总称，一般由水域、岸线、陆域三大部分组成。

上世纪70~80年代国际城市开发潮流中，滨水区日益受到重视，其城市设计也受到相应的关注、阐释和发展。发掘一个城市、城市局部乃至一个项目基地的滨水潜在价值，提高开发质量，成为滨水区求得发展的关键。经济全球化趋势，国际性中央商务区（CBD）和国际金融中心（IFC）的建设日益关注滨水区环境。成熟的城市设计实践如美国巴尔的摩内港更新、旧金山海湾中心开发、纽约百特里商务园区等成功的经验直接促使人们相继提出结合城市功能开发城市中心滨水区的雄心勃勃的战略决策，一系列与滨水区开发有关的国际会议相继出台。近十几年来，多次重大的滨水区/水都规划开发国际会议反映了滨水区规划设计与开发的理念和实践，国内也相继出现了滨水区城市设计的探索。

5.1.1 重要国际会议形成的理念

(1)《横滨滨水区MM21》(1986年)

1986年，"横滨滨水区21世纪"是一个以尖端科技、水与绿结合为专题的规划发展计划国际研讨会，邀请波士顿、孟买和上海3个友好港口/城市参加。上海前副市长倪天增向国际社会首次展示了按批准的总体规划推出的上海第一个滨水区——陆家嘴中心区，并作为中央商务区开发的计划。大会提出21世纪滨水区开发战略理念是：水与绿结合、建筑与环境结合、历史与未来结合；在战略实施中要将经济开发、历史文化、城市设计结合起来。

(2)《国际水都会议》(大阪1990年)

大阪经过20世纪70、80年代经济高速成长，积聚了实力。会议提出塑造大阪21世纪水都的目标，指出：20世纪经济技术进步不断促使城市规模与功能拓展，引发种种矛盾，城市滨水区绿化空间环境质量使用功能不断下降。

会议探讨了人与自然和谐共存、保护水与绿、开创舒适的人居环境、修复或创建滨水绿化空间、培育优美景观等一系列问题。与会代表所作芝加哥、多伦多、墨尔本、圣安东尼、新加坡、上海、京都、神户、广岛及大阪商务园区（OBP）等滨水区开发案例研究，使学术交流异彩纷呈。会后，大阪宣言提出行政首长与专家结合在城市设计决策中的重要性；强调水的利用与保护；强调水是城市空间中心要素，水与绿结合是环境景观的基础。

(3)《水上城市中心第二届国际会议》(威尼斯1991年)

图5.1.1-1 横滨滨水区规划

图5.1.1-2 大阪OBP

图5.1.1-3 香港中环填海后开拓旷地

大会主题为：滨水区——城市规划开发新领域。大会首先研究香港、伦敦、纽约、旧金山、悉尼、鹿特丹、东京和威尼斯8个主要滨水城市规划开发案例，就香港中环一带填海是否影响生态、伦敦码头区是否能容纳大规模的开发等问题进行讨论，这些讨论反映了1990年代学术界开始重视滨水区开发的质量和如何避免房地产过热的问题。1993年后伦敦码头区加那利码头主要开发商加拿大O+Y公司申请破产保护，使开发陷入困境。人们开始深思：滨水区既需要好的城市设计决策，同样需要服从市场。与会代表中不乏学术领域知名人士。荷兰Delft大学Tzonis教授对"水都"作了经典的界定，即：城在水上，如威尼斯、厦门；城在水边，如纽约、多伦多；水在城中，如伦敦、巴黎、上海；都，指知名都会；水，是可作为城市空间中心要素的水。

大会认为：滨水区开发规划中涉及的因素非常复杂，城市设计非常重要。滨水区城市设计必须与市场、生态、可持续发展相结合。

（4）《第二届国际水都会议》（上海1993年）

会议研讨了绿化与生态、滨水区与港口开发、水的利用与治理等问题。上海代表报告了浦东开发进展和陆家嘴中心区在城市设计国际咨询基础上完成的深化规划。特邀专家MIT G.Hack教授就滨水区开发总结在发言中指出，浦东开发是人类伟大的开发工程之一，希望能使城市化与保护环境协调，成为可持续发展的新起点。

（5）《城市与新的全球经济》（墨尔本1994年）

世界经济发展的重心逐渐东移到太平洋西岸发展带，包括汉城、京津塘、东京大阪横滨、沪杭宁、穗港深、胡志明市、曼谷、吉隆坡、新加坡、马尼拉、雅加达、布里斯班、悉尼、墨尔本、堪培拉和奥克兰等20～30个中心城市，其中多是经济中心或水都，有的正迅速发展成为大城市带的一部分。大会对城市设计的启迪是：滨水区城市设计除了必须联系城市经济、文化、历史与环境外，还要注意研究全球城市网络的战略关联和国际/区域性经济大循环。因此，中国沿海发展走廊的战略思维应该是符合国际经济发展趋势的，宏观城市设计应该注意这方面内容。

（6）《城市滨水区开发国际会议》（悉尼1995年）

1985年澳大利亚政府决定在毗邻CBD的悉尼达令港码头原址改建旅游区，土地开发约10亿澳元，3年后初步完成。随后，旅馆、会议中心、展览

图5.1.1-4 太平洋西岸发展带示意

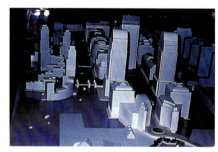

图5.1.1-5 伦敦码头区加那利码头规划模型

图5.1.1-6 陆家嘴中心区规划选定的深化方案

图5.1.1-7 悉尼达令港

中心、航海博物馆、水族馆等建筑开发吸引投资达24亿澳元，财务经营已平衡。悉尼达令港（旅游区）开发10周年时，在总结经验后策划下一个10年发展战略。大会的启迪是：规划必须为城市设计创造好前提；市场要把握好；城市设计要坚持"人—场所"的塑造，这是城市设计的精髓。

上世纪80年代初哈佛大学在巴黎，以及1987年MIT在大阪与当地高等学府合作举行滨水区国际学术研讨会，我国清华大学、同济大学等知名学者应邀出席。这些学术活动对这一时期及随后的国内外滨水区开发的规划理论和实践有重要影响。

5.1.2 滨水区城市设计要点

（1）滨水区城市设计的范围

①滨水区是城市中一个特定的空间地段，主要包括与河流、湖泊、海洋相邻的土地或建筑区域，即城市邻近水体的部分。

②滨水区城市设计的主要对象是其公共环境，即：城市中邻近水体的空间构成物所限定的公共开放空间环境。它由对公众开放的自然环境和人工环境两大部分所组成，包括河流、沿岸步行空间、街道、广场、公共绿地；建筑物间的公共外部空间环境；以及对公众开放的建筑物公共大厅、中庭、室内街道、室内广场和建筑的灰空间环境等。

（2）滨水区公共环境的特征

滨水区公共环境是一种复杂的，有时、空、量、序变化的动态系统和开放系统，是维系城市与水域的纽带。

对城市设计而言，城市中的滨水区公共环境应该是亲水的、共享的、多样的、宜人的公共空间环境。这类空间景观及环境品质非常重要，其空间形态在整个城市范围内具有重要的意义，往往是所在城市景观和文化的象征。

滨水区的公共环境具有下述8个特征：

①大水体作为滨水区公共环境的主要界面，空间场所具有强烈的近水性特征；

②滨水区公共环境的主体是在滨水开放空间中运动、逗留和感受的人，人性化成为现代滨水公共环境重要的需求；

③滨水区公共环境不仅包括沿河、沿湖、沿江、沿海的物质空间环境，还包括与航运、水利、防洪、历史有关的社会空间环境（文化、艺术、事件等）。其环境要素不仅包括可见的硬件部分，如滨水游乐设施、广场、建筑、步行街、绿地、旅游码头、防汛平台等，也包含不可见的软件部分，即共同遵守的公共原则、文化品位和社会意识；

④滨水区公共环境的形态要素、功能要素和社会要素都与水域密切相关；

⑤桥梁作为滨水地区联系两岸空间场所的纽带，常成为地区视觉的中心；

⑥滨水区公共环境往往是所在城市开发和城市中心区的重点依托；

⑦滨水区公共环境因直接面向水域开放空间，具有比其他城市公共空间更加明显的外向型特征；

⑧滨水区一般可确保交通可达性，拥有岸线较为完整的用地，一般与城市腹地具有合理的距离。

（3）做好公共空间环境的城市设计是滨水区开发的关键

国外城市滨水区开发一般都注重各类公共空间环境质量，空间塑造与文化内涵、风土人情和传统的滨水活动有机结合，以人为本，留出足够的开放空间进行精心规划设计，让全社会成员都能共享滨水的乐趣和魅力。

除了以下单列的实例外，美国圣安东尼奥市上世纪60年代建设的RIVER WALK滨水区，将步行街、绿化、商业互相穿插，并与历史建筑保护结合，别具风情；温哥华太平洋协和区创造了一种高密度、平易近人的新型城市生活环境，所有的开敞空间都围绕佛斯河盆地分布，精心设计道路交通步行系统和多种类型的开敞空间，满足了人们在水上和岸边进行多种活动的需要，堪称范例。

城市滨水区的各类广场、街道、公园、休闲场地等城市景观空间，是公众进行社会交往的场所，其空间环境的营造必须通过优化滨水地区用地结构，加强城市设计引导来进行。要避免追求规模效应，偏重形象工程，造成环境混乱或功能贫乏。对各类城市小品、广告、标志等要通过城市设计和规划管理达到有效控制。政府对滨水区城市规划和城市设计重点集中在：制订专项滨水区规划并纳入城市总体规划之中；将拟开发滨水区域作为实施规划的一部分；科学制定适合滨水区特点的城市设计准则、建设标准和开发政策。

总之，滨水区城市设计涉及因素复杂，要搞好城市设计，其主要原则是：滨水空间共享；建立亲水带；注意可达性、特色和堤岸安全；注重历史文脉和生态景观。城市设计控制要包括土地利用强度、空间形态和边界；控制建筑体量、面宽、高度、韵律和轮廓；交通方面要使过境交通外移、公交优先；开发策略是由政府引导，组织城市设计和公众参与。

5.2 四川都江堰景区

5.2.1 概况

都江堰市原名"灌县",1988年撤县建市。市域面积1208km²,人口60万。建成区面积19.93km²,人口20万。都江堰市历史悠久,源于远古,始于先秦。早在远古时代,现都江堰地区就是古蜀国的活动中心,与神秘的三星堆文化有着密切的联系。现代都江堰市成形于秦代都江堰水利工程的建设,因堰而设,因堰而兴,历经2250余年不衰。

5.2.1.1 主要影响因子

(1)都江堰水利工程

都江堰水利工程创建于先秦,由秦蜀郡守李冰主持修建,是当今世界上惟一留存的以无坝引水为特征的宏大水利工程。与传统意义上的水利工程不同,它是由鱼嘴、飞沙堰、离堆和宝瓶口等几大工程组成。它运用系统论的思想,充分利用当地西北高、东南低的地理条件,根据江河出山口处特殊的地形、水脉和水势,乘势利导,无坝引水,自流灌溉,集防洪、灌溉、水运和城市生活用水于一身。都江堰水利工程的特性,决定了都江堰市的城市形态。

(2)多元文化的交融

都江堰市地处四川盆地边缘,西北与藏、羌接壤,东南连蜀地腹心。四

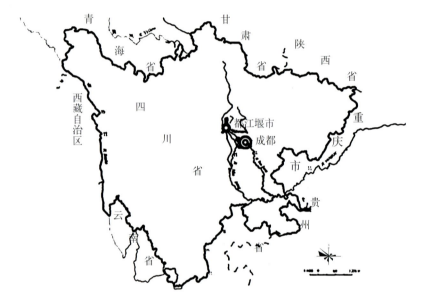

图5.2.1-1 都江堰市位置关系图

图5.2.1-2 都江堰水利工程

图5.2.1-3 清明放水图

川盆地是中国最大的适宜农耕文化的完整而封闭的内陆盆地，川西经济走廊又是中国最大的连接南北的河谷型民族走廊，在这样的地理环境条件下，文化的交流和碰撞是剧烈的。多种文化的交织和蜀文化的包容，造就了多元、共存的都江堰市城市文化。此外，缘于特殊的地理位置，自古以来，各类宗教活动在四川盆地也较为活跃。从远古的三星堆原始祭祀崇拜到近代各类宗教的盛行，反映出四川盆地宗教文化的延续性和影响力。都江堰境内道、佛、儒、伊斯兰和天主教"五教俱全"。以道教和伊斯兰教的影响较大。多种宗教文化交叉影响，对于都江堰城市空间特色的形成有着深远的意义。

(3)自然地理

都江堰市位于东经10°25′45″～103°38′15″，北纬30°52′29″～31°1′48″，整个疆域略呈葫芦状。千里岷山，至此一落平原。地形从西北向东南呈扇形展开，形成独特的龙门山区与成都平原两个不同的自然区域的结合。地势西北高，东南低。高山、中山、低山、丘陵和平原呈阶梯状分布。境内最高峰为北部的光山顶，海拔4582m；最低处为南部沿江乡的三滴水，海拔592m，上下相差3990m。山地呈北东—南西走向，以现有城区西北一线为界，绵延53km。此线以上是山丘，以下是平原。"六山一水三分田"是都江堰市自然地理特征的真实写照。

5.2.1.2 城市格局

都江堰城市依山而建，襟江带水，"山、水、林、堰、城"交融，自然形态独特。都江堰水利工程选址于山地与平原的结合部，其三大组成部分之一的鱼嘴工程就是利用地势的自然坡降度和水脉，因势利导地把岷江水一分为二，使奔腾呼啸的岷江水，按照人类的意愿"灌州沃县"。同时借助岷江和白沙河冲流而下的不同水势，"分四六、平涝旱"，在不同的季节保证成都平原的灌溉需求、排洪和排沙排石，形成一整套鱼嘴分水系统。正是这套系统深深地影响着都江堰市的城市结构。

(1)扇形的城市格局

因水而设，因堰而兴。都江堰市城市的发展始终是围绕着都江堰水利工程的发展而发展。岷江主流经分水鱼嘴分为内、外两江。内江自宝瓶口至城区仰天窝地区又分为走马河、江安河、柏条河和蒲阳河四条河流穿城而过，构成了城市的扇形骨架。在

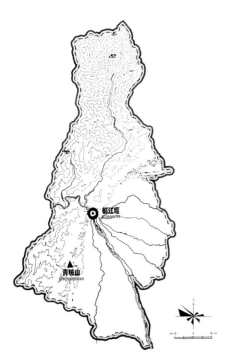

图5.2.1-4 都江堰市域图

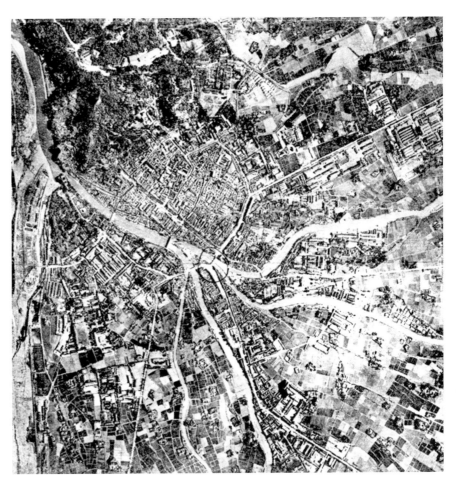

图5.2.1-5 都江堰城区航测图

2500多年的城市历史中，城市的发展始终是城堰结合，以都江堰渠首为顶点，向川西平原放射发展，既突出了古堰在城市中的重要地位，又体现出一种"东流不尽秦时水"的意境。城市道路如扇骨状放射展开，横向道路如半环状重重相叠，整个城市宛如一把巨扇镶嵌在都江堰水利工程中。城市形态之鲜明，无有重者。

(2) 满城水色半城山的城市形态

扇形的城市格局、都江堰水利工程的特性和独特的地理位置，决定了都江堰市城市环山拥水的特征。玉垒山、灵岩山紧邻主城区北麓，山林浓郁，青翠宜人。走马、江安、柏条、蒲阳四河穿越主城区，城市纵向道路在4条河流之间穿行，城市功能区穿插其中，整个城市城水相间，山城相依，山、水、城、林、堰相互交融，相互辉映。都江堰古城空间尺度小巧玲珑，体现出城中有水，水间为城，"满城水色半城山"的城市空间形态。

图5.2.2-1 世界文化遗产都江堰景区入口

图5.2.2-2 都江堰景区景观

5.2.2 城市设计

5.2.2.1 世界文化遗产区——都江堰景区

世界文化遗产——都江堰位于城区核心部位。都江堰景区由都江堰水利工程、离堆公园、二王庙—河街子地区、松茂古道和玉垒山公园五部分组成，面积为231.5hm²。该区域山、水、城、林、堰有机融合、相互辉映，集中了构成都江堰城市意象的所有要素。自古至今，它都是都江堰城市意象的标志。

由于历史的原因和经济利益的驱动，自1993年至1998年，在都江堰水利工程和二王庙两侧，竟然修建了10余万平方米的各类建筑物。原本掩映于绿树丛中雄伟巍峨的二王庙淹没在钢筋混凝土的"假古董"之中；原本宁静、充满世俗生活的二王庙——河街子地区变成了假货泛滥、强买强卖的商业场所；清幽思古的离堆公园和玉垒山公园成了欢腾喧嚣的游乐园。

图5.2.2-3 都江堰景区总平面图

整个古堰景区满目疮痍，面目全非。

1999年10月至2000年3月间，利用申报世界文化遗产的契机，都江堰市委、市政府开展了前所未有的环境整治攻坚战，还古堰景区一个清秀华丽、气势宏伟的"精品"空间。历时6个月的整治攻坚战，古堰景区共拆除与环境不协调的建筑物和构筑物14万m²，复原了二王庙—河街子地区、离堆公园、玉垒山广场(包括城隍庙地区)等传统的"人性"空间。整个工程共耗资人民币1.6亿元。经过整治后的都江堰古堰景区，特色风貌和认知度更加鲜明。2000年7月通过联合国教科文组织世界遗产委员会主席团会议的评议，2000年11月29日在澳大利亚小城凯恩斯召开的世界遗产缔约国全体大会表决通过将都江堰列入世界文化遗产名录。

5.2.2.2 玉垒山广场

玉垒山广场是都江堰市古城内别具特点、最突出的中心空间，也是都江堰市多种文化交织的最典型的地区，该广场位于山、城交会处，城市中轴线——幸福路的尽端。它北依玉垒山，南与古城中轴线——幸福路相接，西接传统商业街——南街，东连文化古街——文庙街。广场东北侧还有风格秀丽、独具山地建筑特色的城

图5.2.2-4 玉垒山广场平面图

隍庙。其地理位置独特，是古城的核心空间。广场节点中心标志为四跨三间的清代牌坊，后衬书有"胜地寻踪"的清花照壁。

该地区的文化构成极其复杂，可以说是都江堰城市文化交会最集中的地方：西侧为伊斯兰文化的聚居地；东侧通过文庙街与中华民族儒家文化的鼻祖——孔子的宗祠相连；北有宣扬佛教轮回思想的城隍庙；南连古城最具世俗生活的商业街。此外西北侧是连接藏、羌少数民族的"松茂古道"的起点。正是由于文化的集中和交融，而产生的广场空间也与众不同。

广场中城隍庙是最突出和最诡秘的地标。城隍庙坐落在玉垒山麓，背靠群山，面朝都市。自古城东门西望，一目了然，极其醒目。整个庙宇分上下两个区，呈"丁"字形。庙的山门外两侧原为"乐楼"，供庙会时演戏之用，已先后被毁。进山门后，沿石阶而上，左右两侧为"十龙殿"，三面封闭，空间狭仄，迎石阶而敞开，殿中塑有面目狰狞的泥塑。过"十龙殿"左拐，再登石阶而上，进入城隍庙的上区。视线豁然开朗，城隍庙"大殿"隆重亮相。整个上区光线明亮，环境幽雅。其空间尺度与欧洲中世纪的广场有异曲同工之处。

5.2.2.3 二王庙——河街子街区

二王庙——河街子街区是深受道教文化影响的地区之一，具有鲜明的传统城市设计特征。

二王庙原为纪念蜀王杜宇的庙宇，称"望帝祠"。后"望帝祠"迁建于郫县，原庙改为祭祀李冰，称"崇德庙"。"五代"以后，历代朝廷相继追封李冰及其传说中的儿子李二郎为王，故后又改称"二王庙"。河街子东起玉垒关，西至二王庙，长约700m，临内江而建。此街属通往松、理、茂、汶的古道，历史上人马络绎，驼铃叮当。街内饮食、客店的铺面较多，生意兴隆。每年农历六月二十四朝二王庙，热闹异常，至今如斯。

从二王庙的兴建渊源和都江堰民风民俗来看，二王庙是一座民间纪念李冰父子伟大功绩的宗祠。但是由于道教文化在都江堰的独特地位和历代统治集团出于对其既得利益的维护，二王庙实质上已成为宗教仪式和民间世俗活动的一个综合载体。围绕宗教活动和民间祭祀活动，二王庙——河街子地区是都江堰古城宗教文化与世俗文化交织最为激烈的街区，其街道空间和节点构造独具特色。

受宗教文化影响，二王庙的选址和布局无一不渗透出"道法自然"的朴素唯物主义思想。二王庙依山而建，背有群峰高耸，前有古堰横陈。整个建筑群因地制宜，左右映衬，上下照应，并不强调完整贯穿的中轴线。建筑群中心突出，布局得当，给人以高大雄敞、曲折幽深、移步换形的深刻印象。由于地形局促且面临滨江商贸大道，二王庙在靠山脚顺大道南北方向分设了两座山门，让出临江的一边作为社会公共交通和集散场所，为宗教空间与世俗空间提供了一个过渡空间。通过空间的过渡，宗教活动和居民生活既相互独立又相互交融，形成了独具特色的民俗文化场景。

二王庙——河街子地区另一个鲜明的城市设计特点是诡秘的节点构造。在道教玄黑色彩观的影响下，二王庙装饰多以黑色为主，间以朱砂，给人以庄严、诡秘之感。屋顶上的飞檐、横眉、雀替和撑拱等，色彩夸张，造型飞逸，在漫山的绿树映衬下，与古朴、本色的民居建筑相比较，益发显得宏伟、庄严与诡秘。这种诡秘的节点构造成为该地区有别于其他地段的显著地标。

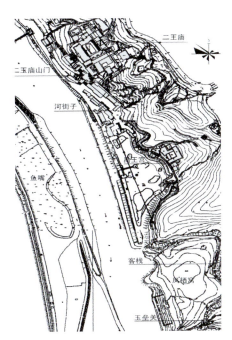

图5.2.2-5 二王庙——河街子地区平面图

图5.2.2-6 玉垒山广场景观

图5.2.2-7 二王庙——河街子景观

5.3 厦门员当湖滨水区

设计单位：厦门市城市规划设计研究院

5.3.1 概况

厦门是一个港口风景旅游城市，环海域将发展成为一个海湾城市。员当湖位于海域的东端，以水体延伸入城市空间，南北两侧均有山体为背景，是山水空间交融的区域。城市规划将员当湖两岸定为"以商务、金融、行政办公和文化休闲娱乐为主的中心区核心"。

员当湖两岸城市设计的原则是：以人为本，环境优先。城市设计目标是：塑造具有厦门山水特色的城市生活空间。

员当中心区是城市经济繁荣昌盛的象征；将具有健康的生态环境和优美的自然景观；形成完善的景观绿化系统和多姿多彩的公共空间网络；具有协调统一的城市天际线和丰富多彩的建筑景观；形成多层次、高效率、安全便捷的交通系统。

5.3.2 城市设计内容

规模：本次城市设计对5.5km²的滨水影响区域进行整体构思，对核心区进行内部空间秩序的设计和各节点的详细设计。

结构："一磁两轴八个特色街区"。以白鹭洲文化休闲区为磁心，以员当水体自然景观轴和市府大道城市景观轴为主导，以8个特色街区来塑造厦门城市形象。

空间形态：以湖为中心，以山为背景，向海域开放，形成山、水、城交融的空间模式。

控制山体之间的视廊，使山体"引入"城市中；控制白鹭洲的建筑高度、体量，保护水空间，使员当水体与西海域在视觉上、空间上通透。中心区的高层建筑成组成群布置，创造城市内部秩序。以轴线串联各主要节点，形成"可读性"结构。设计两条贯穿主要公共空间的景观轴——市府大道城市景观轴和员当水体空间轴，两条公共建筑聚集的街道空间轴——湖滨北路和湖滨南路。以建筑分组团布置的形式形成8个节点，不同节点各具特色，并以多样化的设计手法使

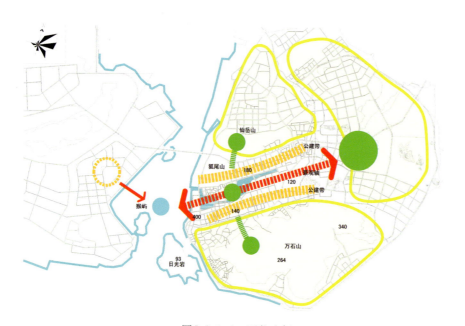

图5.3.1-1 区位分析

图5.3.1-2 员当湖

图5.3.1-3 员当湖滨水区景观

其更富个性魅力。

城市天际线： 通过对沿湖天际线、主要道路街景轮廓线的整体构思和分段详细设计，使中心区城市天际线更丰富有序。员当湖水空间通透，白鹭洲以开敞空间和精品建筑为主；沿湖两岸建筑临水跌落，天际线错落有致、富有韵律。

公共空间系统： 确立以水为中心，以绿化带、街道空间、步行道为纽带来串联、组织公共空间。采取多种手法丰富水空间和开展水上活动；营造滨水空间的自然感、场所感；保持水体的"视觉"与"行为"可达性，划定景观通廊；对各主要节点划定各具特色的公共空间，以此来组织建筑群体，并面向水体使水空间与公共空间相贯通。

交通系统： 提倡以公共交通和步行为主的交通模式。建立一个连续、完整的滨水步行系统和各个特色街区的步行网络。

图5.3.2-1　空间景观1

图5.3.2-2　空间景观2

图5.3.2-3　白鹭洲广场

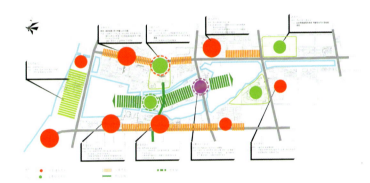
图5.3.2-4　员当湖滨水区空间结构构思

图5.3.2-5　员当湖滨水区规划平面图

5 城市局部范围的城市设计(三)：滨水区

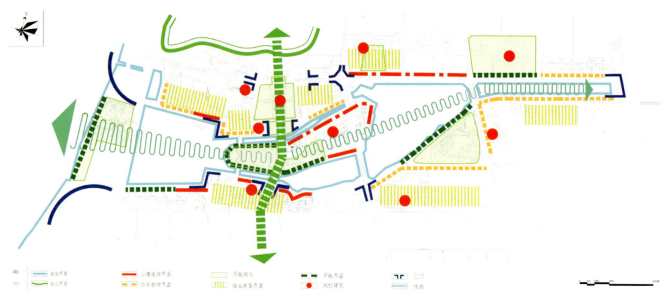

图5.3.2-6 意象要素分析

图5.3.2-7 公共交通与步行系统

图5.3.2-8 中心区鸟瞰

5.4 厦门莲前路

设计单位：厦门市城市规划设计研究院；
项目负责人：邓伟骥、谢英挺
指　　导：周维钧

5.4.1 概况

厦门经济特区前期的开发建设主要集中在厦门岛(俗称本岛)西部地区，随着社会经济的高速持续发展，城市空间地域不断延伸，本岛东北部地区就成为开发建设关注的焦点。莲前路是本岛东北部以生活居住为主的城市开发轴、交通轴、景观轴。规划在完成分区规划的基础上对莲前路两侧用地进行了城市设计。规划范围西起嘉禾路东至前埔海岸，长约6.2km。路北有一些水山体，路南处于风景名胜区万石岩山麓。设计范围为南北两侧至道路中心线90～200m不等的地块(基本以规划区间支路为界，面积292hm²)。

5.4.2 总体构思

通过分析现状，充分利用自然景观条件，结合分区规划和控制性详细规划将莲前路分成西、中、东三部分空间。西部结合旧城改造改善居住环境；中部引入龙山东芳山绿化形成生态绿楔，建设高尚住宅区；东部利用优越的海滨地理环境创造现代化生态型的会展、商贸中心。

5.4.3 空间结构布局

将莲前路分成三个路段：

第一路段，嘉禾路至金鸡亭寺路段。该路段为城市新旧区交接处，现状居住条件差，建筑密集，道路交通混乱。嘉禾路及规划中的机场路为市级南北向主要交通干道。城市设计以整治完善为主，理顺交通，提高居住环境质量，改善沿街景观，使新与旧融为一体，形成富有韵律的城市空间。

第二路段，金鸡亭寺至南山路

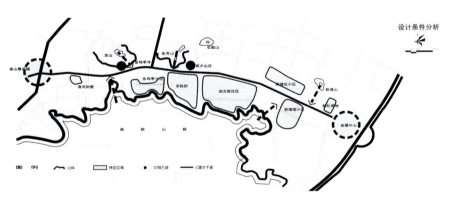

图5.4.1-2 设计条件分析

图5.4.1-1 区位图

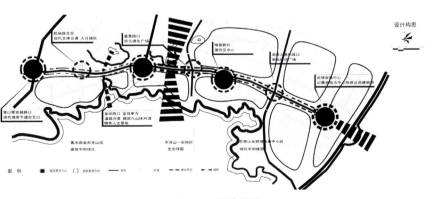

图5.4.2 设计构思

5 城市局部范围的城市设计（三）：滨水区

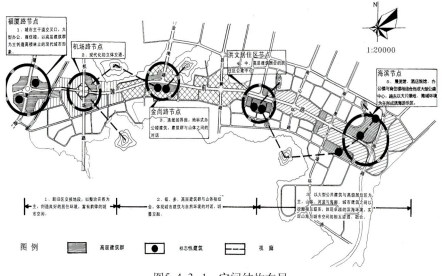

图 5.4.3-1　空间结构布局

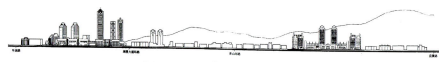

图 5.4.3-2　莲前东路北侧立面

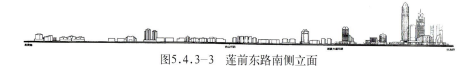

图 5.4.3-3　莲前东路南侧立面

图 5.4.3-4　洪文居住区中心节点分析

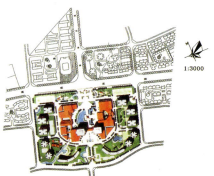

图 5.4.3-5　洪文居住区中心节点总平面

图 5.4.3-6　会展中心

段。该路段有东芳山楔入，与农科所、万石岩山麓形成生态绿楔。低、中、高层建筑组合成群体与山体绿化融汇，体现建筑与自然环境的对话，城景交融。

第三路段，南山路至前埔海岸。该路段自然条件优越，以大型公共建筑（会展、商贸、办公、酒店）为主，使山、海、建筑之间以视廊相互联系，实现山海与城市空间相互渗透融合。

5.4.4　节点处理

5.4.4.1　嘉禾路节点

为城市主干道交叉口。已建有多幢大型商贸办公楼。城市设计中整合空间，形成完整的高层建筑群，树立现代城市形象，组织好交叉口的交通。

5.4.4.2　机场路节点

机场路为规划中的南北向城市主干道，与莲前路形成互通式立交。在立交桥周边形成良好的绿化视觉环境，配以适当的高层建筑与周边山体形成视觉走廊。

5.4.4.3　金尚路节点

金尚路直通厦门机场，具有迎宾功能。沿金尚路形成连续界面，在莲前路南建有地标建筑，路口形成开敞空间并注重绿化环境。

5.4.4.4　洪文居住区中心节点

以国家级试点小区瑞景新村为依托，形成中、高层建筑围合而成的居住区公共活动中心。

5.4.4.5　前埔海滨节点

以会展中心、酒店、旅馆、商贸办公楼为主体，形成市级大型公共活动中心，塑造大型城市开放空间和滨水景观。

5.5 宁波核心滨水区

5.5.1 概况

宁波余姚江、奉化江、甬江交汇，形成独具特色的三江口城市核心滨水区，用地2.63km²。该地区既是城市历史性地段，又是21世纪商务、文化、旅游等公共活动的中心。

规划以国际方案征集为基础，汇总优化，形成以下城市设计要点。

5.5.2 综合功能

强调以空间为核心组织建筑，以三江口"绿心"、滨江绿带、街道空间、广场等组织形成有机完整的核心滨水区空间网络和场所，为商务、文化、居住、旅游等多功能活动提供卓越的、富有特征的环境。

三江口核心滨水区由三江自然划分成海曙、江东、江北三片区：海曙片以商业为主，兼具商务办公，结合钱业会馆保护和余姚江旅游功能开发，沿余姚江重点发展滨江休闲商业文化设施；江东片以商务、信息、科技功能为主，甬江沿线重点发展现代商务及文化服务设施；江北片以旅游、文化功能为发展的战略重点，着重考虑加强生态和适度的居住功能。规划强调中心区多功能有机综合、环境优越、开发强度有控制。原有建筑250万m²，规划320万m²总开发量，其中办公约占42%，居住约占12%，商业、文化等约占46%。

图5.5.1　区位图

图5.5.2-1　汇总方案

图5.5.2-2　上海规划院方案：围绕三江口"绿核"进行设计，空间尺度与肌理控制含蓄准确。

图5.5.2-3　清华大学方案：以系统的路网改造为基础，塑造完整有序的空间网络与景观。

5.5.3 形态设计

坚持历史与未来结合、水与绿结合、经济与文化结合，塑造以人为本，有特色、有活动、可持续发展的现代核心滨水区。保护与加强城市历史文脉、尺度与肌理，在完善已形成的三江口图底关系的前提下，控制发展强度、建筑布局与高度，创造有特色的亲水空间和滨水区"边"的活动界面。

以"三江"、"绿心"、"滨江绿带"为主导空间，建筑依地形临水跌落格局高层带(建筑高度75~120m)勾勒三江形态，并围绕烘托出标志性超高层建筑(建筑高度150~180m)，形成城市与水、建筑与环境共生的卓越的核心滨水空间。

①空间网络：连接城市核心滨水空间、历史街区、广场、绿地、商业街道等，并特别强调步行活动的要求，据以形成建筑、环境形态格局。

②空间界定：分两个层次，一是通过沿街裙房等一般建筑来界定具体的步行场所空间，强调界面的清晰和连续感，并以人的步行视觉运动为基准；二是通过高层建筑来界定城市中心空间较宽广视域的形态格局，同时注意沿路、沿江快速运动的韵律、轮廓等视感，并由三江自然形态、城市东西发展主轴予以整合。

图5.5.2-4 日本设计方案：把水系引入城市，创造以水、步道、历史要素为特征的水都景致。

图5.5.2-5 美国龙安方案：以大规模CBD建筑、公园广场为设计要素，以"港城灯塔"为标志。

图5.5.3-1 鸟瞰图

图5.5.2-6 滨水区外貌

③ 空间肌理：通过对空间和建筑尺度、走向的控制，建立基于核心滨水区自然地理特征和历史文脉的特征格局。海曙与江东片基本呈东西与南北向规整格局，并顺随河流而展开江北片有机而自然的格局。

④ 绿化体系：由绿心、滨江绿带、广场绿地、住宅区绿地、屋顶绿化等共同构成有机的体系。绿心结合街区保护进行设计，努力创造与自然地形、历史文化结合，有利于公共活动的场所。滨江绿带结合各功能区特点和防洪要求，设立若干个内容各异的滨水活动场所，作为核心区水上游览的活动节点，组成丰富而有序的滨水空间。核心区绿地率34%。

⑤ 标志性景观设计：江北岛形的中心和三江口江东片临江是该地区水、陆各方视线的焦点。江北岛中心超高层建筑和江东临江超高层双塔，遥相呼应，构成核心区大视域的标志。三江口"绿心"内，鉴于江面不宽，现有高层建筑已对中心有空间界定，因此不再设高大标志性构筑物，通过三江绿心、别致的带顶人行桥等来表现三江口标志性景观。

⑥ 历史文化保护：结合三江绿心规划，保护天主教堂外马路、庆安会馆、钱业会馆三片历史街区，各街区在保护设计上的手法因环境及功

图5.5.3-2 高空层次的空间界定　　图5.5.3-3 地面层次的图底关系

图5.5.3-4 夜景

能的不同而相异。对能代表一定时期城市发展历史、质量尚好的历史遗存建筑，通过保护更新，作为公共文化建筑重新加以利用，并与沿袭历史格局、保存城市深厚的历史文化紧密结合。

5.5.4 道路交通

完善交通网络，疏解核心区内部交通，降低滨江路交通功能；完善建立地铁、公交及人行交通系统；完善核心滨水区格局，加强可达性，提高视觉运动质量。

调整总体规划路网系统，核心区外围建交通保护壳，疏解外围交通；滨江交通引向纵深，主要滨江道路改为旅游观景路；重点调整江北片路网，海曙、江北间主要跨江交通道路向西面(开明桥)转移，三江口中心部位桥梁(新江桥)改为地下隧道；预留2条轻轨线路，设3个轻轨站及配套公交环城点；建立由步行街区、跨江步行桥、建筑连接体组成的步行网络体系；核心区内道路平交，局部采用地堑式立交；完善支路网系统，合理配置停车设施。

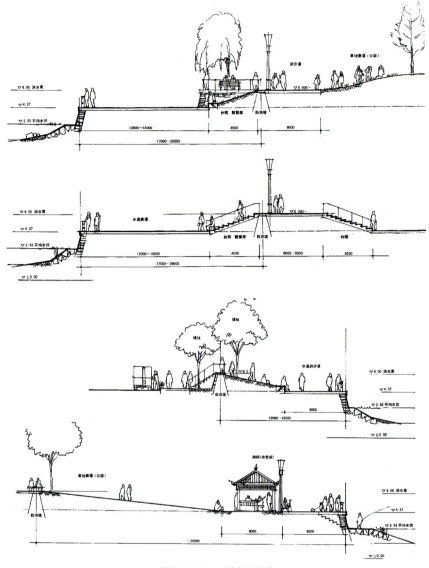

图5.5.3-5 滨江剖面

图5.5.3-6 整修后的天主教堂

图5.5.3-7 绿心实施效果

图5.5.8 道路交通规划

5.6 上海黄浦江两岸地区

设计单位：上海市城市规划设计研究院

5.6.1 概况

黄浦江两岸地区规划设计是经2000年国际方案征集专家评审会后进行的深化、优化工作。其规划方案的特点是：重视滨水区自然、文化环境和景观的建设，并通过交通和公共活动的有机组织，尽可能创造公众接近水面的机会，体现了把岸线真正还给市民的主导思想。设置沿江连续的绿带和滨水区公共活动网络，以及垂直于江面的小型楔形绿地和多样化的结合景观的防汛措施设计，对两岸地区的功能布局、绿地与城市开放空间、道路交通、防汛、历史文化保护、沿江景观、开发容量等方面内容做了优化和落实。

优化方案分为总体规划和重点地区详细规划两个部分：总体规划部分确立了两岸地区的远景目标和总体布局，并据此提出各系统的规划原则和技术措施，以及两岸地区改建的实施建议；详细规划部分结合近期建设重点，提出杨浦大桥、上海船厂—北外滩、十六铺—东昌码头、南浦大桥四个重点地区具体实施的规划方案。

黄浦江两岸地区分为3个区段：

①北段：以教育、居住、休闲娱乐功能为主，包括浦西的大学科研园区、复兴岛特色居住休闲区，以及两岸的特色滨江居住区。

②中段：以商务办公、商业、文化、居住功能为主，包括陆家嘴金融贸易中心区、外滩历史风貌保护区和国际客运中心、虹口港西侧具有历史风貌的旅馆、娱乐区、十六铺旅游市场、董家渡商贸区、浦东的东昌码头假日市场等，以及多个滨江住宅小区。

③南段：以博览、文化休闲、居住功能为主，该地区已被选为世博会会址，将结合世博会设施的后续使用，进行整体规划、统一开发。

5.6.2 绿地系统

绿地系统由连续的滨江绿地、连接滨江与腹地的绿带、街坊绿地三部分组成。

滨江绿地一般宽度为50～100m，其上布置步行带；在地区两端的复兴岛和周家渡，以及与楔形绿地交会处，放宽至150～200m，形成开放型

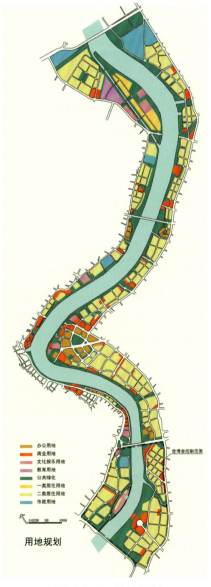

图5.6.2-1　用地规划

图5.6.2-2　绿化系统

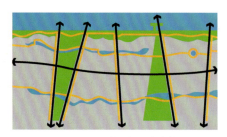

图5.6.2-3 绿地系统分析1

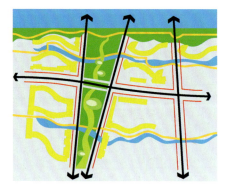

图5.6.2-4 绿地系统分析2

图5.6.3-1 自然景观形态结合防汛

图5.6.3-2 踏步台地

公园。

连接滨江与腹地的绿带结合步行道主要布置于大桥两侧、黄浦江支流两岸。绿地形状、走向强调视线走廊的作用。

街坊绿地主要为居住区集中绿地，应尽可能采取小型楔形绿地连接滨江绿地的布置方式。

规划建议在地区南部的西藏南路南端，结合公建布局，利用黄浦江凸岸开挖内河，形成人工岛的方案，可以将绿带、水面引入腹地，并提供更多的生活岸线和不同尺度、特征的亲水空间。

5.6.3 防洪

根据上海城市总体规划，城市的洪水设防能力为千年一遇。由于两岸大部地区现状地面标高与千年一遇堤防标高高差2.4m～2.9m，从而造成城市与江面的视线阻隔，降低亲水性。如何采取较为经济的方式，在防洪安全的前提下提高亲水性，是滨水区规划设计的技术关键。

优化方案主要采取了自然景观形态、建筑、踏步台地3种基本模式组成两岸地区的防汛岸线。

①自然景观形态结合防汛

在沿江绿地纵深较大的条件下，可将千年一遇堤防后退结合绿地布置。通过土坡、各种形式的台地错落有致地组合，将临水高度和缓地降至

图5.6.3-3 建筑结合防汛

100年一遇或50年一遇的标高。这种方式可以取得很好的亲水性，相对覆土方案，土方量也大为减少。

②踏步台地

在沿江开放空间纵深较小的条件下，千年一遇堤防靠近江岸布置。为使空间衔接自然连贯，可以结合公共活动设置不同标高的台地过渡，或设置天桥连接公共建筑两层。台地上部布置绿地、步行道、广场，台地下部空间在高度合适的条件下，可利用设置停车和商业。在需要开畅视线的局部江岸或在重要的历史文化保护地段，需保持原有地面标高的情况下，可考虑设置活动防汛闸门。

③建筑结合防汛

有些公共建筑因功能需要必须靠近江岸设置，如轮站、码头，或为有机联系沿江腹地的公共活动提供滨江视野与亲水机会而特意临江布置时，建筑成为防汛墙的组成部分，结合其他防汛措施，形成空间过渡自然的亲水岸线。

5.6.4 历史文化保护

规划重视滨水地区历史文化遗存的保护和合理利用，认为两岸地区现存的历史建筑和构筑物反映了上海这座国际著名城市百年发展的印迹，是城市弥足珍贵的资源，以可持续发展的观念，保护、更新和合理利用这些资源，对于创造城市特色、发展旅游具有重要的意义。

①延续城市文脉，发扬城市特色

对个别历史建筑较为集中、风貌保存尚完整的街区、街道，在继承原有风貌的基础上，以更新改造为主，结合局部地块改建，形成以公共活动为主的风貌区。连接滨水特色地区与城市历史地区，强化城市整体印

图5.6.4-4 外滩建筑群

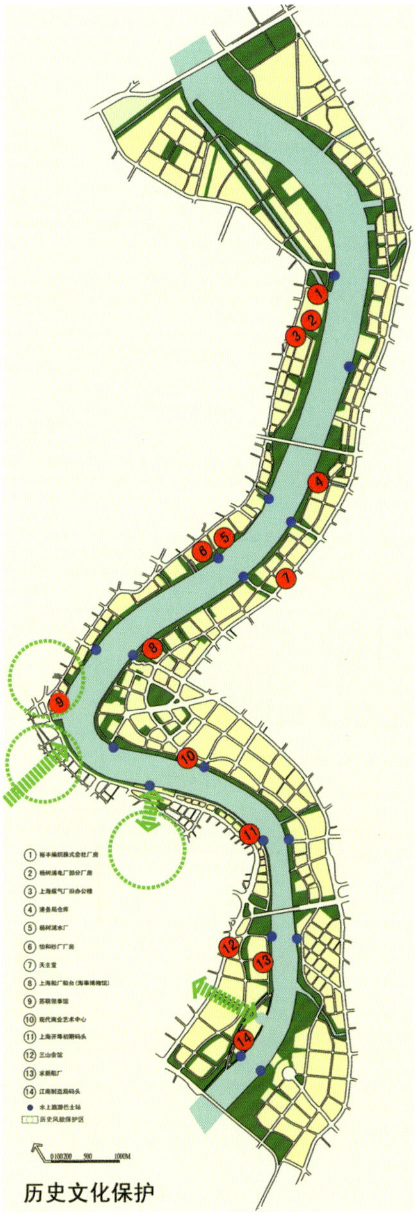

象，形成反映城市传统文化特色的旅游线路。

②保护和合理利用优秀历史建筑

两岸地区范围内拥有一批已颁布需要保护的优秀近代建筑和少量的文物保护单位，这部分优秀近代建筑代表了近代城市经济、技术、文化的发展水平，可根据保护要求进行修缮，改变用途，如开辟为博物馆、旅游设施等，展示上海城市丰厚的文化底蕴。

③对一般历史建筑的更新、利用

除上述明确需要保护的历史建筑外，两岸地区还存有大量建筑质量较好的历史建筑、构筑物，有码头、仓库、厂房、船坞等，这些建筑是历史的完整组成部分，对形成城市风貌的完整印象具有较为重要的作用，在两岸地区的开发建设中，应鼓励对这部分资源的更新利用。对于沿江的一些质量较好的码头、船坞，可开辟为亲水的城市广场，或结合近水公共建筑形成公共活动场所；对于一部分建筑风貌有一定特色、结构较好的仓库、厂房，可在保留其风貌的基础上，尽可能更新改造为公共建筑；对一般结构较好的建筑，可结合规划进行更新改建。

5.6.5 标志性建筑与景观视线

确定陆家嘴中心建筑区、外滩，以及杨浦、南浦、卢浦三座大桥为城市标志，建筑布局突出标志性建筑的地位；在各功能区结合重要公共活动节点布置重点建筑，作为区域性标志，形成景观的对焦点。

除陆家嘴核心建筑群外，黄浦江两岸地区的建筑分5个高度梯度：≤24m、30~50m、80~100m、≤150m、≤200m。通常各地区沿江纵深配置2~3个高度梯度，滨江建筑高度一般以24~30m为主，以形成高低错落有致、具有纵深感的沿江轮廓线。

图5.6.4-5 历史文化保护

图5.6.4-6 民生路港区

图5.6.4-8 东昌路仓库

图5.6.4-7 近代优秀建筑—俄罗斯领事馆

图5.6.4-9 杨树浦水厂

5 城市局部范围的城市设计(三)：滨水区

图5.6.5-1 浦东陆家嘴中心建筑区

图5.6.5-2 浦东陆家嘴中央绿地

图5.6.5-3 滨江大道

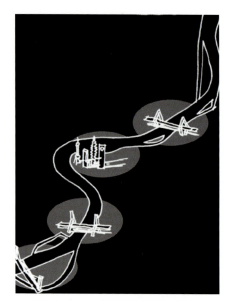

图5.6.5-4 黄浦江两岸地区地标

浦东建筑高度以陆家嘴中心区为最高，整体高度100~200m，局部标志性建筑为400m；南段整体高度为24~100m，南浦大桥两侧最低，区域性标志性建筑150m；北段杨浦大桥以西整体高度为24~100m，区域性标志性建筑150m；杨浦大桥以东整体高度24~50m，区域性标志性建筑100m。

浦西外滩历史文化风貌保护区滨江建筑主导高度为28m；其南段至南浦大桥滨江因用地狭窄，宜结合中山东二路以西的腹地组织轮廓线，此段滨江高度30~50m；南浦大桥以南整体高度为24~50m，局部可达100m；北段苏州河至虹口港保持原有建筑风貌，高度为30~50m；虹口港至杨浦大桥24~100m，区域标志性建筑200m；杨浦大桥以东整体高度24~50m，区域性标志性建筑100m。

重视发挥通向岸边的街道和步行绿化带的视廊作用，组织江边和对岸景观。利用绿地布置和建筑高度分布，控制视线走廊，加强城市标志地位，保护现存的滨水景点。结合沿江地块建筑布局，布置小型楔形绿地，以增加建筑面水的机会。在滨水公共活动中心，开辟2层公共活动层面；利用局部的填土和工程措施，抬高楔

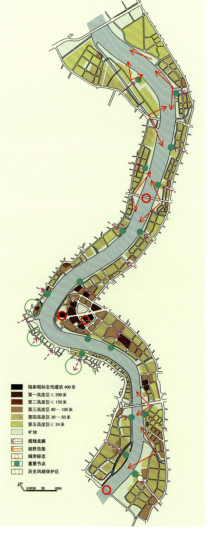

图5.6.5-5 景观设计

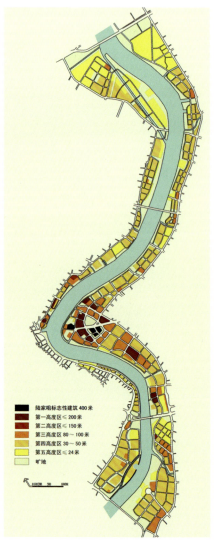

图5.6.5-6 建筑高度控制

入腹地的绿地、广场的标高，以开畅视野。

可达性：由于江水阻隔，滨水地带往往成为难以接近的地方，即使有道路通达江边，如果不能有效地与公众日常的生活、出行结合起来，接近江边的机会亦将大为减少。

景观性：滨水区道路的走向在利用江景和组织景观上会起到很重要的作用。结合黄浦江蜿蜒曲折的河道，以及利用沿江的河汊、港湾、桥堍等"偶然因素"变化，布置道路网，可以创造一系列不同的观景视点，增加观赏江景的机会。

5.6.6 交通组织

实行公交优先的交通政策，由城市有轨交通、地面常规公交、轮渡组成换乘便捷的公共交通网络；完善步行系统，加强滨水地带的可达性。采用新型交通工具，减少交通污染。

① 轨道交通

两岸地区范围内共规划有8条轨道交通线经过，除M6线在浦东一侧为沿江方向外，均为越江方向，车站尽可能接近沿江方向的生活性干道布置。加强地铁车站至滨江地带的联系，除在各地铁车站布置完善的步行系统引导游人到达滨水地带，也可开辟短途观光车连接车站与滨江。

② 地面公共交通

在浦东、浦西结合生活性道路，各设置一条新型有轨电车，提供快速、清洁、安全、舒适的交通，加强沿江方向的交通联系。均匀布置地面常规公交。在沿江方向生活性道路与横向干道交会处设置公交终点站；在越江轨道交通线沿线，结合轨道交通车站设置公交换乘枢纽。以步行为主连接公交换乘站与滨江绿地、公共活动设施。

③ 水上交通和游览

保留轮渡，结合沿岸其他旅游码头，与轮渡码头组成水上巴士交通网络。水上巴士是集通勤和游览功能的新型轮渡，其船型和码头与沿江景观融为一体。

④ 步行交通

以滨江步行道结合通向江岸的生活性道路，将各公共中心、旅游景点、轮渡车站等场所连接起来，组成步行网络，为步行者创造舒适、安全的空间。

5.6.7 黄浦江两岸滨江公共环境建设标准研究

黄浦江两岸地区综合开发是新世纪初上海城市建设的一项重大工程。随着"2010上海世博会"的申办成功，建设好黄浦江两岸滨江公共环境，对于提升城市整体环境质量，提高上海城市综合竞争能力具有特殊的意义。目前，国内尚无专门针对城市滨水区公共环境建设的标准。黄浦江两岸滨江公共环境建设标准研究是通过再开发背景、建设模式、城市设计和法规制订等方面的分析，比较国内外滨水地区公共环境建设状况，借鉴先进的

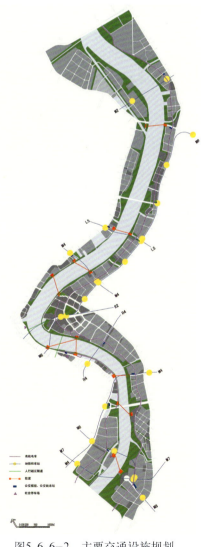

图5.6.6-1　道路系统规划　　　图5.6.6-2　主要交通设施规划

城市设计理念，制定滨江公共环境建设必须遵循的标准。编制标准的目的是完善两岸地区的建设和管理机制，规范滨江公共环境建设中的开发行为，为政府在黄浦江两岸地区综合开发过程中履行管理职能提供可靠的技术支撑，从而提高滨江公共环境的建设质量，整体提升滨江公共空间的环境品质，为城市创造良好的工作、居住、游憩和交通环境。

(1) 黄浦江滨江地区公共环境的特征

黄浦江滨江地区公共环境是指邻近黄浦江的公共开放空间环境，包括黄浦江、沿岸步行空间、街道广场、公园、建筑物间的公共外部空间环境，以及对公众开放的建筑物公共大厅、中庭、室内街道、室内广场和建筑的灰空间环境等。黄浦江滨江地区公共环境设计应该是亲水的、共享的、多样的、宜人的，其空间形态及环境品质在中心城范围内具有重要的意义，是上海城市景观和文化的象征。

(2) 黄浦江两岸滨江公共环境建设目标

研究按照黄浦江两岸地区总体规划的要求，就影响黄浦江两岸滨江公共环境定位与公共环境质量的主要因素进行了深入探讨，从而确定滨江公共环境的建设目标。具体为：

① 综合及美学目标。滨江城市公共开放空间和设计导引应包括可读性、可识别性、连续性、可达性、可滞留性和渐进发展性等方面；

② 生态目标。滨江生态环境的重建与保护，包括加强污染控制、构筑生态廊道、丰富物种、提倡生态社区和生态建筑、注重采用清洁能源与能源的循环利用等方面；

③ 使用目标。滨江公共活动的特点和场所特质包括共享性、活动内容和主体的多样性、近水性等滨江公共活动的特点以及公交始末站与公共停车场(库)、街道、广场、滨江绿地、步行环境、堤岸与码头等场所特质；

④ 文脉目标。滨江公共空间的人文环境包括历史建筑与风貌的保护、城市精神的体现等方面。

(3) 滨江公共环境建设标准的构成框架

① 滨江公共环境构成

从滨江地区空间构成角度分析，黄浦江滨江公共环境由水域和陆域两大部分组成。其中水域主要指码头、亲水平台至陆地间；陆域又可以分为江岸区(防汛墙及其外侧陆域)、临江区(防汛墙内侧和滨江街坊)、内陆区三部分。其中，江岸区和临江区是建设管理的重点。此种划分容易区别公共建设和市场开发的界限，明晰管理范围和目标。

以公共空间的性质和形态而论，滨江公共环境又可以划分为停车设施、街道、广场、滨江绿地、堤岸、码头等。这种划分有助于区别不同使用性质的公共空间对于环境和公共活动的不同要求。

② 建设标准分类

滨江公共环境建设标准的构成框架在规划和建设法规体系基础上架构，以适应现行规划和建设的管理机制，便于管理操作。具体为：

a. 公共空间与景观建设标准

针对黄浦江两岸滨江公共空间的建筑景观和环境布置提出的城市设计导引和建设的技术规定。主要内容包括公共空间、地标、滨江建筑、历史文化保护、堤坝空间、户外广告、夜景照明。

b. 环境保护标准

在滨江地区环境功能区划和环境质量的研究基础上，提出黄浦江两岸核心区的环境质量标准、环境建设和环境管理的技术控制要求，从而进一步保证滨江公共区域的改造建设能与黄浦江两岸综合开发规划的内涵有完整的相容性。内容包括环境质量适用标准、环境监督管理、污染控制技术标准。

c. 绿化建设标准

针对黄浦江两岸核心区提出各类用地的绿化建设标准、绿化种植和绿地环境设计的技术规定。主要内容包括公园绿地、居住绿地、公共设施附属绿地、道路绿地的建设标准。

d. 防汛建设标准

黄浦江两岸核心区范围内沿江防汛建设的有关标准和技术规定，主要内容包括黄浦江防汛的设防标准和防汛墙建设的技术规定、亲水平台建设的技术规定。

e. 公共旅游码头建设标准

黄浦江两岸核心区范围内沿江公共旅游码头建设的技术规定，主要内容包括码头规模、码头布置、站房布置、码头前方广场、停车场及公交站点。

③ 建设标准涉及的管理幅度和深度

建设标准的制定应尽可能覆盖黄浦江两岸滨江公共环境建设中涉及到的各专业领域的标准和技术规定，体现控制的全面性。在建设标准涉及的管理深度上，宏观上正确把握黄浦江滨江公共环境的规划理念和建设目标，在中观与微观层次上提出建设标准的条款内容。其中，涉及城市空间形态和环境景观设计方面，以引导性条款为主，为城市设计创作留有余地；在涉及生态环境保护、防汛、环境建设、公共安全等方面，以强制性条款为主，能定量的标准尽量量化，以确保公众利益。

5.7 杭州市江滨城市新中心

设计单位：上海市城市规划设计研究院

杭州是我国的七大古都之一、历史文化名城、风景旅游城市，同时也是浙江省的政治、经济、科教、文化中心。杭州的旧城历史形成了以西湖为核心，"三面环山一面水"的特有格局和城市风貌。

在世纪之交，随着改革开放后城市化快速成长和行政边界的调整，新的市中心规划东移至钱塘江北岸的滨江地区，用地328.8hm²。

5.7.1 功能定位

江滨城市新中心的功能定位取决于杭州市的城市性质、发展目标及以上海为中心的长江三角洲经济区的辐射影响。

规划的江滨城市新中心随着杭州市政府的迁入，将形成行政办公区；建设设施先进的文化娱乐、休闲设施，开发旅游新品，扩大旅游环境容量；充分利用杭州的自然环境、区位及旅游优势，建设高质量、高标准、低密度、低容量的办公园区，为跨国大公司、大集团办公或举行年会、高层次会议提供合适的场所；同时建设一定比例的公寓住宅和商业服务设施。江滨城市新中心将成为杭州市级中心之一，具有行政办公、金融、贸易、会议展示、文化娱乐、旅游服务等功能，是区域的商务中心，也是未来上海CBD多元网络的组成部分。

5.7.2 容量预测

江滨城市新中心用地约3km²，包括2km²的核心区和1km²的居住区，有办公、会展、酒店、商业、文化、休闲、公寓等设施，总开发量初步测定为250～300万m²。规划格局可以适应市场扩容需求作必要的调整。

5.7.3 基地与城市结构的整合

随着杭州城市总体发展布局的战略调整，城市的快速交通体系将从原有强化湖滨核心地区与滨江、下沙两个副城的联系转变为强化杭州主城与萧山主城的联系，以西兴大桥和庆春路隧道作为两条快速越江通道。老城区的正南北向方格路网向东、向南扩展，至钱塘江沿岸转换为与两岸呼应、利于沿江地块开发利用的斜向方格路网，形成整体有机格局。

新中心区内以一横两纵的主要道路形成内部干路，解决新中心区与老城区向北、向西和沿江方向的联系，并与中心区外围城市主干路所确定的

图5.7.1 规划总平面图

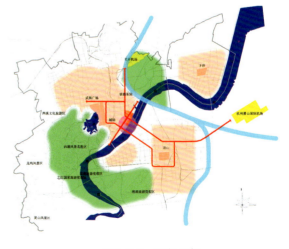

图5.7.3 区位分析

5 城市局部范围的城市设计(三)：滨水区

图5.7.4-1 规划用地结构

图5.7.4-2 功能结构分析

图5.7.4-3 自行车系统1

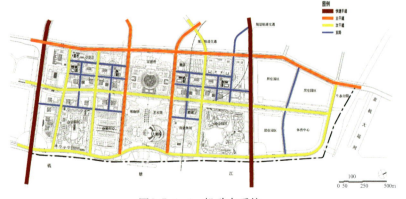

图5.7.4-4 机动车系统

新中心区交通保护壳共同建构起中心区的道路交通干网。

强化新中心区的轨道交通支持，并使其联系杭州主城与萧山的轨道客运交通系统，形成沿海交通走廊上的重要枢纽。

5.7.4 城市空间和环境设计

该项目城市设计采取总体构架—设计准则—节点设计的层层深入的城市设计程序模式。

5.7.4.1 总体构架

依据总体规划与发展方向，土地使用规划力求同类使用功能相对集中，适当加强土地的综合开发强度，实现土地高效开发与城市环境建设的协调统一。

确定江滨城市新中心与现状市中心呈轴线扩展的整体空间格局。将整个中心区在功能布局上分为核心地区、居住园区、生态公园等3个区段；确定富春江路作为中心区商务发展轴，横向布局；灵江路与新安江路之间形成的带状空间作为公共文化设施发展轴，纵向布局；同时明确界定了行政办公、金融办公、商务办公、商贸会展、文化休闲、商业娱乐、滨江游憩及办公园区等8类功能分区。近期考虑综合功能和发展中调整的灵活性。

空间布局规划及景观设计结合了开发总量预测与分配以及地块交通可达性分析，将新中心用地范围内地块的开发强度按等级划分，确定了以富春江路沿线地块为高强度开发区，向两侧逐级递减的原则。

5.7.4.2 场所路径

根据对不同地区的使用功能、社会经济活动特征、公众开放程度及交通可达性要求等方面的分析，将江滨城市新中心划分4类公共活动空间领域，构建与其相适配的交通网络，以达到新中心区的经济、生活及旅游活动优质高效运行。

针对不同地区的活动特征确定分级路网、制定停车策略。

明确轨道交通及地面公交的线路走向，并设立交通枢纽及主要换乘站点。

分别规划以通勤为主及以游憩为主的自行车系统，两套系统在空间上完全分离，服务于不同的使用活动。

结合主要的开敞空间和景观轴线，形成完整连续的步行活动系统，与公交系统结合构成层次丰富、动静结合的活动序列及视觉运动系统。

5.7.4.3 空间布局

规划以对新中心区各功能的使用活动需求及特征分析为基础，结合杭州市的地理环境特征，设计本区域独特的空间构架，形成鲜明的都市形象。

江滨城市新中心的空间布局以纵横两条景观轴线作为主要构架。其中横向轴线由富春江路两侧的高层商务办公建筑及人工绿化、水体景观构成，体现都市蓬勃繁荣的现代化面貌，以硬质景观为主；纵向轴线由中央步行绿化带及其两侧的文化展示建筑构成，主要由绿化与水景构成，空间尺度较为开阔，充分展示杭州独特的人文自然景观。

不同的使用功能及其公共活动影响着建筑诸要素的构成，规划以此为基础，明确了区域内建筑实体的高度分区、建筑群组合方式、建筑界面、地标建筑及沿江建筑轮廓线，形成中心区建筑形态的总体框架。

街道景观的构成从活动类型出发，依照边界围合的要素和方式，共分为建筑围合式景观街道、绿化围合式景观街道及开放式景观道路等三类，逐一界定区域内各道路。

图5.7.4-5　自行车系统2

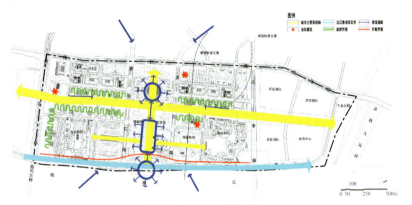

图5.7.4-6　景观构架

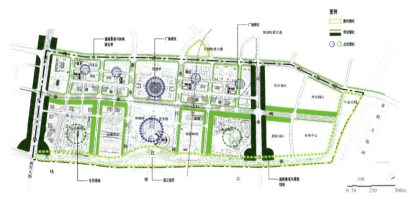

图5.7.4-7　绿地系统

图5.7.4-8　水体系统

根据广场的规模、活动内容及对公众的开放度和吸引力，对区域内的广场空间分为城市广场、街区广场、街坊广场等3类，并明确其功能和形式。

绿化设计强调系统性与网络性，强调绿化环境景观与休闲活动复合使用的重要性，力图创造空间层次丰富、提供多样活动机能的绿化空间。

水体系统的设置突出强化其独特的滨水环境特征，结合绿化系统布局将水的处理分为"观水"、"亲水"两大层面。

5.7.5 设计导则

其目的是针对建筑、街道空间、绿化、水体等构成城市空间环境的主要因素，提出具有可操作性的建设指导原则，有效地协调城市规划、建筑设计、城市建设及城市管理等多要素的关系。

5.7.5.1 建筑设计导则

通则：从建筑的尺度、形式、材料、色彩、交通等诸设计要素着手，确定建筑设计需共同遵守的城市设计指导原则，以保证建筑与环境的协调，强化地区总体特征。

特殊要求：针对行政办公区、金融商务区、公寓办公区、文化会展区及办公园区等5类重要功能区提出建筑风格、空间布局及尺度、色彩、退界等方面的特别设计要求。

5.7.5.2 街道空间设计导则

将街道作为重要的公共活动空间，规划通过规定道路断面、沿街建筑、地面铺设、道路及沿线绿化种植、道路照明等诸方面的设计导则，创造舒适宜人、特色鲜明的高品质街道景观。

5.7.5.3 绿化设计导则

"绿"是本次空间设计的重点。通过对由道路及沿线绿化、中央开敞绿地、滨江绿带及基地绿化等组成的绿化系统中各种绿化的使用功能、空间布置、植物配置等方面设计的导则，创造良好的绿化环境，形成以绿色为

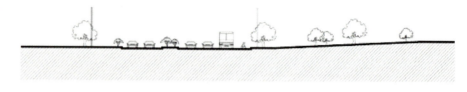

断面图

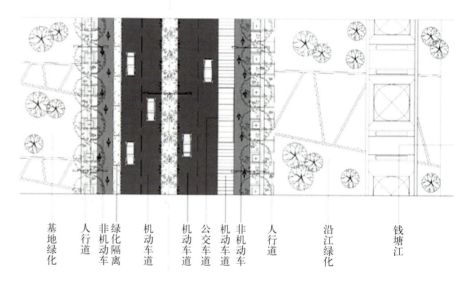

图5.7.5-1 节点设计

图5.7.5-2 核心区剖面图

图5.7.5-3 鸟瞰透视图

基调的城市开放空间。

5.7.5.4 水体设计导则

杭州以山水闻名于世，新中心的城市设计将水作为重要景观元素。通过在对滨江岸线、景观河道、生态湖泊、水广场等组成的水体系统中不同类型水体的使用功能、环境空间设计要点、附属设施配置要求等诸方面设计的导则，结合城市开放空间，创造层次丰富、富于魅力、个性独特的水体景观。

5.7.5.5 节点设计

节点设计以城市设计总体构架和设计导则为指引，对建筑、街道、开放空间、绿化、水体等城市设计要素做了典型研究，同时针对核心区域提出了地面铺砌、室外照明、户外广告、公共设施及街道家具等专项设计要求，审定后作为建设依据。

5.7.6 城市设计实施建议

本次城市设计通过确定分期开发原则及编制城市设计图则，为城市设计的实施提供管理依据。

江滨城市新中心城市设计图则是以城市设计确定的土地细分为依据，以街坊为单位，运用图示符号和文字（字母）列表明确城市设计中的指令性控制指标和指导性控制指标，以便在实施管理中充分体现城市设计理念，达到城市设计目标。其中，指令性控制指标是指规划管理中必须执行的指标，包括地块界线、用地性质、容积率、建筑密度、建筑限高、机动车位、绿地率、建筑退界、车辆出入口方位等9项；指导性控制指标是指供规划管理参考，并向开发商、建筑师、物业管理者建议、引导执行的指标，包括建筑形式、色彩、建筑材料、公共活动广场、绿化、水体、户外广告、照明等8项。

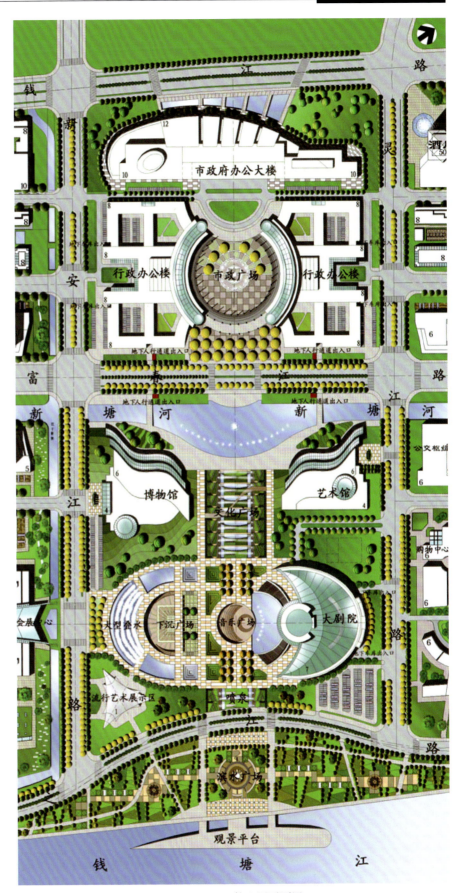

图5.7.5-4 核心区平面图

5.8 天津北运河治理工程

设计单位：天津市园林规划设计院

5.8.1 概况

天津北运河治理工程范围为屈家店闸至子北汇流口，河道长约15.15km，总面积约90万m²。两岸现状河堤分布村庄，大量民房挤占滩地，生活垃圾堆至河主槽，影响行洪及引滦水质，必须统一规划，彻底治理。

北运河有御河之称，自隋代大运河贯通南北，地处运河北部，兼具河、海运输之便，为富饶盐业之利的天津地区的进一步发展提供了有利条件。北运河历史上还有潞河、沽水、运粮河、简沟河之称，足见其当年的重要位置。

5.8.2 总体构思

滨河环境景观规划一般是采取景观连续的布局方式来完成的，形成植物景观、建筑景观和园景组景序列等内容。在方案阶段按照以上3种内容来进行布局，经过多次的分析与研究，采用了集景式的景观序列布局方式，也就是把常规的3种布局方式加以集成，构成景观互动的关系，创作出新的滨河环境景观布局方式。

该设计将天津运河发展的历史痕迹呈现于景观表现中，形成连续的景观变化，把历史、景观与人、环境本身连结起来。整体景观以城市、环保、休闲作为总创意骨架，将全线景观由西北至东南以生态休闲、冬之曲、亲水休闲、秋之恋、文化休闲、夏之梦、健康休闲、春之声为主线，充分地融合于景观设计中，一方面突出了运河两岸的时代气息，另一方面，也体现了极强的地域文化特征(见图5.8.1)。

5.8.3 景观序列设计

5.8.3.1 生态休闲(屈家店闸—桃口)

图5.8.3-1 环境治理效果—亲水休闲

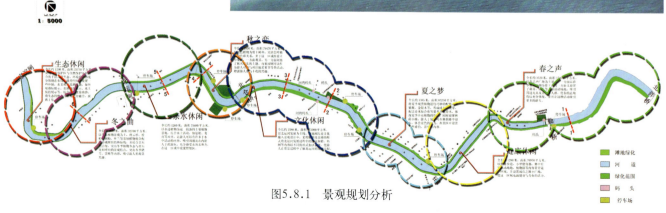

图5.8.1 景观规划分析

该景区结合环保教育内容,将生态的概念与景观充分融合。营造大片生态林,选用天津乡土树种国槐等植物品种,强调植物群体效果及天际线的变化,为运河两岸增添涵养水源的生态元素。

5.8.3.2 冬之曲(桃口—北运河桥)

以生态植物景观为主,将云杉、桧柏、刺柏、丝兰等常绿植物组合配植形成醒目的林际线,并结合景石的点缀,在不经意间流露出美感。结合原址的古庙、石碑,修建仿古亭景区,采用景石围合起伏变化的自然空间。

5.8.3.3 亲水休闲(北运河桥—北菜园西段)

绿地设计还强调"视觉走廊"的概念,采用大手笔的景观设计手法,彩色铺装、卵石健身步道、花带和风景林的结合创造出气韵连贯的特色景观。

5.8.3.4 秋之恋(北菜园西段—北仓桥)

秋天是收获的季节,整个景区以"写秋"为主题,通过秋季色叶树种和观赏性果树来体现。

在植物配置上首先大量选用秋叶树种,如栾树、枫树、银杏等,大面积种植,以体现大自然的美。

5.8.3.5 文化休闲(北仓桥—吴嘴)

以北运河发展为主线,将地域历史文化融入景观设计中。采用雕塑及景墙的形式,将北运河发展过程中的漕运如船锚等内容以不同的形式加以表现,使游人在赏景过程中了解到北运河的发展过程。

5.8.3.6 夏之梦(吴嘴—天穆村)

夏之梦景区突出植物景观特点。通过紫薇、木槿等花灌木的配置为夏日增添几分清朗。合欢、栾树的搭配也给和煦的夏日带来阵阵凉意。同时本景区设置的林阴小路,让游人在林中漫步时,体会到夏季景色的魅力。

5.8.3.7 健康休闲(天穆村—红桥钢铁炉料中心)

该区以"健康、运动"为主题,通过有氧森林浴、卵石道路足疗,以及高大乔木对有害气体的吸收和对空气环境的净化,提倡以人为本的理念。

5.8.3.8 春之梦(红桥钢铁炉料中心—勤俭桥)

林阴广场、春之讯息花卉广场及休息亭的设置,为游人提供了休息、观景、交流的空间。种植上以春花树种为主,让原有桃柳堤公园的早春桃花林的春景特色得以延续。

5.8.4 北运河沿岸主题公园

5.8.4.1 御河园

御河园位于北运河沿线马庄处,全园占地3.3hm²,平面呈三角形。

御河园的主题是体现御河—北运河的历史文化。全园由传说之路和诗

图5.8.3-2 夏之梦园景

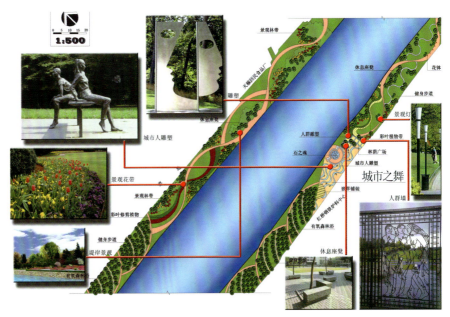

图5.8.3-3 健康休闲景区平面图

5 城市局部范围的城市设计(三)：滨水区

图5.8.4-1 滦水园巨龙雕塑

图5.8.4-2 御河园园景

图5.8.4-3 滦水园园景

图5.8.4-4 滦水园总平面

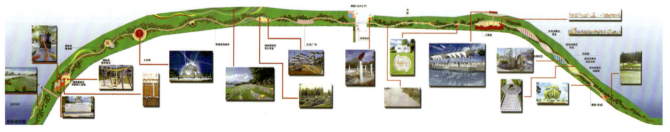

图5.8.4-5 娱乐园总平面

词之路形成两条设计主线,以体现漕运及水文化的浮龙顺水及篇章雕塑作为主景,将运河发展的文化内涵充分加以渲染,配以古朴的码头,让人充分领略古老运河的繁荣给天津带来的发展。

5.8.4.2 滦水园

滦水园位于北运河沿线南仓处,原为北运河故道,全园占地6.88hm²,呈长条状。

图5.8.4-6 滦水园繁花似锦园景　　图5.8.4-7 娱乐园的园景

滦水园是北运河主要景观最为集中的一个园子,其主题是要体现引滦入津给天津人民带来的巨大变迁。园中有全国最大的室外微缩景观——引滦入津,按1∶1000比例微缩制作,游人可游历引滦入津的全过程。微缩景观的植物配植采用了相应的手法,以盆景及小型植物创造与硬质景观相匹配的微缩造景,实现了天津首次室内植物室外应用的尝试。

园中沿园路设置了70余组石碑,上书我国历代书法家的"水"字及中外水资源相关知识性文字,向游人提供有关节水的相关教育,成为城市节水教育基地,同时也形成了碑林的景观效果。

滦水园布置表现了引滦入津、润泽天津,给天津城市发展带来巨大变化的立意。

该园设计了北方最大的一片梅林,栽植了美人梅、淡丰后等梅花品种,成为运河上开花最集中、景色较艳丽的景点。

5.8.4.3 娱乐园

娱乐园位于北运河沿线王庄处,占地面积17hm²,呈长条状。将河道滩地纳入绿地造园。

娱乐园主题集中了适合各个年龄层的娱乐项目,园中有猜谜廊、绳操器械区、游艺设施区、趣味路等极具

图5.8.4-8 御河园园景

特色的项目，还有地景驳岸、音乐驳岸、滩地花园、运河之子雕塑等景观。此公园集游戏与赏景为一体，吸引市内的游人，成为天津市的一个主要的娱乐场所。

5.8.5 景观驳岸与水利设施设计

北运河沿岸设计了多种驳岸形式，结合水利设计的要求，将景观与功能充分结合，形成较好的观赏效果。如位于北仓桥下游右岸以硬质景观的手法加以体现，采用新型外延夜光涂料进行装饰，既强化了娱乐园的入口气氛，又突出了北仓桥的特色环境；娱乐园中部设有近100m长的特色驳岸，以流线形阶梯式驳岸体现水岸景观，分别采用橘红色与天蓝色玻璃马赛克贴面强调色彩的艳丽。沿岸多种形式的景观驳岸展示了运河的风貌。

5.8.6 环境治理特点

①将运河在天津漕运发展及天津发展中的文化建构融于景观设计之中，形成独具"天津运河文化特色"的园林景观内容。

②设计中大写意景观创作手法与超现实解构手法的应用，旨在形成"块景地域文化"景观，构成城市园林景观动感空间与情感空间的序列。

③在景观设计中，以音乐创意贯穿景观设计，将柴可夫斯基的"四季"组曲与园林景观形成紧密的结合，体现天津文化中多元文化的相互融合。

④将天津河海历史文化结合于景观设计中，把每处的园林景观串联起来，凝聚与提升天津园林文脉。

⑤形成天津植物品种丰富的绿地，植物品种约90种，展现丰富多彩的河岸景观。

⑥作为水利工程与园林环境工程良好结合的体现，在治水思路上实现了由水利工程向资源水利、环境水利的转变，开创了全国水利工程由单一功能向综合功能发展的先河。

⑦环境设计与水利设计有机结合，充分体现运河景观，形成陆上赏景与水上游景的动态与静态景观，为天津增添了一处自然的运河景色。

图5.8.4-9 娱乐园园景

图5.8.4-10 娱乐园音乐景观驳岸

图5.8.4-11 娱乐园的园景

5.9 成都府南河滨水区

5.9.1 概况

成都是四川省省会，是全国首批历史文化名城，已有2300多年的历史。成都古城现存的主要空间特征和城市风貌特色之一是"两江环抱"，两江即指都江堰水系的府河、南河（又称锦江）。府南河流经市区段全长29km，其中府河在旧城区内段长6.67km，南河长5.71km。

成都城市史是一部治水的历史，历史上共有4次大规模治水活动，其组织者分别是古蜀鳖灵、先秦李冰、西汉文翁、晚唐高骈。西川节度使高骈为保卫成都，改两江双流为两江环抱，给成都留下了千年不变的独特城市景观。

府南河是成都文化的摇篮，成都城市经济文化和社会发展离不开锦江的滋润和哺育，故成都人又称她为母亲河。"窗含西岭千秋雪，门泊东吴万里船"诗句，即是当时成都府南河的真实写照。

随着现代工业发展和人口增长，导致河水污染，生态恶化，城市发展受阻。而且，沿河两岸原为旧城区，建筑质量差，新建筑大多尚未考虑景观问题，使得两岸建筑的形象与府南河的景色很不协调，所以府南河的综合整治和城市设计势在必行。

府南河综合整治和城市设计工程于1992年启动，1997年底城区段竣工，工程总投资27亿元，涉及10万人搬迁。该工程的成功，得到了联合国及世界其他权威机构的认可和赞扬，该工程先后获"联合国人居奖"、"优秀水岸奖最高奖"、"环境地域设计奖"、"地方首创奖"和"联合国2000年最佳范例奖"和两项组织奖，即"国际环保设计奖"和"第十二届国际水岸设计最高分奖"。

5.9.2 设计思路与方法

城市是一个复杂的有机体，多元化文明弥散在成都这一历史文化区域，城市设计借以共生这一契机，表达对时空、现代、历史、未来的一种体验，以创造场所精神。共生的内容包括：河与城共生，历史与现实共生、异质文化的共生。

为塑造丰富的城市景观，必须引入多种建筑景观研究方法，一类是可量度标准（如高度、宽度、容积率、色彩等），一类是不可量度标准（如协调、独特、舒适等）。具体方法有：

①建筑外观和风格控制；
②建筑高度及轮廓线控制；
③容积率奖励；
④建筑空间及层次控制；
⑤对于新建、在建、未建的不同类型建筑的处理；
⑥建筑小品及环境。

5.9.3 分片设计

5.9.3.1 东部整体风貌带

包括猛追湾休闲娱乐区、新华大道至蜀都大道居住片区、中央商务区、合江传统风貌区。

东部风貌带以省电视塔和东大街商贸区为中心，形成轴线和视线通

图5.9.1-1 市民共享的府南河

图5.9.1-2 活水公园景观水车楼

廊，将整个府河东段连为整体。沿河建筑按城市景观要求不同分为三类：位于内环路与府河外侧道路之间的建筑，定为重点控制的主景建筑；内环路内侧与外侧道路外的建筑，作为背景；其中省电视塔／商务中心高层建筑以及合江亭、音乐广场为标志性建筑。

5.9.3.2 东门大桥商贸办公区

周边用地与成都现有商业中心联系方便，环境质量较高，在这一区域形成良好的室外空间，设置广场、步行廊等；注重与历史的回应；严格限制建筑的高度。

5.9.3.3 猛追湾生态区

活水公园已成为府南河最大的景点和生态教育基地，为强化该片区的生态概念，将生态引入城市设计是未来建筑的一种重要发展方向，这已逐步明朗。以一号桥为核心形成生态建筑群，以及猛追湾路为背景的片区及一号桥灯饰中心。

活水公园是世界上第一个以水保护为主题的城市公园。地面为"人工湿地污水处理系统"，地下为环境教育中心。公园占地24000m²，呈鱼形，寓鱼水难分之意。取自府南河的水依次流经厌氧沉淀池、水流雕塑，向游客们展示污水由"浊"变"清"的过程。公园的设计体现了城市园林的特性。花园、雕塑、喷泉仿黄龙"五彩池"自然风光和几十种水生植物，与观赏鱼类巧妙融合，寓教于乐，唤起人们的环保意识。

5.9.3.4 合江亭传统风貌区

即"水文化"片区。此片区建筑以反映传统风貌为主，只在建筑上做一些古建筑的象征符号处理，形成有象征性的顶部。以合江亭、音乐广场为核心成为片区的标志景观；在以合江口为中心的开阔空间周围有几个高层控制点。

5.9.3.5 王爷庙古蜀风貌带

是反映古蜀大石文化的片区，南岸遍布大石诗刻，新建了甲府园，周围建筑以黄及褐色为主，整体风貌较为朴实。

5.9.3.6 北门川西民居风貌带

在北门大桥南头有府南河工程惟一保留的一座民居，其青瓦白墙、穿斗木构的风格使人依稀回忆起沿河的旧民居。同时，该片区沿河建筑均采

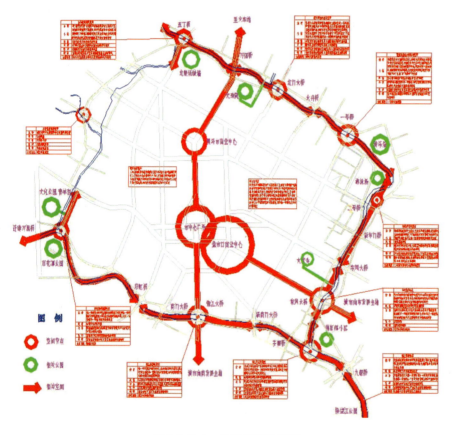

图5.9.3-1 分段控制总平面

图5.9.3-2 活水公园总平面

图5.9.3-3 一号桥河景

图5.9.3-4 合江口与合江亭

图5.9.3-5 王爷庙片区景观

图5.9.3-6 王爷庙片区新旧建筑协调方案

图5.9.3-7 散花楼及廊桥

用顶层退台及坡顶，细部采用穿斗、垂花、吊脚等手法，色彩以黑白灰加褐色及褐红、砖红等为主。

5.9.3.7 锦江欧式建筑风貌带

作为成都的涉外宾馆区，锦江以南的建筑与南河相隔一护河通道，采用欧式民居风格，顶部采用山墙临河的坡顶形式，窗格、窗套及门眉全部刷白，风格典雅，底部设柱廊或基座。锦江北侧建筑一般均在7层左右，这一带可以浅色石砌欧式风格为主。

5.9.3.8 百花仿古建筑风貌带

在原有建筑风貌的基础上向上游延伸至万里桥，并加强对南河两岸的建筑控制，使两岸风貌统一。这一带要求建筑完全仿古，青瓦、白墙、木构或灰墙木构。色彩上采用黑白灰加褐色，不宜采用其他色彩。

5.9.4 历史文化体系

府南河改造将沿线众多的文物串联起来，并依托滨水区四角形成各具特色的文化片区，传达历史信息。恢复一些古城门名、河桥名；沿河两岸修建了音乐广场和众多有历史内涵、时代特色、生活气息的园林小品、建筑小品，汉、唐、宋等文化名人雕塑和诗碑，以及各具特色的小景园。

5.9.5 其他

①道路

府南河综合整治道路工程含内环路、外侧道路和内、外侧防洪通道，道路宽度10～25m，总长36km。内环路构成了旧城区重要的道路交通网，改善了城市中心区域交通状况。该道路交通网有利于防洪抢险、疏浚河道、消防取水及游览观光，加快了旧城改造步伐。

②桥梁

建成造型优美的桥梁20余座，注重桥梁与周围环境的协调。建成的古

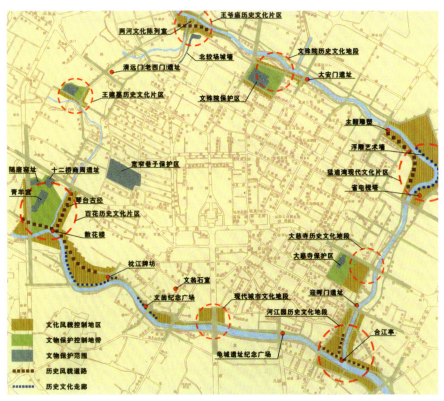

图5.9.4 历史文化体系规划

5 城市局部范围的城市设计(三)：滨水区

图5.9.5-1 生态河堤断面

图5.9.5-2 安顺廊桥

图5.9.5-3 锦绣桥

典式桥梁具有深厚的历史文化内涵，成为"一桥一景"，再现了成都历史文化名城的风采。

③河堤

新建和加固防洪河堤全长42km，拓宽河道16km，河道宽从25～80m拓宽到40～120m。防洪标准由10年一遇提高到200年一遇，营造了安居乐业的生活环境。建成的自然型生态河堤与复式生态河堤等有良好的亲水性条件，外形美观，整体视觉效果良好，达到了人与自然共生的目的。

④绿化

府南河滨河绿化用地共40余块，呈长条形沿府南河两岸形成府南河环城公园，总长约16km，面积23.5hm²，若加上相应的府南河水面，总面积达90hm²左右，绿地率85%以上。以绿带为载体，新建景园、景点10处，形成两河24景。府南河城市设计注重了岸线的共享性，把市民的活动引向水面，以开敞的绿化系统、便捷的公交系统把市区和滨水区连接起来。

⑤灯饰

以沿河桥梁为节点，沿河小品为亮点，沿河道路、绿带、河堤为亮线，两岸建筑及大型户外广告牌为面，点、线、面结合，连结成带，最终达到整个府南河的亮化、美化。

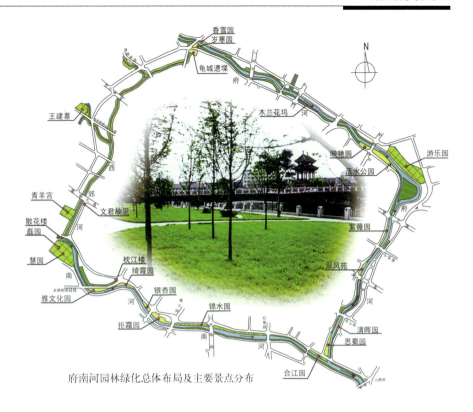

府南河园林绿化总体布局及主要景点分布

图5.9.5-4　府南河景观系统

图5.9.5-5　滨河绿化景观2

图5.9.5-6　滨河绿化景观1

5.10 沈阳新开河滨水区

设计单位：沈阳市规划设计研究院

5.10.1 概况

新开河位于沈阳市区北部，是1911年人工挖筑的一条灌溉渠道，自东向西穿越沈阳市的东陵区、大东区、于洪区、沈河区、皇姑区等5个行政辖区，全长28.3km。规划绿地面积188.76万m^2，两岸绿地宽各规划20～50m。河道底宽28m，设计最大流速48m^3/s。

新开河两岸分布有居民区、工厂区、科研院所及大量的农田，特别是分布有一批国家级和省级文物保护单位，集中体现了沈阳市历史文化的精华。有国家级重点文物保护单位两处：福陵及昭陵；省级文物保护单位两处：新乐遗址与辽代无垢净光舍利塔；市级文物保护单位一处：北塔与法伦寺。其中，新乐遗址可将沈阳的文明史追溯至7200年前。

由于疏于整治和管理，整治前的新开河两岸杂草丛生，沿岸违章搭建的低矮棚屋破烂不堪，一些居民直接将污水倒入河中，使水体受到污染，严重影响城市环境。沿岸分布有仓库、工业等建筑，建筑质量低，景观差；居住建筑多为平房，缺少必要的市政配套设施，对外交通不便。

通过新开河的综合整治，形成绿水相依、景观丰富、生态平衡的，以突出城市历史文脉为主要特色的城市滨水空间，并为带动两岸土地开发、优化用地布局，重塑城市景观环境提供契机。

5.10.2 设计内容

沈阳旧城区人口密度很大，新开河从旧城中北部穿过，沿途经过很多棚户区、工厂区和城市历史地区。新开河作为沈阳市环城水系的重要组成部分，是城市一条主要的生态景观廊道。通过带状滨水公园的建设，改善旧城区的人居环境，继承与弘扬城市的历史文化，改善城市形象，带动周边地区的开发建设，完善城市功能。

全线按绿地面积大小、绿地宽窄、距居民区远近等条件，共规划了13条绿地和12个游园。

5.10.2.1 绿带

以全线中心地段的联合路桥为界分为上游地段和下游地段。13条绿地

图5.10.1-1 位置图

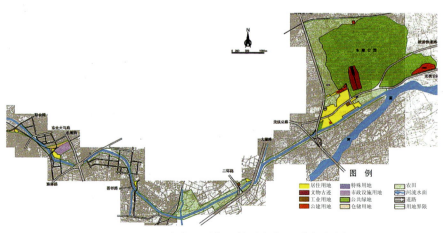

图5.10.1-2 滨水区现状图(东陵闸门—联合路段)

中，上游有5条绿地：东芳绿地、凌云绿地、东宁绿地、兴民绿地和吉祥绿地。下游有8条绿地：春华绿地、夏翠绿地、辽河绿地、共青绿地、长江绿地、怒江绿地、塔湾绿地和冬青绿地。全线绿地合计规划长度为1516m，面积为94.78万m²。

在上游地段规划的绿地中，东芳绿地、凌云绿地主要以绿化为主，规划各类树木100余种，加上草坪、花卉配植起来，形成疏密相间、草坪覆盖、四时景观变化的风景绿地。兴民绿地为突出桥下景观，在新开河左岸规划设计一组喷泉。东宁、吉祥绿地全面绿化以起到联结作用。

下游绿地中，共青绿地虽面积不大，但位于省政府对面，位置重要，在此规划新开河带状公园纪念广场。绿地北部紧邻泰山路，规划日晷广场，广场中央耸立石质日晷，周边设有花架、景墙和石球，广场全部铺装并配以花木。绿地中部规划有长廊、园亭和雕塑等园林小品。春华绿地和夏翠绿地内都规划有铺装广场、园亭、花架等，供人们活动。其他几段绿地，除必要的园路、活动场地外，主要栽植各种树木、草坪、花卉，形成供游憩的绿色空间。

5.10.2.2 游园

在新开河全线上选择距离居民区近、面积较大、用地条件好的地段，规划了12座游园。上游共规划5座游园，其主要特色是：

① 东辉游园：为自然式现代风格的园林。在凌云桥的四角，各规划1个广场和由花坛、园亭组合的休闲空间。南北绿地部分主要是自然栽植和曲径园路，具有乡情野趣。

② 和睦游园：以规则式园林为主的现代风格的台地园。全园规划了中

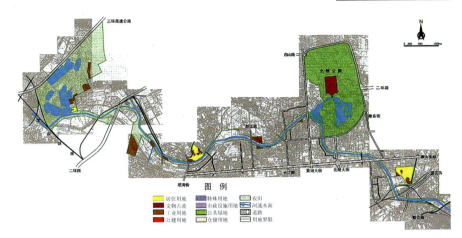

图5.10.1-3 滨水区现状图（联合路—三环高速公路段）

图5.10.2-1 滨水区公园护岸剖面

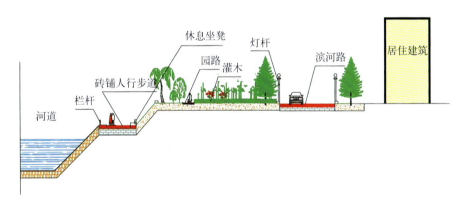

图5.10.2-2 复式河道断面

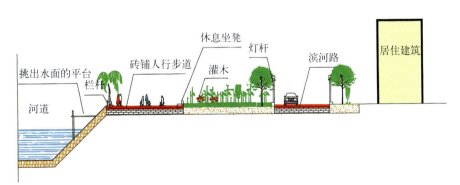

图5.10.2-3 梯形河道断面

心景区、南山景区和北园景区。中心景区以半圆形长廊和临水码头为中心，向南北两侧铺装园路和广场。在园路与码头之间，又下沉0.8m，形成一条临水步道，这样，从河对岸眺望即有3个高程，具有典型的台地园特点。南部堆土山，其上建双联方亭——和睦亭。亭下设涌泉，沿台阶而下形成瀑布，汇入水池。山上满铺草坪，配植桧柏、云杉和花灌木，是登高望远的好去处。北部规划一封闭小园，内设花架、花坛、休息凳等，可供安静休息。在河的对岸绿地上，保留原有大树，铺以园路，是欣赏对面游园景色的佳地。

③黎明游园：以游憩为主的自然式游园。全园分为翔云景区、天乐景区、怡静景区和林阴景区。翔云景区由全园中心的翔云桥及南北桥头广场组成。广场中央耸立象征沈阳蓬勃发展的大型雕塑。桥南是半圆形下沉广场。在游园东部规划为适合不同年龄要求的天乐景区。有儿童活动区、青少年活动区和老年活动区，配置各种设施与植物，成为人们安静休息的场所。游园北部密植高大树木，形成林深境幽的景观。

④得胜游园：具有江南园林特色的自然式游园。全园规划了3个景区。中心景区由得胜轩、知鱼廊和莲心池组合成园林空间。景区内湖石护岸、桥湖相隔，加上叠石瀑布，曲径蜿蜒。东区建赏心亭，栽植松、柏、柳、桃等，加之铺草栽花，成为安静休息区。西区引水成溪，堆石造景，形成泉石园。3区通过曲径相连，建筑为白墙黛瓦，一派江南园林景色。

⑤枫露游园：为欧式风格的规则式园林。全园分为5个景区。序景区由门前广场和拱形园门，加上园门两侧的花坛构成了全园序幕。中景区由两条条状树坛和半圆形铺装广场，把人们引入主景区。主景区由台地上穹顶长廊和廊前叠落式喷泉、大型花钵、青铜酒神、果神雕像组成。站在台地上居高临下，模纹式树坛、花坛和规则笔直的园路组成一派欧式花园的景象。此景区为全园的景观高潮。其后是合景区，顺台地往下建一半圆形柱廊围合作为收尾。北岸建园亭，广植高大树木，以陪衬主景。

全园按照中轴对称的规则式布局，树木成规则整齐式栽植，地面满铺草坪，配以各色花草。

下游地段规划了7座游园，其主要内容是：

⑥宁山游园：为自然式和规则式相结合的现代风格园林。共有锦苑春晓、碧水长廊、画山幽境3个景区。锦苑春晓是全园主景区，由曲廊、方亭、景门和小山组成。曲廊和方亭是全园的主体建筑。碧水长廊是以临水长廊结合地面铺装广场和草坪组成。画山幽境为贴有山水图案的景墙围合而成的半封闭空间，内置堆石、卵石小路，配有石桌凳，供安静休闲。全园满铺草坪，栽植多种树木，配以花坛、花带，组成宜人的游憩环境。

⑦将军游园：以传统形式为主的自然式造园风格。园内规划3个景区，中央景区为"飞虹石瀑"，由临水平台、水榭、爬山长廊、山亭和石山瀑布组成。山、水、廊、亭融合一体，高低错落，自成天然之趣。西部为"景石迎宾"，入口处采用开敞式广场，配以巨石耸立，上刻园名，给人以喜迎嘉宾之感。东部为"林深径幽"，栽植高大的银杏林和落叶松林，林间铺设曲径园路，使人有步入深林幽境之感。园内河岸曲折，园路蜿蜒，配以

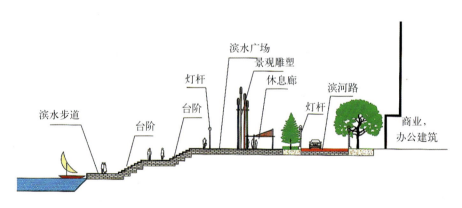

图5.10.2-4 河道及滨水广场断面

图5.10.2-5 公园水体人工式护岸

黄石砌筑驳岸、堆石造景，加上飞瀑彩虹，富有自然山水之意境。

⑧博雅游园：为自然式现代造园风格园林。共分为3个景区：中心景区包括书画廊、花坛广场和临水码头。北部景区由花架，伞亭组合成休闲空间。西部景区为疏林草地，园路两侧装饰花带，别有情趣。

⑨新乐游园：以突出新乐古文化为特征的规则式园林。全园以"子母陶"雕塑、陶纹广场、窝棚式建筑，加上"新乐人"青铜雕塑组成，寓意浑河变迁，历史沧桑之意境。西园门呈窝棚状的三角形，加上花坛内的黑色巨型石斧雕塑的临水码头组成了"斧辟天地"景区。入东园门为条形树坛，上台地建一条状喷水池，构成了"渊源流长"景区。南岸为配景区，全园的树木栽植以高大银杏、松树为主，配以低矮常绿灌木，地面全铺草坪，以烘托古文化气氛。

⑩塔南游园：以自然式为主的现代园林。全园分为中心景区、东部景区、西部景区。中心景区以环形长廊为主体形成，其圆形广场轴线正对古塔，使平展的长廊衬托起古塔的雄姿，成为园中佳景。东部景区为传统式曲廊与古塔相对，加上码头、广场组成一组游憩空间，是观赏"古塔夕照"的好场所。西部景区是由西园门、花架和宽敞草坪组成的安静休息空间。全园地势平坦，铺满草坪，配植多种树木，加上曲径园路，给人以景深路远，层次多变之感。

⑪秋实游园：规划为以风景林为主的自然式游园。全园规划以春、夏、秋、冬为特征的四季景区。春景园里栽植京桃、连翘、山杏、丁香等春花树木，再配以垂柳、落叶松等树木。夏景园里主要配植夏花植物如玫瑰、山

图5.10.2-6　滨水区步行道

图5.10.2-8　滨水区绿化

图5.10.2-7　新开河两岸景观

梅花、黄刺玫等，并配植芍药、荷包、牡丹等草木宿根花卉。秋景园主要突出秋季彩叶的银杏、卫矛、绣线菊等乔灌木。冬景园除常绿树外，多栽观果的花楸、忍冬、佛头花，还栽有白桦树等更能体现北国之冬的特色。在夏景区内开辟一水池，植荷养莲，堆石飞瀑，作为全园的主景。

⑥西佳游园：规划为供科普和展览的规则式观赏植物园。主要展览观赏价值较高的植物。全园分为中心展览区、经济植物区、药用植物区、果树植物区、野生植物区、珍稀植物区、水生植物区、岩石植物区等。

5.10.2.3 植物配置

在全线游园、绿带中，除西佳游园外，规划树木品种150~200种。除沈阳地区乡土树种外，还要配植一些能在本地区生长的名贵树种、长寿树种和彩叶树种。配植原则是品种要多样、配植要精、效果要好，在绿带中主要体现树高林密，生动自然。全线从上游往下宏观上按照春、夏、秋、冬的四季景观特色来配植树木品种，使人有明显的季相变化的感觉。同时，要大力应用草坪与花卉品种，特别是宿根花卉品种。在全线突出垂柳、京桃、银杏、刺槐、油松、桧柏、玫瑰等主调树种，特别是多栽市树油松、市花玫瑰，以创造丰富多彩、四季鲜明的园林佳色。

5.10.2.4 服务设施

为了通航和便于水上游览，在全线的游园中，都设置了游船码头，还在一些重点游园内规划了管理房(附有公厕)；全线的游园、绿带中设置了休息凳等服务设施。

5.10.2.5 纪念广场

为纪念这一环境工程，在中段的共青绿地内规划了长方形、占地8000m²的新开河纪念广场。规划内容体现纪念性、艺术性、时代性和游憩性。平面规划集园路、广场、绿地(草坪、树木)、花坛、纪念物、园林小品为一体，风格清新、立意精巧，具有鲜明的时代特征。

5.10.2.6 文化设施

①在总体规划中，创造游园的不同风格，体现不同文化特色。通过不同风格的园林，表现不同的文化内涵，给人以不同感受。

②在全线游园中，规划了二十余座雕塑，其中有纪念性雕塑、装饰性雕塑和古风雕塑等。

③设计具有文化内涵的建筑和园林小品。在博雅游园中，规划一处展销书画古玩的2层传统形式建筑——文化长廊。在泰山绿地内布置了日晷和日晷广场。在新乐游园中，还特别设计了远古窝棚造型的建筑和镶嵌古陶纹图案的古陶纹广场。

5.10.2.7 用地比例

新开河带状公园规划总面积为188.76万m²，其中：绿地面积为170.08万m²，占总面积的90.1%；园路广场面积为17.88万m²，占9.47%；园林建筑小品面积为0.7957万m²，占0.42%。

图5.10.2-9 码头

图5.10.2-11 滨水公园

图5.10.2-10 滨水区鸟瞰

5.11 日本横滨21世纪滨水区（MM21）

横滨市建设的21世纪新城中心区的宏大工程，以其规划、城市设计和开发实施而举世闻名。这一带原是临海的造船基地，1983年底开始填海造地和开发建设。规划开发范围186hm²，其中110hm²利用旧船坞和仓库，76hm²填海造地。其位置西南紧靠现有市中心，东北滨海，面对海湾大桥，景观壮丽。土地区划中贸易、商住用地87hm²，公园旷地46hm²，道路、铁路42hm²，港口11hm²。作为21世纪新区，规划以贸易和国际交流为核心，配置了商贸大厦、会议中心、展览中心、电讯港及多元信息中心、美术馆、海洋博物馆以及滨水步行绿化系统，与原有市中心结合，形成中央商务区。初步估计建筑规模可达300～400万m²，连同毗邻地区改建，可达400～500万m²。估计耗资140亿美元，原定于2000年完成，后停滞。

整个规划要求以新的基点、新的价值观、新的理论方法创造跨世纪的新城市中心。提出经济开发、历史文化、城市设计三者紧密结合，摒弃那种牺牲历史文化遗产，无视城市风貌特征、城市空间场所感、城市环境质量，只求城市开发短期最大经济效益的做法。

横滨新区没有把代价昂贵、区位优越的"宝地"用作纯商务中心区开发，而是在中央地区布置美术广场，由丹下健三设计横滨美术馆；安排象征横滨历史文化的"日本丸"公园和海洋博物馆；划出总用地25%作公园绿化和居民住宅，以保持和谐的城市综合功能。

横滨将城市设计与立法结合，规定开发用地的容量、规模、高度、步行系统网络和外墙后退界面，达到宏观控制。例如，规定建筑高度由纵深地带主楼300m，商贸建筑100m，中央地带文化设施45m渐次跌落到近海地带国际交流设施31m乃至滨海地带20m。让滨水地带向公众开放，组织

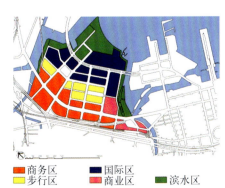

图5.11-1 土地使用规划

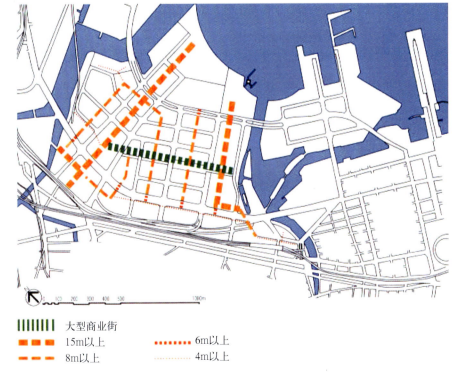

图5.11-2 步行系统规划

5 城市局部范围的城市设计(三)：滨水区

图5.11-3　滨水区天际线

天际线
在建有高层建筑的街坊，相对低矮的建筑通往海边

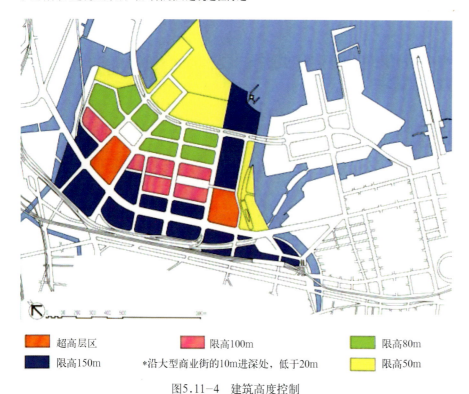

- 超高层区
- 限高100m
- 限高80m
- 限高150m   *沿大型商业街的10m进深处，低于20m
- 限高50m

图5.11-4　建筑高度控制

尽可能长而连续的滨水绿化步行系统，并引向腹地纵深，使其与水保持良好的视觉和直接的联系。

横滨未来21世纪新区的规划实施，在时空上组织得十分有效，如一面填海造地，一面动迁和改建，公共建筑、公园绿地与基础设施同步开发。高容量建筑在改建的地基上先行，而填海土地待新地基稳定后用于后期建造低层建筑，既符合城市设计构思，又合乎建筑经济。目前，18万m²的新都市大厦已建成，风帆形的横滨大饭店已开始接待客人，一个1万多m²的展览馆和可容纳5000人的国际会议中心已建成，清洁中心、冷暖供应系统、移动人行道、信息城、首都高速铁路引道及港湾大桥、日本丸公园、海滨公园(部分)、海洋公园、美术馆、美术广场也已完成。规模宏大的25号街坊里程碑建筑(即73层主楼，298m高)，为日本最高建筑，总面积近40万m²，24号街坊建筑经过竞赛评选，填海工程也于1994年结束。未来21世纪新区将建设成24小时川流不息的国际城市，以迅速适应世界的动态变化，成为一个应用先进技术信息，新旧并存的现代化城市。

1990年代初受泡沫经济影响，ＭＭ21开发实施进程停滞。1995年后，横滨市坚持该区环境建设，以期吸引使用者；截至1999年底，该区已吸纳就业岗位4.8万个，来访者3500万，入驻公司820个；1998年上交利税110亿日元，经济开始复苏。

5.12 日本东京幕张新都市

"幕张新都市"位于日本首都东京以东约25km面临东京湾的海滨,从这里利用高速公路去东京成田国际机场约需30分钟时间。"幕张新都市"开发是日本千叶县为迈向21世纪所推进的"千叶县新产业三角构想"的核心项目之一,也是日本政府国土厅为消除东京商务功能过度集中而推行的首都圈商务中心城市开发战略的重要举措之一。"幕张新都市"拥有以幕张国际会展中心为核心的展示、会议、中枢商务、研究开发、文化教育、休闲娱乐功能及以"滨城住区(Bay Town)"为主体的居住功能,是国际化的城市中心功能与舒适的居住环境、"职"与"住"功能高度融合的21世纪多功能型城市。开发总面积为522hm^2,预期就业人口15万人。居住人口2.6万人,到目前为止是日本规模最大的新都市开发工程。

5.12.1 概况

1945年,日本政府为了扩大粮食生产,决定在位于东京湾临海部的幕张填海造地发展农业。随后由于形势的转变,日本政府又决定将在幕张填海造的地改为中小企业用地。到1964年完成填海造地60hm^2。

1967年,以日本经济持续快速增长为背景,为了防止首都东京近郊城市急速无序地扩张蔓延,日本政府决定在离东京市中心30km处的稻毛、检

图5.12.1-1 幕张新都市位置示意

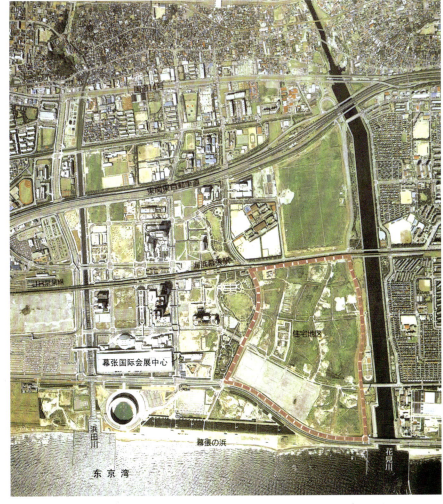

图5.12.1-2 幕张新都市航空照片(1990年8月14日)

见川、幕张地区扩大填海造地规模，规划建设环境优美的滨海新城，规划吸纳居住人口24万人。

1975年，为了阻止日本的商务中枢功能向东京的过度集中，幕张作为居住地的土地利用规划被大幅度修改，日本政府决定将幕张建设成具有中枢商务功能的新都市，以期分散东京的一部分商务功能。同年首次编制了"幕张新都市总体规划"，该规划中已包含了构成现在幕张新都市的商务研发功能和居住功能等要素。

1976年，以幕张所在的千叶县大学升学率上升、大学生数量大幅度增加为背景，在"千叶县新综合五年计划"中提出了在幕张新都市地区充实教育文化功能，建设"大学城"的构想。从1981年开始，千叶县立卫生短

图5.12.1-3　1975年幕张新都市最初的城市规划

图5.12.1-4　1983年千叶县新产业三角构想

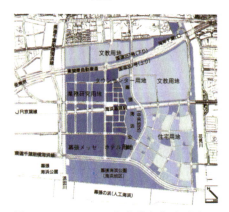

图5.12.1-5　1985年幕张新都市城市设施总体规划

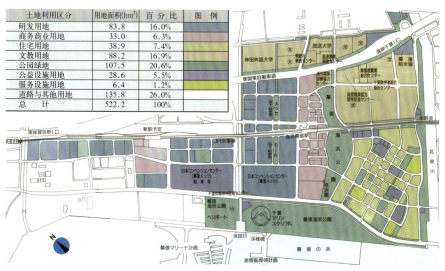

图5.12.1-6　2003年幕张新都市土地利用现状图

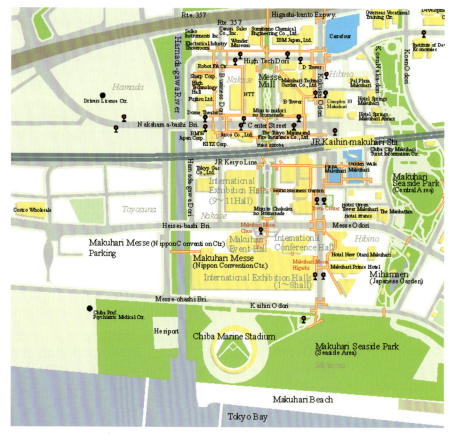

图5.12.1-7　2003年幕张商务中心区与研发区主要建筑及公共设施布局图

期大学(大专)、广播大学与神田外国语大学等3所大学、6所高中及6个文化教育设施先后进驻幕张,形成了幕张的文教区。

1983年,千叶县发表了以"幕张新都市构想"、"上总科技园构想"、"成田国际空港都市构想"3个骨干项目为核心的"千叶县新产业三角构想"。由于幕张位于东京和成田国际空港的中间地段,被定位为集聚商务功能的新都市。同年公布了"幕张新都市开发行动计划",其中启动项目为"幕张国际会展中心"。

1985年,以建设21世纪的新都市为目标,编制了"幕张新都市城市设施总体规划",其中包括交通输送规划、环境建设规划、城市基础设施规划,这个规划奠定了后来的幕张土地利用的骨架。

1987年,幕张海滨公园的一部分——中央公园建成开放。海滨公园作为新都市的绿洲,占地72hm²,分成7个主题园区,其中包括以国际交流为主题的"海上丝绸之路文化园"与日本传统庭院风格的"见滨园"。

1988年,日本IBM公司、精工电子工业公司等知名企业决定进驻幕张商务研发区,开始了土地二级开发。同时,以进驻企业为主体成立了"幕张新都市城市规划建设协议会",其职能之一是共商城市设计的准则。

1989年10月,著名建筑师桢文彦设计的"幕张国际会展中心"落成,幕张成为名副其实的"国际会展都市"。同月,在幕张举办了"第28届东京汽车展",有15个国家参展,参观者达192万人次。当年,京叶港东区(84.5hm²)作为扩充用地被编入幕张新都市,称为幕张C区。同时,连接东京都与千叶市的京叶铁路在幕张新都市设置了车站。随后,开始修建连接新车站与幕张新都市商务中心区的架空步道系统,并在幕张城市设计导则中明确规定,在商务区中心区建设的所有建筑,都必须在二层留出与架空步道系统的接口。

1990年,发表了"幕张新都市住宅地开发规划",规划建设与国际商务都市相匹配的都心型住宅。该项目是日本第一例沿道型围合式住宅区建设规划。同年,"千叶海滨体育场"落成,总建筑面积4.4782万m²,可容纳3万观众。"千叶海滨体育场"可用于举行职业棒球联赛、美式橄榄球赛、

图5.12.1-9 鸟瞰商务中心区空中步道系统(根据城市设计导则商业中心区的所有二层平面都要与空中步道系统相连接)

图5.12.1-10 空中步道

图5.12.1-11 商务中心区景观轴(二层高架人工地面、底层及地下为公共停车场)

图5.12.1-12 幕张国际会展中心

图5.12.1-13 见滨园

图5.12.1-8 商务中心区

足球赛、音乐会等大型节事庆典活动，成为幕张海滨公园吸引来客的主要设施之一。

1991年至1992年期间，松下电器公司、索尼公司等13家知名企业也相继进驻幕张商务研发区。到1992年，新都市建设进展顺利，各企业的设施相继落成。幕张新都市在道路、公园绿地、区域集中供冷供热系统等基础设施建设、城市设计和建筑设计，以及在政府与企业开发机制等方面取得的成就与经验，受到了各方面的高度评价。1992年，日本城市规划学会对幕张新都市规划建设取得的成就，授予幕张新都市开发建设的主体——千叶县政府"日本城市规划学会石川奖"。

1994年，幕张新都市住宅地——滨城住区(Bay Town)的第一期工程竣工开盘。由于滨城住区新颖的规划设计理念及采取了"土地转贷借权销售住宅方式"(被称为"幕张方式")，最高购房申请率达367倍。同年，"幕张国际会展中心扩建规划"发表，计划由当时的5.4万m²扩建到7.2万m²。

1997年4月，"幕张Pal Plaza商厦"开始营业。同年10月，幕张国际会展中心扩建工程竣工。

1998年，"滨城住区(Bay Town)"内的商场开始营业。

2002年3月，幕张"滨城住区(Bay Town)"社区中心落成开放。经过10余年的开发建设，"滨城住区(Bay Town)"的一、二、三期工程已完成竣工，截至2001年3月，入居人口已超过1万人，形成了具有魅力的、与自然融合的城市空间。虽然自1993年开始，日本正经历着由于泡沫经济崩溃而造成的长达十年之久的经济衰落，但幕张"滨城住区(Bay Town)"由于人性化、生态化的规划设计理念与贴切的市场定位，10年来一直人气兴旺，成为日本经济不景气时代居住区开发的一个难得的亮点。

5.12.2 "滨城住区(Bay Town)"

幕张"滨城住区(Bay Town)"位于幕张新都市的东南角，与海滨公园和文教区相邻，被水与绿地环绕，占地面积约84hm²，占新都市总开发面积的16%。规划人口约为26000人，规划户数约为8900户。

5.12.2.1 规划设计理念

20世纪中期以来，近半个世纪日本居住区开发的主流形式是开发建设与周边环境相隔离的、孤立的所谓"住宅团地"(相当于我国的住宅小区)，甚至在城区中也是同样。其结果，一个都市住区就好比在城市空间中插入的一个封闭楔块，尽管小区内部环境满足了安全性、舒适性的要求，但却破坏了城市结构固有的肌理，影响了城市空间的连续性与开放性。其主要原因是规划设计忽视了在建筑与都市之间起媒介作用的"街区"概念。出于对这种开发方式的反思，幕张"滨城住区(Bay Town)"总体规划中提出的开发基本理念强调"把都市住区作为都市街区来设计，而不是封闭的居住小区"，"重视建筑与街道的一体性"，并依据这个理念，规定了如下的设计原则：

①构筑适应周边都市街区肌理的开放型住区空间结构，避免在住区内部采取建筑自由布局的方式；

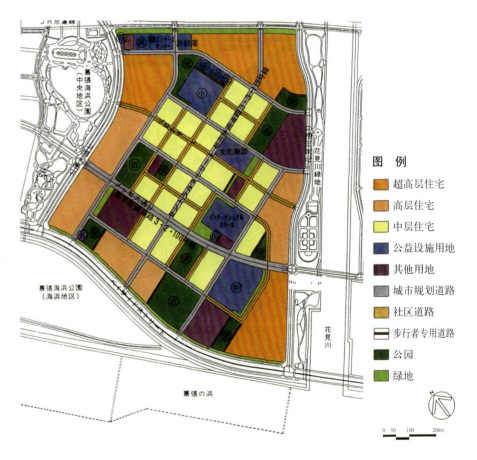

图5.12.2-1　"滨城住区(Bay Town)"土地利用规划图(1993年8月)

② 采取住栋沿道布局的方式，形成内外有别的中庭活动空间，以恢复现代生活中逐渐失去的生活韵律；同时把由采取围合式布局形式带来的日照和通风问题控制在最小限度；

③ 住区功能复合化，通过配置能开展国际交流的社区中心设施及在沿主要街道的住宅底层布置商业和商务等城市功能，形成开放、具有人气的都市社区。

5.12.2.2 城市设计要点

"滨城住区(Bay Town)"规划设计过程一个非常突出的特色是实施了系统的城市设计，包括建立了被称为"Producer Team"的"总设计师小组"指导下的城市设计运行体制。

1991年编制了《"滨城住区(Bay Town)"城市设计指南》，其中规定了城市设计的要点。

(1) 城市设计总体目标

① 创建适应21世纪多样化生活方式的都市型住区；

② 构筑聚集人气的都心型街区与沿道建筑立面；

③ 可开展国际交流的居住环境；

④ 突出临水空间的特色；

⑤ 注重与自然的融合。

(2) 空间构成

住区空间构成应体现"复合性"、"开放性"、"场所性"三个目标。

复合性：构筑"住"、"职"、"游"三种功能有机混合的都市空间，满足未来型都市居住的需求。

开放性：住区不仅在空间形态上开放，在社会与文化的维系上也要形成一个开放的地缘社会。

场所性：为避免单一的建筑风格，应建立多元化的设计体制，从而赋予各个分区个性，体现场所精神。

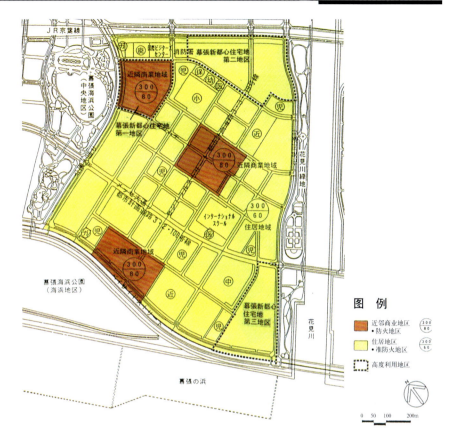

图5.12.2-2 "滨城住区(Bay Town)"城市规划法定图则——功能区划图(1993年8月)

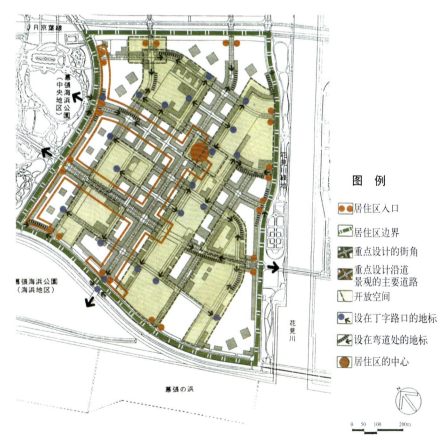

图5.12.2-3 "滨城住区(Bay Town)"景观形成方针图(1993年8月)

5 城市局部范围的城市设计(三):滨水区

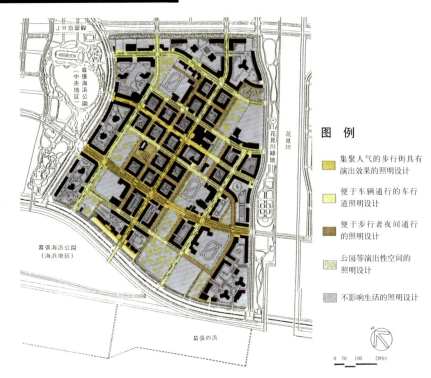

图5.12.2-4 "滨城住区(Bay Town)"照明设计概念图(1993年8月)

图5.12.2-5 "滨城住区(Bay Town)"规划设计模型(1993年8月)

为了保证沿街住栋风格既统一又要避免形式单调的措施:

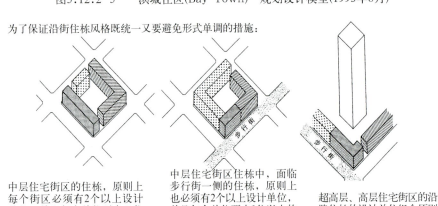

中层住宅街区的住栋,原则上每个街区必须有2个以上设计单位,并且每个单位要由2位以上的建筑设计师担当设计。

中层住宅街区住栋中,面临步行街一侧的住栋,原则上也必须有2个以上设计单位,并且每个单位要由2位以上的建筑设计师担当设计。

超高层、高层住宅街区的沿路住栋的设计单位组合原则与中层住宅街区相同。

图5.12.2-6 沿街城市设计措施例

该住区占地约$1km^2$见方,若规定统一的建筑风格则感觉规模偏大。因此,按照场所与空间应富有变化的原则,将住区划分成7个性格不同的领域,并分别规定了各领域内街区的空间形态。住区中心地段为中层街区,周边地段为高层街区或超高层街区。

①中层街区

沿道布置住栋,高度为5~6层,檐口控制在20m以下,不超过总建筑面积1/8部分的檐口高度可超高到25m。建筑覆盖率住宅街区上限为70%,商业街区上限为90%;容积率上限为3。

②高层街区

高层街区的住栋布局形式分为两类,一是沿道布置中层住栋,在街区中央布置高层住栋;二是高层与中层均沿道布置。高层住栋的高度上限控制在60m、20层以下。建筑覆盖率和容积率与中层街区相同,即:建筑覆盖率,住宅街区上限为70%,商业街区上限为90%;容积率上限也为3。

③超高层街区

超高层街区的住栋布局采取沿道布置中层或高层住栋,超高层住栋则后退布置。建筑覆盖率住宅街区上限为60%,商业街区上限为80%;容积率上限为4。地表面以上4m的低层裙房壁面应退道路红线2m以上。

(3)沿道型住栋的设计要点

①布局

为了形成能聚集人气的都市空间,在该住区的主要街道沿道住栋的1、2层布置商业和商务设施。相邻街区沿道住栋的间隔与高度的关系(D/H)维持在1~2。沿道建筑壁面,即建筑线原则上后退道路红线

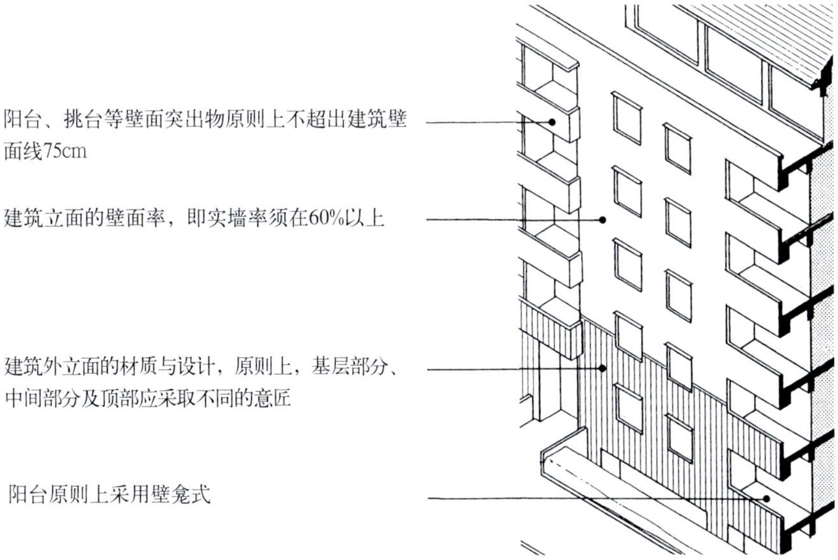

阳台、挑台等壁面突出物原则上不超出建筑壁面线75cm

建筑立面的壁面率,即实墙率须在60%以上

建筑外立面的材质与设计,原则上,基层部分、中间部分及顶部应采取不同的意匠

阳台原则上采用壁龛式

图5.12.2-7 "滨城住区(Bay Town)"沿街型住栋壁面构成设计方针图

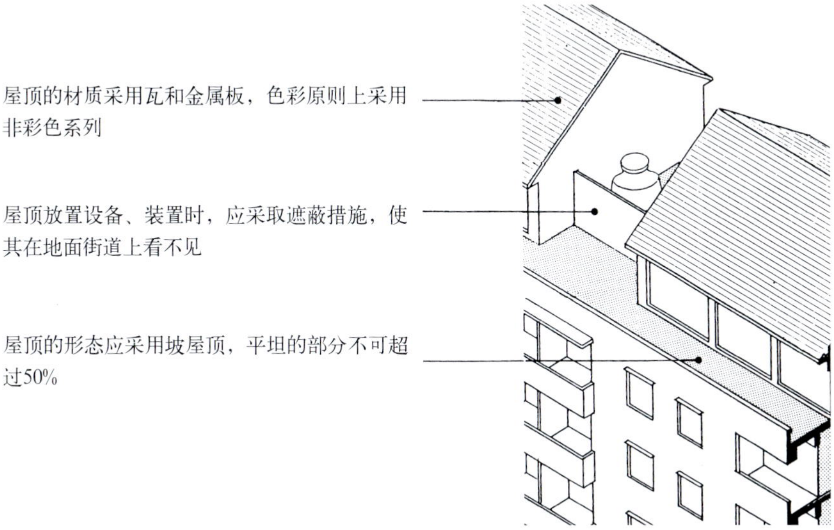

图5.12.2-10 "滨城住区(Bay Town)"中央步行街与沿道住栋、底层的连拱廊

屋顶的材质采用瓦和金属板,色彩原则上采用非彩色系列

屋顶放置设备、装置时,应采取遮蔽措施,使其在地面街道上看不见

屋顶的形态应采用坡屋顶,平坦的部分不可超过50%

图5.12.2-8 "滨城住区(Bay Town)"住栋层顶设计方针图

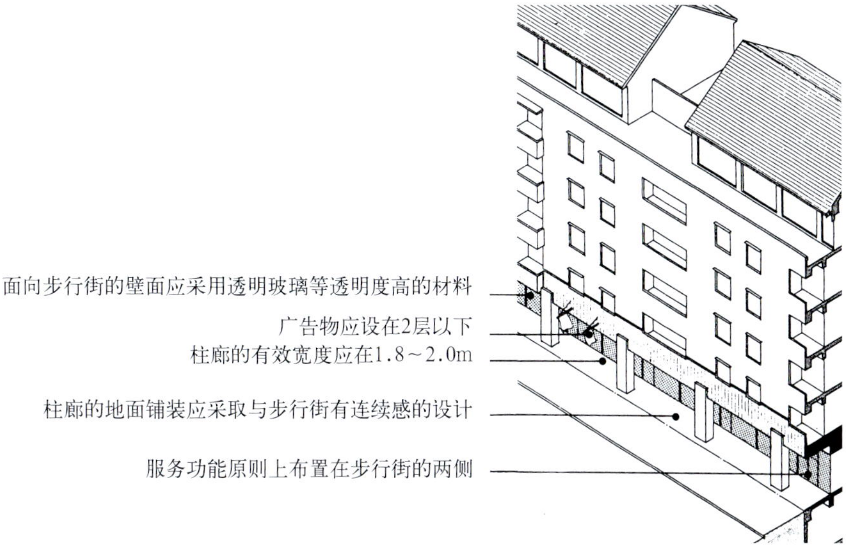

图5.12.2-11 Stevens Hall设计的住栋—11 街区

面向步行街的壁面应采用透明玻璃等透明度高的材料
广告物应设在2层以下
柱廊的有效宽度应在1.8~2.0m
柱廊的地面铺装应采取与步行街有连续感的设计
服务功能原则上布置在步行街的两侧

图5.12.2-9 "滨城住区(Bay Town)"步行街两侧商业设施基层柱廊设计方针图

图5.12.2-12 "滨城住区(Bay Town)"内的开放式社区小学

图5.12.2-13 Stevens Hall设计的住栋—11 街区

图5.12.2-14 "滨城住区(Bay Town)"16号街区(右)17号街区(左)18号街区(中央)

图5.12.2-15 "滨城住区(Bay Town)"13号街区和H-5号高层街区

2m,而沿步行街布局的住栋的建筑壁面线尽可能靠近道路红线。

②中庭

由于住栋沿道布局,各街区则由住栋围合形成中庭空间。各街区的中庭多为两层,一层为机械式立体停车场和会所,二层通常为该街区住户的专用活动空间,一般都进行绿化。

③壁面设计

沿道建筑立面的设计直接关系到沿道景观风貌的形成。为使住栋具有坚固感和统一感,规定壁面率,即实墙部分的壁面面积应不低于立面全体的60%,阳台、挑台等突出物应不超过建筑壁面线75cm。此外,规定阳台应3面开放。

从城市设计的视角,对沿道建筑立面按基部、中部和顶部3段分别就构成、材质、色彩等提出了设计要求。基部段设计强调应考虑与地面设

图5.12.2-16 高层街区

图5.12.2-17 远处为商务区

施和商业、办公功能相对应；中部段一般由住居构成；顶部段则反映建筑的个性。

④屋顶设计

屋顶作为建筑的第五立面，住区各街区的屋顶应在材质、色彩方面保持统一性。屋顶的形态除屋顶阳台和设备之外，均为坡屋顶。作为屋顶的材质，为满足耐久性和易加工性的要求，原则上使用凹凸小的平瓦或金属板。屋顶的色彩原则上定为非彩色系列。

(4)商业与商务设施设计要点

①布局

商业和商务设施原则上布置在住区内步行街和中央街道两侧的沿道住栋底层。

②柱廊

位于住栋一层的商业和商务设施在步行街一侧设置柱廊，柱净间距为1.8～2.0m。

幕张"滨城住区(Bay Town)"经过近十年的开发建设，目前一、二、三期工程已完成竣工，形成了感性丰富、具有魅力的、与自然融合的城市空间，成为日本在城市规划阶段实施城市设计、城市建设过程实施城市设计管理的范例。

图5.12.2-18　沿道型住栋街区的步行道

图5.12.2-19　沿道型住栋街区的步行道

图5.12.2-20　由公园眺望中层街区

图5.12.2-21　沿道型住栋街区的连拱廊

图5.12.2-22　1号街区

图5.12.2-23　2号街区

图5.12.2-24　6号街区

5.13 日本东京临海副都心——彩虹城

5.13.1 概况

东京临海副都心作为世界大都市东京的第7个副都心，位于东京城市中心南部约6km的东京湾临海中央地带，448hm²的填海造地，邻接东京羽田国际机场，与成田国际机场也有高速公路相连，成为国际与区域交通的中枢。东京临海副都心，其建设目标是工作与生活相均衡的21世纪新兴城市，规划就业人口70000人，居住人口42000人。

到2003年8月止，已有约800个企业入驻临海副都心，就业人口达38000人，居住人口6000人。近年，来访的游客数逐年增加，每年到临海副都心的游客已达3780万人，东京临海副都心正在成长为充满吸引八方游客的魅力城市。正由于东京临海副都心具有职、住、学、游功能，是便于人们交流的多样功能的空间，所以也创造了新的商机。

东京一直是日本新产业和先端技术的发源地，成为日本经济发展的原动力，同时，在文化与生活方面也创造培育了新的价值观和多样的生活方式。另一方面，伴随人口与产业向东京的不断集聚，也带来了各种各样的城市问题，特别是伴随国际化与信息化的进展，商务功能向东京都心的集聚愈演愈烈，造成了通勤问题、住宅问题、地价问题、地区发展不均衡等各种各样深刻的城市问题。为了解决东京一点集中型城市结构带来的城市问题，东京都政府提出了东京城市结构向多心型转变的策略，并在1986年编制的《第二次东京都长期规划》中，明确提出了将临海副都心培育成东京第7个副都心的方针，以促进东京向多心型结构的转变。

基于这个长期规划，1987年、1988年与1989年先后编制出台了《临海部副都心开发基本构想》、《临海部副都心开发基本规划》和《临海部副都心开发事业化规划》，提出了在近邻城市中心区的东京都政府所属的用地上，规划建设符合时代潮流的国际化、信息化的城市副中心，实现工作和居住空间均衡的理想的未来型城市发展目标。在开发方式上，以内需扩大和地价高涨为背景，导入了开发者负担、新土地利用方式、第三部门等具有特色的手法。

但是，自最初的基本规划出台后，到1990年代中期，日本的经济形势发生了很大变化。由于泡沫经济崩溃，造成长期的景气低迷、地价大幅度下落、写字楼需求减退，深刻地影响了临海副都心的开发。而另一方面，各种功能向东京城市中心集中所造成的通勤混杂、交通阻塞等交通问题以及噪声等环境问题，仍然没有得到减缓，过度集中的弊害显而易见。与此同时，由于日本产业的空洞化与

图5.13.1-1 东京临海副都心位置示意

都心部居住人口的减少，使东京的活力减退。同时，伴随亚洲许多城市在国际舞台上的迅速崛起，日本许多人开始担忧东京国际地位的相对低落。此外，对于地震等灾害发生时避难的安全性、市民生活的多样性等方面，市民的生活观和意识也在发生变化，人们对于地球环境的认识也在提升，开始追求与环境协调的开发。正当此时东京临海副都心第一阶段开发结束，需要重新审视下一阶段的开发方针。1995年9月，东京都政府设立了"临海副都心开发恳谈会"，研讨修正临海副都心的开发方针，1996年7月东京都政府出台了阐述今后发展方向的规划——"临海副都心开发基本方针"。在这个规划中，基于把临海副都心建成更多的市民可以享用、亲近的城市空间的目标，将最初的"信息港"(Teleport)构想修改成"彩虹城"(Rainbow Town)的构想。

5.13.2 建设目标

作为东京第7个副都心——彩虹城的建设目标是：在东京港填拓的448hm²的土地上，配备最先进的城市基础设施，建设工作与生活相均衡的21世纪的新型城市，使其成为极具魅力的城市中心区。

为了实现这个充满魅力的临海副都心建设目标，提出了以下构想：

① 舒适而悠闲的生活型都市

通过建设优质的住宅区和创造舒适的环境，实现新型的城市型居住环境，建设舒适而悠闲的生活型城市。为此，建设舒适而优质的住宅区，形成清水与绿树相连的优美的城市景观，推进与环境共存的城市建设。

② 面向世界的、充满活力和交流的都市

不断完善都心的商务功能及其他多种功能，以提高东京的经济活力。同时，建成面向世界、充满活力和交流的城市。为此，培育新的支柱产业，形成国际贸易商务区，拓展与世界各国的人员和文化的交流，实现具有示范性的未来型信息城市，创造具有活力、新的城市文化。

③ 对东京的安全与城市建设有贡献的都市

以建设防灾模范城市为目标，在积极防备地震等自然灾害的同时，为把东京整体建设成安全、安心的城市做出贡献。为此，积极推进安全城市的建设，并作为区域防灾支援中心之一，注重与东京城市建成区的联系。

5.13.3 土地利用规划

彩虹城划分成青海地区、有明南地区、有明北地区、台场地区4个分区，各分区的主要功能规划如下。

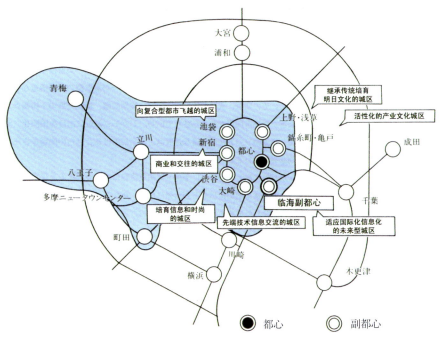

图5.13.1-2　东京多心型城市结构图

图5.13.2　东京临海副都心总平面图

5 城市局部范围的城市设计(三)：滨水区

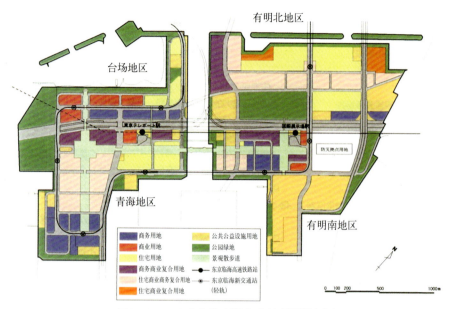

图5.13.3　东京临海副都心土地利用规划图

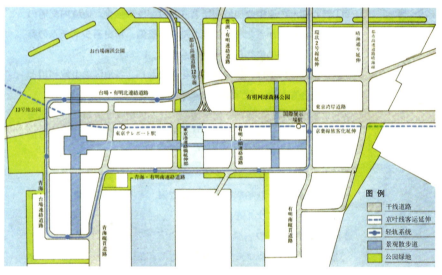

图5.13.4-1　城市空间骨架示意图

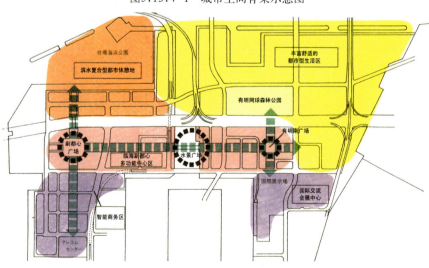

图5.13.4-2　城市空间类型示意图

(1)青海地区

在轻轨线东京Teleport车站周边和副都心广场周边地区集中安排商务商业功能，在西步行大道沿路地带布置新的都市型住宅和包括社区商业服务设施在内的商业、商务功能。此外，在日本电信电话中心周边地区布置国际都市型产业集聚区和依存于相邻港口功能的国际贸易商务区。

(2)有明南地区

主要为国际会展功能和会展服务功能及时装设计相关企业集聚区。在西南部，充分借助滨水景观建设都市型住宅区。西部的"有明之丘"作为区域防灾支援功能用地及与建成区连接的功能用地。

(3)有明北地区

在位于北部的有明亲水海滨公园的相邻地区，布置充满情趣的都市型住宅。在临海轻轨线预定车站周边和干线道路沿路地带，在现有的物流功能的基础上，以都市型产业为中心，形成商务、商业与居住功能混合的、充满活力的街区。

(4)台场地区

在台场海滨公园周边地区，形成滨海商业区；在南部，充分利用与青海地区商务商业功能近邻与交通便捷的区位优势，规划商务功能；在台场海滨公园的东侧，布局借助滨水景观、眺望性好的都市型住宅。

5.13.4　城市空间构成

(1)城市空间的骨架

临海副都心以景观散步大道为轴线，以台场海滨公园、13号地公园、有明网球公园等大型公园及干线道路网、京叶铁路线和轻轨新交通系统的各车站等公共空间、公共设施构成城市空间的骨架，充分展示各自的特色。

(2) 城市空间类型

根据城市功能的配置与城市骨架的特征，临海副都心的城市空间分为四类：

① 多元功能复合化的临海副都心中心区；

② 具有尖端信息通讯基础设施的智能商务区；

③ 沿滨水地带的城市度假区；

④ 高舒适度的都市型生活区。

(3) 交通网络的构成

① 交通体系

为加强与东京城市中心区及区域交通网络的联系，临海副都心除规划建设干线道路网之外，引进了轻轨新交通。为了提高利用轻轨的便捷性，在区内设置了8个轻轨车站，每个车站的服务半径为500m左右。此外，还设置2处海上客船码头与3处区域交通枢纽站。

② 步行者专用道系统

以景观散步大道为骨架，利用一般道路、高架道路及水际线构筑多样的安全舒适的步行者空间，与地区内外的交通结点、大型公园、国际会展中心等大型公共设施相连接。

5.13.5 城市设计导则

(1) 城市基础设施设计方针

① 散步大道

景观散步大道作为临海副都心的骨架，红线宽80m，总长4.2km，分为中央、东、西3个区段。

中央散步道由作为临海副都心标志性空间的副都心广场、时尚设计广场等公共开敞空间构成，在沿道两侧还布置了集聚市民、游客的各种设施，形成充满活力的交流空间。

东段散步道是与国际会展中心相连接的步行者空间。中央散步道与东

图5.13.4-3　交通网络示意图

图5.13.4-4　步行者专用道系统示意图

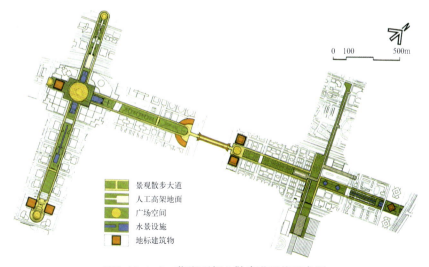

图5.13.4-5　临海副都心散步道系统示意图

图5.13.4-6 中央散步道意象图

图5.13.4-7 西散步道意象图

段散步道两侧建筑的低层部分，安排商业性功能，创造建筑物与散步道一体的外部空间。

西段散步道两侧布置国际银行业务和信息业务功能，形成整体的街景，同时配置供从业人员休憩的开敞空间。由于西段散步道是南北向，为了减缓海上强风和高层楼间风的影响，种植高大乔木。

②**道路、站前广场和桥梁**

在确保交通畅通的同时，构筑宽阔的步行道系统。沿道植栽、街道家具及铺装等环境设计应与沿路土地利用整合，形成具有特色的一体化沿道景观。

轻轨等交通枢纽前的广场应具有良好的景观与便捷的换乘功能。

桥梁是临海副都心对外联系的大门，其设计要在考虑与周边土地利用和景观协调的基础上，强调标志性。

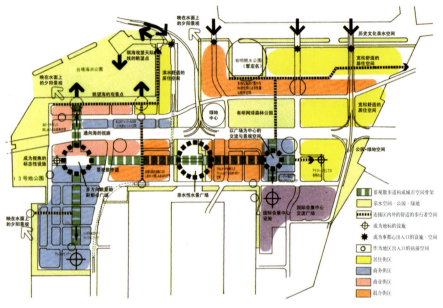
图5.13.5-1 景观总体规划图

③**站舍及轻轨和公交车乘降站等交通设施**

设计要重视乘客利用的安全性与舒适性，干线道路上高架的轻轨新交通系统应照顾到城市景观。

④**公共停车场**

在各个交通枢纽处布置公共停车场。

⑤**高架过街路和步行人工平台**

为了构筑安全、便捷、舒适的步行道网络系统，适当地在交通节点或道路上部设置高架路或步行人工平台，这些立体高架设施的设计应与周边的土地利用和景观相协调。

⑥**标识与街道家具**

标识与街道家具是表现城市街道景观的重要元素，其配置除应考虑设计之外，还应考虑步行者利用的方便性与舒适性。标识的种类应与国际化社会相对应，形式设计与色彩等意匠应有统一风格。

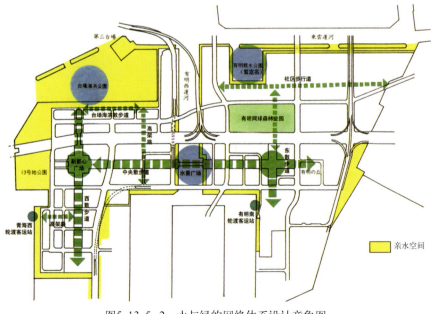
图5.13.5-2 水与绿的网络体系设计意象图

⑦公园、绿地

公园、绿地应与周边的水域和既有的大型公园、步行大道一体构成水与绿的网络。在居住区，适当配置社区公园和儿童公园。在邻接港湾的地区设置缓冲绿地。

居住街区的绿地覆盖率应在30%以上，其他街区的绿地覆盖率应在15%以上。

⑧滨水岸线

在临海副都心的周边滨水地带，配合周边的土地利用及水面的利用，构筑开放的亲水空间。在有明西运河和中央散步道的结合部，设置可以眺望对岸的文化型"水广场"。在有明东地区的居住街区，设置亲水的体育、娱乐公园。

(2)场地设计方针

①场地规模

为了创造在东京老市区难以实现的、具有新的特色的城市空间，推行大单元的开发。为了防止场地细分化造成的环境恶化，各区域分别设置各自适合的建筑物最小用地面积标准。

②建筑物壁面线的位置

为了确保建筑物的场地空间与道路、公园等公共空间形成一体化的、协调的都市空间，以及考虑建筑基地防灾对开敞空间的要求，对建筑物的壁面线规定如下。

a.一般道路(1号壁面线)

建筑物高度	壁面后退道路红线距离
h<20m	2m以上
20m≤h<50m	6m以上
50m≤h<100m	8m以上
100m≤h	10m以上

b.景观散步道(2号壁面线)

作为临海副都心骨架空间的景观散步道沿路的场地，为了与散步道共同形成一体化的外部空间，并减缓以散步道为轴线的街景的压迫感，沿路两侧的建筑物壁面线原则上，1/2高度以下的低层部分后退道路红线6m，后退部分应作为开放空间。高度在20m以上的壁面线可按照1号壁面线的后退规定。

c.与滨水岸线相邻的场地(3号壁面线)

为了形成亲水、舒适的外部空间，主要设施的壁面线后退道路红线20m，用作步行者动线。

③开敞空间配置

充分利用大型公园、景观散步道以及社区公园、儿童公园等公共开放空间，并与轻轨新交通的车站、学校及社区设施等公共公益设施和文化设施相连结，形成连续的开放空间网络。

(3)建筑形态

①建筑高度

在遵守航空法规定的高度限制和周边街区对日照、眺望的要求的同时，为形成标志性、具有变化的城市空间，对建筑物的高度规划如图。

②形态和意象

为形成整体环境协调、具有特色的景观空间，在建筑形态和意象方面作如下考虑。

a.总体的形态与意象：各分区要有各自的个性，并要与周边地区的建筑以及区内先行建成的建筑形态和意象相协调。

b.标志性建筑：对整体景观和环境的形成，具有"统领"的地位，其形态和意象应有创意，且须格外慎重。

c.第五立面：考虑到从建筑高层向四周的眺望和向下的俯视，在建筑物第五立面，即屋顶的素材、色彩以及屋顶绿化等应下工夫。

d.建筑壁面的开口：沿景观散步道两侧的建筑物，为了形成温馨、具有活力的城市空间，应考虑建筑物沿

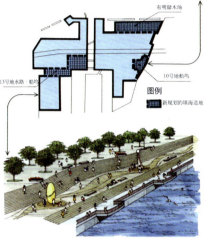

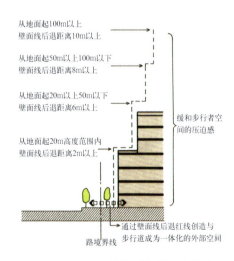

图5.13.5-3 滨水岸线亲水空间设计意象图

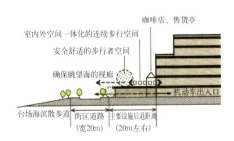

图5.13.5-4 1号壁面线规划示意图

图5.13.5-5 3号壁面线规划示意图

图5.13.5-6 富士电视台总部

图5.13.5-7 低层住宅外观

图5.13.5-8 底层为店铺的住宅

图5.13.5-9 与住宅相关的教育设施

图5.13.5-10 垃圾焚烧场

街立面上展示效果等。

e.**色彩和材质**：建筑物外立面的色彩应与周边环境相协调，采用沉稳、明亮的色调。

f.**建筑的附属设施**：同样需要考虑形态与色彩。

g.**景观照明与夜间照明**：作为副都心夜间演出的重要组成部分，主要设施都要安装照明装置，并配有绚丽的彩色灯光。在景观散步道等主要步行动线的两侧设施，应努力做到展示橱窗夜间仍保留一部分照明。此外，从治安防范的角度，应鼓励一部分店铺夜间营业。

(4)其他

为营造一个和谐、具有魅力的城市空间，临海副都心还对以下空间要素规定了城市设计的准则：

①植栽；

②室外广告；

③无障碍设计；

④防灾、防范设施；

⑤噪音、高层建筑楼间风及电磁波的环境保护措施；

⑥信息通讯；

⑦供给处理设施；

⑧综合管沟系统；

⑨建筑物残土处理。

图5.13.5-11 东京临海副都心国际会展中心

图5.13.5-12 网球森林公园

5.14 澳大利亚悉尼2000奥运会址

悉尼奥运会址霍姆布什湾(Homebush Bay)位于大悉尼区域地理和人口分布的中心，至区域内大部分地点小于半小时行程。该基地的更新首先是为配合2000申办奥运会，其次是为形成郊区卓越自然环境而集资。此项更新规划促进了2000申奥成功，也使赛事需求与赛后功能结合。规划目标是建成多功能奥运中心、展览区和商业活动区，并与周边敏感环境保持协调。

会址主要涉及滨水区、赛事区，并联系着一片弃置的制砧取土坑，同时，还要处理好周边大片未用的工业地和自然村。规划目标是要使整个基地成为新世纪的城市更新项目，一个使悉尼振奋的项目。

该基地760hm²，是一个大型滨水体育、文化、休闲娱乐中心；规划中设置一条步行活动主轴，将奥运中心、展示广场、娱乐中心，与改成露天音乐场、网球中心的原取土坑和滨水区联系起来，以申报2000奥运会涉及的公共领域为基础，形成统一的城市设计框架，并与现有自然环境中的更多的居民点的发展保持平衡。

该基地城市设计注意了赛事、活动区与滨水区的结合；比赛、庆典与赛后展示、旅游使用功能的结合，充分运用了不同层面的城市设计构思、处理手法和技术语言，对申奥的成功起了一定促进作用。奥运期间，地处悉尼CBD西侧的达令港成为市中心的配套活动中心。霍姆布什湾和达令港这两个滨水公共活动中心在城市设计理念、手法上是统一的，效果相得益彰。

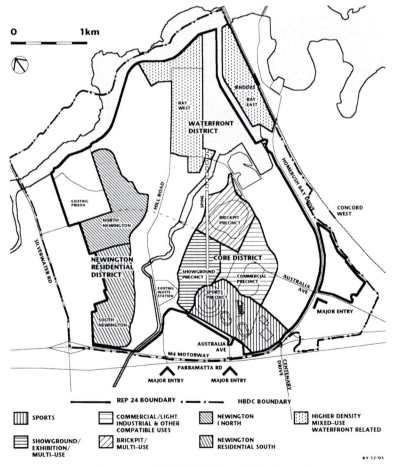

图5.14-2 霍姆布什湾地区、片区规划结构

图5.14-1 取土坑——休闲中心透视

5 城市局部范围的城市设计(三)：滨水区

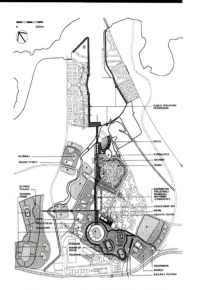

图5.14-3 赛事活动功能模式

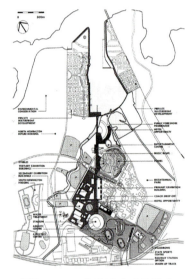

图5.14-4 赛后活动功能模式

图5.14-5 霍姆布什湾2000奥运会总体规划

内有4个区

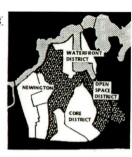

每个区内有若干片区

每个区内有

通道　口门　特殊场所　通道

每个特殊场所内有子系统

照明　小品　信号　艺术品　铺砌　水　造景

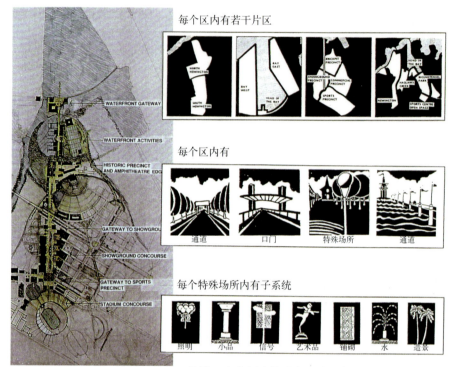

图5.14-6 区、片区、造景、保护、公共领域的城市设计理念、框架与原则

图5.14-7 霍姆布什湾透视

5.15 美国巴尔的摩内港

巴尔的摩内港紧邻城市核心查尔士中心，用地12.8hm²，环绕内港港池。1960年代初，仓库占据主要滨水区位。随着巴尔的摩城市中心更新的展开，内港毗邻市中心地段建设凯悦酒店、23层查尔士中心南楼、联邦大厦、11层内港中心、地铁站以及10余幢其他办公楼。按总体规划及城市设计，在原加登船坞改造的奥丽公园设计了内港海上入口口门和环港滨水大道，联系序列公共空间直至对岸体育中心，形成毗邻市中心的富有生气的滨水公共活动中心空间。RTKL是该中心总体设计的协调者和多项单体建筑竞赛获奖者，并为本项目提供实例资料。

图5.15-1　港区一瞥

图5.15-2　休息空间绿化

图5.15-3　室外座椅

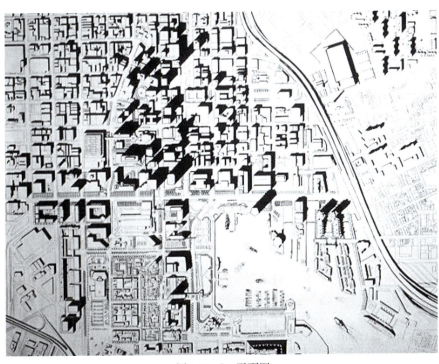

图5.15-5　平面图

图5.15-4　总平面图

图5.15-6　内港空间景观

5 城市局部范围的城市设计(三)：滨水区

5.16 桂林环城水系

设计单位：上海市城市规划设计研究院

5.16.1 概况

宋代，桂林形成东有漓江，南有榕杉湖，西有壕塘(今桂湖)，北有朝宗渠的护城河体系，依托护城河开展的环城水路游览的活动，兴盛一时。随着历史的变迁，城区的发展，古水系中的榕杉湖、桂湖等形成内湖，风采依旧，成为点缀中心城区的璀璨明珠；而叠彩山北古水道、朝宗渠等则被不断填埋，消失在城市的街区中。建国以来的历次桂林城市总体规划方案编制中，古水系的恢复一直是最主要的构思之一。

随着城市旅游业的进一步发展，对桂林自身山水环境系统的完善成为城市建设和环境保护的一项重要任务。因此，桂林市在城市总体规划的基本构思基础上，通过国际方案征集，决定对环城水系的连通作进一步的探讨，并对其周边的土地使用和空间景观进行深入研究，为完善中心城城市格局提供指导。

5.16.2 城市设计观念

山水与城市的有机结合是历史形成的桂林城市空间的突出特征，桂林宋代即有"桂林山水甲天下"之说。独秀峰耸立在城市中轴线上，古城被群峰环抱，秀美的漓江蜿蜒而过，山清水秀，城在景中，景在城中，城景交融，真是"千峰环野立，一水抱城流"。这充分说明了山水在古城桂林的重要地位，以及传统城市与建筑在尺度上与自然山水的协调关系。

延承传统城市空间特色，构建现代人工环境与自然景观交融的现代山水环境的城市空间应是城市设计过程中贯穿始终的观念。

5.16.3 城市设计总体框架

桂林的环城水系是桂林城历史形态的重要组成部分，也是现今"山水城市"空间建构的主要资源。在这一认识基础上，为环城水系的规划确定整体框架。

5.16.3.1 城市结构

根据总体规划，桂林城市将呈组团式发展，而将中心城的环城水系与漓江、桃花江、小东江、南溪江等连

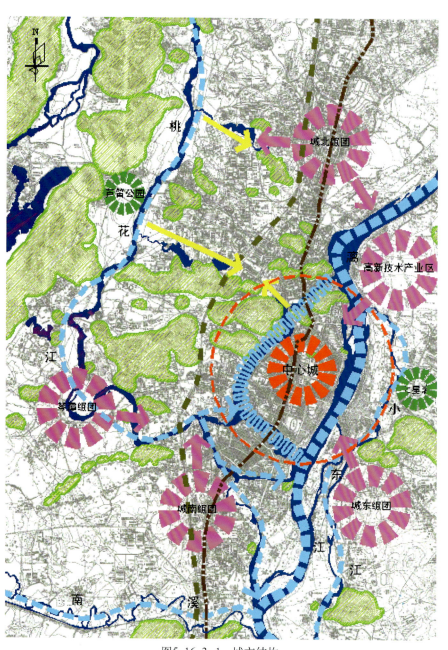

图5.16.3-1 城市结构

通，串联城市各组团，可使水成为城市各组成部分之间的纽带，而山成为城市空间与自然景观之间的屏障与过渡，造就桂林"山水城市"发展的总体结构，环城水系则是这一结构的核心要素。

5.16.3.2 空间骨架

桂林的中心城是在桂林古城空间基础上逐步发展起来的。环城水系与城市的发展相伴相随，是中心城空间发展的依托，更是中心城空间景观的主体要素。对环城水系的设计即是对桂林中心城空间脉络的重整，在城区整体空间的层面上协调历史与发展、实体空间和虚体空间等种种关系。因此，在分析桂林中心城的风貌特征及固有脉络基础上，提出"一心、一环、双十字轴"的空间骨架。

"一心"：利用桂林王城旧址作为城市的功能及景观核心，体现城市发展的历史主线，重新赋予城市活力。

"一环"：以凤北路、翊武路、丽君路、信义路、南环路、滨江路形成中心城区的主要交通环路；并与漓江、桃花江、杉湖、榕湖、桂湖和木龙湖所形成的环城水系相辅相成，形成连续性的景观带和便捷的交通环。

"双十字轴"：将中山路和解放路作为交通性的南北、东西向轴线；将正阳路和乐群路作为游乐性的南北、东西向轴线。形成城市纵横的生活及游览动脉。

功能布局：桂林的环城水系经历了历史的变迁，由通达到淤堵，如今将重新连通，在其重获实质形式的同时，其曾经具有的游览功能也应被恢复，在今天桂林中心城的功能调整中扮演更重要角色。在功能布局上，规划环城水系周边形成水上公园、生态园林、文化休闲和近代风貌4大特色

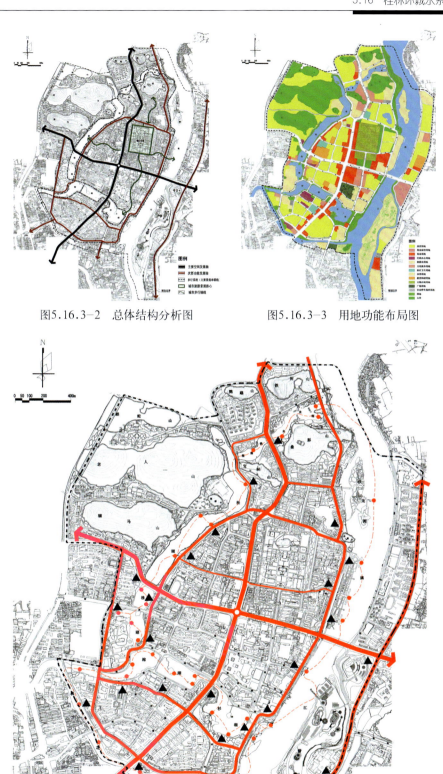

图5.16.3-2 总体结构分析图　　图5.16.3-3 用地功能布局图

图5.16.3-4 旅游线路及交通设施

5 城市局部范围的城市设计(三)：滨水区

景区；强化所涉及的旧城区的旅游和商业功能。整个地区以水系的开放空间凝聚并兼容其他城市用地及功能，使中心城通过与山水景观紧密结合的游览活动，造就城市中最具有活力的商业和旅游综合功能场所。

5.16.3.3 系统优化策略

以"山水城市"为惟一的设计理念，在确定了环城水系在城市体系中的定位、中心城空间骨架、水系周边功能定位这一系列设计的总体框架基础上，决定对国际方案各项内容进行适当取舍，取各家之长，为我所用。着力优化与环城水系相关的中心城交通系统和开放空间系统。

5.16.3.4 交通系统

完善交通系统，进一步区分交通功能与游览功能、车行系统与步行系统、居民流线与游客流线。

合理组织陆上、水上游览路线。通过整个中心区道路系统的梳理，使沿湖道路的车行路线得到调整；使沿湖岸线的步行系统与车行交通系统分离，并与环城水系的游览线路合理衔接，形成水陆并进的游览线系统。

合理布置停车场、游船码头、集散广场和船闸，形成陆上旅游线与水上旅游线的穿插和组合。在布置交通设施时，注重视线走廊与运动视感的融合。

具体设计上，中心区发展有效的公共交通工具，短时间送乘客到转运站；陆上交通网和水上交通网衔接；停船码头广场与旅游公交车站融合；设置足够的停车场和自行车停车场。沿环城水系设置舒适、轻便的轻轨电车。

5.16.3.5 开放空间系统

为强化桂林"山水城市"的景观特色，规划将城市布局纽带的环城水系及依托其形成的开放空间作为城市发展轴线的补充，恢复水系在城市景观与城市生活上的联系，形成具有整体性、连续性、多样性的线型城市开放空间网络。在强化周边历史景观的同时，创造新的景观特色区，并赋予其旅游、商业、文化、娱乐功能。

周边山体、道路、桥、绿地、广场、水景形成顺畅的景观空间脉络，从而创造具有生动山水、丰富绿化、优美建筑空间、传统风貌特色的城市大景观，实现城景交融的格局，使桂林成为名副其实的"山水城市"。

具体设计中，注重以下空间要素：

①**四湖**：指杉湖—榕湖—桂湖—木龙湖(铁佛塘)景区。针对各个景区在城市整体中的环境、地位和作用，进行不同的设计。

②**两江**：指漓江、桃花江。两江是城市空间格局和景观的重要组成部分，设计中需注意沿江空间的串联，凭借与四湖水系的联系，形成环状城市开放空间体系，将中心区与整个城市密切地结合起来。

③**九峰**：指铁封山、鹦鹉山、老人山、叠彩山、宝积山、伏波山、独秀峰、骝马山、象鼻山。这些山体是桂林城市空间与景观的重要财富。设

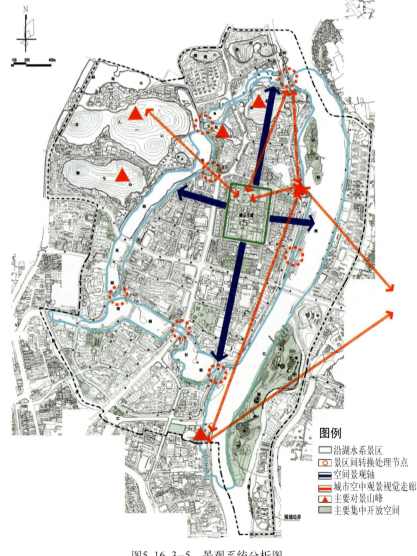

图 5.16.3-5 景观系统分析图

计中应运用视线走廊、景点、观景点等手法，发挥其"城景交融"的作用。

④一心：指靖江王城，将其作为桂林旧城的构图中心及景观核心，纵览城市发展的历史主线。

⑤二轴：将正阳路、乐群路—东华路作为古城文脉及风貌向环城水系渗透的轴线，通过绿化、步行街、视线走廊等形式使古城与环城水系融为一体。

⑥节点：指各种类型的空间节点，包括街道空间节点、滨水空间节点、山体节点、文物古迹节点和景区间空间转换节点等。在整个环城水系线型开放空间系统中，这些重要节点起着统领空间基本格调、突出空间特色的作用。

在细部处理上考虑关于王城规划和夜景照明设计的若干构思：

——以一条旅游步行线路为轴贯穿王城。

——在大学迁址后，在旧址上修造国家级博物馆，同时保留部分艺术院系，如美术学院。

——使王城成为环城水系的几何中心点和景观中心标志。

——王城北部辟通通往叠彩山的步行街，成为正阳路步行街的延续。

——王城的城墙下开辟广场绿地，改善核心区环境生态。

——木龙湖城景区考虑轮廓照明。

——桥梁和码头设施采用主体泛光照明。

——绿化和小品照明采用点式投光式照明。

5.16.4 沿线开发策略

环城水系位于桂林市中心地带，开辟环城水系游览项目，增设旅游设施，可促进以桂林山水为主题的旅游活动，增进人与自然山水的交流，使桂林这一"山水城市"具有更丰富的内涵，具体开发策略包括：

①形成服务设施网络，并通过城市的主次干道、步行系统和水上交通进行组织和联系；

②沿水系周边城市道路布置旅游公交线，交通节点及景点入口广场设置停车场，并于环城水系周边形成独立的步行系统，串联于各景点之间；

③各临水景点建设游船码头，游人可以选择由陆路进入各景点，也可以由景点码头乘船进行水上游览，形成人车分流、水陆并进的游览交通体系；

④将沿线商业开发、船行游线的构想纳入具体设计；

⑤在环城水系沿线新增若干旅游设施，包括木龙湖景区、伏龙洲植物园、东华路的驳船综合开发码头、訾洲体育公园和生态公园；榕湖南路以南民俗文化综合中心、宝积山西南麓的中华奇石博览园；翊武路、中山北路、三皇路、四会路围合的国际商业城；漓江东岸的桂林歌剧院、漓江沿岸休闲咖啡走廊及户外餐饮。环城水系增设18～20个停船码头，正阳路至王城处设绿化广场。

图5.16.3-6 开放空间系统图

5.16.5 规划实施策略

为了给环城水系建设提供实施性策略和建议，本次城市设计从三方面入手，针对影响城市空间分别营建三种机制——动力机制、约束机制、支持机制。

① 动力机制是通过城市土地开发和再开发，获得城市空间功能调整、景观再造的动力。本次城市设计通过对环城水系部分新增旅游设施提供实施构想，来促进桂林环城水系周边有关区域的开发、再开发，具体内容包括：

a. 伏龙洲植物园成为漓江岸边的标志性景观；

b. 东华路驳船码头综合开发；

c. 榕湖南路以南成为民俗文化综合中心；

d. 宝积山西南麓形成中华奇石博览园；

e. 漓江沿岸规划成为休闲咖啡走廊及户外餐饮；

f. 环城水系增设18～20个停船码头；

g. 老人山与骝马山之间规划为花园住宅；

h. 訾洲规划为体育公园及生态公园。

② 约束机制是对城市空间环境要素的营建进行规范和指导的机制，使纷繁活跃的开发建设活动能体现统一的城市设计意图。本次城市设计对环城水系周边有关区域提供了一套有关近期建筑、街道景观、开放空间、步行系统、绿化、室外照明、户外广告、街道家具和特殊建筑物的设计准则；并针对每个地块提供一套包含若干控制指标和设计导则的开发控制图则。在我国判例式的规划管理体制下，设计准则和图则系统可为项目方案的审批提供详尽的实施参照条件，通过规划管理，有效约束各项建设活动，使城市空间向有利于"山水城市"目标的方向发展。

③ 支持机制是指通过强化某些城市基础设施的建设，为城市空间景观塑造和城市功能开发提供有力支持的机制。对环城水系的功能开发和景观塑造来说，水系的沟通、水环境质量的改善和保持是两项主要的支持。为此，城市设计对这两方面的若干细节问题也给予充分研究，提出不同水体间的过船方式和江湖连接方式的实施性措施，以及关于改善水环境的若干建议。

图5.16.5-1　一处旅游设施规划效果

图5.16.5-2　两岸开发景观

图5.16.5-3　游览区之一

6 节点的城市设计：
中外城市节点实例

本章主要介绍中外城市设计节点优秀实例。

综述了国外节点城市设计的原理(概念、意义、理论、原则)，指出其设计内容包括：城市广场、绿地、重要建筑环境、历史保护、城市出入口、标志以及室内化城市公共空间，对空间地面、建筑界面、植物、水体、铺地、环境设施以及设计成果进行阐述。本章还概述了国内节点城市设计的性质、空间格局的关联和实施的作用，以及国内节点城市设计的主要类型和要求，并探讨了国内城市广场城市设计的主要问题，对广场的环境设计进行图解。

国内实例部分介绍了北京、上海、台北、南京、深圳、临海、重庆、昆明等国内相关城市的广场、车站、商城、博览会等节点城市设计12例。

国外实例部分介绍了梵蒂冈、意大利、澳大利亚、美国、日本、德国等城市的广场、商务/商业中心、博览会以及旧城中心更新使用等节点城市设计13例。

6.1 概述

6.1.1 总论

6.1.1.1 概念

节点,或称结点,是城市中运动、活动、视线、功能的聚焦点,是城市形象的增强点。有些节点常为某一地区的中心和象征。节点的城市设计又称重点地段城市设计,系城市微观环境的设计,亦指对城市中一切具有开放空间性质的具体地段、场所而进行的空间组织和环境设计。

6.1.1.2 意义

节点的城市设计是最贴近人们生活的设计阶段,所有可以被人们近距离体验到的城市美感与舒适感、领域感等都需要通过节点的城市设计来实现,它是集中展示城市空间质量的地点。因此,搞好节点的城市设计是构架良好城市形态的重要一环。

6.1.1.3 设计理论与原则

(1)**层级理论** 节点的城市设计也有不同层级之分,应按照它在城市中所处的不同位置、不同功能、不同规模确定设计方法。

(2)**场所理论** 城市设计的任务是塑造有意义的场所,使城市环境具有场所精神。场所精神体现的是人对具体生活空间的认知,尊重和保持场所精神就意味着要尊重历史文脉。

(3)**图底关系理论** 是微观城市设计常依据的理论和方法,其认为设计的核心是处理实体与空间的相互关系,二者的关系形成了节点的结构形态。二者在结构适宜的情况下可相互转换而分别称为图形与背景,并构成环境整体。

(4)**有机秩序原则** 遵从生命体成长的规律,正确组织各类构成元素,形成有序统一体。

(5)**对位原则** 属于节点性质的城市开放空间应与城市有明确的结构关系,而且,这些节点之间应具有从视觉到行为都容易产生联系的空间关系。

(6)**可达性原则** 节点的城市设计应保证人从不同方位均能方便、快捷的到达,空间界面和各种要素的组织应为这种可达性提供支持。

(7)**适意性原则** 依据人的行为体验需求,在微观环境设计中注意符合人的尺度,功能合理,形象生动,使人们感到舒适、愉悦、宜人。

6.1.2 设计内容

6.1.2.1 城市广场

(1)起源

城市广场发展至今已有几千年,其历史可上溯至古希腊时代。其时,城市的广场(Agora)是当时市民户外集会活动的主要场所,它也反映出当时的民主、政治气氛。古罗马时期,城市广场(Forum)的功能有了进一步的拓展,增加了庆祝、公决、娱乐等功能。到中世纪,在以意大利为首的西欧国家中,广场(Piazza)成了城市的中枢空间,所谓"城市的客厅"便形成于这一时期。以意大利为例,几乎每一个城市都有若干个相互呼应、魅力无穷的广场。中世纪广场从功能上分,主要有市政广场、商业广场、宗教广场等。文艺复兴的到来给城市广场带来了更加注重人文精神、体现人文价值、追求科学理性的内容,透视原理、比例法则、美学原理得以运用。巴洛克城市广场将其流动的、活泼的造型语言运用到广场和街道上,并十分注重艺术效果,其结果是使广场成为一个整体,强调了动态的城市空间形态。现代城市广场与古典主义城市广场相比更加注重综合性,注重现代人的行为要求、环境心理要求，使城市广场不再是一个单一的空间类型。

(2) **功能**

广场的功能与广场在城市中的位置及广场周围的建筑性质有关。古代的城市广场，其功能主要是交通、集会、宗教、商业集市等，这些广场或是位于交通干道附近，或是靠近市政厅舍，或是围绕教堂，或是临近商业店铺。现代城市广场的发展，在功能上增加了纪念、交往、休闲、娱乐、观赏等内容，这些功能同样是视广场与周围建筑的性质而定，而且功能比较固定、明显：纪念建筑如纪念堂、馆、遗址前的空间；文化建筑如图书馆、博物馆前的空间；商业建筑如商店、商业街前的空间等。

(3) **类型**

城市广场的类型依其功能及在城市中的位置与环境可以分为市政广场、交通广场、纪念广场、宗教广场、商业广场、文化休闲广场及综合性广场等。

① **市政广场** 用于政治性的集会、庆典、礼仪、节日活动等。一般来讲，作为广场界面的实体元素多为市政办公建筑，广场主要以大型公共活动空间为主，因此较少布置诸如水池、雕塑等娱乐设施。

② **交通广场** 是城市道路交通系统的组成部分，起着集散、联系、组织城市交通的作用。交通广场可以有平面型和空间型之分，以区别对待不同类型的交通，保证人流、车流的畅通。交通广场一般有足够大的空间以满足人流、车流的安全需要。

③ **纪念广场** 通常都具有很强的艺术表现力，以纪念历史上的某些人物或事件作为主题与背景。广场本身无论封闭性如何均有较严谨的布局方式。纪念性的标志物如碑、塔、雕塑等应与建筑有和谐、统一的关系，或尺度相当，或纹理一致，或质感相同，或色彩呼应，而且广场标志物具有明确的视觉中心作用。

④ **宗教广场** 以宗教建筑为中心布置的广场，在古代，广场活动内容主要以宗教礼仪、祭祀、布道为主；现代城市中宗教广场又逐渐增加了观赏、游览、娱乐、休憩等内容，广场的封闭性较好。宗教建筑是广场惟一的标志物，同时也会有一些纪念性的雕塑、碑塔、水池等。宗教广场通常是以建筑的等级和体量来决定其大小。

⑤ **商业广场** 结合大型的商业机构或者以商业中心区为依托形成的半购物、半休闲的城市广场。广场可以是平面型，也可以是空间型。通常此类广场和商业步行街有着很好的联系，以方便人们购物，同时还可以避免人流与车流的交叉混杂。它是最贴近市民生活的一种广场类型，广场中可布置各种城市小品和城市家具。

⑥ **文化休闲广场** 此类广场通常会有各自的主题，广场的活动内容主要是市民的休憩、交往和各种文化娱乐行为，因此具有欢快、轻松的气氛。广场的位置有时也结合居住区来布置。一个广场会有几个不同的主题，围绕这些主题布置各自的家具、设施，如台阶、坐凳、花坛、喷泉、雕塑等。

⑦ **综合性广场** 上述若干功能类型的综合。

(4) **设计要点**

① **规模与尺度** 城市广场的规模与尺度，与围合广场的建筑物的形态、特征、尺度、空间体的高宽比例有关，适宜的尺度可以给人们留下深刻的印象。广场的最小长度宜等于它周边主要建筑的高度，而最大长度不应超过主要建筑的2倍。当然，这不是绝对的，因为广场的形态千变万化，难以强行规定。如果将界面高度定为H，把人与界面间的距离定为D，则D与H的关系有如下特点：

D/H=1 即垂直视角为45°，可以看清实体细部，有内聚性，有安全感。

D/H=2 即垂直视角为27°，可以看清实体整体，有内聚性，无离散感。

D/H=3 即垂直视角为18°，可以看清实体与背景的关系，有离散性，无围合感。

② **整体性** 广场设计的整体性包括功能整体性与环境整体性两个方面。功能整体性是指广场应有其相对明确的功能，并以此为主控制广场设计，做到主题突出，特色鲜明。环境整体性表明城市的历时性，特别是历史上留下来的老广场，考虑其环境整体性是保证广场与城市整体效果的重要手段。

③ **生态性** 在广场上适当布置自然生态元素，增加其绿化覆盖率，使广场有助于促进城市的生态平衡。

④ **多样性** 城市生活的丰富多彩，要求城市广场提供多样化的空间。不同的群体需要不同的广场功能和设施，因此，从广场形态到设施都需要多样化。这种多样化也体现在艺术性、功能性、娱乐性、休闲性等的兼容并蓄上。

⑤ **步行化** 城市广场的主要特征是步行化。广场空间中人的行为主要是以步行、动态化为主，这就需要首先保证广场界面的相对封闭和连续性，为人的活动提供安全保障；其次，保证广场设施的相对完整和使用连续性；第三，保证广场活动的主题分区，特别是在大型广场和交通广场中注意步行分区是广场有效使用的前提之一。

(5) **实例**（表6.1.2-1）

国内外著名广场实例简介 表6.1.2-1

序号	广场名称	地点	建造时间	规模	类型	特点
1	圣马可广场	意大利威尼斯	830~1805年	1.28hm²	市民广场	不规则的"L"形平面,三个梯形广场组合
2	西格诺里亚广场	意大利佛罗伦萨	1288~1547年	0.54hm²	纪念广场	"L"形平面,雕塑精美
3	罗马市政广场	意大利罗马	~16世纪	0.39hm²	市政广场	梯形平面,轴线及透视感强烈
4	坎波广场	意大利锡耶纳	~13世纪	1.40hm²	休闲广场	广场界面连续,马蹄形平面
5	波波洛广场	意大利罗马	17~19世纪	2.31hm²	纪念广场	两个半圆形围合
6	旺道姆广场	法国巴黎	1687~1720年	1.65hm²	纪念广场	矩形平面,广场中心标志性极强
7	圣彼德广场	梵蒂冈	16~18世纪	3.54hm²	宗教广场	椭圆形与梯形平面,轴线及透视感极强
8	西班牙广场	意大利罗马	16~18世纪	0.75hm²	休闲广场	西班牙大台阶共138级,趣味性很强
9	红场广场	俄罗斯莫斯科	1917~1924年	4.95hm²	市政广场	狭长平面,长宽比为3/1
10	洛克菲勒广场	美国纽约	1936年	1.30hm²	休闲广场	下沉式广场,春冬两季有不同的景观
11	天安门广场	中国北京	1959年	43hm²	市政广场	矩形平面,政治性强,气势宏伟
12	波士顿市政广场	美国波士顿	1963~1968年	2.40hm²	市政广场	具有不同的底界面,层次丰富,色彩统一
13	意大利广场	美国新奥尔良	1977~1979年	0.14hm²	休闲广场	后现代风格的代表,世俗趣味性很强
14	柏林文化广场	德国柏林	1981年		文化广场	由3个不同形状的空间组成
15	柯普利广场	美国波士顿	1985年		宗教、休闲广场	广场周围均为著名建筑,有丰富的界面
16	珀欣广场	美国洛杉矶	1991年		休闲广场	对称的平面,不对称的元素,色彩独特
17	西单文化广场	中国北京	1999年	2.17hm²	文化广场	规则平面,局部下沉,地面有起伏变化
18	济南泉城广场	中国济南	1999年	12.0hm²	文化广场	以水为设计纽带,突出"泉"的主题
19	青岛五四广场	中国青岛	1997年	10.0hm²	文化广场	有较强的中轴线,雕塑为广场的主体
20	圣索菲亚广场	中国哈尔滨	1997年	0.83hm²	文化广场	以保护建筑为核心,分两期建成

6.1.2.2 公共绿地

(1)性质

向公众开放的,具有一定活动设施与园林艺术布局,供市民进行文化休闲活动的城市绿地,主要包括公园、街头游园等。公共绿地是城市开放空间系统的重要组成部分,常为城市景观体系的精华。

(2)规模

超大型 通常在100hm²以上,能提供集中的乔灌木和草坪。对城市自然生态环境质量具有极大影响作用,常为野生动植物的栖息地。

大型 面积在数十公顷,穿插布置于城市空间。

小型 1hm²以下,与城市空间关系紧密,是数量最多的城市公共绿地。它们规模小、分布广、投资少、建设快,居民可就近使用,亦称袖珍绿地。

(3)形状

片状 在超大型和大型绿地中较多使用,配置有树木、草坪、自然水系,以自然景观为主。

带状 中、小型公共绿地中经常使用。

点状 经常与城市广场、雕塑、小品等结合出现。

(4)实例(表6.1.2-2)

6.1.2.3 重要公共建筑外环境

(1)特征

重要公共建筑往往体量大、有一定高度、位置重要、人流车流多,因此,这一类建筑需要较大规模的室外空间作为人流集散之用,而且,对于大型公共建筑,从视觉上也需要提供有一定宽度和深度的室外空间,有助于人们欣赏建筑物和摄影留念。

(2)设计

视觉设计 从符合视觉特性的角

国内外大型公共绿地实例简介 表6.1.2-2

序号	名称	地点	规模	形状
1	纽约中央公园	美国	超大型	片状
2	波士顿中央绿地	美国	超大型	片状
3	名古屋久屋大道公园	日本	大型	带状
4	慕尼黑英国花园	德国	超大型	片状
5	库肯霍夫大花园	荷兰	大型	片状
6	北京中山公园	中国	大型	片状
7	上海老城厢环带	中国	大型	带状

度对外环境进行组织，确定外部空间的深度和宽度，保证人们对建筑物(群)的基本观赏。

交通设计　重要公共建筑要组织好人流与车流的关系，在保证正常使用的前提下，分别处理好过往、停车、休憩、观赏的功能。

6.1.2.4　历史性地段与保护建筑外环境

(1)特征

历史性地段是指有一定规模并具有较完整的景观风貌地带，它展现了这一地区的历史文化发展脉络。

历史性地段拥有集中反映这一地区特色的建筑群，具有比较完整而浓郁的传统风貌，有一定比例的真实历史遗存，携带着真实的历史信息。

历史性地段应当在城市生活中起到新陈代谢、生生不息、具有活力的功能。

(2)设计

对历史性地段和保护建筑的合理利用，可以带来社会的、文化的、经济的诸多利益，因此，历史性地段与保护建筑需要与周围外环境进行整体设计，而且需要经过多次、反复的研究与论证，才能使之日臻完善。

6.1.2.5　城市出入口

(1)类型

城市出入口是人们认识一个城市的最初地点，对城市的形象建立有直接的关系。它包括航空港、火车站、零公里标志处、公路客运站和码头等。

(2)设计

城市出入口的设计应结合功能建筑的设计，组织室外空间环境与标志。

6.1.2.6　城市标志

(1)概念

标志又称地标，常作为一个城市或地区的象征。城市标志体现了微观层次上城市组织的主导形体特征，是设计者处理城市空间形象时一般会采用的形式。

(2)形式

城市标志往往在城市空间轮廓上有比较鲜明的突出点，在形象上具有个性特征，在功能上具有重要意义，与相邻环境对比强。从构成上可以分为建筑物(如高层、超高层建筑物)、构筑物和纪念物(如纪念性雕塑)等。

设计标志时，应注意在选位、形象、大小、色彩、质地、细部上能引人注目，必要时可组织标志群(包括标志性建筑、标志性建筑群、标志性地段等)，还应注意使其能引起观赏者的联想。

6.1.2.7　室内化城市公共空间

(1)概念

系指城市公共空间引入建筑内部，从而减轻室外环境压力，如恶劣气候条件对人们的影响。对城市生活影响较大的大、中型的综合性室内空间，包括室内步行商业街、室内广场、大型室内游乐园、冬季花园等。

(2)设计

以城市设计手段处理室内空间界面，以自然的室外化设计元素如绿化植物、大型水面、车辆、船只、阳光等组织室内空间活动，塑造与室外空间相近的城市公共空间。

6.1.3　实体环境元素

实体环境元素是指在设计城市形体环境，特别是设计微观环境中所调配使用的物质构成元素。这些元素是城市设计基本要素的具体化和细化。

6.1.3.1　地形空间界面

(1)概述

地形即地表的外观形态，是自然元素中的首要元素，几乎所有城市环境构成元素都与地形有关。在城市设计中应贯彻"因地制宜"原则，针对地段原有地形进行特色建设。

(2)功能

①限定空间；

②控制视线；

③创造小气候；

④排水防涝；

⑤制约土地利用。

(3)设计要点

①尊重自然，尽量保护原有地形与植被不受破坏；

②利用地形作为组合空间的基础，强调自然感；

③将变化的地形视为景观特色资源，突出其个性，如将建筑高度与地形变化相统一，以建筑强化地形特征；

④将地形高差突变处作为设计的重点部位，以此给城市景观带来活力，如建台地、台阶、坡道、绿坡、下沉广场、艺术墙等；

⑤对高差变化小的地形要利用建筑、绿化、水体等打破其单调感。

6.1.3.2　建筑界面

(1)概述

建筑界面即建筑物的外表面，是影响城市整体风貌，限定城市空间的主要人工元素，是人们感知、认知城市的主要对象。

(2)功能

主导作用　城市建筑风格的主要外显元素。

围护作用　围合城市空间。

背景作用　街道、广场主体景观的背景。

屏障作用　适当遮蔽不良环境。

框景作用　利用建筑物造景。

导引作用　连续的墙面可诱导人流。

(3) 设计要点

① 对建筑立面形象提出引导性要求，重点在体量、形态、色彩、纹理质地等方面。

② 重视建筑界面的整体效果，保持连续性。

③ 强化城市空间的边界效应，在沿边建筑的下部形成袋状空间，并提供活动支持。

④ 合理组织建筑界面的顶部轮廓，以便形成特色鲜明的天际线。

⑤ 正确处理建筑界面与对应的城市空间的尺度、比例关系。

6.1.3.3 植物

(1) 概述

植物是城市环境设计中最具有生命力的生态因素，既是软质景观元素，又是动态景观元素。植物是城市绿地中的主体，包括乔木、灌木、藤本花卉及地被等类型。

(2) 功能

① 环境功能 具有降温、增湿、防风、吸尘、换气、减噪、保土等功能。

② 建造功能 可限定空间、连接实体、遮蔽景物等。

③ 观赏功能

a. 造景作用 根据各类植物生长习性，充分利用其形态、色彩、质地、季相，组织城市绿化景观。

b. 美学作用（见下表）

(3) 类型

按照植物在城市绿化中的用途划分如下表：

(4) 植物配置要点

① 尽量保留地段内原有植物，特别是大乔木、名木、古树。

② 应对规划地段的自然环境状况进行调查后再确定树种，尽可能利用地方树种。

③ 从保护生态出发，应注意提高绿地单位面积的生态效益，寻求最佳乔、灌、草的比例。鼓励发展城市森林。

④ 整体地选配植物素材，综合考虑各类植物在造景功能及外观形态上统一协调。

⑤ 对植物的平立面进行综合设计，重视植物的立面效果，多数情况下供人们欣赏的是各类绿地的立面、层次、轮廓与色彩。同时要考虑植物对周围环境和居民的影响。

⑥ 强调城市的垂直绿化，特别是屋顶绿化的建设，使垂直绿化和平面绿化相结合。

⑦ 注意绿地的外部环境条件，如地下管线以及与其他环境元素的有机结合，避免植物的根、枝、干等对建筑物造成影响。

⑧ 植物（主要指乔木）配置可采取孤植、对植、列植、叠植、丛植、群植、片植等方式。注意植栽与地表的转接，以及植栽的保护设施。

⑨ 栽植密度与间隔

林阴树 6~8m左右

建筑区内行道树 4~5m左右

遮蔽用树木 H：3~4m者，1棵/m左右

H：5~6m者，0.5棵/m左右

植篱 H：1.2~1.5m者，3棵/m左右

H：1.8~2.0m者，2~2.5棵/m左右

灌木类密植 冠径为30cm者，10~12棵/m²

冠径为40cm者，8棵/m²

冠径为50cm者，5棵/m²

6.1.3.4 水体

(1) 概述

水体为最富有吸引力的景观元素之一。为适应人类近水亲水的本能需求，促进生态平衡，除尽可能利用天

植物的美学作用　　　表6.1.3-1

功能	图示	功能	图示
完善作用		统一作用	
强调作用		识别作用	
框景作用		软化作用	

植物的用途　　　表6.1.3-2

类别	用途	举例
行道树	种在公路和道路两侧的乔木	毛白杨、国槐、柳、加杨
庭院树	种在庭院、庭园、绿地、公园内的树木	雪松、玉兰
庭荫树	树冠浓密，有较大树阴，适用于林阴步道、绿化广场	悬铃木、国槐
林带与片林	长度在200m以上，种4~5排以上的树木，称林带；规模更大的为片林	杨、桦、柳、樟子松
花灌木	种于花池、花境	连翘、榆叶梅、玫瑰
藤本	用于花棚、花架及垂直绿化	葡萄、紫藤、地锦
绿篱	将植物密植并修剪成带状，起隔离、围护、美化作用	侧柏、榆、水腊
地被植物	用于覆盖地面	铺地柏、结缕草、早熟禾

然形成的既有水域(如海、江、湖、河等)外，在城市环境中应尽力设置水体，构筑水景。水的视觉质量在很大程度上取决于它的动态和对光线的反射方式。

(2)功能

①调节气候　调节大气温湿度，喷泉、瀑布等产生负氧离子对人体有益。

②维持生态平衡　尽量延长雨水排入江河的时间，最大限度地使其渗入地下，保留原有地域的自然生态环境。

③观赏风景　水在视、听方面都能引起快感。

④促进地价升值　滨水地区是开发热点，最易形成特色。

⑤提供游戏健身环境　夏季戏水、游泳、泛舟，冬季冰上运动。

⑥防灾、消防　在建筑外环境及公园绿地中的水体可提供消防水源。

(3)特征

①形状　由容器决定，可塑性强。

②状态　水体有静态与动态之分，静态水体其表面可反射景物；动态水体可呈波动、流动、跌落、喷射等状态，观赏性强。

③色泽　自然水体给人以亲切感。

④倒影　可增加景深，扩大景面。

⑤音响　水体流动的声音给人以回归自然的感受。

⑥触觉　极富舒适感。

(4)设计要点

①首先要确定水的用途，可适当提高水体的娱乐功能。

②创造近水亲水条件。大力改造与开发滨水地区，对水滨、驳岸、岸边设施的设计与水景设计同样重要。控制与引导桥梁、建筑及建筑小品的建设。

③注意地域与气候对水体的影响，北方地区可多采用"旱喷泉"的形式。

④尽力保护原有自然形态，不宜进行大量人工雕凿。人工开挖的河流水系，应尽可能仿照自然形态设计，对自然水系不宜任意裁弯取直。

⑤确保设置有关设备必需的场所和空间，加强水体管理，防止污染。

⑥运用先进的时钟脉冲、磁带装置、电子控制和计算机等技术，使水体(特别是瀑布、喷泉等)更具时代特点。

6.1.3.5　铺地

(1)概述

铺地亦称铺面，即地面的硬质铺装。由于人们能俯首可见，因此感受量大，应予重视。地面的铺砌材料强烈地影响其适用性、舒适性和美观。

(2)功能

①覆盖裸土，有利于提高大气环境质量。

②提供高频率使用城市空间的条件。

③适宜的铺地可起到人流导向作用，并构成景序。

④暗示游览速度与节奏。

⑤表示地面用途。

⑥调整空间比例与尺度。

⑦对相关景观元素起到整体统一的作用。

⑧背景作用。

⑨构成空间个性。

⑩创造视觉趣味。

路面类型与用途　　　　表6.1.3-3

材料	路面类型	用途
沥青	沥青路面	车道、人行道、停车场等
	透水性沥青路面	人行道、停车场等
	彩色沥青路面	人行道、停车场等
混凝土	混凝土路面	车道、人行道、停车场、广场等
	水磨平板路面	人行道、广场等
	卵石铺砌路面	园路、人行道、广场等
	混凝土板路面	人行道等
	彩板路面	人行道、广场等
	仿石混凝土预制板路面	人行道、广场等
	混凝土平板瓷砖铺面路面	人行道、广场等
	嵌锁形砌块路面	干道、人行道、广场等
	嵌草砖路面	人行道、停车场等
水泥	普通水泥砖路面	人行道等
	彩色水泥砖路面	园路、人行道等
铺地砖	釉面砖路面	人行道、广场等
	陶瓷锦砖路面	人行道、广场等
	透水性花砖路面	人行道、广场等
天然石	小料石路面	人行道、广场、池畔等
	铺石路面	人行道、广场等
	天然石砌路面	人行道、广场等
砂石	砂石铺路	步行道等
	碎石路面	停车场等
	砂土路面	园路等
草皮	透水性草皮路面	停车场、广场等
合成树脂	人工草皮路面	露台、屋顶广场、体育场等
	弹性橡胶路面	露台、屋顶广场、过街天桥等
	合成树脂路面	体育场用

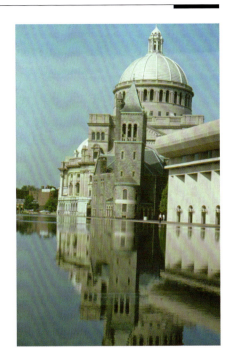

图6.1.3-1　实体环境元素：水体实例

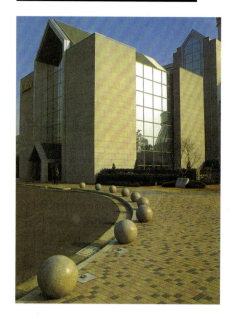

图6.1.3-2 实体环境元素：铺地实例

6.1 概述

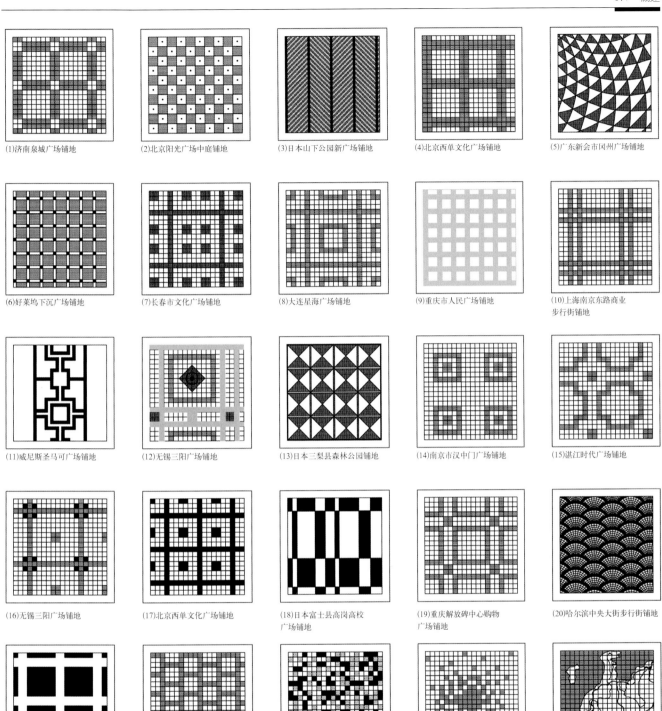

概括分类： 1. 细方格规则图案铺地(1)、(4)、(7)、(8)、(10)、(12)、(14)、(15)、(16)、(17)、(19)、(22)
2. 细方格不规则图案铺地(23)、(24)、(25)
3. 大面积矩形面块铺地(18)、(21)
4. 条纹状图案铺地(3)、(9)、(11)
5. 方形组合图案铺地(2)、(6)
6. 非矩形砌块组合图案铺地(5)、(13)、(20)

图6.1.3-3 铺地图案

6 节点的城市设计：中外城市节点实例

(1) 十字交叉路草坪
例：意大利甘尔拉伊别墅前草坪

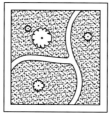
(2) 自由式小径路草坪
例：居住小区组团级绿地

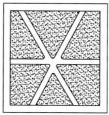
(3) 发散式道路草坪
例：维多利亚花园绿地

(4) 层叠中心式草坪
例：法国维朗得利园林绿地

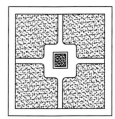
(5) 十字中心花坛式草坪
例：北京二里沟街头小游园内绿地

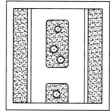
(6) 步行街草坪绿地
例：烟台开发区市民广场步行街绿地

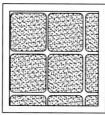
(7) 块状阵列绿地
例：西安钟鼓楼广场绿地

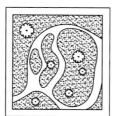
(8) 自由式绿地
例：巴西教育部侧楼屋顶花园绿地

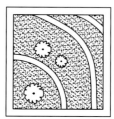
(9) 环山道式绿地
例：大连星海公园内坡地绿地

(10) 贯穿自由式绿地

(11) 疏林草地式绿地
例：公园内休闲广场

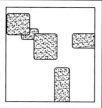
(12) 块状自由组合式草坪
例：上海天目西路康吉路街头绿地

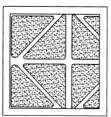
(13) 三角块状阵列绿地
例：美国一城市广场绿地

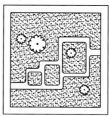
(14) 绿地小径休闲草坪

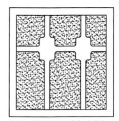
(15) 块状间夹休闲空间式草坪
例：公园内绿地

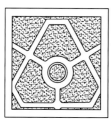
(16) 三角形中心式绿地
例：建筑前花坛绿地

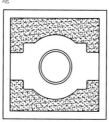
(17) 设有喷泉或水池的矩形核心绿地

(18) 互通空间中心式绿地
例：法国圣克劳德花园内绿地

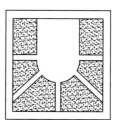
(19) 中空发散式草坪
例：法国浮·勒·维贡府邸门前绿地

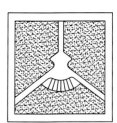
(20) 三叉式绿地

(21) 块状组合式草坪
例：罗马郊区某私人庄园内绿地

(22) 贯穿中心绿地

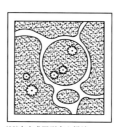
(23) 自由式圆形中心绿地
例：美国明尼苏达州风景树木园入口处绿地

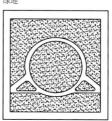
(24) 对称式椭圆中心绿地
例：美国白宫外草坪

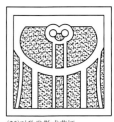
(25) 对称发散式草坪
例：柏林大莱植物园内绿地

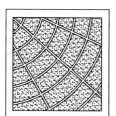
(26) 放射弧状草坪
例：江阴市市政广场绿地

(27) 迷宫式草坪
例：美国俄勒冈湖滨广场草坪

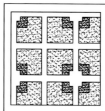
(28) 矩形变化组合式草坪
例：南京市汉中门广场草坪

图6.1.3-4　草坪图案

342

(3) 类型

(4) 设计要点

① 满足使用功能要求，保证铺地质量，选择强度高、耐磨、防滑的材料。

② 通过材料质地、色彩、尺度、拼装图案等反映个性特征。

③ 注意与其他要素的协调组合，如嵌草铺地。

④ 重视成本造价。

⑤ 对台阶、坡道、残疾人专用道以及栏杆、护柱、栅栏、墙等地面阻隔物等部位要充分重视。

6.1.3.6 环境设施

(1) 概述

环境设施指在城市空间中供人们使用，为人们服务的设施，兼有实用与观赏功能。环境设施的完善配置有利于提高城市环境质量和景观艺术水平。各类设施宜统一设计，统一制作，统一配置，统一管理。

(2) 功能、类型及设计要点

参见表6.1.3-4。

① 座椅

城市空间中的座椅是人们活动的集中点，其质量之优劣和供坐能力之强弱直接反映着对市民生活舒适的关注程度。座椅的种类很多，如坐凳、长椅等，但基本类型只有两种：一为有靠背，另一为无靠背。

设计要点

a. 结构与材料要坚固耐用，易于维护与管理。

b. 座椅的布置不得妨碍人流交通，其材质、色彩、造型等要与周围建筑、环境相协调。

c. 合理确定座椅尺寸。有靠背的座椅要使人的背部得到舒适的支撑。

② 花盆

花盆亦称种植容器。可以随时移动，易于栽种应时鲜花，体现季节变化特征，安排得当时可以表现一种雕塑美，为城市景观增添生机和色彩。

设计要点

a. 花盆尺寸要适应盆内植物生长的需要。

b. 花盆的组合摆放要考虑景观需要以及养护维护的便利。

③ 照明设施

可以延长人们的户外活动时间，并可作为一种营造气氛、美化夜景观环境的手段。在有夜晚活动的场所，尤其在繁华的市区，照明设施是不可缺少的。

设计要点

a. 适合使用需求。在区位选择与配置上，主要是根据人群活动的范围、流线与活动强度，进行整体照明设计。

b. 配合四周环境，以适当的材质、颜色、造型来决定灯架与灯具。

c. 照明设施应具有多功能性，并考虑节能。

④ 亭

供人群暂时休憩的设施，常布置于重要流线节点上，或是环境景色优美的地点，其新奇的、优美的形态，常为人们增添欢快和情趣。

分类　根据使用功能的不同，可分为：

a. 以管制服务为主要功能，如售票亭、验票亭、守卫亭、询问亭等；

b. 以售物为主要功能，如书报亭、餐饮亭、小卖亭等；

c. 以等候为主要功能，如候车亭、等候亭等；

d. 以观景为主要功能，如观景亭、休息亭等。

设计要点

a. 选位要合理，其形式、尺寸、色彩、题材等要与周围环境相协调。

b. 结构应安全可靠。

c. 注意与其他设施，如通道、指示标志、广告等的配合。

⑤ 标志牌

以向人们传递信息为主要目的，多为静态的单向传播。标志牌可单独设置，亦可与其他设施结合设置。

分类

a. 名称标志：树木名称牌、建筑铭牌等；

b. 环境标志：导游图、设施分布图、位置示意图等；

c. 指示标志：出入口标志、导向牌等；

d. 警告标志：限速标志、禁止出

环境设施表　　　　表6.1.3-4

类型	设施举例
休憩设施	椅、凳、休息亭
文化设施	画廊、报栏、书报亭、钟亭、表演台
纪念设施	铭牌、雕塑、牌坊
康乐设施	健身设备、儿童游戏设施
交通设施	候车廊、交通标志、导游图、路名牌、停车处、护栏、地道入口、消音墙、无障碍设施
宣传设施	公益广告、商业广告、问讯处、招幌、牌匾、宣传栏、大型电子屏幕
照明设施	路灯、建筑装饰照明、灯箱、园灯
环卫设施	废物箱、洗手间、地下通风口、饮水器
商服设施	小卖亭、邮筒、露天餐座、自动售货机、电话亭
安全设施	公安岗亭、消火栓
美化设施	花池、花架、花坛、种植容器、雕塑、喷泉、旗杆

入标志等。

设计要点

a.位置选择要合理，既要醒目，又要无碍交通；

b.标志的色彩、材料、造型要考虑其所在地区、建筑和环境景观的需要；

c.传递的信息要简洁扼要，考虑残障者使用的可能性。

d.安装制作要安全可靠，便于维护管理。

⑥雕塑

可供人们感受和联想，成功的雕塑作品具有很强的感染力和震撼力，可以成为某地区乃至整个城市的标志。

分类

一般可分为具象和抽象两种。具象雕塑以形态自然为主要评价标准，寓意含蓄，不宜做作和直露，避免生硬和粗糙；抽象雕塑讲究美观，富有意境。

设计要点

a.雕塑是具体空间环境中的雕塑，应有其适宜的形式，不同场所的雕塑应依据各自的内容而取不同的表现形式；

b.慎重对待大型城市雕塑的设置，不求数量，唯求质量，尽量做到件件为精品，绝对不可滥竽充数；

c.正确处理好雕塑的形式定位。

城市入口雕塑 主要作用是标识性，形式不宜纤细，而应粗犷、大方、醒目。

广场雕塑 根据所在广场性质和雕塑内容决定其形式，探索多种形式的可能性。雕塑位于广场中心时，其尺度应能控制周围空间；作为广场小品时，可考虑近人尺度。

步行街、游园、小区绿地雕塑 此类雕塑与人最接近，要考虑雕塑的"亲近度"，可与园林造景结合。多采用具象的情景雕塑。

公共建筑/企业标志雕塑 形式可自由多样，以反映企业形象，引人注目为目的。

采用多种材料和色彩，运用高科技手段，努力创造有动态艺术、视幻艺术、电子艺术、光影艺术和音响艺术表现力的新型雕塑。

⑦户外广告

户外广告是指商品经营者或服务提供者承担费用，通过户外媒体的形式直接或间接地介绍商品或提供服务的置于户外的广告。户外广告不仅是一种商业行为和社会行为，而且是一种文化氛围，可提高城市的文化格调。目前城市户外广告主要有两大类：一是商业性广告；二是公益性和政策性宣传广告。

分类

a.利用公共或自有场地的建筑物、空间设置的霓虹灯、电子显示板（屏）、灯箱、路牌、橱窗、招牌等；

b.利用交通工具（包括各种水上漂浮物和空中飞行物）设置、绘制、张贴的广告；

c.以其他形式在户外设置、悬挂、张贴的广告。

设计要点

a.设置位置要经过严格的规划审批。在影响交通安全、妨碍市政交通设施正常使用等地区严禁设置户外广告；

b.要与周围建筑、环境保持协调，不得遮挡城市景观视线和交通安全视线，不得破坏建筑物的整体性，妨碍建筑物的正常使用；

c.质量应符合安全性、耐久性、美观性及可识别性的要求；

d.内容要健康、真实；

e.严格管制大型户外广告。

6.1.4 设计成果

节点的城市设计成果包括设计导则、设计图纸和附件三个部分，可以纸和电子文件两种介质方式同时保存。

6.1.4.1 设计导则

导则应以文字、图表方式，表达城市设计的目标、原则、对策，提出体现城市设计意图的导则体系和实施措施。

6.1.4.2 设计图则

图则包括表达分析过程、控制数据和设计内容的设计图纸、必要的模型和三维动画等。

6.1.4.3 附件

包括设计说明书、研究报告、基础资料汇编等。

6.1.5 对城市节点中有关广场设计的问题分析

6.1.5.1 "广场热"现象原因

当前我国城市广场建设发展迅猛，"广场热"的潮流正在冲击着各地大大小小的城镇。这些工程已成为许多城市的标志。

发生"广场热"现象的原因是：

①"广场热"的升温并非偶然，是因为有需求和动力。城市经济社会的发展、城市特色的强化、市民大众的社会生活，都需要广场的建设。

②城市广场是城市空间环境系统的引力中心和活力中心，在这里可以集聚人群，促发活动，展示文化，陶冶情操，因而备受市民大众的关注。

③建设广场从本质上说是顺民心合民意的工程。总的看来，城市广场不是建多了，而是远远不够。著名作

6.4 铁路上海站地区环境整治

设计单位：上海市城市规划设计研究院

6.4.1 概况

由于多方面的原因，过去上海站作为大型客运枢纽交通功能比较合理，但站区的交通与环境形象不尽如人意。1999年，结合正在实施的两大市政工程(轨道3号线工程和上海站南广场地下车库工程)，进行了上海站地区环境整治规划。

此次环境整治的总原则为：充分发挥上海站的交通枢纽功能，营造上海门户的良好景观，体现以人为本的原则，便于人的活动，创造良好的活动环境，满足各类人流的活动需求。

6.4.2 环境整治内容

环境整治包括交通组织和地面环境设计两大部分。整治改善上海站地区交通环境的基本点首先在于解决客站与其周边地区的综合交通枢纽功能问题。本规划辟通或拓宽了上海站地区周边的相应道路，在上海站南广场形成了环形交通；合理调整了地区内的公交站点，减少了来往郊区的长途线路和重复线路的设置；在上海站南、北广场增设了社会车辆的停车场地，对出租车实行上下客分开停靠；重新组织了人流路线。主站屋前实行人车立交处理，使主站屋与广场上人流活动连成一体，各种人流(到、发、接、送、中转和市内集散)有了活动空间，南北站区预留的两组人行天桥更使之汇成整体。其次，上海客运总站实际上是一个典型的同时运动多元系统，综合交通系统的疏导，同时也就为各种人流以不同交通模式在有序运动中，领略上海站群体空间全貌并在其中驻留和感受丰富的场所感提供机会。这就改变了原有格局下天目路、恒丰路口西南角，静止地看"对称景观"和难以感受整个群体的局限性。

广场环境设计包含了绿化、建筑小品和广告灯光设计等内容。绿化布置遵循了方便交通和保留主要视觉通道的原则，尽可能地保留了原有植物

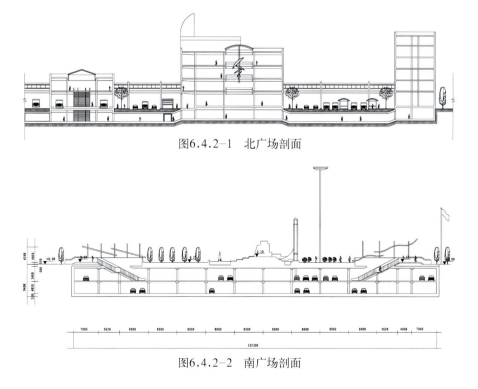

图6.4.2-1 北广场剖面

图6.4.2-2 南广场剖面

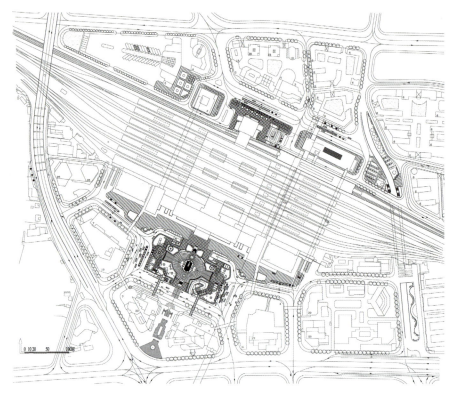

图6.4.2-3 总平面

和地域特色。建筑小品融入局部景点,风格服从整体效果,并注意其在体量、材质与造型上的变化和对比;对各种城市小品:花台、椅凳、灯具、废物箱、旗杆和指示牌等也进行了设计,方便了人们的使用。采用不同光源以及投射方式的灯光设计,以突出主站屋中心广场和步行中轴线,加强整体效果。同时,设计也注意了各类广告在数量、尺度、配置、内容和品位上与周边环境相协调。

图6.4.2-4 站前广场效果图1

图6.4.2-6 环境设计1

图6.4.2-5 站前广场效果图2

图6.4.2-7 环境设计2

6.5 台北火车站特定专用区

设计单位：
城市设计： Sasaki Associate(Alan Ward, Dennis Pieprz, Ken Schwarts)
城市设计顾问： 黄文亮
协同规划： 沈祖海建筑师事务所(白瑾)
交通顾问： 亚联工程顾问公司
开发市场财务： ZHA Inc.
古迹区规划： 境群国际规划设计有限公司(黄文亮、何贤皙、黄俊铭)

6.5.1 概况

铁路车站在19世纪工业革命时代成为许多城市的经济命脉，有力地促进了城市的发展，并进而影响了城市发展格局。

在20世纪城市化持续加速及汽车工业蓬勃发展的过程中，曾经为城市发展做出贡献的铁路，开始由于它分割城市布局及产生的噪声，反而成为城市发展的障碍。

然而，在20世纪后期，汽车交通的局限性、对城市本质和环境的严重负面影响，都已经逐渐地出现。基于效率、节能、生态及人文等可持续发展的观念，有轨公交运输再度成为解决城市交通问题的希望。

在已经高度城市化的环境中，铁路车站、铁路运输及相关工业用地成了未来发展的机遇。在这样的背景中，铁路车站地区的再开发是城市振兴的必要手段，透过城市交通及土地使用的重构，重塑城市生机与形象。

20世纪80年代末，台北市面临沉重的交通压力，为了消除铁路的阻割，已将通过市区的铁路轨道地下化，并积极引入快速路网。在这一全新交通体系的建构中，极为重要的一环就是在紧邻老城北面极富历史资源的原火车站及周边地区，建设一个便于火车、地铁、公交转运的现代交通运输中心，并充分发挥大运量运输系统的功能，在周边地区提高土地使用的活力。

台北车站地区规划面积：46hm^2，开发建筑面积：240800m^2（不含地下公建），规划时间：1989～1991年，曾经获得美国景观建筑学会1991年度城市设计奖。

台北车站地区进行城市设计的目的是：在建构明晰畅通的转乘人行系统以及维护该区既有历史轨迹两个原则下，塑造既具有浓郁地方特色，又体现时代精神，并能展示城市门户意象的戏剧性公共空间。

6.5.2 城市设计构想

在规划过程中，由美国Sasaki公司/台湾沈祖海国际规划顾问公司合作完成了初步的方案后，因古迹保护区的认定调整，又由境群国际规划设计公司进行了最后的调整与细部设计。整个过程历时3年，共举行了60余次会议，与各部门、学者、专家、相关单位及民众代表充分沟通协调后定案。

6.5.2.1 考虑台北建城风水的城市门户格局

台北旧城东西城墙指向台北盆地最明显的自然地标——七星山，城内街道却以正东正西走向，以利于城内建筑物拥有正南北的理想风水朝向。新的规划利用楔形地下铁路轨道区的上方，沿入城干道忠孝东路的北侧，形成一个自淡水河畔起、直通至台北车站止，重现台北旧城东西向街道风水格局的门户公园广场，创造台北市历史旧城地区第3个主要公共空间。

图6.5.2-1 城市设计规划平面图

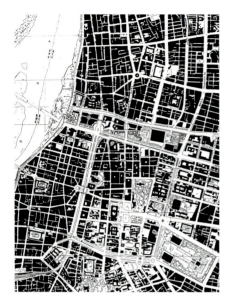

图6.5.2-2 图底关系

图6.5.2-3 全区城市设计模型

图6.5.2-4 由中山北路西望全区(模型)

6.5.2.2 衔接新旧历史的台北长廊

骑楼是台北公共空间中因地方气候特点而产生、且极具地方特色的都市元素。具有骑楼形式的台北长廊将有力衔接自然的淡水河、历史的旧铁路局、现代的新火车站等城市重要元素，并以配合旧铁路局的材质、尺度、韵律造型，静谧而戏剧性地形成公园广场的背景。

6.5.2.3 加强站前站后的南北通道

联系与后站的车行及步行通道，重新强化被铁路割裂的城市文脉，形成多元丰富的南北连通空间，并大幅改善地区的路网瓶颈状况。

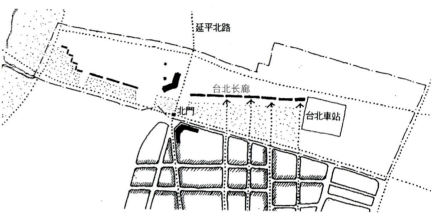

图6.5.2-5 东西向开放空间序列构想图

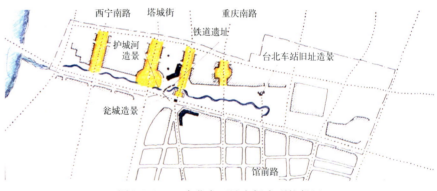

图6.5.2-6 南北向开放空间序列构想图

图6.5.2-7 空间历史纹理图

6.5.2.4 重现古迹保护区

在沿着延平南路的旧城北门入城路线两侧，形成古迹保护区。保护北门周边的古迹群，恢复原有的入城路径铺面形式，重现瓮城轨迹，拆除围绕北门的高架道路，形成北门的庄严风格。兴建地下历史展示廊，连通延平南北路，改善北门的可达性。塑造孝西路景观，重建紧接北门的部分城墙，并运用大王椰树列隐示其余城墙轨迹。

6.5.2.5 增添生机绿意的城市椰林瀑布公园

在门户公园中，引入一东西走向贯穿公园的人工河流瀑布，一方面重现旧河道的历史景观，另一方面在纷扰嘈杂的城市交通环境中引入潺潺的水声，使得公园中的民众在视觉上和听觉上都能享受自然的气息。在楔形公园中，河流北侧为自然园林，河流南侧则为下沉式的椰林广场，与忠孝西路的地下街相接，使地下街内及来往的各种转运交通人群，均能在扶疏的椰影韵律中，享受到瀑布及台北长廊的景色，并能随时保持清晰的方向感。椰林广场及瀑布公园将是台北市民出游聚集的好去处，也是可容纳多元的即兴都市休闲活动的地方。

6.5.2.6 维系传统街廓尺度的建筑开发织理

建筑开发在二维空间的控制上，从继承传统小街廓所产生的频繁人际交流机会出发，避免现代超大街廓开发产生的冷漠感及因协调困难或启动集资需求过大的情况，城市设计考虑了使开发者较有把握的投资风险规模，建议开发应该兼顾人性与实施的可操作性，延续传统街廓的尺度及肌理。

6.5.2.7 整体性建筑造型原则

建筑物三维空间的量体高度继承台北市3个时期的尺度感。透过形式、材质、韵律及色彩的严谨控制，台北长廊成为赋予全区和谐感的整体性建筑基座元素，维持台北早期5层楼的都市记忆。每栋建筑物在长廊上的入口，可以在维持整体和谐的原则下表现各自的特色。长廊以上，各栋建筑物均可自由创造，表达各自所需的自明性以及现有12层楼的城市尺度。此外，每栋高层建筑及对景点建筑的顶部，均要求特别精心处理，表达新世纪的形象。

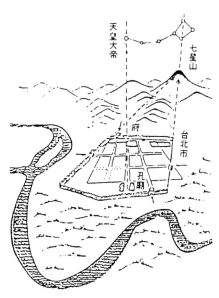

图6.5.2-8 台北府城格局的风水依据

6.5.3 北车站地区的未来

台北车站地区的再开发构想，由于复杂的土地整合问题，历经多年仍在逐步推动中。面对开发市场不确定性因素，未来的建筑开发内容与强度必然有相当大的调整。但无论未来调整改变的方向如何，相信当地市民、车站地区的旅客，终会在椰影婆娑的广场中，在水声潺潺的公园里，在光影律动的长廊下，能体验到优美的环境和历史的文化，以及对未来的希望。

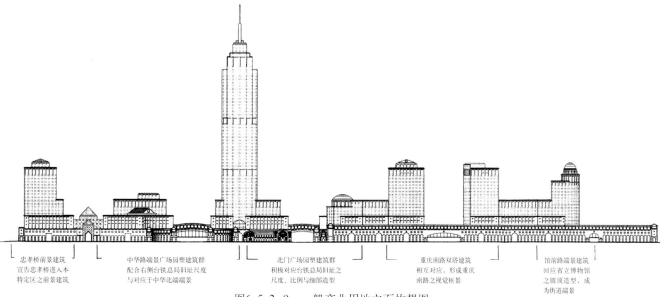

| 忠孝桥前景建筑宜告忠孝桥进入本特定区之前景建筑 | 中华路端景广场园塑建筑群配合右侧台铁总局旧址尺度与对应于中华北端端景 | 北门丁广场园塑建筑群积极对应台铁总局旧址之尺度、比例与细部造型 | 重庆南路双塔建筑相互对应，形成重庆南路之视觉框景 | 馆前路端景建筑回应省立博物馆之圆顶造型，成为街道端景 |

图6.5.2-9 一般商业用地立面构想图

6.6 上海豫园旅游商城

设计单位：上海市城市规划设计研究院

6.6.1 概况

豫园旅游商城位于豫园旅游区西部，周边道路为：福佑路、安仁路、方浜路和旧校场路，东北临豫园，西南临老城隍庙。商城占地约2hm^2，原北部为旧商场，南部为住宅区，1991年8月规划确定为商城。

6.6.2 规划理念

首先，在豫园这一特定历史地区，保护历史传统文化是规划的主要目标。规划以全方位的继承和发展传统文化作为保护的出发点和归宿点。不仅是保护传统的建筑文化，而且注意继承传统民俗文化。保护建筑文化对一个地区的文化内涵来说，仅是形似，只有同时保护了民俗文化，传统文化的继承才从形似走向神似。

建筑文化不仅在于建筑本身的形式、色彩、尺度和比例，还涉及整个建筑群体空间环境的形态和序列。本规划的建筑保护体现在：①个体建筑的保护；②建筑空间形态的保护，体现为建筑群体风格、尺度和比例等构成的空间形态格局；③空间运动序列的保护，体现为人在建筑空间中的活动感受。商城客流量扩展不靠高建筑容量，而靠疏导空间网络，以增加接待总量。高强度开发将危及豫园的传统形象。

民俗文化主要体现为本地区传统的功能、活动、习俗等。规划坚持园市一体的发展策略，使小中见大、闹中取静的园与小、土、特为特色的商市紧密结合，相得益彰。建筑文化与民俗文化的保护共同构筑了本地区特有的场所感，并使其中的历史氛围得以延续、完善，使人们既可感受到时间的流逝、岁月的变迁，又能在其中找到历史的坐标点。规划以结构的理性、空间的有序，为市民的购物、娱乐、游憩活动造就具有传统文脉特征与商市繁荣、交通顺畅的商市场所。

6.6.3 规划结构模式

保持豫园地区原有商业街市的风貌特征，以及商业街市与豫园旅游区网络相结合的格局作为规划结构的基础。

豫园旅游区规划东西、南北两条主轴线，并通过大小两个广场，将旅游区4大功能区组织起来。豫园内园采用人行地下通道，使中心广场接通安仁街，既使豫园旅游区东西畅通，又不干

图6.6.2 总平面图

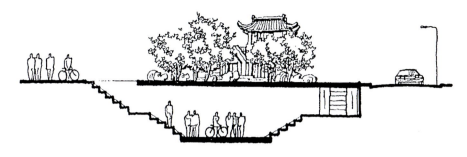

图6.6.3-1　地下通道剖面示意图

扰豫园内园南北向的游览人流。

豫园旅游商城新辟东西、南北两条轴线，与豫园旅游轴线一起作为人流主通道，同时结合新辟轴线上的环将商城内部不同功能区串连起来，并与整个旅游网络整合。

6.6.4　活动—交通系统

规划街道商店布局及人流模式特征为网络状。豫园商场的规划布局保持体现历史、地方传统街市的布局格式特色，不是按现代商业沿一条街伸展，而是在一块不大的区域内，沿小街小巷布置店铺，形成网状布局形态。通过完善疏导网络，在保护了传统建筑体量与空间尺度的同时，增加了商市的流量与容量。

6.6.5　活动—空间场所

活动—空间场所以体现民俗文化为主。规划将商业、游憩、文化活动整合，配合宗教建筑及小土特、小吃等特色的保存，划定出民俗活动和文化展示区、传统商业区和小吃、小商品一条街。活动依托建筑→通道→广

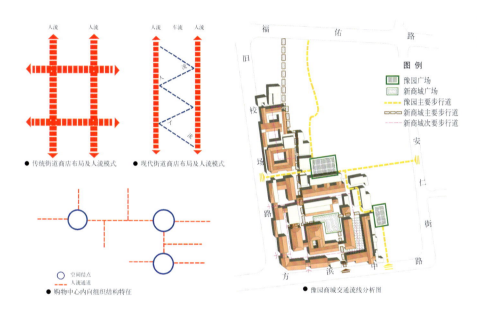

图6.6.3-2　上海豫园旅游商城规划

图6.6.5-1　空间形成尺度及视觉分析

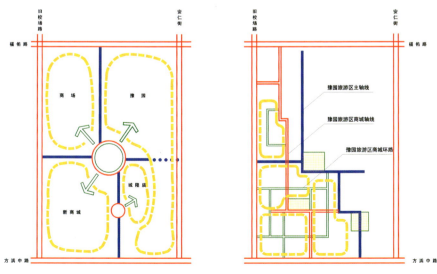

图6.6.3-3　功能组织与结构图

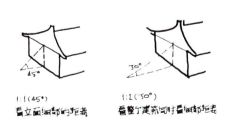

图6.6.5-2　空间观赏尺度及视觉分析

场等组成的不同空间展开，通过民俗文化的活动场所，体现历史的连续感和现代的繁荣感。

6.6.6 空间运动序列

空间序列是人们进入旅游商城从事各项活动的运动渠道和空间环境。

传统空间意识中，空间与时间是不可分割的，春夏秋冬配合着东西南北。在中国建筑空间的构图中，时空合一，通过起承转合延，用递进发展的手法将人们从起点领到高峰，然后再慢慢地收尾，有层次，有聚散，趣味深长。本规划按照传统空间意识顺应活动规律塑造空间序列，具有独特的秩序感。规划由建筑或广场构成空间序列中的节点，形成空间序列的起承转合延。

豫园旅游商城的南进序列：通过标志性入口牌坊(起)，经过四角过街楼(承)进入L形广场(合)。转出百翎路，进入以出售文房四宝及百货为主的，采用庭院手法布置的商场(延)。而豫园前的广场、豫园的九曲桥及豫园内的花园又与商市构成又一轮的序列。

豫园旅游区的中心广场是市、园、庙活动会流处，也是豫园的出入口。为元宵灯会、节庆活动提供了场所。

6.6.7 建筑空间形态

空间形态源生于传统与环境，依据视觉感受规律进行布局。规划商市通道追求封闭感，广场设计同时考虑对建筑的合适观赏角度和活动功能，从尺度、形式、色彩、风格、建筑语言上等方面考虑与传统的衔接。在一定地段保存传统小街小巷及三合院、四合院的封闭空间形式和古典园林，以体现历史文脉的延续。

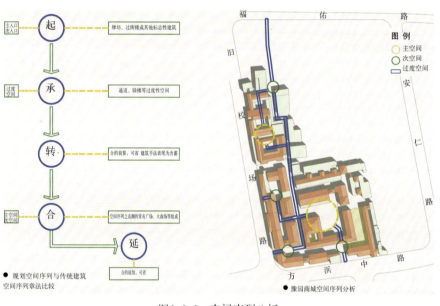

图6.6.6 空间序列分析

6.6.8 个体建筑及小品

建筑单体采取民族形式与象征手法相结合，以此揭示一个地区的历史与发展的真实性。建筑个体应服从空间形态要求，结合空间序列安排主次建筑。在体现环境文脉上，恰当运用地方建筑形式、形态母题、色调、用材和手法等。如某些建筑使用了外廊挑台，个别商店内还设计了中庭空间。

6.6.9 绿化

绿化力求古朴，按传统结合轴线布置，形成空间界面，提供屏蔽。绿化重点是广场与北面文房四宝处的庭院商场，文房四宝处的商场院落绿化尽量自然浓密。

图6.6.7 街道广场尺度效果

6.7 南京夫子庙

设计单位：南京市规划设计研究院

6.7.1 概况

夫子庙位于南京城南、内秦淮河东段北岸，是古今闻名的六朝胜地，在明清两朝都是府学、贡院、文庙所在地，人文荟萃、商贾云集、儒学鼎盛、大族聚居。秦淮河两岸河厅河房相对，河中画舫穿梭，集中反映了南京的历史文化内涵，构成名闻遐迩的秦淮风光。1937年夫子庙及周围地区毁于侵华日军的轰炸之下，沦为棚户平民区，全无昔日风采。

1983年开始对夫子庙地区的传统风貌进行复建，至1986年夫子庙大殿、广场等一组仿古建筑及东西市建成。1986年针对夫子庙地区存在的建筑破旧，人车混杂、交通问题日益严重等突出问题，开展了夫子庙文化商业中心规划及城市设计。规划设计从文化古迹的保护与开发、交通组织、步行系统、停车场设置、河道整治、绿化系统、建筑的更新与传统风格的继承发展、与周围环境空间联系等方面进行了综合研究，对此后十多年夫子庙地区建设起到了指导作用。

6.7.2 规划目标

规划目标：既要体现古都的环境特色和传统文化特征，又要使之成为现代城市的一个有机组成部分，以满足现代生活和公共活动的需求，逐步形成具有多功能和浓郁传统气息的文化、娱乐、商业、旅游中心，把夫子庙建设成"旅游胜地、购物乐园、美食中心、文化长廊"。

6.7.3 城市设计构思

规划以传统文化、名胜古迹、商业美食及旅游观光为特色形成综合性地区中心。其核心范围北起健康路，东至平江府，南达秦淮河南岸的琵琶东街，西抵四福街、来燕桥一线，总用地约17hm²。在此范围内均为步行区，以大照壁、泮池、天下文枢坊、广场、灵星门、大殿及后山为主轴线，围绕其纵横分布数条传统风貌的市井街坊、河厅河房。江南贡院及秦淮河上的4座拱桥是夫子庙的精华部分，其街道尺度、色彩及环境小品均再现了明清时期"庙市合一"的格局，成为市民乐于逗留的场所。夫子庙地区经过历史的积淀，在新的时期里其内涵应不断地丰富。

在核心区外围地区，其建筑的尺度、风格均区别于核心区的风貌。"黑瓦马头墙"不应再蔓延，仅需在建筑符号上与之呼应，淡化"明清"风格，使之渐渐融入城市总体环境。通过城市设计，在核心区外围主要解决交通组织及环境建设问题。

交通组织：为了使市民及外地游客能方便地进入夫子庙，在其四周安

图6.7.1　夫子庙全景鸟瞰

图6.7.2-1　夫子庙夜景

6 节点的城市设计：中外城市节点实例

图6.7.2-2 夫子庙文化广场

图6.7.3-2 夫子庙步行街区

图6.7.3-1 夫子庙秦淮河河厅河房

图6.7.3-3 夫子庙秦淮河新辟沿河绿地

排了9处主、次要出入口，周围的公交线路、起始站点已达18条。在每个主、次入口附近或接近核心区的地点辟出地面或地下乃至多层停车库，总停车量达800辆，并考虑了相当数量的自行车停放，确保了步行区内的方便与安全。

环境建设：核心区内最缺乏的就是绿色空间，为弥补这一缺憾，除了增加小块绿地广场外，通过城市设计视线引导的手法将秦淮河东南侧占地达15hm²的白鹭洲公园引入夫子庙核心区，将公园作为夫子庙整体景区的一个重要部分。

在总体把握夫子庙地区布局、交通及环境整治的基础上，进一步挖掘旅游资源。城市设计充分利用秦淮风光带及明城墙风光带这几条主景观轴线，将城南几处知名的胜景串在一起。游客从中华门码头上船至东水关上岸，沿路景观就是一首完美的秦淮交响乐章。从古朴、雄浑的中华门出发，沿着弯曲的水道进入典雅、秀丽的水巷景观，过武定桥，豁然开朗，进入以夫子庙、泮池为中心的辉煌、热烈的高潮，众多人文景观和秦淮风貌相互辉映，从桃叶渡至东水关进入尾声……此段航程若是灯船夜游，更是一大特色景观。

如今的夫子庙已基本按城市设计的要求建成，它兼有古都风貌、传统市井、风俗民情、文物古迹等文化内涵，又有满足现代人的生活所需的各种商品供应、文化娱乐、美食小吃，成为江苏旅游业的拳头产品，并被入选中国旅游胜地40佳之一，日均客流量十余万人，节日高峰时达30万人次。

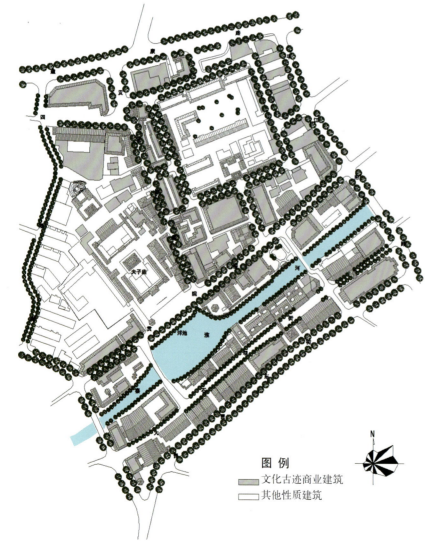

图6.7.3-4 夫子庙核心区总平面图

368

6.8 深圳中心区中心广场及南中轴

设计机构：深圳市城市规划设计研究院

6.8.1 概况

深圳中心区中心广场及南中轴城市设计的目的，是在历次国际咨询方案的基础上，结合已经建设或准备实施的项目，梳理、综合已有的设计成果，结合中心区开发建设的实际需求，形成具有可操作性的城市设计整体框架和基本原则，为规划管理提供技术支撑，为开发建设提供技术指导，为具体建筑设计和环境设计提供技术指引。

6.8.2 设计原则

6.8.2.1 整体性的原则

南、北广场应作为一个整体的城市空间来考虑，在功能、交通、景观等方面均应保持整体性。设计方案应为中轴线的整体发展提供完整的框架。

6.8.2.2 连续性的原则

中心广场与南中轴作为中心区中轴线的组成部分，在竖向标高等方面均应保持连续与顺畅。

6.8.2.3 多样性的原则

中心广场与南中轴应为市民提供多样化的场所和设施，创造具有吸引力的城市空间。

6.8.2.4 可持续发展的原则

一方面应尽可能充分利用现有设施，结合城市现时的功能需求确定近期发展方案，另一方面，设计方案要为将来的发展留有余地，以适应不断

图6.8.2-1 中心广场及南中轴模型由南向北鸟瞰照片

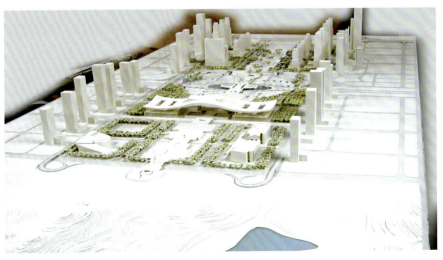

图6.8.2-2 中心广场及南中轴模型由北向南鸟瞰照片

变化的城市生活的要求。

6.8.2.5 高起点、高标准、高效率的原则。

6.8.3 目标定位

6.8.3.1 城市功能的心脏

为政府活动、大型集会等重要城市活动提供场所，成为城市功能的核心，增强中心区的活力与吸引力。

6.8.3.2 城市生活的起居室

为市民生活提供舒适、优美和多样化的城市空间。

6.8.3.3 城市风貌的展厅

展现深圳城市建设成就与水平。

6.8.4 总体思路

中心广场和南中轴线应该是一个整体。中心广场设计方案采用"九宫格"的基本空间格局，运用中轴线和"天圆地方"的传统规划概念，通过二层人行系统和环型道路对空间区块加以整合。设计过程中重点体现了以下3个基本要素：

① "九宫格"；
② "天圆地方"；
③ 十字形城市轴线。

6.8.5 规划设计内容

6.8.5.1 空间格局

作为一个整体，中心广场和南中轴线设计方案采用"九宫格"的基本空间格局。运用传统规划概念和人行系统、环型道路进行整合。

6.8.5.2 道路交通

加强多种交通方式的综合利用：保证地面二层、地下一层人行系统的连续与贯通，中心广场内利用现有道路形成人行环线。北广场车库两侧设联系深南大道和福中三路的机动车道。中心广场及南中轴设地下停车库。南一区设公交总站1处。公交站点、地铁站安排交通接驳设施。

6.8.5.3 南北衔接

中轴线人行交通采用二层人行系统，形成从莲花山到会展中心完整的二层人行系统，该系统主要包括北中轴线、中心广场、南中轴线3段。

6.8.5.4 视线与空间区域

市民中心因其建筑性质与尺度，是中心广场的主要控制要素，中心广场应保持其整体性与市民中心相匹配，并提供适宜的观景点；同时，广场空间应通过道路组织、地形起伏、绿化配置等手法加以划分，形成中、小尺度的空间区域和功能区，以接近人的尺度，适应人的活动需求。

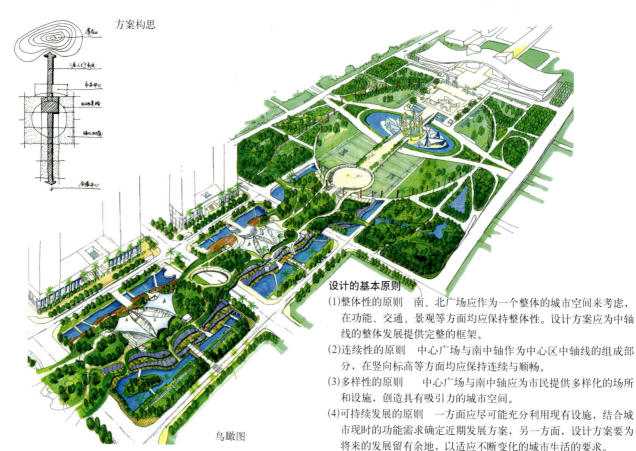

方案构思

设计的基本原则

(1) 整体性的原则　南、北广场应作为一个整体的城市空间来考虑，在功能、交通、景观等方面均应保持整体性。设计方案应为中轴线的整体发展提供完整的框架。

(2) 连续性的原则　中心广场与南中轴作为中心区中轴的组成部分，在竖向标高等方面均应保持连续与顺畅。

(3) 多样性的原则　中心广场与南中轴应为市民提供多样化的场所和设施，创造具有吸引力的城市空间。

(4) 可持续发展的原则　一方面应尽可能充分利用现有设施，结合城市现时的功能需求确定近期发展方案，另一方面，设计方案要为将来的发展留有余地，以适应不断变化的城市生活的要求。

(5) 高起点、高标准、高效率的原则。

鸟瞰图

图6.8.4　设计构思

6.8.5.5 绿化系统

结合二层人行系统形成立体绿化。在市民中心二层增加连接北中轴和中心广场的绿化通道，加强南北广场的绿化连接。中心广场以大片草坪结合观赏植物形成与市民中心相匹配的开放空间，在广场周边种植高大乔木，以绿化围合广场，形成对广场的界定。

6.8.5.6 活动安排

南、北广场有所侧重，北广场以政府活动为主，整体风格偏向于严谨、规整；南广场以市民活动为主，整体风格偏向于活泼、自由。具体活动安排主要包括政治活动、经济活动、文化活动、市民生活、观光旅游、防灾避难等内容。环境设计中应为未来的发展与变化留有充分的余地。

6.8.5.7 建筑功能

根据法定图则和城市设计成果，中轴线为综合开发的复合型绿地。城市中心区的城市空间既要充分开发、综合利用，又要满足高标准的生态环境要求。北广场设置两层停车库，地上一层和地下一层。水晶岛位于城市东西主轴线和南北主轴线的交点，既是城市重要的景观控制点，又是重要的观景场所，其主要功能是观景和休闲。南广场地下空间利用以商业服务功能为主。南中轴线地面一层和地下一层为商业，地下二层为停车库。

6.8.5.8 水系

延续上层次城市设计的做法。水系的设置能大大改善整个中心区的生态质量和环境水平。水系能起到美化环境、调节气候、满足人的亲水性、改善地下空间的利用条件等作用，同时水系也可作为消防备用水、空调冷却用水、市政用水及备用水源等。通过专项研究，水系的水源选取、运行维护都是可行的。

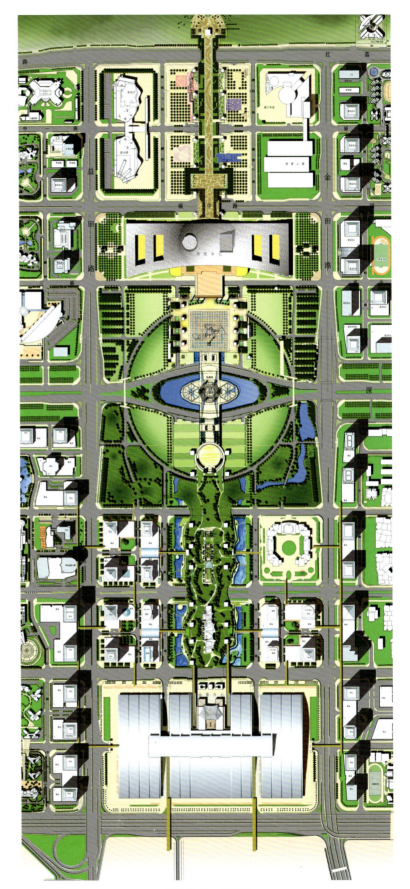

图6.8.5　总平面

6.9 上海静安寺地区

设计单位：同济大学建筑设计研究院

6.9.1 概况

静安寺地区位于上海中心城的西侧，设计范围南起延安西路，北至北京路，东起常德路东侧，西至乌鲁木齐路，规划设计面积约36hm²。静安寺地区以有1700年历史的静安寺而闻名，地区内有市少年宫(原加道理爵士住宅)、红都剧场(原百乐门舞厅)等近代优秀建筑，以及有成行参天悬铃古木的静安公园。作为中华第一街的南京路，东西向从地区中间穿过。

静安寺地区的发展有很多有利条件：地铁2号线和规划中的6号线由东西和南北从中心穿过，延安路高架车道从南侧通过，华山路口设有上下坡道，南京路北侧还有城市非机动车专用道从愚园路通过；地区周围有很多商业服务设施，包括大量的星级宾馆、展览中心等。然而地区的发展也存在很多弱点，首先是商业空间严重不足，其次是交通严重超负荷，社会停车场所几乎没有。

6.9.2 设计目标

通过城市更新，建立现代化的跨世纪的综合文化、旅游的商业中心，其环境必须是空间形态有特色、生态环境较和谐、运动系统有序，以此形成能可持续发展的良好环境。

6.9.3 设计结构

城市设计的结构是指城市或城市区域的空间形态结构，在此有3种可能性：①以南京路为主轴发展，两侧建商业建筑，使南京路空间连续，但静安公园与静安寺被隔离；②静安寺原地改造，将静安公园改成城市开放绿地，二者相对，各自发展，城市格局变动小，但寺、园缺乏联系；③静安公园作为开放绿地，扩大到南京路北侧，与静安寺结合，寺庙成为绿地的核心，园林成为寺庙的环境。

静安区是上海市绿地最少的地区，绿色、自然对于静安区的生态具有特殊的意义，同时考虑到传统中寺、园的天然联系，以及构图的完整性、统一性诸因素，设计采用第三方案。设计结构为：以包含古寺的地形起伏的绿地为中心，周围结合房地产开发布置高层建筑，形成高层圈，基本保留原有道路网，形成静安寺地区的框架。这样的形态结构结合地铁静安寺站的安排可以使地区的独特性、生态性、运动性和持续性达到较好结合。

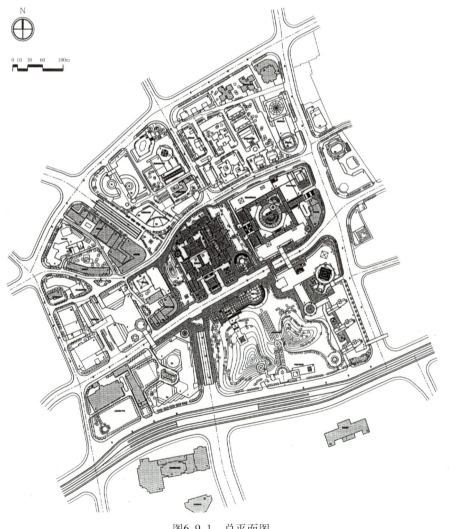

图6.9.1 总平面图

6.9.4 设计构思

(1) 以文化、旅游为特色形成综合型的商业中心。

首先，重建静安寺以满足文化和商业同时发展的需求，达到繁荣地区的目的。计划将寺庙第一层以筑台形式抬高，作为商业空间，在二层平台上重建静安寺，地下层建宗教文化博物馆、招待所及商业餐饮设施。考虑到历史文脉，重建过程恢复古寺原有8景中的3景：芦子渡、涌泉、讲经台寺塔。

拆除静安公园西北角沿街建筑，而且堆土成丘，改为开放型的城市绿地。再将寺庙的东西侧也大片植树，作为山地园林的组成，寓意"深山藏古寺"。

(2) 以立体化手段组织有序的交通网络。

由于华山路与南京路交叉口的交通压力十分明显，为此探索了交叉口的立交方式，采用华山路下行；整个地区布置一个大型地下车库和一个多层停车库，总容量为1000辆，另外结合国情，在地区的四周设置了共停放6000辆自行车公共车库；同时城市设计力求建立这个地区地下、地面和地上二层3个层次的立体化步行系统。

(3) 以地铁站为契机，建立交通换乘体系。

静安寺地区换乘体系是以地铁站与公共汽车站、社会汽车库、社会自行车库的联系为主，同时综合组织后三者之间的换乘。

交通换乘路线的组织原则：首先是控制换乘距在400m以内；其次换乘路线采用地面、地下步行相结合，不穿越车行道；第三，力求换乘路线与商业购物空间结合。

(4) 延续历史文脉，强化南京路的起止空间环境。

南京路以外滩和静安寺互为起止端，其文脉以1920~1930年代建造的西洋古典建筑为基础，同时又包含了中西建筑的冲突。静安寺地区的建筑形态力求继承传统，不回避冲突，并要考虑时代性。为此在核心部位的寺庙及其轴线范围采用中国传统形式；南京路两侧核心部位周围，特别是主要对景部位采用以西洋古典主义建筑为基础的南京路建筑文脉；其他部位可以不受限制。

6.9.5 核心部分——静安寺广场

静安寺广场位于地铁二号线静安寺站五号出入口处，处于城市设计的核心地位，它占地8214.6m²，包括下沉广场、城市绿地、地下商业用房、华

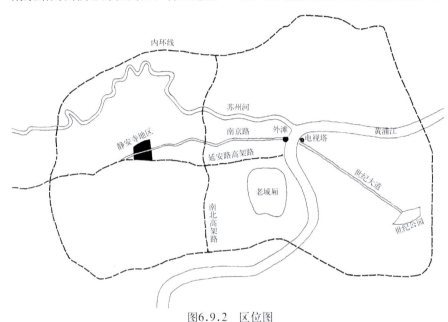

图6.9.2 区位图

图6.9.4-1 模型照片

山路地下过街道的预留通道、地铁风井空间和地铁站残疾人电梯亭等。其中下沉广场面积2800m², 由广场、半圆形露天剧场和柱廊、大踏步等组成; 地下商业用房8215m², 分两层布置, 面对下沉广场。

下沉广场的侧墙与柱廊采用灰色花岗岩石板干挂贴面, 象征山体被切削的山岩自然景象, 表面烧毛处理, 局部磨光, 通过肌理变化丰富细部效果。地面采用深红色(南非红)与灰色踏步良好地组合, 表面烧毛处理为主, 穿插磨光处理, 以协调地面具有强列的色彩效果与防滑的矛盾。踏步是广场的重要表现形式, 强调整体的动态变化, 看台踏步与交通踏步穿插交混、有机组合。广场的细部包括不锈钢栏杆、通风百页等都自行设计, 特别是21个不锈钢立灯, 结合广场空间的需要专门设计加工而成, 成为广场的立体雕塑。

静安寺广场建设的成功与城市设计机制的实施有着紧密关系。城市设计首先保证了该地块及其周围用地的统一筹划, 有可能打破土地使用权的界限, 综合考虑城市公共空间、城市绿地和房地产开发诸方面的需求, 将静安公园一直延伸到房地产开发的商场的屋顶上, 形成起伏地形的绿地; 其次在设计组织上, 本属不同系统的工程项目, 通过城市设计范围管理机构的组织协调, 对地下与地上进行统一交叉设计, 这样的机制使城市形态要素获得统一, 为创造宜人的城市环境提供了良好的条件。

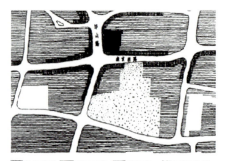
现状图

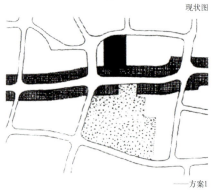
——方案1

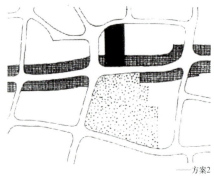
——方案2

——方案3

图6.9.4-2 形态结构比较方案

图6.9.5-1 广场局部1

图6.9.5-2 广场局部2

图6.9.5-3 广场鸟瞰

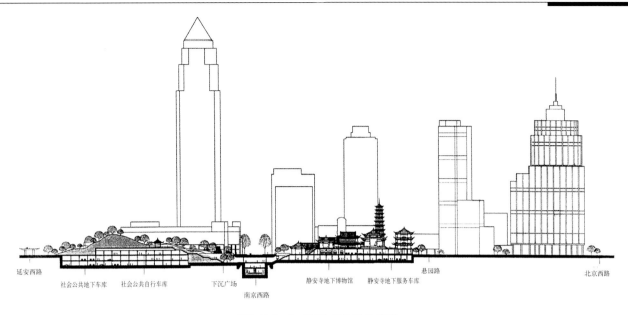

图6.9.5-4 静安寺轴线总剖面

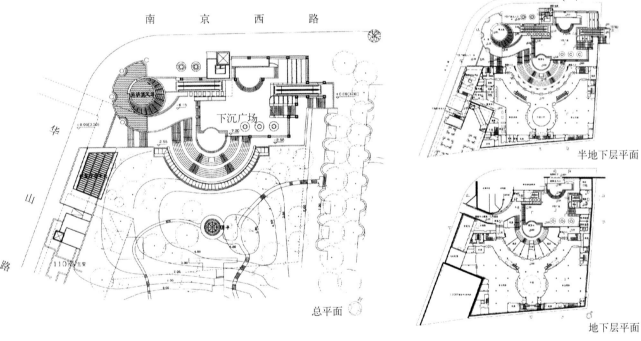

图6.9.5-5 广场平面图

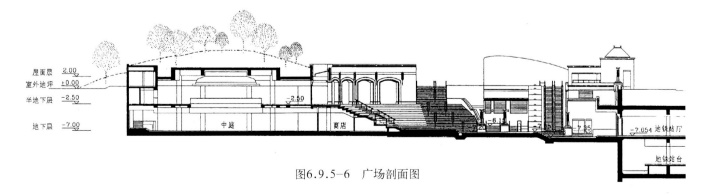

图6.9.5-6 广场剖面图

6.10 浙江临海崇和门广场

设计单位：同济大学建筑设计研究院

6.10.1 概况

崇和门广场位于临海市崇和门原址西侧，是目前城市的中心位置、新老城区的过渡点，具有最为集中的交通可达性。同时也是城市南北山水格局的中心点，北邻东湖，西南近望巾山，向北远眺北固山。设计基地面积为15hm², 核心部分8.5hm²。

城市设计的布局主要由四部分构成：城市广场、商业娱乐中心、标志塔楼(崇和大厦)和广场周边建筑。这四部分的空间布局以及其在城市中的定位主要由3条轴线决定，这3条轴线作为整个城市的整合因素，对城市的形态整合、开放空间整合、视廊整合、核心与周边整合以及行为与空间整合具有重要意义。第一条轴线是自东向西的新老城区联系轴；第二条是由崇和路经广场至巾山的视廊轴，由于崇和路通往连接宁波、杭州的高速公路，因而这条轴线的存在具有显著的景观意义，极大地丰富了外来者的视觉景观层次；第三条轴线由城市北面的北固山向南经东湖至西侧广场形成连续的开放空间轴，这条轴的存在使自然环境中的开放空间与城市开放空间具有一定的延续性。3条轴线的交织，加上采用圆、方与弧线结合的不对称立体空间自由构图，形成位于城市中心的整体的标志性。广场的不对称布置活跃了城市空间气氛，蕴含活泼而富有生机的城市气质，并与临海市的自然山水城市特质相呼应。广场空间的立体特征与建筑空间多层面的穿插，变化中求统一，组合形成错落有致的空间布局特色。

另外，从临海的传统民俗、文化活动方面，城市广场的形态构成有一定的必然性，城市一年一度的歌咏比赛要求广场具备一个相对集中围合的空间，而每年正月十五的灯会则要求广场具有很大程度的开放性，从这个意义上而言，广场空间成为了具备文化内涵的空间载体，为建筑空间赋予了文化意义。而一些其他的行为方式，如节日庆典时市郊各镇大批人流向广场中心汇集，每天夜晚都有大量市民聚集，也构成了城市独特的人文特征。

6.10.2 城市广场

广场实际占地4hm²，主要安排的功能有：节日共庆、群众文艺表演、市民休憩和晚间咖啡茶座。其中，一些功能可以同时进行，相得益彰。另外，在实际使用过程中，城市广场可作为进入商业娱乐中心的西向门户，同时有利于紧急情况下的人流疏散。

广场平面具有3种高程，分别为：城市过渡高程(±0.00)、城市行为与视线的延续高程(+1.20)和二层商场过渡高程(+4.80)。这3个高程错落有致，共同构成有层次的城市景观节点。广场通过廊、植树和基地的建筑

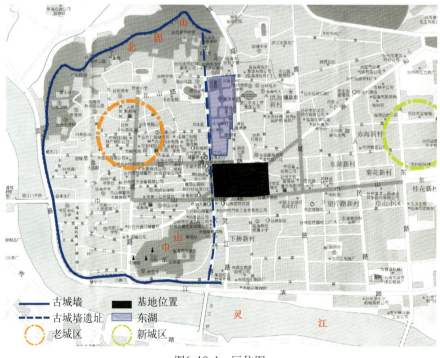

图6.10.1 区位图

6.10 浙江临海崇和门广场

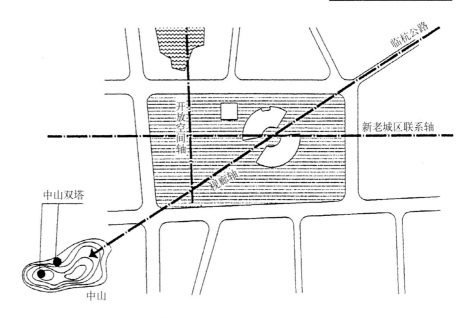

图6.10.2-2 城市整合轴

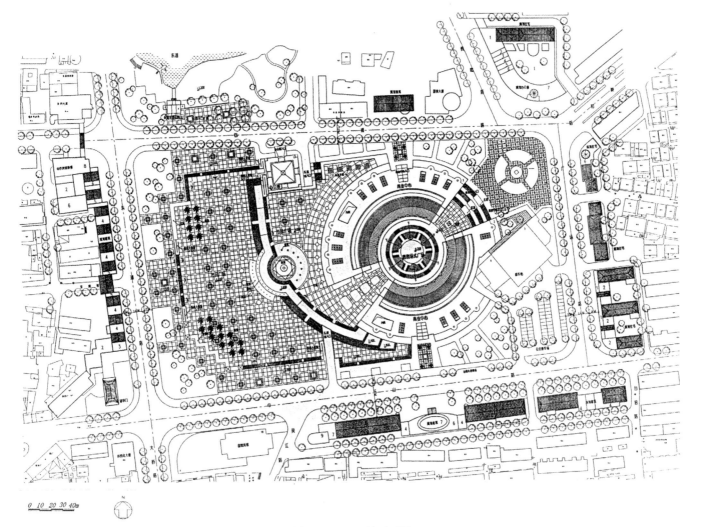

图6.10.2-1 总平面图

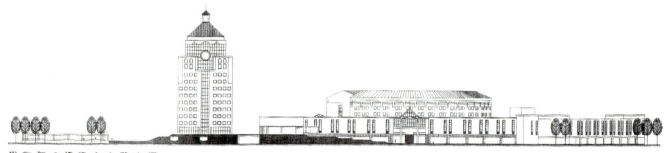

图6.10.4-1 南立面图

作为界面，形成适当的空间围合。此外，从人的行为需求出发，广场还设置了大量的雕塑、小品以及相对完善的无障碍设施，丰富了广场内容，活跃了广场气氛。

6.10.3 商业娱乐中心

商业娱乐中心位于城市广场东侧，是广场的一部分，由两层圆形建筑构成。内圆直径62m，高5.5层；外圆直径160m，高3层。其具体功能分区合理明确，又相互联系，方便使用。

商业娱乐中心的圆形内广场具有内敛的空间特性，与外部广场开敞的空间效果形成"奥"与"旷"的空间对比，造成人们一定的期待感和戏剧感。

6.10.4 标志塔楼：崇和大厦

崇和大厦是崇和门广场的象征。在尺度上，综合考虑了塔楼形态与水平展开的圆形商业娱乐中心形成对比；作为构图要素，崇和大厦形成了东湖与广场的有效联系，并且因其位置而具备独特的观景功能。

6.10.5 广场周边建筑

崇和门广场的周边建筑依据整个城市设计准则进行建筑设计与景观设计。在构图部件上利用与娱乐中心大致类似的圆顶、弧墙等元素，与广场建筑呼应；在界面形式上，尽量多采用骑楼以适应南方多雨的气候特征；在界面质感上，周边建筑也应大量采用灰色天然石材贴面作基调，以求统一。

临海市中心广场基本建成后，为市民创造了良好的室外空间环境，是市民交往、休憩的行为中心，成为城市的标志性节点景观。

图6.10.3-1 商业娱乐中心西北入口

图6.10.3-2 内广场柱廊

图6.10.3-3 内广场

图6.10.4-2 模型照片

图6.10.4-3 从广场望商业娱乐中心

6.11 重庆人民广场

设计单位：重庆市城市规划设计研究院

6.11.1 概况

长期以来，以追求经济效益为目的的土地再开发导致了许多社会和环境问题产生。为激发城市活力，带动城市建设由经济至上法则向经济效益、环境效益、社会效益并重转轨，1997年重庆市委、市政府决定顺民意，拆围墙，建设好人民广场。

重庆市人民广场位于重庆渝中区上清寺地区。广场主体建筑人民大礼堂建于1951年，由老一辈革命家邓小平、贺龙等主持修建。该建筑具有明清宫庭式建筑风格，呈中轴对称布局。其特有的雄姿和魅力已成为重庆市当之无愧的象征。

人民广场背靠人民大礼堂，西北面是重庆市行政中心——重庆市人民政府，西部是市级行政机关，西南是在建的市人大代表活动中心，地理位置重要。

人民广场用地是一块占地2.4万m²，且有一定高差变化的三角形开阔场地。中轴线一带为硬质地面，北部为乔木、灌木丛生的荒地，南部为旅游局、办公厅车队。整个用地视角狭窄，环境零乱。

城市主干道人民路以及城市次干道学田湾正街从广场边缘穿过，交通便利。

6.11.2 设计立意与布局

6.11.2.1 立意

人民广场空间环境设计的立意来源于对现状环境的分析和对市民意愿的把握。通过调查，形成3点共识：

①拟建的广场空间环境必须以烘托人民大礼堂为主旨；

②能够满足重庆市重要的政务活动需要和人民群众文化娱乐的需求，并解决相应停车问题；

③强调环境效益、社会效益，还市民一个清爽的公共活动场所。

6.11.2.2 指导思想

①广场空间环境应与主体建筑风格相协调，应在尊重主体建筑的基础上具有现代感，以适应时代发展的需求。

②在今后相当长的时间里，人民广场功能与市政中心是紧密地联系在一起的，在环境氛围上应具有持重、庄严的气氛。但从长远看，随着市行政中心的北移(按城市总体规划行政中心远期迁至江北)，其用地功能性质的转变，也是广场空间环境设计必须考虑的问题。

③为满足人们节假日及其休憩时间里进行各种有益活动，要求广场必须提供良好的场地和设施，并具有最大的兼容性和灵活性。

④人民大礼堂作为重庆市标志性建筑是海内外游客来渝观光不可缺少的一个景点，因此，广场的规划设计必须创造一个宽松宜人的环境，以便更好地吸引游客。

以上分析表明，人民广场空间环境品质优劣与强调空间"秩序"和"情趣"是分不开的。只有强化空间秩序，才有可能使广场风格严谨持重，才有可能更好地烘托人民大礼堂；同样，只有赋予广场空间环境以情趣，才有可能满足广大市民和游客的需要。

6.11.2.3 布局

人民广场空间环境设计立意反映在总体布局上可概括为："一心"、"两场"、"四坪"、"四区"。

一心：即由带状叠水喷泉及大礼堂构成的礼堂中心；

两场：即南北两个地下停车场；

四坪：即4片绿地草坪；

四区：即广场硬质铺地形成的4

个不同功能活动区，由中心活动区、北侧纪念区、南侧文化娱乐区以及西南眺望休憩区构成。

6.11.3 设计理念与特点

6.11.3.1 广场布局的理性和严谨

(1) 虚拟中心，隐含秩序

选择两条轴线的交会点作为广场的虚拟中心。一条是人民大礼堂中轴线；另一条是市政府中轴线。选择市政府中轴线，原因有二：从现状而言，行政中心线是客观存在的，选择这条轴线是强调广场对行政中心的认同；从长远看，市政中心搬迁后，为其地段的功能改造从空间秩序上创造了条件。将这两条轴线的交点作为广场的虚拟中心点，不但使广场空间隐含了一定的秩序，而且也为广场规划设计提供了基准参照点。

(2) 设置双轴，取得秩序

强化人民大礼堂与牌坊形成的轴线不但可以增加广场的活力，而且为以后广场的扩建形成了一条有序发展的脉络。为进一步增强广场的凝聚力和秩序，设计以广场虚拟中心点横向延伸形成广场横向轴线，横轴的设置使广场左右两翼(具有不同功能、不同空间环境特征)产生了凝聚力，从而使广场横向具有较强的空间秩序感。这样，整个广场环境设施基本上是统一在由纵轴和横轴形成的空间序列中。

(3) 人车分流，净化秩序

为改变人车混行、交通秩序混乱的局面，设计打通了大礼堂前9m宽车行道，与人民路、学田湾正街相连通，并在南北两端利用地形高差设置了地下车库。这样，既解决了在人民大礼堂举行重要活动和重要演出时车辆停靠和车行问题，也使人车基本分流，从而使广场的空间环境秩序得到净化。

(4) 利用图案，强调秩序

由于方形具有严格的制约关系，因此广场选用了方形作为其硬质铺地的基本图案。比如：面积约有7000m²的中心广场，是借两套9m×9m的方格网正向等分重叠形成的硬质铺面图案。图案构图严谨完整，给人以庄重、稳定的感觉，从而强化了中心广场的

图6.11.3-1 广场全景

图6.11.3-2 表演与看台

图6.11.3-3 广场夜景

图6.11.3-4 广场总平面

空间秩序，也与人民大礼堂在风格上取得了呼应。

6.11.3.2 空间处理灵活

(1)结合地形

在山地城市中，设计结合地形是显示其特色的最基本的方法之一。人民广场现状地形呈南高北低、东高西低的走势，最高点与最低点相差10m。设计充分利用了这些地形条件，比如：利用原有的台地布置了喷泉叠水；利用广场北侧原有洼地建设停车库；利用南部地形高差修建室外演出看台和地下停车库，并把广场的基础服务设置于看台之下等。这样不仅保证了广场各项功能的充分发挥，而且促使广场空间环境更富有趣味性。

(2)空间渗透

人民广场用地并不宽裕，为尽可能扩大空间，设计充分利用了"空间渗透"的手法，巧借相邻空间，使广场外延尽可能扩大。首先，把人民路与学田湾正街"借为己用"。广场地面标高尽可能与两条道路取得统一，从而保证了广场游客、路上行人的视线交流与畅通，扩大了广场外延，增大了城市景观透明度，真正地使广场与城市环境融为一体。其次，对人大代表活动中心平台进行了设计改造。取消了原设计平台上构筑物，增设室外梯步，并要求风格与广场统一。这样，这个占地4000m²的平台自然地与广场融为一体，从而扩大了广场的视角和可视范围，也成为人们驻足眺望、拍摄大礼堂和俯看人民广场较为理想的场所之一。通过空间渗透处理，人民广场不仅从视觉上扩大了范围，而且丰富了广场空间层次和视觉效果。

(3)水的利用

人民广场规划设计充分利用了水的特点，并结合音乐、灯光形成既和谐统一又变化万千的壮丽景观。实践证明，水的利用增加了广场的情趣，活跃了广场环境气氛。

6.11.3.3 强调"秩序"、"情趣"的有机结合

在空间设计中，过分强调秩序往往导致空间环境死板、拘谨；过分追求趣味又难免琐碎，为避免上述两种极端的出现，始终把强调"秩序"和"情趣"协调统一贯穿到整个广场设计中。

设计充分地利用了地形高差条件，着意在空间体量上加强南部，以两阶台地组成实体空间；利用北部开阔地形广植草地，从体量上弱化北部，形成虚体空间，从而在整个广场空间环境形成虚与实的对比。同时，在北部虚体中心设计有一组雕塑，形成实体空间；在南部实体空间中心以表演平台的形式形成虚体空间，从而构成虚与实的交融。通过空间虚实对比、交融弥补了现状空间形态的不足，不但适应了"十"字轴线布局，同时使广场空间环境获得均衡，从而达到秩序与情趣的有机统一。

诸如此类的设计手法还有很多，如：在水的利用上，由于其本身具有极强情趣性，因此在其平面布局上特别强调有机和秩序，以此形成秩序和情趣的有机统一；通过对广场古老树木的保留，不仅打破了广场方形图案重复叠加形成过强的秩序感，同时体现了对历史文脉的认同和继承；在中心广场黑白相间的方格铺地中央地带，有意改为黑红相间的铺地，在文化区和人大代表活动中心平台上，相对中心广场铺地图案进行了45°扭转，从而产生了一定的变化，这也是秩序与情趣统一的具体表现。应该说，强调"秩序"与"情趣"协调统一，使人民广场空间环境各构成要素更富有兼容性，使广场空间环境显示出明快而稳健的氛围。

6.11.4 主要技术经济指标

(1)总用地：28200m²

其中：硬质地面 13000m²(含道路)

绿化面积 13500m²

水面面积 1700m²

(2)配套服务用房：6870.2m²

(3)容积率：0.24(配合服务用房全部设于地下)

(4)绿化率：53.9%(含水面积1700m²)

(5)建设投资：2600万元人民币

6.11.5 实施效果

(1)广场集休闲、游览、观演为一体，与人民大礼堂相映生辉，已经成为重庆市的象征。

(2)人民广场的建设是重庆建制直辖市后整治城市环境的重大工程(在建设过程中，指挥部先后收到群众自发性捐款800多万元)，它不仅带动了重庆城市建设由经济至上向经济与环境效益并重转轨，而且提高了广大人民群众积极参与城市规划建设的热情。

(3)广场建成后，众多市民在此晨练、散步、跳舞。广场是外地游客来渝观光游览的重要景点之一，每逢节假日，还举行各种群众性文体娱乐活动。据不完全统计，广场每天接纳人数达数万人次。人民广场已成为本地市民和外来游客一个喜闻乐见的场所。

人民广场建设工程，顺应市情民情，对城市公共空间做了整体协调和较大的拓展设计，充分利用了原标志性建筑人民大礼堂和环境地形，构思较新颖，布局较合理，设施完善，实施效果较好。

6.12 上海2010年世界博览会入选方案（2001年）

6.12.1 概况

上海世博会选址位于黄浦江两岸，地处卢浦大桥与南浦大桥之间的滨水区，规划控制范围约5.4km²。世博会的主要展览场地设在浦东，用地面积为3.4km²，黄浦江西岸的2km²土地主要作为文化娱乐用地。两岸将统一规划，同步开发，在功能上互相呼应，在景观上互相协调。

2001年，上海市政府组织了《2010年上海世博会场址概念规划》的国际方案征集，共有7个国家的设计公司参加，分别为澳大利亚COX公司、日本RIA公司、法国Architecture Studio公司、德国AS&P、加拿大DGBK+KFS、西班牙Catalunya和意大利Luca Scacchetti公司。各方案均从不同的角度对上海2010年世博会场址规划提出不同的规划设想和理念，各有特点。其中法国Architecture Studio设计公司方案因在创意上有鲜明的特点，功能布局合理并具有可塑性，尤其是突出了选址位于黄浦江边的地理环境特点，成为入选方案。

6.12.2 入选方案简介

入选方案本着创造更美好的城市、更美好的生活理念，建立人与自然之间的联系纽带，充分提取城市设

图6.12.2-1 入选方案平面

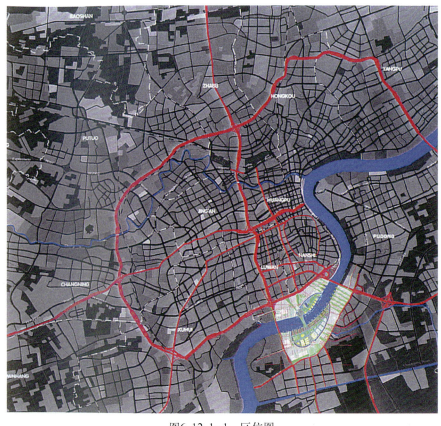

图6.12.1-1 区位图

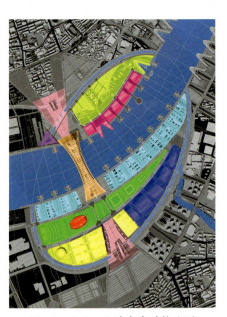

图6.12.2-2 入选方案功能分区

计要素：城市的源泉——江河、生态的项链——运河、天然的逻辑——植物走廊和新的城市交会点——花桥。黄浦江是上海的重要组成部分和源泉，通过博览会场地的改造，引导上海重回黄浦江畔，提供上海发展的新机遇；在黄浦江两岸勾画椭圆形运河，造就浦江又一处人工岛景观，协调世界博览会项目和城市改造规划，将世界博览会融入城市景观；在整个规划区建立连续的植物走廊，通过种植整齐的高大乔木，在市区内形成大片的田园景色，绿色走廊呈不规则的动态线条绵延起伏，形成一种和人类建造的城区截然不同的秩序；创建浪漫独特风格的"花桥"，犹如彩虹，连接垂直于两岸的绿化系统、景观大道，彰显优雅的城市环境韵律，塑造世博会留给上海的经典标志。另外，方案在展示空间布置、交通规划、环境设计和后续利用方面也体现特色。展馆展区沿江布置，体现滨水特点；安排小型轻轨、空中缆车、电动汽车和自动步道等场内交通以及公共巴士、地铁、专线巴士和轻轨车等场外交通；强调城市更新重要性，更新改造利用现状的钢铁厂和废弃的船坞，规划新的都市空间和绿化空间，景观设计充分考虑当地的生态系统；方案的后续使用重点以保留环境为主，尤其是垂直于江岸的绿化系统和主要景观大道。方案的延伸性比较好，进一步深化的余地较大。

世博会项目的入驻，在上海鲜活的城市生活背景中创造了一个展现多主题的空间结构，继承与发展了现有城市肌理，延续了老城厢历史风貌区、外滩历史风貌区和陆家嘴金融贸易区所浓缩的上海近现代城市的发展轨迹，为上海整体城市意向增添了异彩。同时展览会址的改造也能推动黄浦江两岸滨水地区的产业结构调整，转变和完善城市功能，提高旧区改造质量，促进地区自然生态环境的改善和公共岸线的形成，带动周边地区繁荣。世博会的举办将成为上海城市发展历史中具有重要意义的里程碑，并成为继外滩和陆家嘴之后城市形象新的标志。

图6.12.2-3 入选方案表现图1

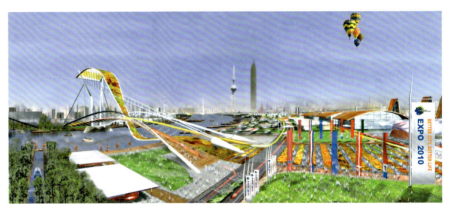

图6.12.2-4 入选方案表现图2

图6.12.2-5 入选方案表现图3

6.13 昆明世界园艺博览会

6.13.1 概况

世界园艺博览会属A1级博览会，是世界具有较大影响的专业性博览会。中国政府首次主办、云南省政府承办的中国'99昆明世界园艺博览会，主题为"人与自然——迈向21世纪"。博览会会址位于昆明城区东北部，距市中心7km，通过白云路和穿金路两条主干道与城市中心及城市快速系统相连。会址总用地200hm²，呈带状展开，区内地形复杂，山峦连绵起伏，垂直高差125m，现有植被覆盖率达70.4%。

6.13.1.1 目标

为世界及中国园艺艺术及技术提供富有特色的室内外展示场所；推动该地区城市开发，带动周边地区的发展；成为云南省、昆明市旅游产业新的经济增长点。

6.13.1.2 构思

发掘、组织、利用现有山形地貌特征和现有植被，创造一流生态环境，完美体现"人与自然共生共存"的主题；配置现代化的工程设施，建立完善的服务体系；运用现代科技手段，展示传统与现代的融合，提供东西方文明对话和交流的场所；以人为本，使之成为参观者赏、学、憩的胜地；利用地形，将人工建筑物同场地自然环境——山、水、林等融为一体，从宏观、中观、微观层次上构筑景观体系。

6.13.1.3 功能

世博会新建场馆区由前景区、室内展馆、室外展区以及公共设施、后勤市政设施组成。前景区布置停车、售票、检票、交通聚集散等功能，形成景观性、导向性和标志性强的前景

图6.13.1-1 展区鸟瞰

图6.13.1-2 展区鸟瞰

空间；室内展馆采取中国与国际、综合与专题、集中与适当分散、封闭与开敞相结合的方式布局，形成中国馆、大温室、人与自然馆、科技馆和国际馆等五大室内展馆系列；室外展区与展馆建筑相间布置，使室内外空间有机协调，浑然一体。各展区结合地形成条成带，或成组成团布置，其分为专题园、中国展区、国际展区和企业展区四大类；公共服务设施的规模以日平均入场人数5.5万人的相应标准来确定。包括餐饮、医务、环卫、商业、保安、问讯、管理等合理的服务网络。

6.13.1.4 结构

依据场地从西到东带状展开和台地层层升高的特征，规划采用纵向三段式、紧凑型组团布局结构，并通过"绿轴"和"水轴"将各区段串联在一起，形成有机的整体。前段由景前区、中国室外展区、中国馆、大温室、人与自然馆构成，展示现代文明与自然环境的完美结合和独具魅力、博大精深的中国园林，塑造出世博会的"门户"形象；中段由国际室外展区、科技馆、国际馆构成，展示人类改造自然的高科技成果和社会发展过程中创造的不同风格的园林园艺精品；后段由金殿风景名胜区构成，意喻人类"回复自然，返璞归真"的渴望和"21世纪更美好"的共同追求。

- 前景区借水入场借山体大坝水库布置停车售票检票聚散等功能形成具有强烈景观性导向性和标志性的前景空间
- 室内展馆采取中国与国际、综合与专题、集中与适当分散、封闭与开敞相结合的方式布局，形成5大室内展馆系列，沿游览主干道疏密有致布局
- 室外展区沿游览主干道与展览建筑相间布置，使室内室外展览有机协调浑然一体

图例：外部道路　次级游览道路　主要游览道路　水面

图6.13.1-4　场馆规划功能结构分析

图6.13.1-5　世博会中国馆

图6.13.1-6　花园大道

图6.13.1-3　展区鸟瞰

图6.13.1-7　世博会国际馆

- 场区景观环境设计以突出山地自然环境特质为原则,依托游览主轴形成陆上景观系列,同时以水为主题通过一系列水景空间的设计,形成贯穿全会场东西的水上景观系列
- 各功能区根据各自不同特点,塑造不同风格景观,彼此互为借景、相容同辉,使每个景区近景中景远景层层依托、层层渗透
- 视觉设计突出重点、烘托主题、轴线对景、视觉中心及视线转折处理自然、丰富多彩、主景与次景相互交差、此起彼伏

6.13.1.5 交通

规划确立人车分流、客货分流、昼夜有别的交通体系,以提高场区环境质量和安全保障,形成以步行交通为主、内部游览车和空中观景为辅的交通组织方式。

6.13.1.6 植物

遵循"人与自然"主题,突出环境的保护与美化同步;充分展示中国及云南植物资源的丰富多彩;强调植物的本土化及多样性;提高现有山林的观赏价值,突出整体效果。

6.13.2 景观规划

规划以山地自然环境的特质作为景观环境设计的主题。以绿轴和水轴组织串联园内各种景观要素,在主入口、大温室与世纪广场、断崖壁雕与艺术广场、国际馆等重要景观节点处形成各具特色的核心空间,使整个景观轴线自然顺畅、高潮迭起。绿轴(游览主干道)由低到高层层引入;水轴以山溪、山涧形态为主,或收或放、或扬或抑,激发起游人游览探寻的兴趣,缩短了游路的心理距离。空间设计彼此互为借景,使每个景区的近、中、远景都层层渗透。视觉设计突出重点,轴线对景、视线转折处理自然,主景与次景相互交错,形成有不间断节奏效果的观展步行体系。

6.13.3 主要技术经济指标

场馆新建区规划总用地面积为95.6hm^2,规划新建总建筑面积为76900m^2,建筑密度为6.2%,容积率0.08,新建场馆区绿地率62.2%。

图6.13.2-1 场馆规划景观轴线分析

规划用地平衡表

序号	用地类别	用地面积(hm²)	占地百分比(%)
1	居住用地	6.80	2.19
2	公共设施用地	37.90	12.23
3	公共绿地	128.30	44.61
4	道路广场用地	26.30	5.48
5	市政设施用地	5.40	1.10
6	仓储用地	1.20	0.39
7	河流水面	12.60	4.06
8	其他用地	83.50	26.94
	合计总用地	310.00	100.00

图6.13.2-2 场馆规划总体布局图

6.14 梵蒂冈圣彼得广场

6.14.1 概况

圣彼得广场位于梵蒂冈城的梵蒂冈丘陵上。公元67年,圣彼得埋葬在这里,随后不久君士坦丁大帝在坟墓之上修建了一座大殿,用以祭奠圣徒,梵蒂冈的市区也围绕着它不断发展。到16世纪初,教皇决定修建一座新的大教堂以取代摇摇欲坠的大殿,工程于1506年开始并持续了近1个世纪。教堂的设计首先是委托给布拉曼特,1514年布拉曼特去世后由拉菲尔等人陆续接替,1546年米开朗琪罗重新设计了大穹顶,1626年伯尼尼重新设计教堂立面和教堂前的大广场。

6.14.2 广场元素

方尖碑 西克斯图斯五世巴洛克的城市设计结构决定了罗马大部分城市空间的形态特征,圣彼得广场也是一样,1586年方尖碑的竖立,决定了圣彼得椭圆形主广场的位置和方向。

喷泉 圣彼得广场上共设有两个喷泉,它们与方尖碑一起成为椭圆形广场的定位标志。

柱廊 圣彼得广场的椭圆形柱廊南北之间最宽处达240m,共由284根陶立克式石柱组成,分成4排,柱廊顶部立有140尊圣徒和殉道者的雕像。

6.14.3 空间分析

伯尼尼最初的大广场设想是一个梯形,由于过于勉强被很快放弃,继而转向圆形平面,但经过进一步推敲后,最终采用了椭圆形方案。椭圆形的广场(奥布里库阿广场)作为主空间,通过小的梯形空间(雷塔广场)与教堂相连。主广场的形状是由一些功能所决定的,比如要能够看到圣彼得教堂的立面,要为游行队伍提供带顶的回廊等。但是,最首要的则是建立在一个象征意义上,作为天主教的主教堂,她要向母亲一样伸出双臂来接受天主教徒。

圣彼得广场的最成功之处,就在于它的空间特性。椭圆形的广场兼有封闭和开放的特征,横轴上存在着一种扩张感,使空间定义异常清晰。通透的柱廊不仅完成了广场的静态形式,同时也创造出了与周围世界的相互作用,使广场成为一个开放与延伸的环境的一部分。梯形广场的开口部分要比主教堂的立面窄许多,加上椭圆形广场的横向力量,使人们从视觉上感觉教堂离得很近且非常宏伟。方尖碑的焦点作用把所有的方向统一起来,并且与纵轴上的力量联系在一起,最终通过教堂的大穹顶创造出中心化和纵向指向目标的理想合成。

圣彼得广场作为天主教世界主要焦点这一功能的完成是通过一个非同寻常的简单方式,即用一种特殊方式与环境产生相互关系的"场所"系统,将内容象征化,用以包容人类存在的复杂问题。

图6.14.1 广场鸟瞰

图6.14.2 广场方尖碑

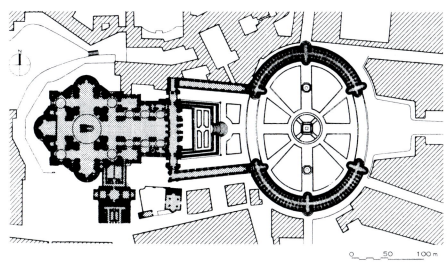

图6.14.3 圣彼得广场平面图

6.15 意大利威尼斯圣马可广场

6.15.1 概况

圣马可广场形成于公元830年，主要由大小两个广场组成。在圣马可教堂扩建之前，小广场(Piazzetta)的作用是主要的，它连接着港口方向和教堂前的空旷绿地，即今天大广场(Piazza)的位置。12世纪，圣马可教堂扩建并改造了立面，广场上建起了最初的钟楼；14世纪初开始建设总督宫；16世纪时建起了旧市政大厦和珊索维诺设计的图书馆，广场的形态基本上形成，但实际上，直到1805年主教堂对面的建筑建成，圣马可广场才算是真正完成了整体的封闭。

6.15.2 广场元素

教堂 圣马可教堂稍突出于广场的其他界面，成为两个广场的连接体，不论从功能上还是美学上都是广场建筑群中最重要的建筑。丰富的立面是大广场明确的界面，同时也起到从小

图6.15.1 广场鸟瞰

广场进入大广场的视觉引导作用。

钟楼 钟楼在广场上起着轴心的作用，是大、小广场的转折点。从远处眺望时，钟楼高于其他建筑，成为整个广场的标志。

石柱 两个著名的花岗岩石柱位于小广场的开口处，为小广场提供了有变化的前景，同时暗示了小广场的边界。

图书馆和总督宫 这两个建筑形成广场连续和统一的侧界面。

6.15.3 空间分析

圣马可广场是由大小两个不同尺度、但形式基本相似的梯形广场组成的既独立、又统一的城市空间，前者是主要的市民广场，而后者是从海上进入威尼斯的主要入口。

大广场可以说是一个封闭的空间，突出的圣马可教堂和钟楼在视觉上使建筑连成了一体，人们不会一下子感受到空间的转折和开敞变化。教堂的立面是它的背景，空间的深度保证了观赏者有很多可以选择的视觉位置，广场的一条斜边与广场轴线形成一定的角度，既加强了它的透视感，同时也有利于表现建筑的形式特征。

小广场则是一个视觉丰富的空间，面向教堂方向时，看到的是一个不规则的景象，突出的教堂和钟楼的南立面、风格不同的总督宫和图书馆的墙面；而当你面向海上时，视觉的焦点由两根著名的花岗岩石柱所限定，因而没有太大的变化，但远处圣乔治奥马焦雷教堂钟塔还是为小广场引入了一个背景，形成了丰富空间景观。

大、小两个广场的连接，主要得益于广场在空间上的延伸，其中，钟塔起到了轴心的作用。不论是在大广场、小广场还是海上的任意位置上，钟塔都是控制空间的最高的标志物。虽然两个广场在构图上都是不规则的形状，但直角连接的3段相邻墙面巧妙地把这种空间的冲突转化为协调。

圣马可广场最大的成功之处在于，它是世界上惟一的前后历经数百年建设，在建筑风格、形式、地面铺砌、材料、色彩等方面又大不相同，却能保持极大的协调性和整体性的城市广场。它以此说明了一个空间只有和另一个空间产生关联才会被人们所理解，成功的广场必须是空间各种要素艺术性组合的产物。

图6.15.2 广场钟楼

图6.15.3-1 大广场

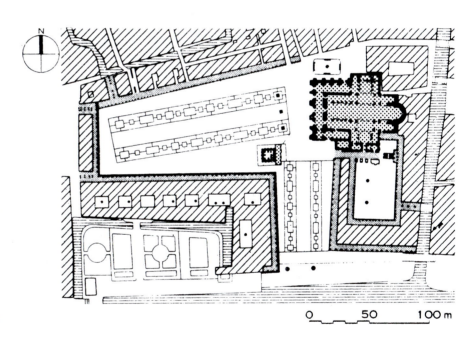

图6.15.3-2 圣马可广场平面图

6.16 意大利罗马波波罗广场

6.16.1 概况

与罗马的其他城市广场一样，波波罗广场也是经历了几个世纪才缓慢建成的。在西克斯图斯五世之前，波波罗广场只是进入圣城之门的3条道路的起点，是一个不规则的梯形空间。1589年，方尖碑的建立才使它真正成为城市的焦点。近1个世纪后，卡洛·拉伊纳尔迪受命设计了双教堂，两个教堂对称地位于3条放射形道路之间，巴洛克风格的广场从此形成，使它看上去更像一个具有纪念性的城市入口。1816年，朱塞佩·瓦拉迪耶开始对波波罗广场实施改建，在广场上引入了一条横轴线，并在其两端设计了两个半圆型空间来确定并强化这条轴线。

6.16.2 广场元素

建筑 圣玛利亚双教堂实际上因受地形限制，具有不同的基地宽度，拉伊纳尔迪创造性地解决了这一问题，使得教堂尽管有区别，但给人的感觉是非常相似，在广场与广场后面的房屋体块之间成功地建立了转换关系，使教堂看上去是后面房屋的纪念性立面，而且，事实上它也是整个城市的立面。

街道 最主要的街道是3条放射形的街道巴布依诺街、雷帕塔街和科尔索大街及弗拉米尼亚大道。广场由这4条道路交会连接，形成了重要的城市节点。

方尖碑 位于3条放射形街道与广场横轴的交点处，在广场的缓慢发展中，始终保持着极强的控制性作用。

柱廊 双教堂前的柱廊不仅仅是作为建筑的体量而存在，它与3条放射形街道共同形成了一个有韵律的城市开口空间，限定了广场的边界。

6.16.3 空间分析

波波罗广场的动人之处在于它与罗马这座城市紧密的内在联系，实际上它代表了巴洛克城市基本图案的原形——放射形道路。双教堂建成后，这种纪念性的对称开发使两个教堂的穹顶与方尖碑更加具有空间的控制力和吸引力，展现在人们眼前的是一个壮观而威严的城市入口，城市的珍宝就藏在这放射形的道路后面。

建筑与广场的协调也是波波罗广场成功的一个主要因素。一般意义上，两座相同的教堂隔街相对是不尽合理的，但从整个城市结构上看，圣玛利亚双教堂的合理性就在于它们在这个大的结构中所起的作用。今天看来，在3条放射形道路之间也只有设置教堂才是最合适的，它们既不是全部属于广场，也不是全部属于街道，而是广场、街道的联结纽带。除此之外，瓦拉迪耶还在波波罗广场的对面重复了教堂的形式，使得广场的设计更加规整、统一。

广场的改建在增加横轴线的同时，还在广场东面设计了一组大台阶、坡道和跌落水池，在西面则将一条道路切入轴线，这样做的目的是想将广场西侧的平乔山冈和台伯河与广场连接起来。这种横向轴线的改建在加强广场的巴洛克三叉口的效果，以及强化以方尖碑为标志点、以纵深方向运动为主导方向的场所特征方面需要总结。

图6.16.1 广场外貌

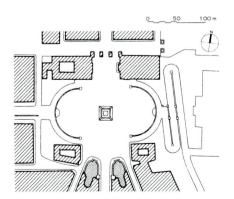

图6.16.3 波波罗广场平面图

6.17 澳大利亚悉尼达令港

达令港(Darling Harbor)是一个废弃的水陆联运铁路货场，用地50hm²。1984年澳大利亚政府决定予以改建，迎接1988年建国200周年。达令港东邻悉尼CBD，规划为展览、会议、娱乐、休闲、旅游中心。按Keys Young获奖方案，已建成中心绿地、展览中心、商市、工艺博物馆、水族馆、航海博物馆等；初见规模开放后，又续建会议中心、两座旅游旅馆、一座中国园林、一个信息中心和联系铁路客站与CBD的独轨环线，以及悉尼赌场。累计投资30余亿澳元，年接待游客量已超过1500万人次。2000年奥运会期间，达令港作为庆典活动中心，基地也扩展为60hm²。

达令港的城市设计以港池、Tumbalong公园为中心城市空间，围绕中心空间组织步行系统，联系上述各项公共建筑。高架道路横越中部，并未影响地面绿化、步行、造景、滨水带的处理和空间感。

图6.17-1　总平面

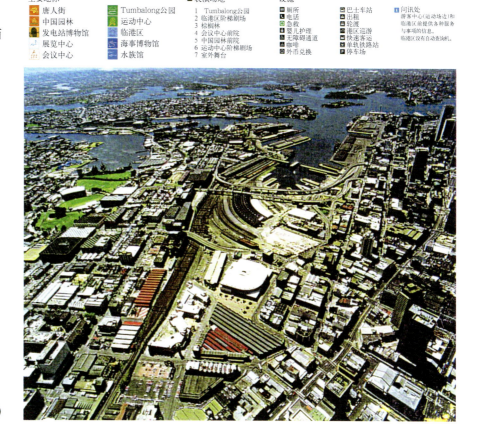

图6.17-2　现状(1984年)

6　节点的城市设计：中外城市节点实例

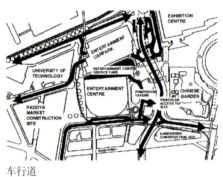
车行道

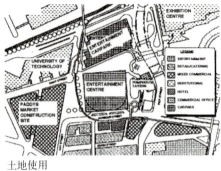
土地使用

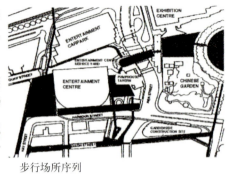
步行场所序列

图6.17-3　相关系统

图6.17-4　游艇码头

图6.17-5　螺旋跌水

图6.17-6　通道

图6.17-7　建筑界面

图6.17-8　水景

图6.17-9　Tumbalong公园

6.18 美国费城市场东商业中心

6.18.1 概况

经过5年酝酿，费城规划委员会1952年提出东起Delaware河滨及社会山，西至市政厅以西旧铁路路基上改建的宾州中心，建设以市场东商业中心(Market East)为核心的步行系统，将4家百货公司与市政厅周边商业连成一体。经过两次重大结构性修改，1969年方案成熟，成为费城验证同时运动诸系统是否可行的试验基地，经过对话、交流、反馈、修订、完善，最终成为当局、企业家、市民的一致选择。

Market East基地南起市场街至Filbert街，东起第8街，西至第12街。地下一层为步行商市共同层，南连地铁站并有上、下通道联系市场街南侧；街面层入口在市场街北侧、有顶人行道后面，但完全消除了临街铺面的处理，南北走向的第十二街等以桥式结构径直穿过步行商市上部，两侧上空敞开，引入充裕的光线和新鲜空气；自动扶梯通向二层东西商业通廊、公共汽车、终点站、铁路客站以及上部车库，其脊状结构是地区运动系统在商市建筑上部的延伸。各种特征和运动方向形成了商市、天桥、自动扶梯多层次的交织，系统中各点都具有清晰的视觉导向和鲜明的位置感。

6.18.2 修改方案

1960年修订方案以下沉式广场、封闭的玻璃天桥联通二层商业通廊、3个层次华丽的建筑表现为特征。但三层商市总量超过市场需求，各方关系也太复杂。

1964年修订方案以二层步行通廊为主体，以自动梯与街面及地铁、路口上下联系，景观富有戏剧性，但是百货公

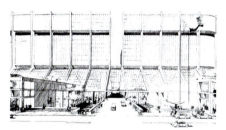

图6.18.1-1　方案图1

图6.18.1-2　方案图2

图6.18.1-3　方案图3

图6.18.2-1　修改方案(1960年)

图6.18.2-2　修改方案(1964年)

6　节点的城市设计：中外城市节点实例

司董事长们认为，购物者由二楼进店要求销售方法重新组织，实际上行不通。

经过5年酝酿、10年修订的方案，实施中也发生一定变化，但设计结构、运动系统主轴都成为指导费城中心按既定城市设计战略有机成长的主导要素。它将按市场东的设计韵律，继续指向并越过Schuylkill河向西伸展。

市场东商业中心城市设计由立意到实施成果反映在实例照片实录（朱幼宣摄）中，它是费城中心城市设计与实施的关键性突破。环绕这一项目，E.培根在《城市设计》中都有阐述。如：对社会山贝氏塔的卓越布局及其实体空间演绎形成费城中心设计结构的决定性起步的阐述；对由不同速率不同感知系统与步行活动所得印象结合形成中心整体意象的论述；费城中心格局如何紧随城市综合交通系统的发展完善而逐步构成的阐述；对由综合规划、地区规划、项目规划到建筑形象的实施程序的阐述；以及在错综复杂的中心开发与城市设计实施中以知名建筑师及其重点建筑设计韵律为核心，形成有特色而相互协调的领域特征的论述等都极有意义。

图6.18.2-4　会议中心

图6.18.2-7　JCPENNEY入口

图6.18.2-5　市政厅(前)万豪酒店(右)

图6.18.2-8　FILBERT街

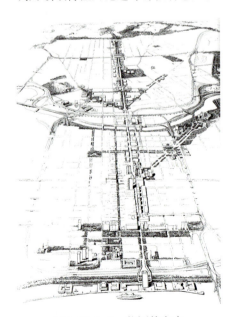

图6.18.2-3　修订的方案

图6.18.2-6　JCPENNEY百货公司

图6.18.2-9　憩坐处

6.18 美国费城市场东商业中心

图6.18.2-10 市场街　　　图6.18.2-11 自动梯　　　图6.18.2-12 GALLERY入口

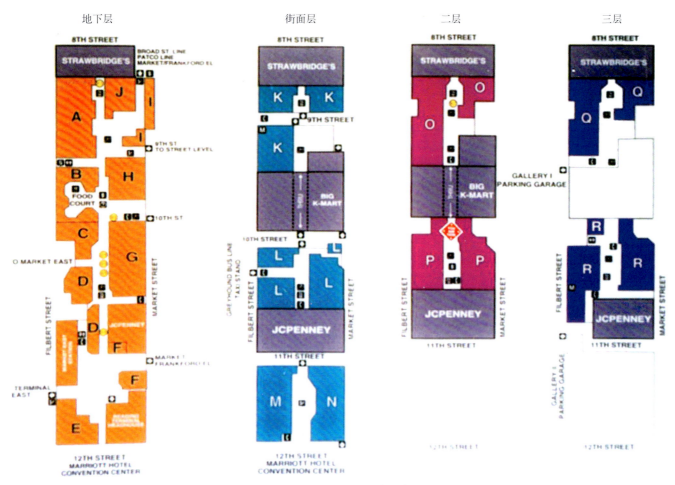

图6.18.2-13 市场东商业中心

6.19 日本大阪商务园区

大阪商务园区(OBP)属于大阪贸易、商务、信息、文化等CBD性质的开发区，称之为园区，是为了显示重视水与绿结合的环境意向。

该区位于大阪市中心，紧临大阪古城公园和文化古迹天守阁，总用地26h㎡，建设用地18h㎡，可建90万㎡；道路用地5.12h㎡，占21.1%，绿化用地1.97h㎡，占7.66%。日间人口15万人。

大阪商务园区1969年提出规划设计方案，成立开发协议会，经过20年来开发和区划整理的4次变更，1987年完成土地区划整理，1988年最终确定建筑形态。规划要点在于与原有市中心在功能上汇成整体，与古城堡在布局上和谐结合，与水、绿结合的环境有机交融，并求得质量与容量、环境与交通的协调平衡。为此，城市设计上采取了一些果断的处理手法：

取向求统一。新旧建筑和道路注意取向的统一，在变化的环境中求得格局上的整体统一感。园区的基地呈不规则形，但其东西向主要内部道路及南北向主要内部步行道路却与大阪市中心区道路走向平行，产生变化中的统一感。建筑朝向、道路走向已被作为城市设计空间、视觉、心理的重要要素而成功地加以运用。天守阁与园区建筑群的主次关系也十分明确。

对比与调和。历史性城堡与现代化商务中心，从城市保护角度看，几乎难以相容。然而在这里，却突出古城堡保存，以现代商务中心建筑群体与其在取向上依从，而在单体风格上进行大胆的现代处理，并对古城堡周围105h㎡公园中的水与绿做大块面整体处理，取得保存与开发协调并存的效果。商务中心与天守阁之间最近处只有500m，但设计中注意将拥有16000个座位的大会堂处理成似乎只是略略隆起的地形，配合着民族风格的地铁车站、高塔灯和环境小品，进一步加强了这种协调感。

扩大每幢楼宇规模。园区已建的11幢楼，总面积77.52万㎡，平均每幢7.05万㎡；其中7幢的总面积就达57.43万㎡，平均每幢8.20万㎡。由于采取联合开发、综合楼等方式，每幢建筑增加规模，并依内部道路格局布置在东西轴的两侧，使楼宇幢数减少，楼间间隔扩大，空间感增加，从而达到密而不挤的效果。

必须指出的是，该园区由日本建筑大师桢文彦规划设计，11幢建筑在1990年前均已完成入驻，占总规划面积90万㎡的87%，因此较少受泡沫经济影响。其设计水平、规模、开发时机都值得关注。

图6.19-1　OBP区

图6.19-2　主干道将地区分成5个大街坊

图6.19-3　OBP总平面

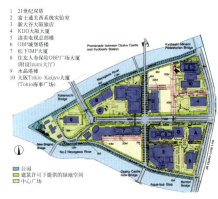

图6.19-4　规划图

6.20 日本东京新宿副中心

6.20.1 概况

1958年东京"首都整备委员会"决定开发新宿、涩谷和池袋3个副中心,其中新宿副中心在市中心以西8km,面积为96hm²。1969年制订的"新宿新都心开发计划"确定了三项原则:一是步行与机动交通分开,二是增加停车能力,三是区域集中供冷和供热,减少大气污染,并规定一个街坊只容许建造一个超高层建筑,容积率要大于5:1,且保持每个街坊有50%的空地。超高层建筑用地16.4hm²,已建成东京都新厅舍等超高层办公楼11幢,约160万m²,规划就业人口约30万人。

道路宽度以30~40m为主。为使人车分离,步行使用平面街道,汽车使用高架道路。例如,西口站前广场采取立体设计,即地上广场(约2.46hm²)作为公共汽车站和处理汽车交通的空间;地下一层设中央广场(1.68hm²),作为换乘各种交通工具和通往业务区的步行人流的空间,同时还设有商店和停车场;在地下二层修建具有420辆停车能力的公共停车场。交通是核心问题之一,现时每日人流总量已达300余万人次,由于地下地面人行系统与建筑及地下车库联系好,尚未发生拥堵。广场中央设排吸空气的椭圆

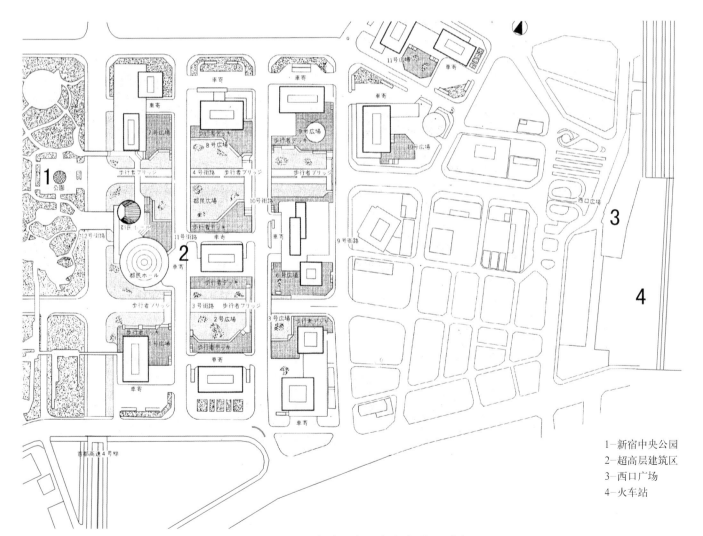

1—新宿中央公园
2—超高层建筑区
3—西口广场
4—火车站

图6.20.1-1 新宿副中心总平面图(1969年)

6 节点的城市设计:中外城市节点实例

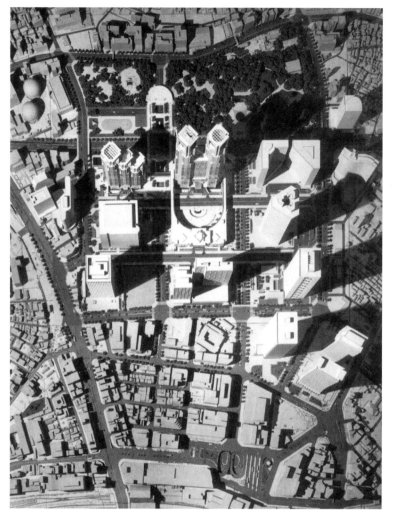

图6.20.1-2 模型(1986年)

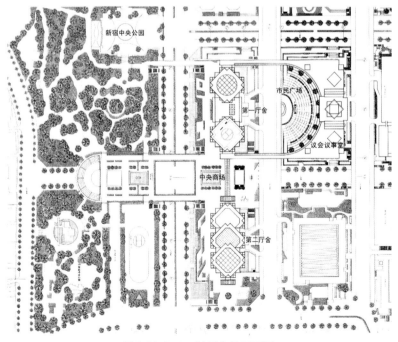

图6.20.2-1 新厅舍总平面图

形开口,供汽车出入。在坡道之间设喷水池,可美化环境并起消防作用。

在地区西部设有新宿中央公园,面积9.5hm²。

建筑单体设计皆以"新宿新都心开发计划"为准则,以寻求区域整体的统一协调,但在具体形态设计上允许突破与创新,形成丰富多变的城市面貌。

6.20.2 核心地块设计——东京都新厅舍

东京市政府决定在新宿区建立新的市政厅,旨在解决现实中存在的诸多问题。1986年,这个设计以方案竞赛的形式征集,要求使管理系统更趋现代化,以尽可能好地为纳税人提供服务,当然,在功能上也需要更多的使用面积。新市政厅应在行政、广场、信息、防灾以及文化等诸方面提供比较完善的建筑空间。丹下健三都市建筑设计研究所的方案最终获得实施,其设计不仅满足了政府建筑的管理功能要求,而且提供了一个市民交往的场所,一个城市文化的中心,它是东京这个自治的、国际化大都市的形象代表。

东京都新厅舍建筑基地西侧为新宿中央公园。由于其选址横跨3个街区,因而其设计本身就是一个节点城市设计。市民广场位于第五街区中心,它被半圆形的议会建筑外墙所围合,提供各种极其完备的市民交往空间。市民广场周围的柱廊是一个富有创新意义的尝试,常用于欧洲广场周围的柱廊在这里取得了与周围建筑景观的协调一致。议会议事堂、市民广场、第一厅舍形成一条由东向西的轴线,一直延伸至中央公园。第一厅舍与第二厅舍由北而南分列于第四街区和第一街区，在功能上互相联系、互为补充，在形态上相互协调而又形成明确的可识别性。48层高的第一厅舍和33层高的第二厅舍容纳了各种复杂的功能，在竖向上将管理空间立体化。

东京都新厅舍在交通方面突出反映了当代建筑内外部交通立体化、快捷性的特征。第一厅舍与第二厅舍之间通过位于3层的空中步廊以及地下一至三层的停车场相互联系，议会议事堂与第一厅舍之间通过跨越城市干线的空中步廊进行联系。市民广场具有立体化的特征，避免了大量步车交通的混杂。所有这些都基本遵循了1969年制定的"新宿新都心开发计划"中步行与机动交通分开的原则；而其地下空间所提供的3层巨大停车场也极大地增加了这一周边地区的停车能力。

东京都新厅舍在建筑文化方面表述了日本传统文化与现代建筑文化的融合。建筑的开窗形式亦宽亦狭，尽量避免立面的单调性，其形式也是暗合了源自"伊豆时代"的日本传统形式，同时其修长挺拔的立面形态也表现了东京作为国际化大都市对高科技时代的态度。

东京都新厅舍遵循新宿新都心开发计划，在功能、布局、交通以及文化各方面均有独到设计，是节点城市设计的典范之作。

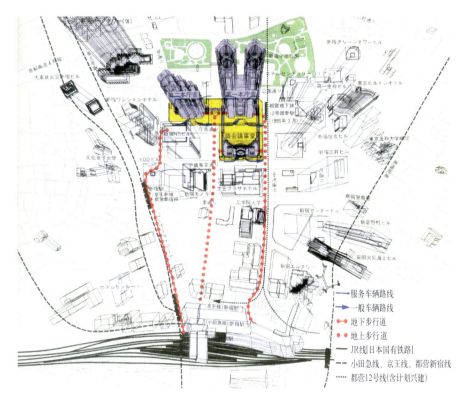

图6.20.2-2　周边地区交通分析图

图6.20.2-3　东京都新厅舍立面

图6.20.2-4　市民广场

图6.20.2-5　东京都新厅舍实景

6.21 美国纽约洛克菲勒中心

6.21.1 概况

洛克菲勒中心(Rockefeller Center)位于纽约市曼哈顿中城(Manhattan Midtown)的核心地区,东侧毗邻繁华的第五大街(the Fifth Avenue),占地8.9hm²,建于1931~1940年,是美国洛克菲勒财团在1930年代投资建造的以办公建筑群为主的大型商业娱乐城市综合体,也是世界上最早的结合办公与商业店铺、娱乐、餐饮、停车以及城市公共开放空间的综合体。洛克菲勒中心以其气势宏伟的群体效果、富于文化气息的步行休闲购物环境、以及亲切迷人的下沉广场空间而成为曼哈顿中城的核心标志性地区和纽约主要的旅游热点之一,成为世界上最具活力和最受人欢迎的城市公共空间。

洛克菲勒中心是在特定历史时期和城市环境下的城市设计杰作,是纽约城市发展失控和过分拥挤的产物。洛克菲勒中心体现了纽约在1930年代的城市发展阶段中逐渐形成的新的城市设计趋势和城市建设模式,其核心是引导私人开发来塑造城市。

洛克菲勒中心是美国发展成为资本主义世界首领的纪念碑式建筑群之一。洛克菲勒中心的建成标志着摩天楼建筑群的巨大尺度成为国际性城市普遍秩序的一个组成部分。

洛克菲勒中心同时也是革命性的创造,设计不仅提供了匠心独运的下沉广场、地下空间系统,同时又与复杂的城市交通网络和方格网的城市区划管理有机地结合在一起,并根据时代的变化进行不断的更新,体现了强烈的可持续发展机制和良好的灵活性,从而在建成后的70年里保持了长久的繁荣和吸引力。

正因为洛克菲勒中心在城市设计中的巨大成就和综合体开发模式的创造性贡献,以及在曼哈顿中城纷乱城市空间中的整合作用,1985年,纽约历史建筑保护委员会将洛克菲勒中心列为保护对象,并给予"纽约的心脏"(the heart of New York)的高度评价。

图6.21.1 洛克菲勒中心区位

6.21.2 建筑师雷蒙德·胡德和他的曼哈顿城市模式

雷蒙德·胡德(Raymond Hood)是20世纪上半叶纽约最著名的建筑师之一，作为洛克菲勒中心的主要设计者，胡德曼哈顿主义(Manhattanism)的城市设计思想在许多方面影响了洛克菲勒中心的规划设计。

胡德在1927年提出了"塔楼都市"(City of Towers)模式，以针对1916年区划法对于曼哈顿建筑体量控制乏力、纽约过分拥挤的状况。胡德希望在现有曼哈顿方格网格里以独立的摩天楼代替现状满铺的街区。在1927年卫理公会大教堂设计中胡德则表现了多功能相容性的理念。

针对纽约城市的发展失控和过分拥挤，胡德进一步提出了"单一屋顶下的都市"(City under a Single Roof)和"曼哈顿1950"(Manhattan 1950)两个城市发展模型(1931)。

在"单一屋顶下的都市"城市理论中，胡德提出一个在一定区域内容

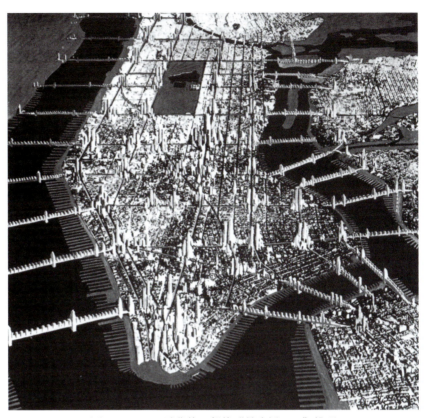

图6.21.2-2 雷蒙德·胡德"曼哈顿1950"模型

图6.21.2-1 从第五大道方向看洛克菲勒中心

图6.21.2-3 洛克菲勒中心鸟瞰

纳多种社会活动和人流活动的城市组团概念，即后来在世界范围广泛运用的"城中城"(City within a City)理念。胡德试图以建筑物内部的垂直交通来代替造成城市交通拥挤的水平交通，以一定区域内的城市功能的高密度集合来代替整个城市的空间拥挤。

在"曼哈顿1950"项目中，胡德在曼哈顿半岛方格网道路格局重要的交叉节点上安排了38个突出的高层摩天楼群，胡德希望突破现有的城市密度限制，以节点区域的超强度开发来解决纽约城市的拥挤问题。

6.21.3 城市设计要点

洛克菲勒中心的设计是追求最大功能聚集与追求形式完美、最大经济利益的结合，在城市活力创造、文化品位、整体布局、地下空间利用、广场空间和公共艺术等几个方面成为城市中心区综合体规划设计的典范之作。

6.21.3.1 综合性的功能构成和文化中心特色

洛克菲勒中心的成功首先在于功能的综合性以及融入商业氛围的文化中心功能特色。

洛克菲勒中心的功能包括了以办公功能为核心的娱乐、商业、休闲、餐饮和城市公共空间等城市中心区功能构成，这些功能相互补充和促进，在不到10hm²的范围内高度地聚集和浓缩。在办公功能中，新闻和传媒则占有重要的地位，这表明洛克菲勒中心乃至纽约在20世纪30年代即已成为经济管理中心和信息传播中心的职能特点，这一前瞻性和先进性的功能特点在20世纪后期的城市功能演变中得到进一步强化，支撑了洛克菲勒中心长期的中心地位、经济的繁荣，赋予城市的活力。

6.21.3.2 整体布局

洛克菲勒中心的整体规划布局采用了略带巴黎艺术学院风格的总体布局，通过轴线、端景等手段在匀质的城市肌理中形成了中心感和轴线对称的纪念性城市空间：中心70层的RCA主体摩天楼、中心下沉广场以及联系下沉广场和第五大街的峡谷花园(the Channel Gardens)，形成了一条东西方向的中轴线，从第五大街一直向西贯穿至美利坚大街。高层建筑群的布局以最高的主体摩天楼为中心，4座较低的摩天楼分布于地段四角，主体建筑前则安排下沉广场。

高259m的主体摩天楼的巨大建筑体量，通过短边朝向第五大街的板

图6.21.3-2 洛克菲勒中心下沉广场

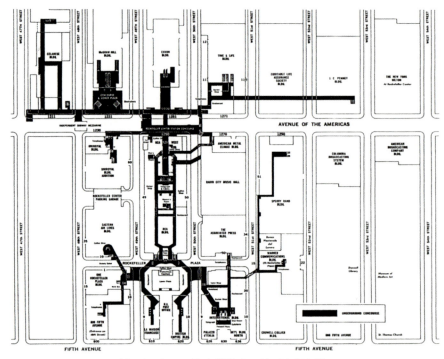

图6.21.3-1 洛克菲勒中心地下空间网络

图6.21.3-3 洛克菲勒中心峡谷花园

式平面处理而在视觉上相对减小,并通过峡谷花园呈缓坡通向下沉广场的对比手法和建筑本身的竖向线条,强化了主体摩天楼挺拔向上的视觉效果。

6.21.3.3 地下空间网络

由于没有曼哈顿的方格网城市在肌理匀质方面的限制,洛克菲勒中心形成巴黎艺术学院风格的地下空间系统。其中,主导性的西向地下空间随着综合体向西的扩建而伸展,将新建的位于美利坚大道西侧的建筑物与东侧的公共空间以及地铁车站联系在一起。

6.21.3.4 下沉广场

尺度并不宏伟的下沉广场是联系地面方格网系统和巴黎艺术学院风格地下空间的过渡空间。广场下沉约4m,以东西方向为主轴,与中心其他建筑的地下商场、剧场及第五大道相连通。广场的下沉式处理减少了城市道路的噪声与视觉干扰,为人们在纷繁的城市中心创造出比较安静的环境气氛和活动空间。

广场正面中央由保罗·曼希普(Paul Manship)在1934年设计的金光闪闪的普罗米修斯雕像(Prometheus)褐色花岗石墙面为背景,成为广场的视觉中心。

6.21.3.5 峡谷花园(Channel Garden)

联系第五大街和中心下沉广场的峡谷花园(Channel Garden)以其在巨大摩天楼尺度里获得宜人尺度的环境设计,而成为纽约最著名的公共空间之一,与下沉广场和地下步行网络共同构成洛克菲勒中心完整的步行空间系统。花园的中心是著名艺术家恰姆贝兰(René Chambellan)设计的一系列优美亲切的装饰艺术风格雕塑喷泉,喷泉两侧安排休息坐凳和四季变化的绿化种植。

6.21.3.6 空中花园

胡德的巴比伦空中花园构想发展成为后来覆盖整个项目3个街区的屋顶花园系统,并通过跨越49街和50街的空中飞桥将屋顶联系在一起。屋顶花园系统包括纪念植物学家戴维斯·荷沙克(Dr.Davis Hosack)的用于科学研究的温室,以及木偶剧场、永久雕塑展览、露天花卉展、音乐广场、古典园林、餐饮花园等不同功能区。

6.21.3.7 城市环境艺术与公共艺术

城市环境设计和公共艺术是洛克菲勒中心城市设计的重要组成部分,大量公共艺术作品分布于项目各处。除了位于下沉广场正面的普罗米修斯雕像、围绕广场的国旗阵列,以及峡谷花园的喷泉雕塑,著名的城市公共艺术还包括位于国际大楼门口的"阿特拉斯"(Atlas)铜像和RCA大楼入口处的宙斯(Zeus)雕像。位于罗尔广场(the Lower Plaza)以不锈钢球体和倒影池组成的"太阳—三角"(Sun Triangle)则采用高科技与符号主义的手法表达了太阳与行星的关系。

洛克菲勒中心的成果体现在社会、经济和城市建筑等多个方面,是一种"城市主义"的成功。利用城市空间来提高环境质量,使建筑物同周边的城市特色保持融洽,特别是休闲、娱乐、剧院、夜总会与国际贸易商务、传媒的结合等城市设计手段的运用,播下了营造当代都市生活品质的种子。

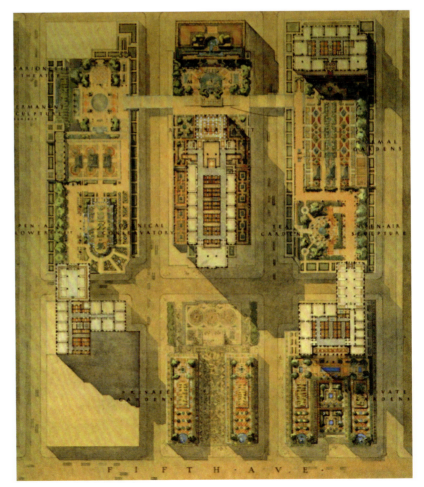

图6.21.3-4 空中花园平面

6.22 纽约金融中心及帕特里公园城

帕特里公园城(Battery Park City)是美国纽约20世纪80年代最宏伟的综合性城市开发项目,其核心是作为项目标志和下曼哈顿区整体金融商务功能有机组成部分的纽约世界金融中心(New York Financial Center)。由于帕特里公园城和世界金融中心在商务综合体建设、城市综合开发、滨水地区复兴、景观环境等城市设计诸多方面取得的巨大成功,《纽约时报》资深建筑批评家保罗·戈登伯格(Paul Goldberger)将其称为"城市设计的胜利(Triumph of Urban Design)"。

6.22.1 概况

帕特里公园城缘起于紧邻下曼哈顿中心地带的沿哈德逊河20个货运码头及其滨水地区的复兴项目。华莱士·哈里森(Wallace K. Harrison)在1966年提出了一个涵盖不同收入、不同人种,以及一些轻型产业项目的综合社区(Comprehensive Community)开发方案。在该方案中,纽约州州长洛克菲勒第一次以"帕特里公园城(Battery Park City)"来为这一滨水城市开发项目命名。

1979年,库伯(Alexander Cooper)和埃克斯图特(Stanton Eckstut)提出了新一轮的帕特里公园

图6.22.1-1 帕特里公园城与世界金融中心总平面

图6.22.1-2 世界金融中心与原世界贸易中心总体鸟瞰

城总体规划。这份规划不是传统意义上的物质空间规划，而是建立在经济目标基础上的开发框架和策略的制定。针对曼哈顿地区周边环境的文脉关系，方案提出了功能与环境多样性的发展战略，为实际的开发建设保留了更多的灵活性。

根据1979年规划方案，第一个居住开发项目——盖特维广场(Gateway Plaza)于1980年在世界金融中心南侧开始建设。在随后的1981年，总建设规模达600万平方英尺(约等于55.7万m^2)的世界金融中心开始建设，并于1988全部建成。同期建成还有世界金融中心的冬季花园(Winter Garden)、3.5英亩(约等于14164m^2)的滨水广场、1.2英里(约等于1931.2m)的滨水步道系统和南湾码头(South Cove)的滨水环境。同年，盖特维广场(Gateway Plaza)以南的帕特里社区(Battery Place Neighborhood)开始全面建设，并在1990年代初期建成入住。随后，帕特里公园城建设重点从中心向南北两个方向延伸。

6.22.2 开发战略和城市设计要点

根据1979年库伯和埃克斯图特规划，帕特里公园城开发战略和城市设计要点包括：

①覆盖商贸、居住、滨水公共环境等城市功能多样性和城市空间多样性的城市综合开发。

在1979年的规划方案中，帕特里公园城的住宅开发占地42%、开发约14000套公寓；位于世贸中心西侧的写字楼开发占地9%、建筑面积约600万平方英尺(约等于55.7万m^2)；其他为占地30%的公共开放空间以及占地19%的道路。

②根据市场规律的社区建设和住宅开发，保证项目实施中的经济可行性，避免社区在未来的衰落。

1979年规划放弃了早先方案简单引入多阶层居民的社区建设目标，而是根据下曼哈顿区实际人口特征，特别是项目与华尔街、原世贸中心仅一街之隔的区位特征，建设针对高层白领的高档公寓，使项目地段的吸引力进一步加强。

③从城市肌理、道路空间结构、外部空间设计等城市设计角度，以及建筑风格和细部设计等多方面使帕特里公园城的建设与下曼哈顿区的城市风貌和总体空间结构相整合，丰富曼哈顿的城市轮廓线。

帕特里公园城的整体规划结构和城市空间肌理延续了下曼哈顿区传统方格网的城市空间结构、肌理和街区尺度，保证了沿韦斯特街(West Street)通向哈德逊河的视觉空间通道，从而促进了滨水城市开发与原有内部城市空间的融合。建筑设计方面，居住建筑采用了与下曼哈顿区建筑风格相协调的石材基座、红砖墙面、小开窗等基本建筑细部特点，又各具细部特征，呼应了周边城市文脉时代和风格的多样性特点。同时，世界金融中心的塔楼群体组合丰富了业已存在的曼哈顿优美的城市轮廓线，使世界金融中心成为局部建筑群体与城市总体建筑群体空间协调的城市设计典范。

④建设开放和亲切的滨水空间环境，为下曼哈顿地区提供吸引人的室外公共活动空间，创造丰富的城市公共空间艺术。

帕特里公园城的开放空间和景观环境系统包括沿哈德逊河的一系列公园、广场，以及将它们联系起来的一

图6.22.2-1 帕特里公园城的滨水环境设计

图6.22.2-2 环境雕塑

图6.22.2-3 帕特里公园城的人流活动

条长达1.2英里(约等于1931.2m)的滨水步道,南端与历史遗迹——帕特里公园(Battery Park)联系在一起。同时,滨水景观环境向居住建筑群内部公共空间、公共建筑内部的大尺度公共空间渗透,最终将帕特里公园城的公共空间系统和公共人流活动通过过街天桥与下曼哈顿核心的世贸中心广场、华尔街联系起来。其中许多滨水广场、滨水步道和园林子项目作为景观建筑和城市公共艺术精品而具有较大的影响。

6.22.3 世界金融中心

世界金融中心是帕特里公园城项目的核心和标志性部分,作为围绕原纽约世贸中心、华尔街的城市金融功能设施群的有机组成部分,世界金融中心强化了下曼哈顿区世界金融中心的地位。项目位于帕特里公园城中段、原纽约世贸中心西侧的13.5英亩(约等于54632.6m²)的填河造地范围内,总建设规模达800万平方英尺(约等于74.3万m²),是一个由4幢34~51层高层塔楼、基座群房、共享中庭空间以及滨水广场环境设计组成的综合性商贸写字楼群。

世界金融中心由西萨·佩里(Cesar Pelli)建筑师事务所设计。

6.22.3.1 整体空间布局和建筑风格

纽约世界金融中心的4幢塔楼中,2号楼、3号楼(美国运通大楼)和4号楼(美林证券大楼)位于维西街(Vesey Street)和自由街(Liberty Street)之间,形成围绕北湾(North Cove)游船码头和滨水广场的组群格局。1号楼(道·琼斯大楼)则通过跨自由街的过街楼和2座八角形门楼形成的建筑群主入口与北侧的3幢塔楼相联系。

世界金融中心的整体空间和建筑群体布局尊重了以原世贸中心双塔占统治性地位的下曼哈顿总体城市空间布局,丰富了从哈德逊河、自由女神像等处观赏曼哈顿的城市轮廓线,体现了设计师对城市空间环境整体性的理解和把握能力。

在城市整体性的空间布局、体型组合和轮廓线基础上,设计师在建筑风格设计方面既体现金融中心强烈的时代感,更体现了对曼哈顿城市文脉的尊重和表现。不同于原世贸中心现代主义形式的冷峻和纯粹,以及强烈技术张扬的纵向线条,金融中心趋向于形式的多元化和语言的模糊,试图在个性化和多样性的曼哈顿主义和统一开发形成的整体感之间寻找平衡,在体现下曼哈顿传统特色的花岗岩饰面与体现现代主义办公楼身份的玻璃饰面之间寻找平衡,从而表现出强烈的后现代主义风格特征。

6.22.3.2 冬季花园(Winter Garden)

金融中心建筑群的核心是著名采光中庭空间——冬季花园(Winter Garden)。冬季花园和过街天桥将滨水公共空间与下曼哈顿区中心的金融设施步行交通直接联系在一起。其精心设计的宏大的室内空间既为在金融中心工作的白领精英提供休息交往的场所,又成为下曼哈顿区的重要市民公共生活空间和旅游观光地。120英尺(约等于36.6m)高的冬季花园内部空间的主角为朝向滨水方向的沙漏状的两段大台阶,透过玻璃穹顶,从大台阶上方即可眺望哈德逊河以及对岸

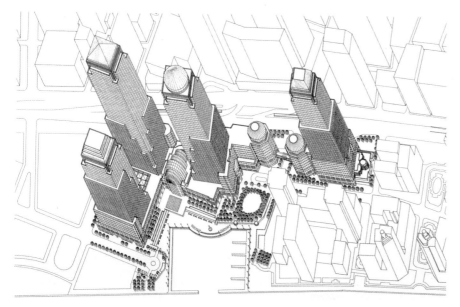

图6.22.3-1 纽约世界金融中心总体群体空间形态轴测

图6.22.3-2 世界金融中心滨水广场

新泽西的城市轮廓线。冬季花园的室内设计代表了20世纪80年代在后现代主义影响下的城市大型公共室内空间设计潮流，即：复杂多义、追求人流活动的舞台效果、适度夸张的宏大气势、传统历史意味和轴线构图与形式愉悦感的空间。

6.22.3.3 金融中心滨水广场

3.5英亩(约等于14164m²)的滨水广场是由一系列呈U形围绕北湾(North Cove)游船码头的小广场、花园、室外餐饮座位区、儿童活动场地、专门纪念地，以及室外景观小品等组成的多功能城市公共活动空间，体现了与冬季花园相同的后现代主义和后工业化时代的艺术特征。整个广场放弃了由冬季花园引出的建筑群主轴线控制性构图，而是以呈L形布局的两条带状水景设施作为广场景观设计的主体。一系列相对独立的广场花园则沿水岸线自由地布局，并且在绿化类型、地面介质类型、地坪高差变化等方面各具特色，分别服务于不同的人流活动。

图6.22.3-4 纽约金融中心与原纽约世贸中心的视觉联系

图6.22.3-3 冬季花园内景与市民文化活动

图6.22.3-5 建筑群外貌

6.23 德国柏林波茨坦广场

波茨坦广场(Der Potsdamer Platz)原是柏林十分繁华的商业区,二战期间几乎沦为荒地。两德统一后由一些大公司投资重建,以期成为柏林新的商贸中心区。

波茨坦广场的城市设计由伦佐·皮阿诺(Renzo Piano)和克里斯托夫·考贝克(Christoph Kohlbecker)协作主持完成。其设计思想是在尊重历史的前提下表现时代特征:广场城市设计以剧院广场为中心,新建的音乐剧场和赌场围合着剧院广场,与原有的国立图书馆共同凸显其文化娱乐特征,将活力渗透至广场内部,使重建的波茨坦广场焕发出昔日的魅力。基地南侧将水体引入,在增添整个广场景致的同时改善了广场以至周边地区的小气候。

波茨坦广场的街道划分基本上尊重原有城市脉络并结合地形条件,19座建筑物大都按柏林传统的具有围合感的街坊布局组织空间。依据1994年6月的执行规划,整个区域分成四大块。所有的区域都至少有一层地下层,其中A、C区域有两层,B区域更多达4层。建筑地面层数基本上在9层左右,只有东北角上的两座建筑(A1,B1)与Debis大厦(C1)超过18层。地面层的用途主要是办公楼(57%)、住宅(20%)、宾馆(8%)和零售商店(11%)等。对区域内原有建筑,皮阿诺采取保留原貌、更新内部的方法加以利用,新旧建筑平面上相互呼应,形式上迥然不同。

波茨坦广场的建筑单体由众多著名建筑师参与设计,理查德·罗杰斯(Richard Rogers)设计了基地东部正中心的3个街坊,包括2幢办公建筑和1幢住宅建筑;矶崎新设计了基地南部的2个办公楼;劳贝尔和韦尔(Lauber & Wohr)设计了影视中心和2个住宅街坊;而皮阿诺则与其他建筑师协作,设计了基地中心的剧院广场、中部的一个住宅街坊,以及基地南部具有标志性的德比斯(Debis)大厦、戴姆勒—奔驰国际服务中心大厦(Daimler-Benz Inter Services)等建筑。由于城市设计的统一协调,尽管在这一区域出现了各种不同风格的建筑,建筑群并不显得杂乱无章,在提升商业知名度的同时,各建筑物也各具风采。

图6.23-1 希尔默和萨特勒获奖方案(1990年)

图6.23-2 区位图

6.23 德国柏林波茨坦广场

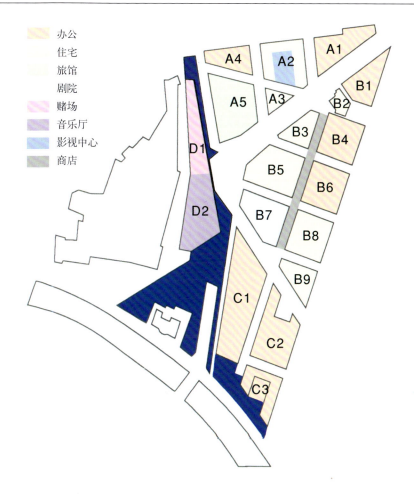

图例：
- 办公
- 住宅
- 旅馆
- 剧院
- 赌场
- 音乐厅
- 影视中心
- 商店

汉斯·科尔霍夫(Hans Kollhoff)，柏林：办公楼A1
乌尔历克·劳贝尔和沃尔夫雷姆·韦尔(Ulrike Lauber & Wolfrem Wohr)，慕尼黑：影视中心A2，住宅A3、B9
拉菲尔·莫内欧(Rafael Moneo)，马德里：旅馆A5，办公楼A4
伦佐·皮阿诺和克里斯托夫·考贝克(Renzo Piano & Christoph Kohlbecker)，巴黎、日内瓦：德比斯(debis)总部C1，"Wainhause Huth"古迹的捆扎保护B2，办公楼B1、B3，剧院B7，住宅楼B5，赌场D1，音乐大剧院D2
理查德·罗杰斯(Richard Rogers)，伦敦：办公楼B4、B6，住宅楼B8
矶崎新，东京：办公楼C2、C3

图6.23-3 平面示意图

图6.23-6 从娱乐中心看伊迈克斯剧院

图6.23-7 从兰韦尔运河看广场全景图，右侧为106m高的德比斯大厦

图6.23-4 基地东北端区域，以塔楼B1(左)、A1(中)、索尼中心(右)为标志

图6.23-5 皮阿诺和考贝克获奖方案(1992年)

图6.23-8 罗杰斯设计的办公楼

409

6.24 美国圣保罗旧城中心

圣保罗旧城中心地区的历史性魅力在于它优美的景色和灵动的声音。阳光经过溪流的折射，迂回曲折地穿过米尔斯公园，精心修葺过的仓库外有出租的阁楼画室和宽带网站的广告，离河岸不远的露天咖啡屋传来孩子们阵阵的笑声和清脆的碰杯声。

旧城中心(Lowertown或市中心下城)位于圣保罗市中心的东侧，是一个城市村庄，它生气勃勃，给人一种愉悦的感觉。但是，当你走在绿树成荫的街道上，却无法体会背后的复杂工作：把一大片空置的仓库变成全新的城市村庄，赋予新的生命。

在这个活跃的社区里，每一幢改造过的大楼背后都有一个故事。涉及公私合作开发的伙伴关系(Public/Private Partnership)，包含开发商、建筑师、政府官员、艺术家、企业家和旧城中心再开发公司(Lowertown Redevelopment Corporation)，简称LRC。LRC为一个由城市发展银行、市场调查办公室以及作为毗邻地区规划中心组成的非盈利性组织。

美国1950年代着重大批拆建的都市更新(Urban Renewal)方式，虽然花费联邦很多经费，但是得到的效果很不理想。不但破坏社区，赶走贫穷居民与小商店，所建成的环境又单调乏味，都市的历史风格也受到损害。1970年代末和1980年代初，许多城市不再重蹈覆辙，力求促进公私机构的合作。利用伙伴关系和小规模的整建，以期达到都市的重建。目前，这种伙伴关系已成为城市重建的关键。

在麦克耐特基金会和圣保罗市的支持下，LRC于1978年正式成立后运用了一系列策略来实现更合理的规划，使该区既保持历史延续性，又与未来同步。旧城中心的风格使之成为艺术家们、各种各样的居民、有创新精神的企业和近悦远来的参观者所钟爱的场所。然而，这里也可能因规划不同而变成完全不同的结果。

当初，倘若LRC没有进行规划设计上的磋商与交流，那种本适合于新墨西哥州西南部的仿西班牙风格设计的使团套房饭店风格，在没有适当规划与公私合作推行的状况下，可能早被一意孤行地移植到充满历史韵味的旧城中心北部。超级美国加油站可能早成为另一种单调乏味的加油站，没有今天那醒目的古典建筑线条和红砖外墙。倘若LRC没有影响公众舆论来反对拆除史迹的计划，6层高的古白鹤大楼可能已经成为另一个停车场。倘若LRC不能张开双臂欢迎这些艺术家，把他们作为新社区一部分，他们就会像在其他众多城市更新方案中一样被赶走。

世界各地有远见的城市都努力把传统与现代的精华加以融合，以吸引居民回归城市的中心。旧城中心复兴背后的故事之所以使人着迷在于它的规划设计过程，规划努力面向未来，又继承了历史。本篇介绍一系列个案，以提供重要经验，以对一些城市的振兴有所裨益。

6.24.1 城市村庄规划

对旧城中心的构思影响了LRC包括规划设计在内的所有工作。从一开始，LRC就把注意力集中在振兴整个社区上，而不是求多求快。1981年8月，LRC在《旧城中心联合开发》报告阐述了通过旧城中心公私合作开发伙伴关系建设城市村庄的构思。随着新机遇的出现和顺应市场需求变化，规划做了多次修改，但其基本构思保持不变。

LRC构思的"城市村庄"是一个商业繁荣的地区，开放进取，充满了各种机遇；它是一个多样而又稳定的社区，包含各种收入阶层、各年龄层次和不同种族的人；它是一个充满创造力的群体，是画家、诗人、音乐家、舞蹈家和艺术编导的家园；它是一个安全、守望相助的社区，在这里父母能抚养孩子，退休的老人能独立生活；它是一个可持续发展的社区，在这里能源的节约、受污染土地的整复，以及对生态环境的尊重都是社区发展之道的一部分。

以上概括的城市村庄规划设计方案着重大纲，以适应不断变化着的影响。在本篇中，还将回顾LRC合理的城市设计方法的制订，以及实施城市村庄规划的各种综合经验。

6.24.2 设计与发展的复杂进程

设计是微妙的，城市设计的技巧更难以捉摸，难以定义。它对社区的活力和宜居性具有毋庸置疑的影响，又涉及诸多的利益竞争、市场需求、立法框架，以及官僚程序。LRC是一个非盈利的小机构，资金有限，没有市政府的审批权，但是它采取一系列的策略以影响个别项目的设计，使社区发展符合"城市村庄"的构思。

城市设计对实现这些构思至关重要，LRC通过一系列的策略来对设计施加影响。随着各个项目计划向旧城中心提出，LRC竭尽全力投入，与开发商进行建设性交流，从而能提出具体的、有创造性的规划方案，使大家都能受益。

由于LRC并没有审批权，有时候不得不在进行设计之前依靠第三方的

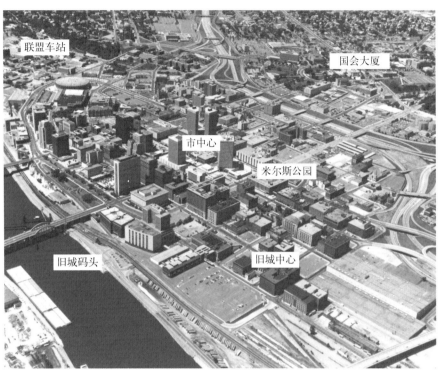

图6.24.1-1　1979年的圣保罗市中心只有空荡荡的仓库、停车场和前景中废弃的铁路货场

该计划最早于1981年8月提出，此后经过多次修订，但基本目标不变。

新市中心住宅村
25英亩（约等于101171.4m²）多层现代住宅密度/特定区位高层
城市村中心室内商场、小公园广场、便利店、日托中心、社区

天桥系统
连接市中心并环绕旧城中心

新建综合楼
专业店、餐馆、YMCA、电影院、办公与住宅、内庭院

12街坊适应性使用项目适应、能源保护、地区供热、史迹保护、住宅

艺术中心发展艺术中心、艺术节、艺术家工作室、艺术家住宅

联盟车站更新及滨河开发
住宅、办公、旅馆、河滨零售店、河滨大道与公园、大河路、Warner路动迁

街道美化绿化步道、历史性路灯、广告管理
停车巴士服务公交改善

新工业园区
东CBD边道

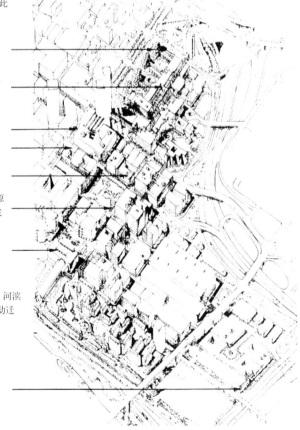

图6.24.1-2　城市村庄规划

介入以协助规划者影响设计,它可能会是市长、市议会议员,或是市民领袖。通常是市长首先介入,然后要求LRC参加。假如LRC和城市有关机构在发展方式上有分歧,市长会作出裁定。如果这些私下的努力无法奏效,LRC会在诸如市议会、规划委员会或历史建筑委员会等公众论坛上据理力争。在大多数情况下,与媒体沟通,形成公众舆论并争取公众支持是关键所在。

在某些情况下,从一开始就要为一些新项目制定设计标准。例如,当开发商从LRC得到贷款或贷款担保,LRC可以利用合同关系要求开发商遵循某些设计导则。这种方式可以比一般市府审批权更有力量。开发商有时会请求帮助选择建筑师。有些项目市政府请LRC为公有土地确立设计导则,从而能对设计进程进行指导。

LRC的工作遵循一些基本原则,对话远胜于争辩。LRC选定尽量少却有效的准则保存历史文脉,同时又尽量地保证留给建筑师最大的设计自由空间。LRC充分认识到提供多方案比较设计的价值,以促进新构思的产生;非正式的、建设性的讨论对共同探讨做出更好的城市设计有重要作用。耐心、与外界沟通的能力,以及当私人对话不足以说服对方时,愿意把设计分歧公开在市议会上力争,这些对于规划工作都十分重要。在以下的详细叙述中,可以看到LRC不同的策略是如何起作用的。

6.24.3 历史街区的划定和保护

旧城中心兴起于汽船时代,在铁路时代进一步发展,1880年至1920年间,这里兴起了造楼热。联盟车站以及许多仓库则是铁路运输时代的产物,随着美国运输系统由铁路向公路、从火车向汽车转移,旧城中心陷入衰落。然而,这些空荡荡的仓库承载着圣保罗历史的一个个层面。不幸的是,在1979年LRC建立之前,它们正一个个遭到破坏。甚至联盟车站也面临着被拆除的威胁。

在LRC完成城市村庄构思后不久,首先采取的步骤之一是对整个地区进行考察,看是否可能向国家古迹

图6.24.2-1 修复后的吉尔伯特大楼(为名建筑师Cars Gilbert设计)

图6.24.2-2 第六大街修复后的建筑保持历史风格

图6.24.3-1 历史街区保护铭牌

图6.24.3-2 1888年的圣保罗市,沿密西西比河的旧城码头与旧城中心位于右上角

注册处提请将该区命名为历史性地区。在设法得到圣保罗市政府、拉姆赛县历史协会的帮助下，提供基金并聘请了一位独立的顾问开展调查。这项考察帮助LRC确定了该提名区的范围，并且赢得国家史迹协会的支持。

1983年，在各方基本同意的情况下，LRC将12个街区命名为史迹区，并立即向新闻界指出，今后的整修可获得几百万美元的史迹修复免税优惠。这样做的目的在于吸引投资，以及反驳一些负面的观点："历史地区"的命名只不过是繁文缛节，只会阻碍史迹复兴"。LRC还与该市以及全州史迹保护委员会的人员合作，简化了旧城中心地区所有申请历史建筑修复的"合适修复证书"的审查程序。这种新的简化了的方法可以使任何申请能由3个决策机构会同审查，而不必分别通过3道设计审查。这种新方式同样能达到建筑保护的目标，而且更及时，更有效。

历史建筑复兴减税政策的确是非常有效的激励机制，能够吸引各地的投资者，其中不乏来自费城、亚特兰大、波士顿和明尼苏达双子城的开发商。

比如旧城的百姓大楼(Lowertown Commons)，由于严重的地基问题，导致建筑物一侧产生一条长长的裂缝，从楼顶一直延伸到街面，许多人都怀疑它能否修复。幸好，LRC从费城召募的开发商敏锐地意识到问题的所在，并决定修复这座大楼。开发商拆除了裂开的7层高墙面，清除了腐蚀的地基，然后重砌墙面，从而把大楼改造成精美的住宅楼，完工后一直维持高入住率。

自从旧城中心命名为历史地区，已成功地修复了39座大楼中的30座。同时，LRC也在历史街区以外地区实施这套简化的审查程序。比如，高速公路旁边的使团套房旅馆，LRC和市政府对项目实施共同审查，确保其与历史街区相协调。

战略性小结：通过发起史迹考察并将该区上报国家注册，LRC确保了旧城中心历史建筑的保护。通过联合审查，既节省时间，又使市政府、国家和LRC相互协调，共同办理审批"合适修复证书"。

6.24.4 CDC公司商务中心：通过建设性的对话保住老建筑立面

LRC介入CDC公司的地方仓库重新开发项目是一个极好的例子，从中可以看到如何利用建设性的意见交流来影响设计，并保住社区建筑的历史肌理。

公司最初的再开发计划包括将现有的凸窗都配上金色的反射玻璃，同时，在底层引用矫揉造作的拱形门窗。这些设计必然会丑化一幢精致的古建筑，并在旧城中心的米尔斯公园附近造出半摩登半古典的怪异外立

图6.24.3-3　1864年的旧城码头地区

图6.24.3-5　要拯救大楼必须再造整面东墙

图6.24.4-1　LRC说服CDC放弃在优雅的老建筑上镶嵌不合适的大块金色的反射玻璃和添加翘的拱形门

图6.24.3-4　重建中的旧城百姓大楼，破裂的东墙需拆除并加固楼基

图6.24.3-6　今天的旧城百姓大楼已成为高级出租公寓

图6.24.4-2　免遭改建方案破坏的CDC商务中心

面。LRC向公司提出，虽然他们出于良好的意愿，提出改变建筑的建议，但这样做仍会招致许多古建筑保护主义者的反对。同时LRC指出，公司只要放弃这项计划，可节省46万美元。起先，公司的高层对这个评价十分懊恼，并且表示玻璃镶嵌板能有助于利用太阳能。为了指出其错误的想法，在一个寒冷的冬日上午，LRC约公司人员在大楼见面，向其指出在冬天大楼窗户在一天中大部分时间都处于毗邻建筑的阴影之中。

由于各种原因，可能是为了避免公众的争议，公司终于开始重新考虑他们的设计，放弃了玻璃嵌板的计划。修改过的设计既为他们节省了资金，又帮助LRC挽救了一幢标志性建筑。

同样的，通过对话和提供比选方案，LRC成功地说服美国超级加油站采纳新方案，既满足其需要，又使建筑物在材质和外观上与历史地区匹配。

战略性小结：LRC利用私下的对话和建设性的意见交流来影响设计。

6.24.5　高梯大厦：避免中心城的堡垒化

高梯大厦是一个再开发大工程，是LRC创建之初的项目。它已经度过财政困难，目前业绩良好。这幢大楼的设计过程提供了许多重要的经验教训。

当高梯大厦开始启动时，LRC建议实施中型规模的开发。当第一个开发商决定放弃该项目时，LRC寻找并选了另一位开发商接手该物业，新开发商要把工程扩大几倍；LRC希望项目保持中型规模，但市政机构偏向于将项目扩大，最后市长做出了裁决。LRC反对大工程是因为更希望把发展的潜力扩展到更大的范围，把"赌注"

押在一个项目上风险太大。然而，市长坚信机不可失，认为必须紧紧抓住它。最后，LRC采纳了较密集大型开发的建议，与开发商、市政府全力合作，尽量减少此一大项目的不利影响。较大工程虽有风险，但的确推动了其他开发项目：比如随后建造的第一信托中心和联盟车站。

由于LRC为工程提供贷款，为了保持该区的特色，决定将一系列设计

图6.24.5-1　LRC的模型图表明我们倾向于选择中型规模的开发，整修3座现有建筑，添建1座公寓（图右上角）

图6.24.5-2　开发商第一个方案表达大规模开发的意图，设计并不符合本区风格

图6.24.5-3　第二次设计的大厦仍然体量庞大，经进一步的交换意见后改良了大厦的设计

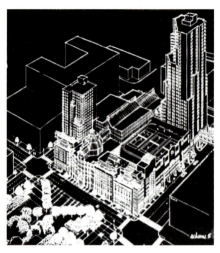

图6.24.5-4　经LRC改进的方案：两座点式塔楼建在7层高的底座上，新底座立面韵律符合邻近原有的建筑。点式塔楼减轻了体量，并扩大了住家的视野

图6.24.5-5　高梯大厦。开发商的最后设计采纳了LRC的许多建议，包括整体的体量，保留麦考尔大楼，协调新旧建筑立面，使用石材，以及创造巨大的室内空间

图6.24.5-6　改建前的高梯大厦原址上的建筑，大半已被拆除

导则列入与开发商的贷款协议。即便LRC无市政府的审批权,可以利用合同权和贷款协议影响并改良设计。事实上,这些导则有助于保护历史建筑肌理,确保了新旧建筑协调。LRC鼓励项目的开发商在大楼内创造大的公共空间,同时,建筑物的体量、材质与街区的特性要保持匹配。

这个较密集工程的设计评审是对LRC追求良好城市设计的一大考验。第一个呈递的设计是一幢高40层的摩天楼,它模仿纽约AT&T公司大楼,侧面与两幢高度跌落的板式公寓楼相接,公寓底部7层为商业和办公用房。这幢笨重庞大的建筑完完全全压倒了周围的历史建筑。于是LRC建议分为2座塔楼,以压缩体量。

第二个设计方案的确包含2座塔楼,但两者都同临一条街,结果仍然体量庞大,就像两座老笨钟。LRC提议把两座点式大厦对角布置,从而减少沉重视感,也增加视野。

LRC提供一系列比选方案来表达建议。既然不能使原大楼保留,LRC建议至少保留两座已有建筑立面,同时,新建筑沿米尔斯公园立面能保持原有建筑的韵律;LRC建议新建筑基座檐部线与毗邻建筑呼应;并建议新大厦之一自公园退后,精心处理墙砖颜色,以减少大楼的体积感,多将门窗设在街面,避免产生任何堡垒的感觉。同时,新大楼必须考虑历史性的麦考尔大楼,以有灵气的方式与之契合。为此,LRC与开发商及其建筑师进行多次磋商,历经周折。令人欣慰的是最后他们终于接受了设计磋商中LRC提出的大部分意见。

当然,最终设计并未包含LRC所有建议。比如,LRC首先建议在大楼的玻璃中庭采用圆形屋顶,因为这与公园周围大楼诸多拱形窗更加匹配,(已经在明尼阿波利斯的另一个项目中使用过圆形)。尽管LRC建议保留人行道,但市政府允许开发商将阳台凸入人行道上部一半,使它更觉狭窄。为保证行人安全,市政府要求开发商在侧石线上加链柱,防止行人在街区中段横穿马路。事后,由于行人任意跨越,多年后,柱子和铁链都被损坏,不得不移走。虽然姊妹楼的外观与老建筑保持一致,但阳台设计的某些方面和色彩搭配却显逊色。但是无论如何,LRC在一系列重大的方面还是取得了成功,保留了有历史性的麦科尔大楼,改进了塔楼和立面设计,在这组综合楼里开辟了一个大公共空间,使新与旧融合,避免出现堡垒般的一组建筑。有人会质疑维护两个立面的构思,如今回想一下,如果当初开发商确愿建新立面而又能反映出历史特色,LRC当然也可舍旧从新。

战略性小结:这一复杂过程主要包括3项策略。一开始,市长做出了裁决,确定了开发规模;在贷款合同中加入设计导则有利于LRC倡导更合理的城市设计;同时LRC也提供比选设计方案,影响设计成果。

6.24.6 候车亭、灯具及其他细节设计重显历史魅力

1981年,圣保罗市并没有与旧城中心历史特质相适应的街道设计标准。LRC聘请了一位顾问与市政机构合作建立了一套街景、历史性路灯和候车亭的设计标准。

路灯是旧城中心街景的关键,LRC希望能重现其历史魅力。通过调研帮助LRC把街灯的设计标准定位在1920年代使用过的路灯模式,同时,还找到了过去制作这种路灯的制

图6.24.5-7 建设成后的高梯大厦

图6.24.5-8 保护建筑局部

图6.24.5-9 图右角的麦考尔大楼得以保留,新旧建筑立面协调

图6.24.5-10 中庭中的电梯

造商。

　　LRC创作了一个既美观、又经济的候车亭方案，也符合城市交通委员会（MTC）的设计标准。为使候车亭能完善该区特色，LRC建议在候车亭的顶部添加一个半圆塑料淡色穹顶，也建议在穹顶两侧稍后的老式街灯上加铁饰。但是，MTC起初反对这个设计。

图6.24.6-1　新的候车棚融入了城区古老街灯的装饰特色

图6.24.6-2　老式街灯重获生命

只是当LRC取得市政府对维持上述附加特征的支持后，MTC这才同意维持建议的候车亭标准断面。LRC制定的设计标准还包括其他准则，如老式长凳和树木防护栏。所有这些推荐标准，都提出力求详尽、调研充分、经济实用的比选方案。

　　最初9个街坊安装老式街灯的确产生了很大影响，提示公众这个历史地区的风貌已走上复兴之路，市政府对LRC的设计标准如此满意，以致把实施范围两次扩大，而且，不仅旧城中心，在整个圣保罗中心区其他地段也使用了这个设计标准，只略作修改。

　　战略性小结：通过制定设计标准，寻找方法，使之得以实施和今后得以适当的维护，LRC获得了成功。

6.24.7　调解天桥选址和设计的矛盾

　　圣保罗的天桥系统是穿过城区的交通干线，在冬天，行人使用更加频繁。由于鼓励行人通过天桥连结点，对大楼内商业的繁荣有很大影响。而且，天桥系统对街景影响严重，当开发商为高梯大厦设计新的天桥连接点时，LRC调解了多处天桥立面的矛盾。

　　为提高其项目的商业利益，高梯大厦开发商希望天桥改线，先入大

图6.24.7-1　开发商的天桥方案违反了城市设计标准

厦，以便导入市中心的人流，不愿行人先行穿过另一个综合开发项目：米尔斯公园公寓商业大楼，从而使高梯大厦的商业受益。LRC认为这样的新天桥改线会减少或限制旧城中心邻近其他大厦的客流，因此极力反对该开发商的计划，因为它只能使一个大厦受益。更好的天桥规划应该使整个社区受益。后来，市政府和其他开发商都支持这个观点，LRC的意见也就被采纳了。

　　为吸引公众注意新天桥，该开发商原先提出一个与市政府良好的天桥设计标准全然不同的设计，LRT担心这个设计会开一个违反市政府设计标准的先例。没有一个贯彻始终的标准，五花八门的设计方案都会出现，凑在一起，很容易沿中心街道出现混乱的景象。

　　LRC通过提供比选方案，化解了政府和开发商之间的潜在矛盾，维护了政府的基本设计标准，但是也允许开发商在天桥内开天窗、增加内部装饰。后来，市政府让开发商在天桥外部使用了不同于标准色的涂料，但幸运的是，它没有成为此后完成的其他天桥工程的先例。

　　虽然LRC在这个个案中成功地扮演了调停人的角色，但这情形仍然

图6.24.7-2　LRC极力维护市政府的天桥设计标准，但同时允许天窗和内部霓虹灯饰有某些变化

面临来自开发商的挑战。事实上，那时开发商已经成功地赢得了某些市议员的支持，很可能就改变了城市天桥设计的准则。通过向市长表明LRC的立场的理论依据以及对市中心出现天桥混乱景象的担忧，LRC赢得了市长的强力支持。正是这种支持才使LRC与开发商达成妥协。

战略性小结：使用比选设计方案，表明天桥规划中达成的妥协。在这个案例中，市长的支持起关键作用。

6.24.8 搬迁农贸市场和兴建新旅馆，一个双赢策略

使团套房旅馆的设计与营建是一个复杂的轶事，涉及许多机构，要求规划采取多种策略来应付。令人高兴的是，它的结果对大家都是积极的。

当初这家连锁旅馆有意在圣保罗农贸市场的位置上建楼，LRC担心白粉刷外墙的仿西班牙设计并不符合旧城中心历史建筑风格，因此请求市长允许LRC加入项目评审程序。当时圣保罗港务局局长不赞成LRC参与，认为在向饭店提供了免税融资后，政府部门和LRC这类非营利民间机构就应当置身事外。该局是半官方机构，致力于发展工业园区和其他使圣保罗受益的项目。它有权发行免税债券，所以其作用在该市有一定份量，很少有人能对他们的工作指手划脚。在市长的邀请和开发商的同意下，LRC开始与开发商、市政府合作。然而，LRC一开始必须解决好农贸市场的搬迁问题。

当这个工程还处在计划阶段时，旅馆就面对来自农贸市场培育者的阻力，因为他们不想搬离这块土地。他们提出将一些平淡无奇的铁皮屋命名为历史性标志的误导性企图，以避免搬迁。这就使LRC不得不在史迹委员会中表明立场，反对此项命名，因为这样做是对圣保罗真正的历史珍宝的一种嘲弄。同时，LRC也在市议会上促请政府拨款在旧城中心另觅新址建造农贸市场。最后市场成功地搬迁到了旧城中心距其他住宅、办公更近的方便地点。

由于旅馆的设计和农贸市场的搬迁密切相关，规划必须同时进行这两项工作。旅馆的外观设计和城市的土地利用是LRC主要关注的。作为一个连锁店，旅馆计划以和其他城市用过的仿西班牙外观相同的设计为特征。LRC努力设计一个比选方案，并试图说服他们那样的外观对旧城中心区位不完全合适。LRC特地指出其他设计和材料应与旧城该区风格更匹配，应当尝试探讨。

关于旅馆的选址用地，LRC建议将大楼放置在街区西侧，以便今后政府能够将东侧的土地用于其他开发。LRC鼓励饭店充分利用这个地点，使顾客能够一览州议会大厦和市中心的建筑天际线。LRC制作了一个模型来证明如何将饭店与今后的住宅区以及饭店南面的规划中的"冬日花园"结合在一起。LRC尊重饭店底层平面，同时建议将平面反转，他们可以将餐厅从旅馆后搬到沿街，使它更能吸引顾客。LRC还建议安装美妙的夜间照明，变换建筑物的体量和立面质感，以避免外型单调。LRC聘请了一名建筑师和一名营造估价师来帮助制定比选设计方案，保证其可行性和符合预算。后来旅馆业主愿意接纳LRC意见，采用了LRC的许多建议。事后，他们还聘请了LRC的顾问建筑师，并最终采用红砖外立面凸窗、铁制栏杆与阳台的设计，既生动，又富有吸引力。旅馆的室内设计仍由它的室内设计师负责，他保留了原来设计的西班牙风格。由于LRC认为自己的责任限于城市设计，LRC没有试图影响室内风格。然而，当室内设计师一度试图改变饭店外观时，LRC坚决反对。

结果，旅馆对于LRC为获取建造基地而做出的努力十分感激，称LRC为工程的"开路先锋"。旅馆发展商对

图6.24.8-1 搬迁破旧的农贸市场，并在原址建新旅馆

图6.24.8-2 旅馆开发商原先想采用仿西班牙风格的设计

图6.24.8-3 旅馆的设计

LRC的建筑师在本工程中的工作也十分满意,并聘请他设计全美国其他5家饭店。在城市改造进程中,得失是多方面的。令人高兴的是,在这个项目上,LRC创造了旅馆和农贸市场双赢的局面。当LRC就旧城中心项目赢得总统设计大奖时,高兴地邀请到许多建筑师和市政府官员一起去白宫出席颁奖仪式,其中,港务局局长也接受了邀请同去得奖。

战略性小结:为了取得连锁饭店建造用地,当农贸市场培育者们试图通过把铁皮屋确定为历史性标志建筑的方式避免搬迁时,LRC不得不参与历史评审程序去予以反对。LRC又在市议会的听证会上极力支持,帮助他们获得经费以兴建一个新的市场。规划还对新市场的设计提出了一些建议,使之很好地与地区风格结合。在饭店这个项目的工作上,尽管港务局反对,LRC还是得到了市长邀请,参与了设计评审过程。LRC为旅馆设计确立了具体的导则,随着工作的推进,又推出了比选方案,以影响饭店的外观设计。

6.24.9 米尔斯公园:利用自由交流的设计程序创造了一个宜人的城市村庄中心

米尔斯公园像旧城中心的大部分地方一样,曾经酒鬼云集。现在,这里是一个重要的社区公共聚集场所——一个富有魅力、氛围自然的广场,吸引着居民、儿童,以及来自整个市中心的企业雇员。

公园是多年规划的成果,也是包含艺术家、社区人员、开发商、城市园林部门、圣保罗公共艺术促进会、市中心区协会、一位园景建设师以及一位雕塑家共同努力的结果。

LRC首先聘请在西雅图一个全美机构——公共场地规划设计顾问处,调查公园的公众使用情况、阳光阴影的结构、绿化栽植和公共空间。然后LRC在全美进行招聘,从德克萨斯州聘一位美术师与市公园局的工作人员合作。LRC建立了一个市民咨询会监督设计过程。LRC多次召开公众会考察公众的需求和愿望,以便确认这些条件在设计中加以充分考虑。LRC向艺术家和景园建筑师提出了条件,要求符合市民的需要,也希望他们为独一无二的公园做出最好的设计。LRC推动项目并筹集资金确保项目顺利进行。规划不得不一次次协调不同设计理念,并寻求比选方案以促改进设计。但是当有人建议在园中放一圆形骑马道,LRC马上力争并阻止了这项不合理的提议,防止它毁坏公园的安宁与设计。

最终设计简洁有力,具有巧妙而深刻的设计理念。一条象征密西西比河的溪流贯穿公园,4个角落入口的4条步道汇集于圆形广场象征着圣保罗。

一张kasota石刻浮雕长凳斜穿街区,把公园一分为二。街区的一半造

图6.24.8-4 新市场被选定和建造在离居住区更近处

图6.24.8-5 LRC的设计模型表明如何将旅馆更好地与未来的居住区和冬日花园结合(玻璃屋顶)

图6.24.8-6 建成的旅馆采纳了LRC的许多设计建议

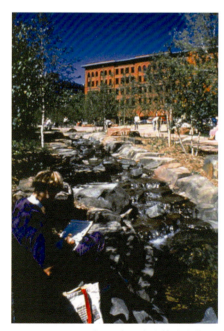

图6.24.9-1 重新设计和建造的米尔斯公园:绿树成荫、繁花簇锦,一条小溪贯穿其中

图6.24.9-2 午间的米尔斯公园人群熙攘

景规整,有如法式花园,树等距排列,而另一半结构较不规整,如同英式花园,在城市中引入一丝乡村风味。一条小径穿过,引人漫步其间,欣赏郁金香、向日葵、一丛丛榉树和挪威松的美景。

利用地形坡度,形成小溪从公园的一端流向另一端。水流终端的水泵使水能循环利用。沿溪种植了白桦树,溪流中好几处石墩步都成了小桥,吸引孩子和大人逗留跨越。铁制和木制的长凳以及其他细部,无不增添公园的历史韵味。

公园的整体设计十分简洁,其单位成本仅及典型城市公园的1/5。在喧闹的都市中提供了一种宁静的感受,又是由大众设计,服务于大众,这正是米尔斯公园能如此受人青睐、喜爱的原因。

战略性小结:这个项目的宗旨就是实现对社区城市设计的一种承诺,鼓励设计构思自由交流,同时却又确保实施过程中决策的明智抉择、敏锐设计和及时行动,以建成这个公园。

6.24.10 影响公众舆论和避免白鹤大厦的拆除

旧城中心历史性仓库是本区价值极为珍贵的资源,如进行修复,这些建筑能增添旧城中心的魅力,保留人们对圣保罗历史的认识。不幸的是,一些业主为了盈利只是寻求快速简便的办法,把它们夷为平地建造停车场或其他草率的新建项目。

LRC工作的一部分就是要介入保护工作,要尽力挽救面临威胁的历史建筑。这些工作开始时,如何利用传媒和其他论坛影响公众舆论的能力十分关键。白鹤大厦的个案经历表明,能否成功地吸引公众对问题的关注决定保护工作的成败。

与农贸市场相邻的白鹤大厦空置多年。业主的出卖标价特别高,大大高出同类建筑的市场价格。因此无人问津。业主宣称修复大楼是不经济的,因此打算拆毁这座优美的旧仓库。LRC与媒体、市议会、城市保护联盟以及历史遗产保护委员会协作,

成功地及时指出这大楼的历史价值。若妥善整修,一如其他大楼可为办公或住家之用。LRC的立场得到了报纸编辑的支持,形成舆论。历史遗产保护委员会(HPC)否决了拆除该建筑的许可证,市议会也支持HPC的立场,一名市议员称旧城中心为"珍宝",值得好好保护,不该拆除。

战略性小结:白鹤大厦的案例显示了LRC与历史遗产保护委员会、城市保护联盟和市议会不张扬的协作的成功。及时的报告和报纸编辑的强有力支持对于唤起辩论反对拆除历史建筑的态度非常重要。

6.24.11 设计导则指引KTCA电视台与停车场建设

市里计划改造L街坊时,请LRC帮助制定设计导则。对地块及其周边建筑进行调查后,LRC认为新建筑应与相邻的联盟车站(经整修后,已有数家餐馆在内,并有一大中庭)、邮局和有历史价值的BN铁路大楼相协调,同

图6.24.10-1 面临业主拆除威胁的白鹤大楼

图6.24.10-2 LRC与社区城市保护人士及传媒合作,成功地取得了市议会的支持,取消旧城中心仓库拆除许可证

时，要求尽力保护由东北向西南俯瞰通向密西西比河的视野。

在本项目和其他一些项目中，LRC着力于提出利用地块优势并有助于形成地块中建筑的彼此协调的简单设计导则，而不是罗列一长串的要求或拘泥于某种特定的建筑风格。LRC考虑过一些基本的条款，并概括为以下4点：

①体量和高度控制。建议在地块北侧和东侧布置高的建筑，而在南侧和西侧布置层数较低的建筑，以扩展通向密西西比河的视野。同时建议建筑高度不超过10层，即BN铁路大楼的高度。

②贴面材料和色彩体系。推荐以砖石材料为主，确保以棕色和红色为基调的相关色彩能与之相适应。

③墙面的开窗与实墙面积比。对现状建筑立面进行调查后，LRC发现开窗与实墙面积比约为30%，因此要求新建筑立面保持这一比例，即不能用玻璃幕墙或全砖墙。

④人行与车行通道。LRC要求保证街道和天桥两边的人行可达性，汽车能通达车库，卡车能通达每个地块。

KTCA公立电视台与市停车车库的项目通过后，LRC参与了与电视台、市政当局和相关建筑师进行的设计交流。LRC提供了比选方案以表明如何依据导则得出一个满足双方要求、将双方设施合二为一，并为电视台未来发展留有余地的设计方案。

最终，车库设于电视台半地下。这种设计方式将车库的上半部与KTCA电视台结合，使整个建筑看来不像是一个车库。这种结构的设计也保证未来电视台可以再增建一层，这样成功地保留了未来发展的可能。其次，在设计市联合慈善机构建筑时，相同的设计导则也用于指导这幢3层建筑，未来有可能扩展为6层。甚至，在遵守设计导则的前提下，东侧地下车库的结构在设计中予以加强，以便将来可支承10层的建筑。

战略性小结：LRC为该项目制定了设计导则，准备了比选方案，通过与KTCA电视台和市政当局的建设性对话，更好地完成了城市设计。

6.24.12 善于选择建筑师以提高设计质量：花园大楼、Heritage老年人公寓和联盟车站3例

当要求LRC选择一名建筑师时，最重要的准则之一是有无历史建筑重修的成功经验。这与建设一幢新建筑相比是非常不同的过程，建筑师是否懂得平衡保护与改善的关系至关重要。

在花园大楼的设计中，开发商面

图6.24.11-1 后面白色大楼东北侧、东侧大楼可较高，表示城市设计为何将KTCA电视台和市属车库结合为一大楼的意图

图6.24.11-2 LRC向KTCA电视台介绍的比选方案之一

图6.24.11-3 竣工后的KTCA电视台与市属仓库结合成一座建筑

图6.24.12-1 一个老家具店更新后作为低收入的老年人公寓(Heritage House)

图6.24.12-2 更新前的联盟车站

图6.24.12-3 联盟车站更新后底层设餐馆，二层设办公

临的是一幢外型破落的老仓库，1970年代曾粗略地翻修过一次。在1970年代后期，只剩下有包括几间办公、缝衣厂和一个临时的剧场等少数几家租户入驻。

在与新的开发商合作时，LRC能帮助考虑如何重新组织建筑的内部空间——在临街层面上设置一家餐馆，上部是办公用房，打开一个大中庭位于建筑中部以助采光，一个新建的剧场空间设在底层。最终形成了一个美观、轻快而敞亮的建筑内部空间，并保持了很高比例的出租空间使之极具经济可行性。

有了以上成功经验后，当LRC应邀推荐一名这幢历史建筑的设计师时，当然会考虑上述名单中同一建筑师。而且，这位建筑师在住宅方面相当有经验。最终开发商选中该建筑师设计Heritage老年人公寓这幢历史建筑。该案例中的一大挑战是提供足够的出租单元数来满足其经济性，而又不毁坏具有历史感的建筑立面。如果建成一幢大而无当的建筑就难与周围环境配合。在建筑的一部分上曾经增加了两层，以满足经济需求，为了避免破坏立面，这两层从建筑的立面撤消了；在建筑中央创造了一个很好的中庭及公共空间。这些设计都获史迹会审核通过。这个设计的成功帮助拯救了该建筑。

而联盟车站的项目提出是全然不同的挑战。这幢大型建筑已空置多年。人们试图重修它，却从未使规划顺利起步。甚至有开发商建议将其巨大的中庭填满用作办公，这就毁了该建筑。最终，旧城中心的再开发形成势头，一位年轻的开发商真正地认识了这幢建筑的潜力，并向LRC求助。LRC为其提供了贷款担保，并应其要求帮助选择建筑师。

重修一个旧铁路车站需要一系列的方法，LRC制定出了一套选择准则——这位建筑师应对史迹保护和设计有丰富的经验，具有优良资历，能在预算范围内完成项目，有重修大型开敞式建筑经验，并对地区历史文脉保持敏感。LRC会同开发商逐步初选了有声望的建筑师，经过复选开发商最终聘用了一个旧城中心获奖的建筑设计公司。

这次开发尽量利用了建筑的大部分设施。最后，LRC还帮开发商招募了一家中国餐馆，还向市府申请到建造通向该建筑的过街天桥的资金。建筑独特的外观得以修复，两个大型餐馆和一间咖啡店吸引人们来到该建筑和户外庭院，原来的售票处现在成了酒吧，一些高科技公司则在楼上办公。修复的中庭给人强烈印象，常有社区聚会在此举行，包括婚宴庆典。

战略性小结：LRC为花园大楼的开发准备了比选方案，对Heritage老人公寓和联盟车站的案例，LRC的主要贡献在于参与选择了项目设计的建筑师。有了称职的、对历史文脉敏感的建筑师，LRC的工作相对就轻松了。

6.24.13 创造旧城中心的场所感

从上述案例可见，LRC通过各种途径创造更好的城市设计。从主动的合作到私下的对话，通过在贷款协议中加入设计细则确保合作，LRC尽力对开发做种种不同的影响。作为一个没有真正法规权力的私人机构，LRC主要依靠开发商、市府的自觉合作。尽管如此，LRC还是能通过使用设计导则、推荐设计比较方案、协调冲突和选择建筑师等各种途径影响设计。另外，LRC还能通过唤起各界的支持来影响设计，包括市长和城市其他工商领导、社会贤达等。积极地参与公众活动也是重要的，其中包含了寻求历史街区的划定、取得历史建筑合适保护审批或拆除审批、或妥为安排社区设计过程都能影响成败。一次次完成复杂项目的案例都需要上述各种途径的综合运用。

LRC的城市设计工作取得了许多积极的成果，并且帮助造就了今天的旧城中心：既是一个新的城市村庄，又是一个当代艺术家和高科技公司聚焦热点的、有魅力的历史地区。LRC保留了对圣保罗历史的记忆，而不仅是保留了一些旧砖块和灰浆。今天的旧城中心是一个非常多元化的社区。LRC以为来自各个收入、年龄和种族阶层的人们创建的邻里关系而自豪。规划的住宅中超过1/4以中低收入人群为对象。

通过高梯大厦的项目，LRC修复

图6.24.13-1　整复前衰败的仓库

图6.24.13-2　整复后改成优美的公管住宅

图6.24.13-3　旧城中心的环境

图6.24.13-4　建筑内部环境

图6.24.13-5　保护建筑细部1

图6.24.13-6　保护建筑细部2

了它东侧的立面，从而帮助重新圈定了米尔斯公园。通过街道景观的项目，LRC将各建筑连接起来并创造了地区感。联盟车站、BN铁路大楼的翻新和对高梯大厦的建设完成了3座中庭，帮助重建了良好的室内空间。连接建筑的天桥使旧城中心在冬天更适宜居住。

旧城中心的大部分项目都包含综合用途：办公结合零售和餐馆、商住综合楼、廉租房(供低收入家庭使用，有辅助租金)结合出租房，每一项都需要对空间、路径和后勤服务的悉心设计，使之联系便捷，并满足办公的需要。

LRC设计导则为旧城中心中各单体项目的联系建立了框架。尽管，这并不是对任何项目都适用。总之，比选方案有助于开拓思路，但并不一定保证产生更好的设计。市政部门和开发商可以选择接受或拒绝LRC的建议。总而言之，市府是否支持更佳的设计，开发商态度和对设计的敏感度，及建筑师的设计能力决定设计的最终成败。

LRC最满意的项目有：米尔斯公园、儿童游乐园、旧城中心公寓和联盟车站。有些项目并未达到理想，可遗憾的是并未能有更大的影响。但是，就像高梯大厦项目，LRC曾为之奋争，至少避免了其中城市设计可能的失败。

LRC赢得了市议院的支持，避免了拆除白鹤大楼，劝阻了CDC公司在重修其商务中心时拆毁其立面。LRC成功地修复了30多幢建筑，也指导了一些新建的旅馆、公园、市场，使其成为良好的住宅、办公楼、旅馆和剧院，令一个新的都市村庄得以展现。然而，LRC与历史保护委员会的合作试图在保护北片区作为历史地区的努力未获成功，在此之后可惜已有5幢

图6.24.13-7　旧城中心已由空置仓库、停车场变为城市村庄，现3000居民、8000位企业家和500位艺术家，并在继续扩大中

图6.24.13-8　整修后的联盟车站中庭为一大饭店

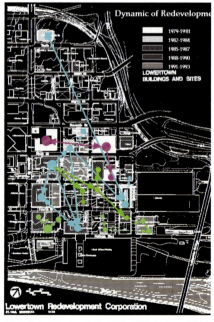

图6.24.13-9　LDC再开发动态：通过启动一批领头项目，并坚持不断地加以培育，又导引其他项目发展，LRC使旧城中心成长扩大

建筑被拆除。

为了节省能源，LRC支持市里实行区域供热，并召集了许多楼房的业主加入该系统，以形成必要的需求量来启动项目。依据能源法规重修并使用30幢老建筑，节约了不少能源。但是，LRC在引进新观念，如"日光分区制"(Solar Envelope)，以鼓励广泛应用太阳能方面并无多大进展。

多年来，规划与合作者共同协作于政府和私人领域。毗邻地区也希望LRC支持其重建活动。例如：圣保罗东区的一些邻里邀请LRC参与重建一处该邻里与旧城中心之间受污染的用地。经过6年的工作，LRC的不懈努力出了成果，制定了在市中心地区创建一处新花园的总体规划，在公园保护用地信托机构帮助下筹措相当数量的基金。用地已被征购，两年内将建成园道连接东区、旧城中心和3个重要区域的园道系统。LRC已与许多邻里合作，从事许多城市中心区建设项目。

由于在供应住宅方面的成功，许多开发商前来旧城中心寻求从市场上获利。另有1亿美元的资金正投入旧城中心。另外，在滨水地区、车站周边、邮局、北片区和下法兰溪主要地区还有更大的潜力吸引LRC去争取。规划相信旧城中心前景将更美好。规划也为之筹划河滨公园发展计划(River Garden)。

6.24.14 城市设计之道

旧城中心提供500位艺术家以及许多大大小小艺术机构的生活和工作空间，这些案例反映了多年来为创造性的城市设计耐心探索，包含为数不少的难能可贵的经验教训。作者为包括美国圣保罗等4个城市工作，并为

图6.24.13-10　河滨公园的规划需要抓住河滨住宅、休闲、艺术家和企业的发展机会

图6.24.13-11　Bruce Vento野花园垦复后景观

图6.24.13-12　从Bruce Vento野花园看圣保罗市

美国以及世界各地的许多城市担任顾问，深深了解城市设计的挑战。城市设计的成功与否取决于人们如何参与复杂的决策过程。城市设计与建筑设计不同。建筑设计专注于特定的地块，有其自身的客户和项目设计要求。客户拥有土地，只要符合城市法规，就对设计有绝对的控制力，项目有起始和完成日期。相反，城市设计通常范围很大，客户众多，计划程序复杂，但控制权却有限。在城市设计与开发中，没有完工日期，某阶段的开发完成时，新一阶段的开发可能已经开始了。因此，在城市设计中采取的方法就必须全然不同。

首先，成功的城市设计建立在对社区经过深思熟虑而制定的远景战略之上，以使人们相信其成功的可能性。然而，单有远景并不能达到目的，同时必须有一个实施步骤，逐步实现远景设想。战略远景和逐步实施步骤是制定城市设计的第一步。

第二，城市设计过程的制度化是重要的。在城市的无数轻重缓急要素中，城市设计未必能得到必要的重视。市府领导部门必须通过提供足够的人员、财力，并赋予在与政府和私人机构合作中相应的设计评审权，从而在寻求与达成更好的城市设计中扮演关键角色。设计人员必须对复杂的城市设计的各个方面有深刻理解，并具有相当的经验，包括从视觉形态到意向、行为科学、市场调研、立法工具、程序和融资。一定要避免官僚主义的态度和办事程序，为民众服务的愿望是基本的前提。

第三，成功的城市设计需要具体的设计导则，以及创新的比选方案。一个成功的城市设计如不是出自于一些设计框架和一系列设计原则，无论其写得多么高深，或讲得多动听，都需要仔细建立切实的设计导则和创新的比选方案，来面对并阐释所面临的问题。在制定设计导则时要有选择性，以提供一个框架，使各项目相关联，又为设计者留有足够创造的空间。LRC可以通过比选设计方案来促进对话，探索以达到更好的城市设计。成功的城市设计包含齐心协力、建设性对话和耐心的探索。

第四，成功的城市设计应反映市场需求。人们必须认识到：更好的城市设计不只是合理利用土地和平衡的交通方案，必须抓住塑造城市形态的各种因素，必须清醒地理解开发商的获利"底线"，除非有合理的利益，否则无法吸引投资，理想中的开发就永

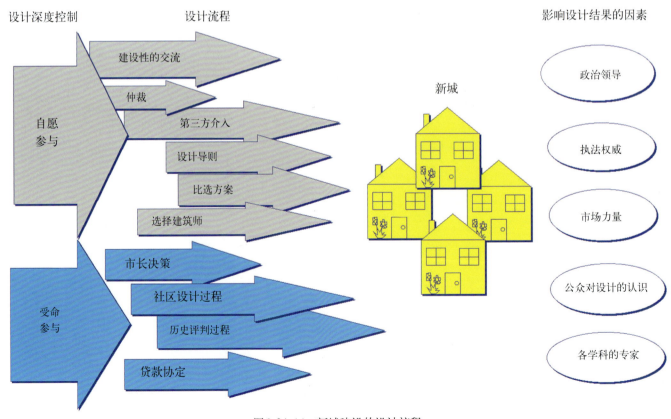

图6.24.14　新城建设的设计流程

无实现之日。人们必须认识各种设计方案的造价，并理解时间就是金钱，设计评审与对话应有时间限度，不能拖延。意识到获利"底线"是重要的，然而，如要求突破，创造性设计也应得到鼓励。有时创造性的设计不仅有助于扩展现有的市场，也会开拓新的天地。

第五，成功的城市设计应反映人们的需求。通过民众对他们的公共领域及自己社区邻里的参与，才能创造一个更适于生活的环境。人们必须理解城市设计的社会影响，并有责任为大众造福。例如，社区的丰富特性并不能单靠宣告而取得，而需要通过一个行动过程，寻求足够的资源为低收入家庭提供低廉、能支付得起的住宅。

第六，成功的城市设计还特别需要有创新性。发现、提拔、任用有才能并有革新精神的设计者非常重要。他们并不易于召集到，一旦着手工作，需要为他们创造一个良好的工作环境。有时设计者需受到挑战，才能做出杰出设计；有时也需要得到支持，以免他们迷失于繁琐的官僚主义程序，或受更大的商业利益压力而妥协。

第七，成功的城市设计还需要高效率的沟通和争取政治力量的支持。城市设计不可避免的是一个政治过程，成功的城市设计取决于在特定的情况下，如何引导必要的政治力量，获取公众对设计的支持。必须充分理解每个城市的市内领导结构，以及当地领导是如何独自和协同工作的方式，只有这样才能有效率地推动城市设计。必须赢得社区人民的信任，能与媒体及公众有效地交流，才能争取舆论对好的城市设计的支持。好的城市设计是有效的沟通和争取各方支持的结果。

城市是活着的、呼吸着的有机体，说到底是人群而不是砖块对城市设计有极大的影响。LRC从未试图成为"规划大师"而独断地决定每幢建筑如何设计，而是力图理解人们的需求，并满足人们的愿望。LRC邀请多方共同进行旧城中心的城市设计工作。像其他城市一样，旧城中心的成败恰如其分地反映了当地人民协同工作的成败。它虽不像一个新城看上去那样新，但其复杂性也许正反映了一个历经沧桑演化而来的真实的城市。

城市的市内领导结构影响到社区的领袖们如何为公众的目标而工作。开明的城市领导者、敏锐的媒体、得到充分信息的公众、学识丰富的设计评论家们、有经验和责任心的政府专业人员和非政府组织(如LRC)都能对城市设计有深远的影响。行政机构、领导人、对未来的看法、资源和轻重缓急顺序等各方面的变迁对城市设计的未来都会有深远影响。旧城中心也是许多传统和创新企业的营地。在旧城中心，规划扎根于圣保罗历史，建立一个有生气的社区。LRC与美国及国外的许多城市分享了这些经验，从加拿大威尼伯格到田纳西的加太奴加，从西雅图到罗德岛的普罗威顿斯，从洛杉矶南中心的改建到北京的城市保护。与各方交流思想时，LRC也得益匪浅。大家分享着对自己城市未来的满怀信心，一代代市民将重享城市生活，而他们也将为所处城市的更新不断地做出贡献。

编者按：本篇是作者卢伟民先生提交的在几个城市论坛上演讲的综述，包括1998年在日本横滨举办的第二届世界城市设计论坛和1999年交给罗德岛设计学院及北京国际建筑师大会的文章。

卢伟民先生1981年来任旧城中心再开发公司总裁。他在美国圣保罗、达拉斯和明尼阿波利斯所做的工作得到了广泛的认同——通常是作为美国和亚洲的政府、基金会和私营企业在城市设计以及政府与私企合作方面的顾问。

在他的主持下，LRC成为圣保罗毗邻地区具有历史意义的旧城中心重大发展的成功触媒。1979年来，以公私合作的运作形式，LRC在旧城中心吸引了超过4.5亿美元的投资。另外1亿美元的投资正由城市和私人投资者注入，形成一个独一无二的"都市村庄"新模式，并成为国际上城市更新的典范之一。

他为美国和国际上众多公共和私人机构提供咨询，从洛杉矶南中心的重建到北京的城市保护及兴建计划，从加太奴加的滨河区到罗德岛州普罗威顿城中心，从台北市到新加坡城。他历任麻省理工学院东亚城市规划研究所顾问、东京大学客座教授等。1999年，他受聘为北京市长的规划顾问。他在从业生涯中已获得多项荣誉和奖项，包括1985年为优秀设计颁发的四年一度的总统奖。

他是美国建筑师学会的荣誉会员、美国注册规划师学会成员、城市规划师协会委员、美国城市设计分会会长，并任拥有华商艺术、学术、公共服务、商务和科技领导人的全美机构百人会的副会长，为加强中美学术交流，提高华裔在美权益而努力。

6.25 日本名古屋久屋大道公园

6.25.1 概况

久屋大道公园位于日本名古屋中心区，北起外掘道，南至若宫大道，是一条南北向的景观大道，全长约1.75km，其间有10条主、次道路穿越。大道断面宽度为100m，两侧各有15m的车行道，中间为70m的公园景观用地（车行道与两侧建筑之间各有5～10m的人行道）。

久屋大道公园最初是由于第二次世界大战结束后，在名古屋重建规划中作为城市中心防震（火）灾的避难场所而建设的。1952年两侧道路及中间的几何形花坛建成，1968年开始公园景观设计及建设，1971年投入使用。此后不断建设，增添新的内容，如今已成为日本最负盛名的一条开放式公园兼景观大道。

6.25.2 城市设计结构

1946年，面对二战的废墟，名古屋提出了"中部重建构想方案"。其中100m的久屋大道及其周围地区是新的城市中心地区，因此，久屋大道公园是闹市区中的绿洲和市民休闲的场所。公园中最早建成的构筑物是名古屋观光电视塔，奠定了久屋大道景观轴上的地标位置。据此，名古屋规划部门制定了《都市景观形成基准》和《都市景观整备计划》，并对市民公示。城市设计对大道两侧建筑的高度、外装修色彩、大型广告设置等都做出了严格限制，并对地下停车场出

图6.25.1　久屋大道全景

6.25 日本名古屋久屋大道公园

入口、沿街一层店面、地面铺装小品、公益设施的设置做出了具体规定。

1.7km长的带状公园，按城市设计要求划分三段，在格局和空间形态上各有特色。第一段是从北端外掘道至樱道，长约450m，这一段是以自然为基调，其间广植参天大树及不同季相的花草，穿插各种水景、小品。与名古屋缔约的世界各友好城市，在这一段都有纪念物或大型雕塑，如洛杉矶水庭广场、南京华表广场、墨西哥城图腾园等。第二段从樱道至广小路道，该段长550m，是整个久屋大道公园的高潮段。高耸的观光电视塔及地下商业街下沉广场（两条地铁的换乘点）与近年建成的爱知艺术中心、人工河及雕刻庭广场共同构成了宜人的空间序列和景观环境。第三段从广小路道至若宫大道、全长约750m，由一系列开放的、不同主题、不同标高的广场群组成，如喷泉广场、久屋广场、光广场，最后以南端绿丘（下为地下咖啡屋）上的巨大船形构架雕塑收尾（在夜间与电视塔顶一束激光相连）。

久屋大道公园从1968年正式按开放式景观公园建设以来，历时30余年不断，但一直在总体格局、空间组织、城市肌理、历史文脉上把握全局，塑造极具特色，形成充满魅力又具有人情味的丰富的城市开放空间，给人留下难以忘怀的印象。

资料来源：日本名古屋都市计画局，《久屋大通都市景观整备地区计画及形成基准》，1993

图6.25.2-1　观光电视塔

图6.25.2-2　洛杉矶水庭

图6.25.2-3　久屋大道中段

图6.25.2-4　久屋大道南段喷泉广场

图6.25.2-5　久屋大道南段广场之绿丘

图6.25.2-6　久屋大道北段城市设计图

6.26 大阪花与绿博览会

大阪国际庭园、花木博览会是国际博览局指定的特别博览会，于1990年4月1日至9月30日在大阪鹤见绿地举行。该地距大阪市中心京桥站8km，5～10分钟行程，估计接待2000万人次。

博览会探索人与自然共存，协调产业与生命、文明与自然的关系。基地140h㎡，分3个区域：街道区33.4hm²，位于西南部，南侧是自然、文化、传统、生活等基调的多家展馆群的体现花的属性主题；北侧娱乐区洋溢着梦想与欢乐，游、乐、食的功能展现于多彩的浪漫夜景中；山丘区在会址东北部蜿蜒展开，日本与世界近50个国家主题园，沿着白、粉红、黄色花朵区分的小径，构成自然、亲切的国际人文交流的序列场所。会场西南部以中央水体为核心，环绕配置着一s系列大花坛，与举办游行、比赛、聚会等各项活动的多功能广场有机结合，体现人与自然共存，设置会场的主入口、南广场。

花与绿博览会的总体格局综合考虑了自然地形、主要交通流向、主题展馆的有序布局；水上游览道和架空索道和步行系统组成良好的观景、景观运动渠道。

图6.26-1 总平面

6.26 大阪花与绿博览会

图6.26-2 规划模型

图6.26-3 政府苑

图6.25-4 温室花木馆

图6.25-5 东京馆

429

6 节点的城市设计：中外城市节点实例

图6.26-6 街道区

图6.26-7 原野区

图6.26-8 山丘区

本分册有关项目组稿撰稿者名单

1 总论
1.1	编写立意	朱自煊
1.2	城市设计简史与范畴、理论和原则	朱自煊
1.3	现代城市设计理念与渊源	朱自煊
1.4	我国当代城市设计进展	朱自煊
1.5	城市设计基本要素	郭恩章

2 区域发展战略及总体城市设计：区域、城市、中心城、分区
2.1	概述	黄富厢
2.2	秦皇岛西部海岸带	王凯、朱子瑜
2.3	深圳总体城市结构	周劲、杨华
2.4	广州城市发展战略概念	史小予、黎云
2.5	厦门本岛东南滨海地区	王唯山
2.6	上海城市空间发展结构	卢柯、黄富厢、何海涛
2.7	澳大利亚堪培拉总体城市设计	何海涛、卢柯（资料提供及指导：赵民）
2.8	美国旧金山城市设计研究	黄富厢、何海涛、卢柯
2.9	上海中心城总体城市设计研究	黄富厢、沈果毅、卢柯
2.10	浙江金华总体城市设计	卢济威、文小琴
2.11	上海中心城分区城市设计结构	卢柯、黄富厢
2.12	唐山中心城区	郭恩章、扈万泰、吕飞
2.13	宜昌中心城区	夏文翰
2.14	昆明主城核心区概念规划	赵文凯
2.15	蓬莱中心城区	耿宏兵、汪坚强

3 城市局部范围的城市设计（一）：中心、商业街、大道
3.1	概述	朱自煊
3.2	上海虹桥新区	黄富厢
3.3	上海陆家嘴中心区	黄富厢、钱欣
3.4	深圳中心区	周劲、杨华
3.5	北京CBD	张铁军
3.6	北京中关村西区	郑筱津
3.7	上海人民广场地区	奚文沁
3.8	上海南京东路商业步行街	孙珊、梁国兴
3.9	北京王府井商业街	石晓冬
3.10	大连中轴线——人民路、中山路	李巍、钱艳芳
3.11	大连星海湾商务中心	钱艳芳
3.12	江阴新中心区	邓东、朱子瑜

3.13	嘉兴中心区	邓东
3.14	哈尔滨中央大街	徐苏宁
3.15	厦门市府大道地区	王唯山
3.16	厦门旧城保护与中山路商业步行街	王唯山
3.17	中山孙文西路文化旅游步行街	周劲、杨华
3.18	澳大利亚布里斯班步行街(两例)	Michael Rayner 文；孙俊 译；金忠民 校
3.19	美国明尼阿波利斯尼可莱特步行街	卢伟民 文；何海涛、孙俊 译；黄富厢、金忠民、卢伟民 校；钱欣 图
3.20	香港中环、湾仔步行天桥系统	黄富厢、钱欣
3.21	北京长安街	石晓冬
3.22	青岛东海路	张昆先、李乃胜、尚杰
3.23	法国巴黎香榭丽舍大街	边兰春
3.24	法国巴黎德方斯	边兰春
3.25	美国华盛顿宾夕法尼亚大街	边兰春
3.26	美国华盛顿中心区	钟舸
3.27	德国柏林新行政中心	卢济威、文小琴

4 城市局部范围的城市设计（二）：旧城保护、居住区

4.1	旧城保护城市设计概述	朱自煊
4.2	北京中轴线	北京市城市规划设计研究院方案：石晓冬；中国城市规划设计研究院方案：邓东、范嗣斌、朱子瑜
4.3	北京什刹海	朱自煊
4.4	黄山屯溪老街	朱自煊
4.5	西安钟鼓楼广场	张锦秋
4.6	广州沙面	袁奇峰
4.7	广州骑楼街保护与开发规划研究	刘云亚、李颖、彭涛
4.8	哈尔滨圣索菲亚教堂广场	徐苏宁
4.9	上海历史文化风貌区保护(附：外滩实例)	王卫青、梁国兴
4.10	厦门鼓浪屿风景名胜区	周维钧
4.11	上海"新天地"广场地块	顾军、卢柯、黄富厢
4.12	居住区城市设计概述	金忠民、黄富厢
4.13	上海新康花园	姚清、梁国兴
4.14	上海陕南村	姚清、梁国兴
4.15	上海古北新区三区	奚文沁
4.16	上海万里示范居住区	乐晓风
4.17	湖州东白鱼潭居住小区	单锦炎、周柏华
4.18	湖州碧浪居住小区	单锦炎、周柏华
4.19	厦门瑞景新村	周维钧

5 城市局部范围的城市设计（三）：滨水区

5.1	概述	黄富厢、金忠民、朱子瑜、钱欣
5.2	四川都江堰景区	万钧
5.3	厦门员当湖滨水区	周维钧
5.4	厦门莲前路	周维钧

5.5	宁波核心滨水区	周日良、袁朝晖
5.6	上海黄浦江两岸地区	孙俊
	附：黄浦江两岸地区规划设计导则	苏功洲、金忠民、卢柯
5.7	杭州滨江新中心	孙珊
5.8	天津北运河治理工程	王洪成、吕晨
5.9	成都府南河滨水区	郑小明、何兵
5.10	沈阳新开河滨水区	吕正华、赵明、胡红
5.11	日本横滨21世纪滨水区(MM21)	黄富厢、钱欣
5.12	日本东京幕张新都市	吕斌
5.13	日本东京临海副都心——彩虹城	吕斌
5.14	澳大利亚悉尼2000奥运会址	黄富厢、钱欣
5.15	美国巴尔的摩内港更新	黄富厢、钱欣
5.16	桂林环城水系	顾力

6 节点的城市设计：中外城市节点实例

6.1	概述：	
6.1.1	总论、6.1.2 设计内容、6.1.3 实体环境元素、6.1.4 设计成果	郭恩章、徐苏宁、吕飞
6.1.5	对城市节点中有关广场设计的问题分析	郭恩章
6.1.6	国内城市节点实例概述	卢济威
6.2	北京天安门广场	石晓冬
6.3	北京东皇城根遗址公园	石晓冬
6.4	铁路上海站地区环境整治	孙俊
6.5	台北火车站特定专用区	白瑾、黄文亮
6.6	上海豫园旅游商城	熊鲁霞
6.7	南京夫子庙	刘正平、陶韬
6.8	深圳中心区中心广场及南中轴	杨华、周舸
6.9	上海静安寺中心广场	卢济威、文小琴
6.10	浙江临海崇和门广场	卢济威、文小琴
6.11	重庆人民广场	曹春华
6.12	上海2010年世界博览会方案	卢柯
6.13	昆明世界园艺博览会	左为敏
6.14	梵蒂冈圣彼得广场	徐苏宁
6.15	意大利威尼斯圣马可广场	徐苏宁
6.16	意大利罗马波波罗广场	徐苏宁
6.17	澳大利亚悉尼达令港	黄富厢、钱欣
6.18	美国费城市场东商业中心	黄富厢、钱欣
6.19	日本大阪商务圈区(OBP)	黄富厢、钱欣
6.20	日本东京新宿副中心	卢济威、文小琴
6.21	美国纽约洛克菲勒中心	钟舸
6.22	美国纽约金融中心及帕特里公园城	钟舸
6.23	德国柏林波茨坦广场	卢济威、文小琴
6.24	美国圣保罗旧城中心	卢伟民 原著；何海涛、孙俊 译；黄富厢、金忠民、卢伟民 校；钱欣 图
6.25	日本名古屋久屋大道公园	刘正平
6.26	日本大阪"花与绿"博览会	黄富厢、钱欣

提供城市设计项目实例的机构
(以拼音字母为序)

澳大利亚Cox Rayner建筑事务所
北京市城市规划设计研究院
北京大学环境与规划学院
成都市城市规划设计研究院
重庆市城市规划管理局
大连市城市规划设计研究院
都江堰市城市规划管理局
广州市城市规划管理局
广州市城市规划勘测设计研究院
哈尔滨工业大学城市设计研究所
湖州市建设局
昆明市城市规划设计研究院
美国Weiming Lu Consultants, Inc.
南京市城市规划设计研究院
宁波市城市规划管理局
清华大学建筑学院
清华大学城市规划设计研究院
青岛市城市规划管理局
上海市城市规划设计研究院
深圳市城市规划设计研究院
山东省建设管理委员会
沈阳市城市规划设计研究院
同济大学建筑与城市规划学院
天津市园林规划设计研究院
台北沈祖海建筑师事务所
台北境群国际规划设计有限公司
厦门市城市规划设计研究院
宜昌市城市规划管理局
中国城市规划设计研究院
中国建筑西北设计研究院

参 考 文 献

1. F·吉伯特(F.Gibberd)著. 程里尧译. 市镇设计(Town Design). 北京：中国建筑工业出版社，1983
2. E·N·培根(Edmund N. Bacon)著. 黄富厢，朱琪编译. 城市设计(Design of Cities). 北京：中国建筑工业出版社，1989年第一版，2003年修订版
3. L.Halprin著. 黄富厢等译. 城市. 国外城市规划.1988第1～4期，1989第1～4期，1990第1期
4. 凯文·林奇(Kevin Lynch)，加里·海克(Gary Hack)著. 黄富厢，朱琪，吴小亚译. 总体设计(Site Planning). 北京：中国建筑工业出版社，1999
5. 凯文·林奇(Kevin Lynch)著. 项秉仁译. 城市的形象(The Image of the City). 建筑师(19)、(20). 北京：中国建筑工业出版社，1984
6. (美)Wayne. Attoe, Donn. Logan著. 王劭方(台)译. 美国都市建筑——城市设计的触媒(American Urban Architecture-Catalysts in the Design of Cities)
7. (美)Halprin著. 上海市城市规划设计研究院译. 美国九大城市的城市设计(Downtown U.S.A—Urban Design in Nine US Cities), 1982
8. 熊明等著. 城市设计学. 北京：中国建筑工业出版社，1999
9. 中国城市规划学会. 城市设计论文集. 北京：城市规划，1998
10. 陈明竺著. 都市设计. 台北：创兴出版社，1992年第一版，1999年第六版
11. (美)Urban Land Institute(1980)编. 开创都市与土地研究室译. 市中心开发(都市发展与复苏，CBD开发)—Downtown Development Handbook.1999
12. (美)Cyril. B.Paumier原著. 马鉴译. 成功的市中心设计(Design the successful Downtown). 台北：创兴出版社，1995
13. (美)Richard Collins，E.Waters原著. 邱文杰，陈宇进译.旧城再生——美国都市成长政策与史绩保存(American Downtowns-Growth Politics and preservation). 台北：创兴出版社，1995
14. (美)乔纳森·巴奈特(Jonathan.Barnett)原著. 谢庆达译. 都市设计概论(An Introduction to Urban Design). 台北：创兴出版社，1993
15. (美)Bernard Frieden, Lynne Sagalyn原著. 都市更新研究发展基金会译. 浴火重生：美国都市更新的奋斗故事(Downtown：How American Rebuilds Cities). 台北：都市更新研究发展基金会出版，1999
16. 王建国著. 现代城市设计理论和方法. 南京：东南大学出版社，1991
17. 王建国编著. 城市设计. 南京：东南大学出版社，1999
18. 徐思淑，周文华. 城市设计导论. 北京：中国建筑工业出版社，1991
19. 高文杰. 不同规划阶段的城市设计. 上海：城市规划汇刊，1992(3)
20. 朱子瑜，邓东，张播. 中观层次城市设计的实践. 北京：城市规划，2002(12)
21. 中国城市规划学会. 城市设计论文集. 《城市规划》编辑部，1998
22. 王景慧，阮仪三，王林. 历史文化名城保护理论与规划. 上海：同济大学出版社，1999
23. 罗小未，常青. 海口南洋风格建筑形态及其保护性改造(椰风海韵——热带滨海城市设计). 北京：中国建筑工业出版社，1994

24. 罗小未主编. 沙永杰，钱宗灏，张晓春，林维航编著. 上海新天地——旧区改造的建筑历史、人文历史与开发模式的研究.南京：东南大学出版社，2002
25. 日本名古屋都市计画局. 久屋大通都市景观整备地区计画及形成基准. 日本名古屋, 1993
26. 朱家瑾编著. 黄光宇主审. 居住区规划设计. 北京：中国建筑工业出版社，2000
27. ?6上海住宅设计国际交流活动组委会编. 上海住宅设计国际竞赛获奖作品集. 北京：中国建筑工业出版社，1997
28. P.Spreiregen (AIA).Urban Design. Architecture of Towns and Cities. Robert E.Krieger Publishing Company.Malabar, Florida，U.S.A, 1981
29. The Prime Minister's Task Force.Urban Design in Australia. Australia, 1994
30. Rob Krier，Rizzoli. Urban Space, 1979
31. D.Gosling/B. Maitland.Urban Design Concepts. St.Martins' Press. London/New York，1984
32. Humid Shirvani. Urban Design Review, APA, 1981
33. Gordon. Cullen.The Concise Townscape. Van Nostrand Reinhold Company, 1961, Reprinted 1975～1986
34. Ian.Mcharg. Design with Nature.National History Press, 1969
35. Orplan/Weidleplan Consultants.Helwan City—Urban Design (1976)
36. S.kostof. The city assembled—The Elements of Urban Form Through History, Thames and Hudson, 1992
37. Christopher Alexander，Hajo Neis.Artemis Anninou、Ingrid King. A New Theory of Urban Design. Oxford University Press，1987
38. Banerjee and Michael Southworth edited.C ity Sense and City Design. Writings and Projects of Kevin Lynch, 1918. MIT Press, 1990
39. Jonathan Barnett. Urban Design as Public Policy. Architectural Record Books, 1974
40. Jane Jacobs. The Death and Life of Great American Cities.Alfred A.Knopf, Inc. and Random House, Inc.
41. 特集 幕张ベイタウン. 造景，1997(7)
42. 大村虔一，幕张·新都市住宅地の都市デザイン.アーバンデザインの现代的展望.鹿岛出版会，1993，44～59
43. 日本千叶县企业厅.幕张新都心住宅地都市デザインガイドライン，1991
44. Nippon Convention center, Inc. About Makuhari New City. http://www.m-messe.co.jp, 2003

后 记

城市设计是当前城市规划领域内的一个热点，严格意义上的城市设计在我国还是一门新兴学科，其相关理论和实践还处于不断的发展和充实过程中，因此，《城市设计》分册的编撰是一项有相当难度的工作。本分册既是一本专业性要求高、信息量大的参考书，也是一本学术性、探索性较强的资料集，在理念归纳和案例运用方面与《城市规划资料集》其他分册相比可能具有一定的特殊性。

鉴于城市设计研究在我国城市规划领域还处于探索阶段，一些理论和观点将随着城市规划科学的发展和城市设计实践不断的完善。编委会在编辑本分册过程中，对城市设计理念阐述和实例选择方面赋予了一定的包容性，以期让读者有所思考、选择和借鉴。本分册在简要阐述城市设计范畴、理论、要素和原则的基础上，按照宏观、中观和微观城市设计三个层次，以理念为引导，中外实例介绍为主阐述，较客观地分析了国内外一些不同空间、规模的城市设计优秀实例。这是一份记述了国内城市规划领域城市设计思想逐步发展的资料，也是我国城市设计实践阶段性成果的记录。

在建设部和总编委的指导下，上海市城市规划设计研究院牵头，联合中国城市规划设计研究院和北京、深圳、厦门、广州、大连、成都、山东、南京和宁波等规划院、建委或规划局的专家，以及清华大学、同济大学、哈尔滨工业大学的教授等组成了编委会。编委会确定的本分册编制大纲，以"理论·实践·前瞻"为取向，遵循"理论与实践结合"、"宏观、中观、微观结合"、"中外实例结合"三个编撰原则。本分册以城市设计基本理念为引导，反映我国不同规模层次城市设计基本原理结合实例的应用，试图对今后的城市设计与实施，起一定的指引、借鉴和启迪作用，体现总编委关于"实例为主，不是理论著作，有理论指引"的意图。

根据我国城市设计实践的实际情况，编委会在本分册编辑过程中，多次对有关城市设计理论、要素等内容进行交流，在达成共识的基础上，对组稿项目进行修订。为了保证质量，在主编叶贵勋的主持下，编委会内成立了由黄富厢、朱自煊、郭恩章、卢济威、朱子瑜、金忠民等组成的技术小组，并由上海城市规划设计研究院黄富厢、金忠民负责编委会日常工作，并配合主编落实组稿的初审、修改、统稿和校订。

本分册编辑过程中得到了总编委的关心和支持，得到了许多单位和同仁的热情帮助。在此，要特别感谢清华大学朱自煊、边兰春、钟舸、郑筱津，哈尔滨工业大学郭恩章、徐苏宁、吕飞，同济大学卢济威、赵民、文小琴，中国城市规划设计研究院朱子瑜、邓东、王凯、耿宏兵、赵文凯、范嗣斌，北京市城市规划设计研究院朱嘉广、石晓冬、张铁军，北京大学吕斌，深圳市城市规划设计研究院王富海、杨华、周劲、周舸，厦门市城市规划设计研究院周维钧、王唯三，广州市城市规划管理局史小予、黎亦众、黎云，广州市城市规划勘测设计研究院袁奇峰、刘云亚、李颖、彭涛，山东省建设厅昝龙亮，大连市城市规划设计研究院钱艳芳、李巍、曹世法，青岛市城市规划管理局张昆先、李乃先、尚杰，南京市城市规划设计研究院刘正平、陶韬，宁波市城市规划管理局周日良、袁朝晖，中国建筑西北设计研究院张锦秋，重庆市城市规划管理局扈万泰，重庆市城市规划设计研究院曹春华，成都市城市规划设计研究院郑小明、何兵，都江堰市城市规划管理局万钧，宜昌市城市规划局颜家万、夏文翰，沈阳市城市规划设计研究院吕正华、赵明、胡红、吕世彤，天津市园林规划设计研究院王洪成、吕晨，湖州市建设局单锦炎、周柏华，昆明市城市规划设计研究院左为敏……感谢他们在百忙中为本分册组稿、撰稿和审稿，或提供资料。

这里还要特别感谢四位境外的实例供稿者。美国著名规划师卢伟民提供了他在美国城市设计实施中获总统大奖的圣保罗旧城中心的实例，以及明尼阿波利斯尼可莱特步行街实例，两案例经编委组织编译后，作者又亲自校订，虽然有的长一些，值得细读。旅美城市设计学者黄文亮与台湾城市设计专家白瑾提供了台北车站实例。澳大利亚建筑规划专家麦高·莱纳(Michael Rayner)提供了两个步行街实例。

主编单位上海市城市规划设计研究院提供中外实例28个，撰稿者包括黄富厢、金忠民、苏功洲、梁国兴、熊鲁霞、卢柯、何海涛、沈果毅、钱欣、孙珊、孙俊、顾军、顾力、姚清、奚文沁、乐晓凤、王卫青等。

城市设计涉及多种学科和知识，其内涵和外延都极为丰富。本分册虽然力求抓住城市设计主要内容，但限于水平和认识，难免疏漏和主观片面；另外，案例介绍涉及国内中西部城市的城市设计实例较少，有关居住区的城市设计实例尚待补充，这些都有待于在今后修订时完善、充实。

最后对中国城市规划设计研究院王静霞、戴月、张菁等代表总编委提出的宝贵意见，以及中国建筑工业出版社张惠珍、王伯扬、陆新之在出版过程中的协助表示诚挚的谢意！

《城市设计》分册编委会
2004年3月

城市规划资料集

第五分册 城市设计(上)

总 主 编　中国城市规划设计研究院
　　　　　　建设部城乡规划司
第五分册主编　上海市城市规划设计研究院

中国建筑工业出版社

图书在版编目(CIP)数据

城市规划资料集(五)城市设计(上)/上海市城市规划设计研究院主编.
北京：中国建筑工业出版社，2004
ISBN 978-7-112-06812-8

Ⅰ.城... Ⅱ.上... Ⅲ.①城市规划-资料-汇编-世界②城市规划-
设计-资料-汇编-世界 Ⅳ.TU984

中国版本图书馆CIP数据核字（2004）第087190号

责任编辑：王伯扬 陆新之
特邀编辑：张 菁
封面设计：冯彝铮
责任设计：孙 梅
责任校对：刘 梅 张 虹 王 莉

城市规划资料集
第五分册 城市设计（上）

总 主 编　中国城市规划设计研究院
　　　　　　建设部城乡规划司
第五分册主编　上海市城市规划设计研究院

中国建筑工业出版社出版、发行(北京西郊百万庄)
各地新华书店、建筑书店经销
北京嘉泰利德公司制版
北京方嘉彩色印刷有限责任公司印刷

开本：880×1230毫米 1/16
印张：28½ 字数：1000千字
版次：2005年1月第一版
印次：2013年8月第五次印刷
印数：8501—9700册
定价：187.00元(上、下)
ISBN 978-7-112-06812-8
　　(12766)

版权所有　翻印必究
如有印装质量问题，可寄本社退换
(邮政编码 100037)

《城市规划资料集》总编辑委员会名单

顾问委员会（以姓氏笔画为序）

仇保兴　叶如棠　齐　康　陈为邦　吴良镛　李德华　邹德慈　郑一军
郑孝燮　周干峙　赵宝江　曹洪涛　储传亨

总编辑委员会

主　任

王静霞　陈晓丽　唐　凯

委　员（以姓氏笔画为序）

马　林　王伯扬　邓述平　左　川　石凤德　石　楠　叶贵勋　白明华
李兵弟　李嘉辉　陈秉钊　邹时萌　余柏椿　杨保军　柯焕章　顾小平
贾建中　黄富厢

总编辑委员会办公室

张　菁　谈绪祥　刘金声　陆新之　何冠杰　万　裴

《城市规划资料集》各分册及主编单位名单

第一分册： 总论（主编单位：同济大学建筑城规学院）

第二分册： 城镇体系规划与城市总体规划（主编单位：广东省城乡规划设计研究院、中国城市规划设计研究院）

第三分册： 小城镇规划（主编单位：华中科技大学建筑与城市规划学院、四川省城乡规划设计研究院）

第四分册： 控制性详细规划（主编单位：江苏省城市规划设计研究院）

第五分册： 城市设计（主编单位：上海市城市规划设计研究院）

第六分册： 城市公共活动中心（主编单位：北京市城市规划设计研究院）

第七分册： 城市居住区规划（主编单位：同济大学建筑城规学院）

第八分册： 城市历史保护与城市更新（主编单位：清华大学建筑与城市规划研究所）

第九分册： 风景·园林·绿地·旅游（主编单位：中国城市规划设计研究院）

第十分册： 城市交通与城市道路（主编单位：建设部城市交通工程技术中心）

第十一分册：工程规划（主编单位：沈阳市城市规划设计研究院、中国城市规划设计研究院）

城市规划资料集

第五分册《城市设计》编辑委员会名单

主编单位：上海市城市规划设计研究院

编辑委员会：

主　　任：	叶贵勋	上海市城市规划设计研究院
副 主 任：	黄富厢	上海市城市规划设计研究院
	朱自煊	清华大学建筑与城市规划学院
	朱子瑜	中国城市规划设计研究院
编　　委：	徐毅松	上海市城市规划管理局
	金忠民	上海市城市规划设计研究院
	苏功洲	上海市城市规划设计研究院
	梁国兴	上海市城市规划设计研究院
	熊鲁霞	上海市城市规划设计研究院
	卢济威	同济大学建筑与城市规划学院
	郭恩章	哈尔滨工业大学城市设计研究所
	朱嘉广	北京市城市规划设计研究院
	王富海	深圳市城市规划设计研究院
	周维钧	厦门市城市规划设计研究院
	史小子	广州市城市规划管理局
	昝龙亮	山东省建设厅
	钱艳芳	大连市城市规划设计院
	郑小明	成都市规划设计研究院
	刘正平	南京市城市规划设计研究院
	周日良	浙江省建设厅

写在出版之前

　　人类的文明，社会的进步，促进了城市和镇的发展；城市和镇的发展，又推动了人类的文明、社会的进步，日复一日，年复一年。百年以来，尤其是近二十年，人们意识到人类文明的同时，自然和环境的破坏，资源浪费和枯竭将威胁着人们的生存。人类开始反省，珍惜土地，节约资源，植树造林，防治污染，恢复生态，实施可持续发展。促使人们以科学的规划来构思未来，使得城市和镇的规划重视建筑形态，更注重功能和环境。

　　社会主义的中国，正在全面建设小康社会，加快推进社会主义现代化，城镇化必然快速发展，包含着现代农业和现代服务业的工业化，面临着13亿人口的一半以上在城市和镇生活。如何发挥城市规划对未来发展的有效调控是一个十分重要的课题，这里涉及到经济体制、科技进步、文化和社会背景，面对的是以中国特色走自己富强的路。总结近一、二十年来城市规划学科的理论和实践的成果，提供给正在为未来做规划的人们借鉴，从成功的经验和不成功的教训中探索出一些新的思路和方法，描绘出人和自然和谐、文明和环境友好的蓝图，引导人们建设现代的城市和镇，这是编辑出版《城市规划资料集》同志们的意愿。让收录这些已实践的规划资料，对照发展的历史现实，启示城市规划工作者勇于探索，敢于创新，完善我国城市和镇的规划理论和体系，创作更多的范例，誉今人和后人赞美。

2002年国庆

（汪光焘：建设部部长）

前　言

一

我国已经步入加速城镇化的阶段，城镇化已经成为推动国民经济社会健康发展的主要动力之一，甚至被称作影响新世纪世界发展的一个重大因素。制定科学合理的城市规划，引导城镇化进程的健康发展，是摆在所有从事城市规划工作人们面前的历史使命，也得到了各级政府和社会各界前所未有的重视和关注。

城市规划是一项政府职能，又是一门科学，它有着强烈的技术特征。改革开放以来，我国的城市规划学科有了长足的进步，无论是理论建设还是方法手段都发生了很大的变化，城市规划的科学性日益加强。另一方面，大量的城市规划实践在为学科理论建设奠定基础的同时，也为城市规划的各项工作提供了宝贵的经验。

现在越来越多的人认识到，城市规划工作是由规划研究、规划编制和规划管理三大部分有机地结合在一起。规划研究是规划工作的基础，规划编制是体现规划目标的主要手段，而规划管理则是规划编制成果和目标得以实现的主要环节。在这三项工作中，都需要参考大量的国内外资料，包括标准、技术方法、实例、参数等，为了满足广大城市规划工作者的这一需求，中国城市规划设计研究院和建设部城乡规划司联合全国规划行业有关单位编著了这套《城市规划资料集》。

二

20世纪80年代，曾经由原国家城建总局主编、中国建筑工业出版社出版过一套《城市规划资料集》。这套丛书在我国恢复城市规划工作，促进城市规划学科的科学化进程中起到过重要的作用。

20多年来，我国的城市规划工作发生了很大的变化，这当中既有规划工作外部环境的巨大变迁，也有城市规划体制的不断改革；既有规划工作重点的转移，也有城市规划工作方法和科学技术的进步，城市规划工作者的队伍也日益壮大，所以，需要适时地对已有的经验、教训进行总结，吸收大量新的资料，重新编写一套《城市规划资料集》，以满足和促进学科建设和我国城市规划工作新的发展需要。

另一方面，由于我们正处于一个迅速变革的年代，方方面面的城市问题不断涌现，各种探索仍须不断深化，有些问题一时无法得出一个准确的结论，有些技术性数据也会随着社会、经济、观念等的发展变化而变化。这对本资料集的编写带来一定的难度，特别是城市规划学科本身兼具政策科学与技术科学的特点，一部分数据或者由于学术研究的滞后，或者由于学科性质所决定，主要还是经验性的，强调因地制宜，注意与实际情况相结合，这些都注定这样一套资料集并不可能像《数学手册》那样缜密。同时，由于时间紧迫，本资料集仍难免有疏漏或不够严密之处，希望读者谅解，并恳请读者提出宝贵建议和意见，以便今后补充和修订。

尽管如此，这样一部集中展现国内外规划设计理论、优秀规划设计实例的著作，无疑是我国城市规划行业的一项具有战略意义的基础性工作，它具有一定的学术性、权威性，它的参考价值是无庸置疑的。

三

为了编好这部浩瀚的巨著，建设部领导曾多次关心编写工作的进程，主编单位调动了一切可以动员的资源，组成了阵容浩大的编委会，对全书的总体结构、编写体例等进行了多次深入的研究。国内11家规划设计研究院、高等院校担任各分册的主编单位，上百位专家学者承担了具体的资料收集和编写任务。前后历时三年，如今，这套资料集终于呈现在广大读者面前。

整套资料集以丛书形式出版，共分为11个分册，分别是：总论；城镇体系规划与城市总体规划；小城镇规划；控制性详细规划；城市设计；城市公共活动中心；城市居住区规划；城市历史保护与城市更新；风景、园林、绿地、旅游；城市交通与城市道路；工程规划。全书约600万字。

本书既可以作为规划设计人员的基本工具书，也是规划研究和规划管理人员重要的参考资料，还可以作为所有关心城市、支持城市规划工作的广大读者的科普性读物。

在本书问世之际，谨向所有关心、支持本书编写与出版工作的单位和个人表示诚挚的谢意！特别要衷心感谢各位作者和负责审稿的专家，没有他们的辛勤劳动，是不可能有这样一部兼具理论与应用价值的巨著问世的。

主编单位：中国城市规划设计研究院
建设部城乡规划司
2002年9月

目 录

上 册

1 总论 ······ 1

    1.1 编写立意 ······ 3
    1.2 城市设计简史与范畴、理论和原则 ······ 4
    1.3 现代城市设计理念与渊源 ······ 8
    1.4 我国当代城市设计进展 ······ 10
    1.5 城市设计基本要素 ······ 11

2 区域发展战略及总体城市设计：区域、城市、中心城、分区 ······ 17

    2.1 概述 ······ 19
    2.2 秦皇岛西部滨海地带 ······ 21
    2.3 深圳总体城市结构 ······ 24
    2.4 广州城市发展战略概念 ······ 27
    2.5 厦门本岛东南滨海地区 ······ 33
    2.6 上海城市空间发展结构 ······ 42
    2.7 澳大利亚堪培拉总体城市设计 ······ 44
    2.8 美国旧金山城市设计研究 ······ 48
    2.9 上海中心城总体城市设计研究 ······ 56
    2.10 浙江金华总体城市设计 ······ 61
    2.11 上海中心城分区城市设计结构 ······ 64
    2.12 唐山市中心城区 ······ 66
    2.13 宜昌中心城区 ······ 69
    2.14 昆明主城核心区概念规划 ······ 80
    2.15 山东蓬莱中心城区 ······ 83

3 城市局部范围的城市设计(一)：中心、商业街、大道 ······ 91

    3.1 概述 ······ 93

3.2　上海虹桥新区 …… 94
3.3　上海陆家嘴中心区 …… 97
3.4　深圳中心区 …… 102
3.5　北京商务中心区(CBD) …… 105
3.6　北京中关村西区 …… 108
3.7　上海人民广场地区 …… 113
3.8　上海南京东路商业步行街 …… 117
3.9　北京王府井商业街 …… 122
3.10　大连城市中轴——人民路、中山路 …… 125
3.11　大连星海湾商务中心 …… 129
3.12　江阴新中心 …… 132
3.13　嘉兴中心区 …… 136
3.14　哈尔滨中央大街步行街 …… 141
3.15　厦门市府大道地区 …… 143
3.16　厦门旧城保护与中山路商业步行街 …… 148
3.17　中山孙文西路文化旅游步行街 …… 153
3.18　澳大利亚布里斯班步行街 …… 156
3.19　美国明尼阿波利斯尼可莱特步行街 …… 159
3.20　香港中环、湾仔步行系统 …… 163
3.21　北京长安街 …… 165
3.22　青岛东海路 …… 167
3.23　法国巴黎香榭丽舍大街 …… 174
3.24　法国巴黎德方斯副中心区 …… 178
3.25　美国华盛顿宾夕法尼亚大街 …… 180
3.26　美国华盛顿中心区 …… 184
3.27　德国柏林新行政中心 …… 187

下　　册

4　城市局部范围城市设计(二)：旧城保护、居住区 …… 189

4.1　旧城保护城市设计概述 …… 191
4.2　北京中轴线 …… 192
4.3　北京什刹海历史文化保护区 …… 202

4.4　黄山屯溪老街 ·· 207
　　4.5　西安钟鼓楼广场 ·· 212
　　4.6　广州沙面 ··· 218
　　4.7　广州骑楼街保护与开发规划设计研究 ·································· 222
　　4.8　哈尔滨圣索菲亚教堂广场 ·· 227
　　4.9　上海历史文化风貌区保护(附：外滩实例) ······························· 229
　　4.10　厦门鼓浪屿风景名胜区 ·· 232
　　4.11　上海"新天地"广场地块 ·· 235
　　4.12　居住区城市设计概述 ·· 240
　　4.13　上海新康花园 ·· 244
　　4.14　上海陕南邨 ·· 245
　　4.15　上海古北新区Ⅲ区 ·· 246
　　4.16　上海万里示范居住区 ·· 249
　　4.17　湖州东白鱼潭居住小区 ·· 251
　　4.18　湖州碧浪湖居住区 ·· 254
　　4.19　厦门瑞景新村 ·· 257

5　城市局部范围的城市设计(三)：滨水区 ································ 261

　　5.1　概述 ··· 263
　　5.2　四川都江堰景区 ·· 266
　　5.3　厦门员当湖滨水区 ·· 270
　　5.4　厦门莲前路 ··· 273
　　5.5　宁波核心滨水区 ·· 275
　　5.6　上海黄浦江两岸地区 ·· 279
　　5.7　杭州市江滨城市新中心 ·· 285
　　5.8　天津北运河治理工程 ·· 290
　　5.9　成都府南河滨水区 ·· 295
　　5.10　沈阳新开河滨水区 ·· 300
　　5.11　日本横滨21世纪滨水区(MM21) ····································· 305
　　5.12　日本东京幕张新都市 ·· 307
　　5.13　日本东京临海副都心—彩虹城 ······································ 316
　　5.14　澳大利亚悉尼2000奥运会址 ·· 323
　　5.15　美国巴尔的摩内港 ·· 325
　　5.16　桂林环城水系 ·· 326

6　节点的城市设计：中外城市节点实例 ……………………………………… 331

    6.1　概述 ………………………………………………………………………… 333
    6.2　北京天安门广场 …………………………………………………………… 355
    6.3　北京东皇城根遗址公园 …………………………………………………… 357
    6.4　铁路上海站地区环境整治 ………………………………………………… 359
    6.5　台北火车站特定专用区 …………………………………………………… 361
    6.6　上海豫园旅游商城 ………………………………………………………… 364
    6.7　南京夫子庙 ………………………………………………………………… 367
    6.8　深圳中心区中心广场及南中轴 …………………………………………… 369
    6.9　上海静安寺地区 …………………………………………………………… 372
    6.10　浙江临海崇和门广场 ……………………………………………………… 376
    6.11　重庆人民广场 ……………………………………………………………… 379
    6.12　上海2010年世界博览会入选方案(2001年) ……………………………… 382
    6.13　昆明世界园艺博览会 ……………………………………………………… 384
    6.14　梵蒂冈圣彼得广场 ………………………………………………………… 387
    6.15　意大利威尼斯圣马可广场 ………………………………………………… 388
    6.16　意大利罗马波波罗广场 …………………………………………………… 390
    6.17　澳大利亚悉尼达令港 ……………………………………………………… 391
    6.18　美国费城市场东商业中心 ………………………………………………… 393
    6.19　日本大阪商务园区 ………………………………………………………… 396
    6.20　日本东京新宿副中心 ……………………………………………………… 397
    6.21　美国纽约洛克菲勒中心 …………………………………………………… 400
    6.22　纽约金融中心及帕特里公园城 …………………………………………… 404
    6.23　德国柏林波茨坦广场 ……………………………………………………… 408
    6.24　美国圣保罗旧城中心 ……………………………………………………… 410
    6.25　日本名古屋久屋大道公园 ………………………………………………… 426
    6.26　大阪花与绿博览会 ………………………………………………………… 428

本分册有关项目组稿撰稿者名单 ……………………………………………………… 431
提供城市设计项目实例的机构 ………………………………………………………… 434
参考文献 ………………………………………………………………………………… 435
后记 ……………………………………………………………………………………… 437

1 总　　论

首先阐明了本分册编写的立意，以及城市设计定义、背景、学科发展阶段；对城市设计三类不同性质的空间和不同规模——宏观、中观和微观城市设计的范畴进行界定；阐述了城市设计的主流理论和基本原则，并结合当代城市设计名家的主要理论观点进行介绍；简述国内外城市设计的进展；最后对用地、建筑、空间、活动、环境特性等城市设计要素及其运用原则进行了较深入的阐述。

1.1 编写立意

现代城市设计是城市规划领域的一门新兴学科,其相关理论和实践正在不断的发展和充实过程中。本分册作为一部供广大读者参考的资料集,除了提供编者对城市设计相关理论的认识和一部分比较有代表性的实例以外,其编写立意主要有下述三个方面:

(1)倡导理论联系实际,以实践为主

城市设计是个理论问题,更是个实际建设问题。理论不联系实际将会是无的放矢的空论,但缺乏一定的理论指导,也将会是盲目的实践。因此本分册编写贯彻理论联系实际的观点,每一章都有一定篇幅的理论阐述,阐明其理念、范畴、设计原则,以使读者能更理解,起到举一反三的作用。

另外,城市设计又是一个三维空间的综合环境设计,本分册通过介绍大量优秀实例,使读者不仅能学到其理论、方法,更能学习到不少具体城市设计处理手法和创作意境。

(2)推动国内外城市设计的比较研究

现代城市设计理论思潮,传入中国已有半个世纪,但真正引起社会关注并大量介入到城市建设中,是改革开放,特别是上世纪90年代以来的事。因此,大量引进国外城市设计理念,请国外城市设计专家学者参与我国城市设计实践,这是必然的趋势,对提高城市设计理论和设计水平会起很大作用。但城市设计又必须植根于社会,这里面有一个"源"与"流"的关系。"源"是本国国情、当地市情。不同民族、不同社会、不同经济状况、不同文化背景、不同地形地貌、不同历史传统,都会形成某一城市特色,这就是"源"。而"流"则是指流派,应该学习、借鉴各国优秀城市设计的流派。城市设计创作借鉴有高低之分、快慢之分与文野之分,但一定要解决好"源"与"流"的关系,不能把"流"当作"源",否则,容易形成模仿、照搬的局面。目前,我国一些城市风貌、建筑风格趋同现象严重,昔日已形成的城市特色可能在新建与改建浪潮中逐渐丧失,如北京四合院及胡同、上海里弄等。如何继承传统和保持城市特色是一个亟待解决的问题。

(3)妥善处理城市设计与城市规划关系

城市规划与城市设计关系有各种说法。目前规划界存在一定的共识是:城市规划内容十分广泛,而城市设计是其中一部分,是有关城市体形和空间环境方面的整体构思和设计,并贯穿城市规划的全过程;另外,从事城市规划方面的专业人员面也很广,而从事城市设计主要是建筑师、城市规划师和景观建筑师(包括园林绿化专业人员),这由城市设计专业特色所决定。

城市设计涉及的问题往往是全局性的,实现过程也比较长,这和建筑设计并不相同,而和城市规划比较相近。另一方面,城市设计工作要求又十分细致,涉及因素十分具体,必须对市民、社会、环境了解非常深入,这又和建筑设计颇为接近。城市设计师还必须具备城市经济、运作机制、城市管理等知识。因此,对城市设计人才培养的要求是很高的。要处理好城市设计与城市规划的关系,既要考虑规划全局,又要有所创新,既要从大处着眼,又要从小处着手,精雕细刻,才能塑造好城市环境。

本资料分册编写对以上立意都力求有所体现。

1.2 城市设计简史与范畴、理论和原则

1.2.1 城市设计定义

城市设计定义众说纷纭，主要是因为城市设计内容极为丰富，就其不同方面和角度来论述，就有不同的定义。按国标《城市规划基本术语标准》(GB/T 50280—98)中城市设计(urban design)定义是："对城市体型和空间环境所作的整体构思和安排，贯穿于城市规划的全过程"。

1.2.2 城市设计历史简括

1.2.2.1 背景

涉及城市设计的实践古已有之。人类在其发展的漫长岁月中，在经营其生产和生活环境活动中，在建设城市实践中，已自觉或不自觉地进行着城市设计，并留下大批宝贵的历史文化遗产。

从古希腊、罗马，经中世纪、文艺复兴到巴洛克时期，一直到工业革命前，各个时代均有其代表的城市和建筑，反映出不同时期、不同民族的城市文明，至今仍然是人类最宝贵的文化遗产。

长期封建社会和悠久中华文化以及多民族融合的历史背景造就了中国特有的儒家文化，"礼治"是其核心思想。"天人合一"、"象天法地"成为重要规划设计原则，具体体现就是《周礼·考工记》中的"王城"模式。古都北京就是体现这一模式的范例。

19世纪中叶进入现代社会，工业化和城市化迅速改变了城乡社会乃至大地的面貌，给人类带来了巨大的发展和进步。但过度开发和不合理使用资源也带来20世纪普遍出现的"城市病"。因此，步入后工业化与信息时代，人类开始认识到"只有一个地球"，"可持续发展"理念已被各国所认同。"以人为本"思想逐渐成为城市规划与设计的主导思想。"保护与发展"已成为各国政府所关注的课题。

1.2.2.2 学科发展趋势

作为一门学科，城市设计也经历了一百多年的历史，大体上可以分为两大阶段，即：城市艺术设计阶段(civic design)*和城市设计阶段(urban design)。

(1) 城市艺术设计阶段

该阶段大体上起始于19世纪末至20世纪中叶，源于美国"城市美化运动"(City Beautiful Movement)。早在1893年，美国芝加哥市举办哥伦比亚国际博览会，由丹尼尔·伯汉(Daniel Burham)担任总建筑师。他运用巴洛克时期古典手法进行城市设计。轴线、林阴道、水池和古典主义公共建筑成为视觉焦点，形成一种有着宏伟气派的城市风貌。在其影响下，1901年美国建筑学会AIA成立麦克米伦委员会(McMillan Commission)来进行美化华盛顿中心区的城市设计。城市美化运动一时不仅影响到全美，也影响到全世界。上世纪30年代上海江湾新市中心规划就是一个明显例子。至今，不少城市管理者心目中的城市形象也多少留有一种追求宏伟气派的城市美化和包装的痕迹。

(2) 城市设计阶段

20世纪中叶，特别是二次大战后，各国许多城市面临重建任务。由于工业化以来城市病的产生和城市规划先驱者们提出各式各样的治疗方案，城市设计已从单纯城市美化走向城市功能与市民生活，"以人为本"思想逐渐成为主导。E·沙里宁首先把社会学方面问题纳入城市设计范畴。他提出"在建设城市时，要把对人的关心放在首要位置上，应当按照这样的要求来协调物质上的安排"。国际现代建筑协会(CIAM)和以后的"十人小组"(Team 10)也都强调城市生活中的人文精神。K·林奇的"城市意象"理论更是从人的环境心理出发，运用社会调查方法，从而开拓了城市设计研究的新领域。

1.2.3 城市设计范畴、理论和原则

1.2.3.1 范畴

城市设计范畴，可以从两个方面来理解。

(1) 从城市空间范畴，即从城市空间构成来进行分析

城市空间是由三类不同性质空间所构成，它们是：

①**骨架空间**(framework space)，下分：

a. 流动：主要是为人、车服务的各类道路、站场等空间。

b. 服务：包括为能源、信息、消防等所提供的空间。

②**活动空间**(activity space)或称**目的空间**(objective space)

---

* 注：Civic design曾被译成"市政设计"。

指为居住、工业、商业、行政、公共设施、娱乐、教育、卫生、文化以及农业等所提供的空间。

③象征空间(symbolic space)

指对体现城市特色、塑造城市形象有象征意义的空间，包括水、绿化、广场、历史纪念物、公共建筑、视觉对象等。

城市设计就是对以上三类空间按功能和美学原则进行综合设计。上述三类空间也不是截然分开，有时还互相渗透。如北京长安街既是骨架空间(交通干道)，又是目的空间(游行、庆典活动)，更是象征空间(体现政治中心、文化中心的中华第一街)。

此外上述三类空间不仅有"质"的区别，还有"量"的区别。"量"是指空间使用强度，如速度、密度、高度、容积率等。城市设计针对不同"量"的空间也应量体裁衣，区别对待，使其合身得体。

(2)从城市设计范围和尺度来划分，又可分为下列三个范畴：宏观、中观和微观尺度的城市设计

①**宏观城市设计，即总体城市设计，本资料集分册称为区域发展战略和总体城市设计**

总体城市设计是研究城市总体风貌和特色，上世纪五、六十年代时城市规划教科书称之为城市总体规划艺术布局，是宏观范围的城市设计，难度较大。

总体城市设计是在对城市自然、现状特点，以及城市历史文化传统深入挖掘提炼的基础上，根据城市性质、规模，对城市形态和总体空间布局所做的整体构思和安排。古今中外不乏总体城市设计的佳作。如中国古都北京、澳大利亚首都堪培拉、巴西首都巴西利亚等都能反映出不同的时代特点和鲜明的特色。

总体城市设计是把握城市整体结构形态、开放空间、城市轮廓、视线走廊等系统要素，对城市各类空间环境如居住、商贸、工业、滨水地区、闲暇游憩等进行塑造，并形成特色；对全城建筑风格、色彩、高度、夜间照明以及环境小品等城市物质空间环境要素提出整体控制要求。此外，城市设计既然是以人为本，还应关注市民活动、社会活动和精神文明建设，组织富有特色和文化内涵的"场所"体系。城市总体设计又包括了对城市在总体环境方面的整治与部署要求，有的形成城市设计导则，如美国旧金山城市设计导则就是一个很好的实例。

②**中观城市设计，也叫做重点片区城市设计，本资料集分册称为城市局部范围的城市设计**

城市重点片区是形成城市空间形态的主要内容，是展现城市风貌的集中代表。如城市中心区、历史文化保护区、城市滨水地区、风景名胜区、居住区等。

对一些中小城市而言，全城本身就是重点片区。对于大城市、特大城市来讲，城市范围很大，不同区域风貌特色迥异，真正体现其不同特色的，就是其不同的重点片区。如华盛顿D.C.的中心区、首都北京的旧城区、巴黎旧城区等。因此，本资料分册许多实例也以此作为重点反映在3、4、5章中。

③**微观城市设计，即重点地段城市设计，本资料分册称为节点城市设计**

重点地段或城市节点是泛指城市中功能、活动、视线汇聚的焦点、地点和场所，如城市街道、广场、商业中心、重要建筑群地段、特殊保护地段、滨水地段等。

微观城市设计的对象是人们集中停留和活动场所，也是展示环境质量、体现城市品味的重要地段，所以，环境设计细部就显得十分重要，它不仅体现在物质空间环境中，还体现在场所精神方面。如人们的行为、心理、城市历史文化积淀、民俗民风等都会在这里得到展现，这也是一座城市最吸引人之处。

1.2.3.2 理论

城市设计理论比较繁杂，有的融合在城市规划理论中，一般较为公认的有以下四个方面的理论思潮：

(1)田园城市理论

田园城市(Garden City)理论是19世纪末英国社会活动家E·霍华德(Ebenezer Howard)提出来的。他针对现代工业社会出现的种种城市病，提出建立一种兼有城乡优点的社会结构，即"田园城市"模式，并描绘出田园城市的具体构想。可贵的是，他还倡导建成了两座田园城市：莱奇沃斯(Letchworth)和韦尔温(Welwyn)。霍华德的主张在二战后英国大城市重建时被广泛采纳，这就是战后开始于英国，后又扩及到全世界的新城建设运动(前苏联、东欧和中国称之为卫星城)。它为防止大城市过度膨胀，建立城乡结合的卫星城镇体系，合理分布生产力，创造良好人居环境提出了一条较好的途径。在新城建设中，又派生出各种城市设计理论，涌现出很多著名的城市实例。这里有两点引起关注：一是新城或卫星城建设中要注意规模问题，应达到一定规模即三、四十万人口城市规模才有吸引力；二是与母城要有良好的交通联系，一般应建轨道交通才能解决通勤需要。另外，新城只能解决一部分问题，还不

能代替母城，而母城，即特大城市本身，是矛盾集中点，还应另想办法来解决。田园城市理论对宏观城市设计实践有一定影响。

(2)勒·柯布西耶城市设计理论

勒·柯布西耶(Le Corbusier, 1887—1965)是现代建筑与城市规划设计的一位大师。鉴于工业社会城市病，他提出一套与田园城市完全不同的思路，即利用现代化技术与管理手段来改造大城市。他于1922年发表了《明日的城市》一书，书中展示了他设计的"300万人口的现代城市"规划，以高层建筑、快速路、立交桥、大片绿化为标志，并通过一系列的高智商管理人才来实现未来城市的建设和改造，因此，他的城市设计方案又被称为理性主义城市设计。他把城市各部分按功能划分为工作、居住、游憩、交通，像工厂生产线一样进行组装，认为交通是城市生命所在，速度是成功之母。柯布西耶还是个立体主义和纯粹主义画派的画家，所以，他的城市艺术观也追求现代派的空间感和雕塑感。他的主张对后代影响极大，特别是二战后西方城市建设中出现的高楼大厦、高架路、大片绿地等都能看出他的理论的作用。但柯布西耶忽视历史和传统也给后代带来不少问题，特别是像巴黎这样的历史名城，他的一套理论很不适合。他在1933年提出的巴黎改建规划在当时就引起很多批评，以后实践中更遭到彻底否定。在柯布西耶影响下成立的国际现代建筑协会(C.I.A.M)，以及后成立的"十人小组"(Team 10)、日本的"新陈代谢"学派(Metabolism)等在现代城市设计中也产生过不小的作用。

(3)E·沙里宁的"有机分散"理论和"体形环境设计"理论

E·沙里宁(Eliel Saarinen)是美籍芬兰著名建筑师和城市规划设计师。他的"有机分散"理论(Organic Decentralization)是从宇宙和生物界的有机秩序观点出发，他认为城市也是一个有机体，过度集中不好，需要进行有机分散，使城市功能和生态达到平衡，城市布局应体现这一特点。他所规划的芬兰首都赫尔新基规划就是一个例证。我国1947年的上海大都市规划和1958年以后编制的北京总体规划，都体现了这一思想。E·沙里宁的城市环境设计理论对后代影响也很大。他发展了C·西特(Camillo Sitte)的理论，强调环境设计的整体感和协调性。他的弟子E·培根又继承和发展了他的理论，为现代城市设计作出了很大贡献。

(4)K·林奇"城市意象"理论

K·林奇(Kevin Lynch, 1918—1984)是美国著名城市设计家、麻省理工学院教授，是现代城市设计理论奠基人之一。他从环境心理学出发，通过对城市景观调查提出了影响城市意象(city image)的五项要素，即通道(path)、节点(node)、地区(district)、边缘(edge)和地标(landmark)。一座城市形象的优劣，往往体现在这些要素上。他认为一座城市有没有特色，能不能让居民和来访者识别和记忆，就在于它的意象力(image ability)的强弱。这一新的理论和方法将城市设计理论提高到一个崭新的阶段，因而受到各国同行们的首肯和赞许。他的一系列著作也被翻译成各国文字，对当代有很大影响。

1.2.3.3 原则

城市设计应遵循下面三项原则：

(1)以人为本原则

这是现代城市设计(urban design)与古典城市艺术设计(civic design)之间的最大区别。

城市设计的根本目的是为市民创造一个舒适、优美的生活环境。E·沙里宁《论城市》一书中把社会学方面问题放在该书开宗明义的位置，提出："在建设城市时要把对人的关心放在首要位置上。应按照这样的要求来协调物质上的安排。人是主人，物质上的安排就是为人服务的。"他还强调："城市的物质秩序和社会秩序是不可侵害的；两者必须同时发展，相互启发。"E·沙里宁为"以人为本"的城市设计思想开了先河，以后还有不少学者发表了不少重要论述。如上世纪60年代美国著名学者雅各斯(Jane Jacobs)发表《美国大城市的生与死》、纽曼(Oscar Newman)写的《可防御空间》等都是从社会学角度探讨城市设计。诺伯格·舒尔茨(Norberg Schulz)的"场所理论"(Place Theory)也是把环境设计与人联系起来，深化了"以人为本"的精神原则。

(2)整体环境设计思想(Wholeness)和创造特色原则

城市设计和建筑设计之间很大不同点在于：前者是以城市和建筑群体空间环境作为主要对象，而一个好的城市设计则在于整体环境的和谐、优美。因此，整体性(wholeness)是一条很重要原则。

E·沙里宁在《论城市》中提出城市体形环境设计三条原则，其中第二条就是"相互协调的原则。"他继承了C·西特的《城市建设艺术》一书中总结中世纪欧洲城市建设艺术中强调的"相互协调要素"，并加以发展，指出自然界虽然千变万化，各具特色，但又是相互协调的，因此，在人类建设城镇时也应遵循这条原则。他指出："凡是到那些有古代城镇地方去游历过的人，只要他感觉灵敏，无疑地会感觉到，这种相互协调的原则决不是一种空洞的美学理论，他会感觉到在乡村或城镇里面的任何建筑群，都把人为的形式和自然的形式组成了和谐的整体。"在E·沙里宁的城市设计实践中，更是把建筑、户外空间、园林绿化、室内设计和工业美术等熔于一炉，形成一个完善和谐的整体。他所创办的匡溪艺术学院校园就是一个典范。正因为人工和自然、现代与传统相互协调才能形成浓郁的环境特色，而特色也正是城市设计所追求的目标之一。

我国老一辈城市规划设计大师任震英先生20世纪80年代曾发表过一篇短文，标题是"城市要发展，特色不能丢"。他的呼吁至今仍然有着重要的现实意义。目前，全国一些城市发展迅猛，但存在城市面貌大同小异的问题，这和决策部门竞相模仿攀比的指导思想有很大关系。城市不在大小，关键是要有自己特色，否则，千城一面，令人生厌。E·沙里宁、K·林奇等大师们在评价城市意象、形态时，都把创造特色作为很重要的一条原则。

以后，无论是F·吉伯特，还是E·培根等大师，在他们的城市设计理论和实践中都贯穿了整体环境设计思想。而C·亚历山大在《一种新的城市设计理论》(A New Theory of Urban Design)一书中，更是专门研究城市设计整体性(wholeness)，探索其如何实现的理论和方法。

(3)可持续发展原则(Sustainable development)

"可持续发展"是1980年代人类在全球生态环境日益恶化情况下提出来的口号。环境学科首先提出的"可持续性"(sustainability)要领是指"满足现在的需要，但不损害后代在他们需求的机会。"以后，可持续性发展被国际社会乃至各国首脑们所认同，成为面向21世纪城市发展应遵循的重要原则。广义的可持续发展不仅指生态，也是指人类社会，如C.Moughtion认为"可持续是今日城市设计的社会基础。可持续性就是对物质环境没有损害，并有助于城市维持其社会结构的能力。"

在可持续发展方面，美国景观建筑学家I.L.麦克哈格(I.L. McHarg)1969年出版的《设计结合自然》(Design with Nature)一书对后代产生很大影响。他对城市生态、自然地理等方面进行了大量研究，提出三个观点：

① 人与自然相结合。他推崇东方哲理，尊重自然理念，认为西方失误在于过分强调以人为中心，统治一切，改造世界。他呼吁"我们需要人与自然的结合，这是为了要生存下去"，他发现自然本身具有内在价值，保护自然演进过程的价值，也就是保护社会自己。这在今天看来十分重要。人类面临很多大的自然灾害正是缺乏这方面的意识和滥用自然资源造成的。

② 强调自然与社会价值并重。他按照价值等级体系，得出土地利用准则，并运用到华盛顿特区的研究中去。他提出城市生态学应包括城市和自然两个部分，并对这两部分都进行评价。他还通过对植物的综合分析建立植物谱——植物配置的基本素材，为工程设计和土地管理人员提供资料。

③ 以生物学和生态学观点来研究城市。他以美国费城为案例，把健康和疾病的统计资料与社区环境结合起来，为环境整治指明方向。

总之，麦克哈格的研究是很有意义的，以后还有不少专家学者对这方面进行研究，并发表了很多理论。

1.3 现代城市设计理念和渊源

现代城市设计理论涉及许多名家、立论。前面提到了城市设计理论思潮四个流派及其代表人物，此外，现代城市设计还有一些名家，下面进一步进行阐述。

1.3.1 F·吉伯特

F·吉伯特(Frederik Gibberd)是20世纪40年代英国著名建筑师、第一代新城哈罗(Harlow New Town)的总建筑师。他的名著《市镇设计》(Town Design)总结了英国建设新城的经验，是现代城市设计理论著作中很重要的一部经典著作。他把城市设计作为一门三维空间体形环境设计来考虑。他以城市自然和人工环境为创作素材，把素材与外观、素材与空间、素材与运动以及素材与时间等相互关系作了全面分析，从而阐明如何把城市各项要素组成适合于人们工作和生活的优美环境。他还总结了古往今来世界名城建设经验，特别是英国新城建设经验，实际地、历史地把城市设计理论与实践提高到一个新的高度。

1.3.2 E·培根

E·培根(Edmund Bacon)是美国著名城市设计大师，曾担任过费城总建筑师。他是上世纪30年代E·沙里宁创办的匡溪艺术学院的第一班学生。他继承了老师的衣钵，又作出不少新的发展和贡献。他毕生精力为美国费城中心区城市设计作出了杰出贡献。他的专著《城市设计》(Design of Cities)是一本传世之作，多次再版，并被译成几国文字。

E·培根发展了E·沙里宁空间设计理论，把空间和运动结合起来，提出一套"同时运动系统"(Simultaneous Movement System)理论，把城市交通体系和不同功能城市空间结合起来，形成"城市设计结构"(Design Structure)，并通过三维空间处理手法，使各种活动空间和不同速度城市运动系统有机结合起来。这套理论被运用到费城中心区，特别是中心主轴线Market East Street城市设计上，取得巨大成功，既保持了费城传统格局，又为城市中心区注入了巨大城市活力。在他的书中，培根还运用这一理论分析古今中外世界上众多名城的城市设计成就。后人把E·培根这套理论概括为"联系理论"(Linkage Theory)，即城市空间是通过运动、功能和视觉景观的联系展开的。

与"联系理论"有关的名家名著还有英国著名建筑师柯林(Gordon Cullen)，他的著作《简明城市景观》(Precise Townscape)也是通过交通联系，使人们从"步移景异"的景观变化中去领略城市意象，并从中找出不少规律。这本书对后人也有很大影响，被译成各国文字。

1.3.3 罗西(A.Rossi)和克里尔兄弟(R. & L. Krier)

鉴于对现代城市空间松散、破碎的不满，以罗西和克里尔兄弟为代表的"图底理论"(Figure and Ground Theory)应运而生，他们继承了C·西特总结中世纪城市空间形态的理论，在城市设计中创造一种"新理性主义理论"(New Rationalism)，即"通过重建空间秩序来整顿现代城市面貌"。

这里，首先要回顾一下C·西特《建设城市艺术》一书，它阐明了西特的观点。他十分推崇中世纪建设城市的艺术，并归结为以下三项原则，即：①自由灵活设计原则；②相互协调原则；③围合空间原则。其中很重要一点是：城市是由一系列有机形成的围合空间所构成，这些空间是由众多自由灵活、不拘一格的个体建筑设计以及各个个体之间相互协调而形成。这些充满着宜人尺度、亲切动人的城市空间是体现中世纪城市风貌的精髓。C·西特这套理论又被E·沙里宁所推崇，被继承并发展成E·沙里宁的三条原则，即：表现的原则、相互协调原则、有机秩序的原则。尽管两者之间表达的含义不尽相同，但要求城市空间的完整性、相互协调和有机构成是一致的。罗西和克里尔兄弟就是在此基础上进行工作，他们着重研究了城市空间的属性，提出了城市形态学(Urban Morphology)和城市类型学(Urban Typology)问题。

A.Rossi从格式塔心理学形象和背景关系出发研究并提出古罗马时代城市空间形态，即著名的Nolli地图。R.Krier在《城市空间》(Urban Space)一书中总结了欧洲古城中各种广场、街道的类型，将其视为构成城市空间的基本要素，称之为"城市空间的形态系列"。他反对现代城市空间的松散、破碎，他运用C·西特理论重整德国古城斯图加特

(Stuttgart)旧城区的城市空间,形成明确、有序的城市空间序列。这种理论学派后人称之为"图底理论",与我国金石中"计白当黑"一说也是指治印时图底之间疏密有致的道理是一样的。

日本著名建筑师芦原义信的"外部空间论"也属于这一派的城市设计理论。图底理论对旧城格局和形态保护有着重要意义,在城市设计方法论上也很有价值。

1.3.4 N·舒尔茨的场所理论

诺伯格·舒尔茨(Christian Norberg Schulz)是挪威建筑师,他认为建筑在精神层面上的意义比建筑实用上的意义来得大,就城市而言,也同样如此。但在今天,很多城市在功能主义和国际样式影响下,城市空间自由开放,无内外、公私之分。传统城市的城市纹理、围合感(enclosure),以及与自然关系等都被忽略,原来的空间聚集意义已不复存在。

场所理论强调不仅要有传统的形态还要有场所精神(genious loci or spirit of place),即聚集的本质及建筑行为与环境之间应有涵构关系。人需要围合感,场所就是这样一个具有空间特性和风格,使人们感到有认同感和归属感的地方。场所精神可以从区位、空间形态和具有特性的自明性(legibility)等体现出来。

1.3.5 C·亚历山大(Christopher Alexander)的整体生长(wholeness-growth)理论

C.亚历山大是美国著名学者,他既是一位建筑师,又是一位数学家。他把城市的复杂性、多变性和数学的严谨有序结合起来,探讨一种新的城市设计理论与方法。他从1974年开始,共写了7本书,如《模式语言》(Pattern Language)等,他最后一本书是1987年发表的《一种新的城市设计理论》(A New Theory of Urban Design),特别强调城市整体生长(wholeness growth),他认为这是城市建设中最重要的问题。他通过对旧金山一块滨水地段的规划改造,提出一套完整的设计思路和方法,核心是通过小规模逐步发展(piecemeal growth),在发展中相互协调、补充,逐渐成为一个整体。虽然这是一种理想化的试验和乌托邦式构思,但就其指导思想上继承文脉、渐进式的形成方法而言,对后人还是有启发的。

1.3.6 J·巴奈特(Jonathan Barnett)的城市设计理论与实践

J·巴奈特是美国宾夕法尼亚大学城市设计教授,曾担任多年纽约市总设计师,对纽约中心区的保护、整治与发展起过重要的作用。他从实践角度来看待城市设计,认为城市设计是一种实际生活,城市设计的实现是一系列决策的结果。他在1981年出版的《作为公共政策的城市设计》(Urban Design as Public Policy)在结论中就指出:"城市设计是一个实际的生活问题"。书中列举出8个方面:

① 私有财产和公共利益
② 设计城市而不是设计建筑
③ 保护地标(Landmark)以维系城市历史
④ 邻里规划和社区参与
⑤ 协助市中心与郊区竞争
⑥ 交通——城市电动机
⑦ 设计评估和环境质量
⑧ 城市设计——一种新的职业

J·巴奈特密切结合纽约曼哈顿对上述8个方面问题作了详细调查研究,提出很多城市设计和政策上的建议。他的这套特大城市管理和建设的理论与方法不仅对纽约,而且对其他大城市也有重要参考价值。

以上介绍的著名建筑师与城市设计师也仅代表了现代城市设计一小部分,此外,如雅各布斯(A.Jacobs)教授作的《旧金山城市设计导则》、澳大利亚著名建筑及城市设计师史密斯、扬、考克斯(M.Smith、B.Young、P.Cox)等做的悉尼奥运会规划、日本丹下健三1960年的"东京规划"等都对当代产生过重大影响。另外,希腊学者道萨亚迪斯(C.Doxiades)城市化理论和轴向发展理论对宏观城市设计也有一定影响。

1.4 我国当代城市设计进展

我国当代城市设计的蓬勃开展，无论在理论上和实践上都主要是在改革开放以后。

1.4.1 理论交流

①上世纪80年代初，首先是学术部门、高等院校开始重视城市设计，开设课程、发表文章。随后，各级政府也开始重视，各类城市设计讲座、培训班、研修班也纷纷举行，专业刊物上城市设计文章、专著也大量涌现。

②20世纪90年代开始，国家建设主管部门、各省市政府对城市设计给予很大关注。

③大型城市设计研讨会，在北京、上海、深圳等城市均举办过。

④国家建设主管部门、一些省市开始编制城市设计导则。

从城市设计理论的发展看，1980年代，我国规划界主要是引进欧美城市设计理论与方法；1990年代至今，国内对城市设计的内容、性质、对象、目标、组成要素、设计原则及城市设计过程有了新的认识，大量的城市设计理论和设计介绍出现，相继出版了城市设计的学术著作。

1.4.2 城市设计实践

①上海虹桥开发区的开发规划控制中首次运用城市设计方法；

②上海陆家嘴ＣＢＤ国际征集方案活动；

③深圳中心区城市设计国际竞标活动；

④海口中心区城市设计国际竞标活动；

⑤宁波三江口、北京海淀高科技园区西区、上海黄浦江两岸、2010年上海世博会、宜昌滨水地区等国际城市设计方案征集或竞标活动；

⑥大连、青岛、深圳、上海、北京等地开展环境整治工作，特别是结合国庆50周年的环境整治工作，取得显著成果；

⑦一批历史文化名城历史街区的保护性城市设计取得很大成果，如北京什刹海、国子监街、哈尔滨中央大街、南京夫子庙、安徽黄山屯溪老街等案例；

⑧居住区建设中出现了一批示范性小区；

⑨昆明世博会的环境设计活动；

⑩北京中央商务区ＣＢＤ竞标及北京2008年奥运会场馆城市设计国际竞标活动等。

20多年来，国内各种不同类型的城市设计技术方法不断丰富和完善，城市设计从形态分析、空间塑造和程序建设等方面全面开展。国内一些城市开展城市设计活动的原因包括：

①经济建设、城市建设高速发展推动了文化、环境与城市设计活动的兴起；

②改革开放、国际交流的促进；

③由于城市经济发展和政治上的需要，一些城市决策者比较重视城市形象。

城市设计的开展总体而言是件好事，但也出现一些误导现象。如：不顾自身条件，竞相攀比；不注意发挥自身特点，盲目照搬国外和国内其他城市的模式，片面理解国际招标和利用其作为广告；只重视外表形式，缺乏文化内涵等。

中国是一个有着悠久历史文化的大国，目前经济社会得到飞速发展；中华民族又是一个多民族的大家庭，具有善于融合各种外来文化的传统，展望将来，随着我国城市建设事业的更大发展，城市设计也必定会有一个质的飞跃。

1.5 城市设计基本要素

1.5.1 综述

1.5.1.1 概况

城市设计的主要对象为城市形体环境,其基本要素为在设计中经常被用以构筑城市形体环境的主要成分与素材。

基本要素一般可分为自然要素、人工要素及社会要素诸类,从城市宏观、中观、微观层次上分析,其最基本的有城市用地、建筑实体、开放空间及使用活动等。对这些基本要素的组织与利用,体现在不同层次的城市设计中,详见表1.5.1。

1.5.1.2 要素组织原则

在可持续发展原则指导下,各种规模、层次的城市设计均应遵循以下原则:

①**以人为本原则** 以市民大众要求为本源,时时刻刻考虑市民大众的根本利益,切实为公众造福。重视人对各类要素的体验与情感,更好地创造人性化的空间环境。

②**生态优先原则** 以实现城市生态系统的动态平衡为目的,协调人与环境关系,寻求生态环境优化。

③**个性表现原则** 充分挖掘与利用各类要素的特色资源,强化城市特色。

④**整体协调原则** 正确处理要素之间的关系,如人与自然关系、建筑与建筑关系、建筑与空间关系等,促使其有机结合。

1.5.1.3 要素感知

即形体环境要素对使用者、观赏者的心理影响,包括感觉与知觉两个层次。这两个层次构成了人们认识客观环境的基本过程。前者为初级形式,后者为前者的深化。实际上两者联系紧密,难以区分,故统称为感知。

(1)感知意义

①研究城市环境构成要素及其组合对人们的心理影响,重视公众对城市环境的行为体验,是现代城市设计的重要内涵特征。

②在组织城市形体环境要素中,要把依据心理规律进行心理分析作为城市设计重要内容,以全面适应市民大众的生理心理需求。

(2)感知类型

以感知所反映的要素特征和感知过程的复杂性为依据,可把感知分为空间感知、时间感知和运动感知。在环境心理研究中常分析以下诸项内容:

①空间感知如领域感、场所感、秩序感、舒适感、宏伟感、围合感等。

②时间感知如时代感、历史感等。

③运动感知如序列感、动态感等。

(3)感知特征与规律

①**选择性** 人们在感知众多事物中有选择地以某一事物为主要知觉对象。

②**整体性** 在众多要素中人们不把知觉对象感知为各个孤立部分,而将其视为一个统一的整体。

③**理解性** 人们在感知对象时总是根据已有的知识经验来理解。丰富的知识经验可以加快感知速度,使知觉更正确。

④**恒常性** 在知觉条件发生变化时,对象的感知仍然能够保持相对不变。

基本要素对各层次城市设计的影响　　表1.5.1

层次	主要设计内容(部分)	基本要素及其影响作用				备注
		城市用地	建筑实体	开放空间	使用活动	
宏观城市设计(总体城市设计)	城市格局	●	●	●	○	与城市总体规划相匹配
	城市形象、景观特色	○	●	●	○	
	城市开放空间体系	●	○	●	○	
	历史保护	○	●	●	○	
	旧区改造	●	●	●	●	
	新区开发	●	●	●	●	
	城区环境	●	●	●	●	
中观城市设计(局部范围或重点片区城市设计)	城市中心区	●	●	●	●	与城市分区规划、历史保护、绿地系统等专项规划相融合
	城市主轴地区	●	●	●	●	
	城市分区、开发区	●	●	●	●	
	滨水地区	●	○	●	●	
	历史保护地段	●	●	●	○	
	居住区	●	●	●	●	
	绿地系统	●	○	●	●	
	步行街区	●	●	●	●	
微观城市设计(重点地段或节点城市设计)	城市广场	●	●	●	●	与城市详细规划相协调
	标志性建筑及建筑群	●	●	●	○	
	小型公园绿地	●	○	●	●	
	城市节点	●	●	●	●	
	商业中心	●	●	●	●	

注:"○"表示影响较小;"●"表示影响较大

1.5.2 城市用地

1.5.2.1 概述

(1)城市用地系按城市中土地使用的主要性质划分的各类用地的统称,即城市范围内的土地。城市用地是城市规划的主要内容,也是城市设计的基础性要素。城市空间环境是在土地的二维基面上构筑的。

(2)根据现行国家标准《城市用地分类与规划建设用地标准》(GBJ137—90),城市用地分为十大类,其名称与代号分别为:居住用地(R)、公共设施用地(C)、工业用地(M)、仓储用地(W)、对外交通用地(T)、道路广场用地(S)、市政公用设施用地(U)、绿地(G)、特殊用地(D)、水域和其他用地(E)等,见表1.5.2。

(3)在我国,各类城市用地的划分与配置虽属城市规划范畴,但因其对城市空间环境布局形态与功能品质起着决定性影响作用,因此,也为城市设计所关注。

1.5.2.2 设计要点

(1)重视特定地区中各种土地用途的合理交织,充分利用城市的空间资源,尽量避免和减少土地在时间和空间上的使用"低谷"。在有限的用地上,努力推行地下、地面和空中的立体开发,充分提高土地的使用效率。

(2)提倡"设计结合自然",尊重与强化城市用地中的自然基地特征,如滨水、临山、地形与植被变化等,以突出城市风貌特色。

(3)创造条件不断调整与提高绿化在整体用地中的比重,充分发挥各类城市绿地的生态功能、保护功能、控制功能、景观功能及休闲功能。

(4)城市格局特色与用地配置相关,可根据城市经济社会发展实际需要,通过城市设计适当调整用地性质、形态、规模,以进一步强化城市格局特色。有些调整后的用地可选定为城市设计的重点。

(5)为了城市的可持续发展,可将部分原定的用地性质改为兼容性用地或可持续发展用地,为以后的城市建设留有余地。

(6)充分重视用地的区位、地价及市场功能,全面提高设计成果的可实施性。

城市用地分类和代号　　　　　　　表1.5.2

类别代号		类别名称	范　围
大类	中类		
R		居住用地	居住小区、居住街坊、居住组团和单位生活区等各种类型的成片或零星的用地
	R1	一类居住用地	市政公用设施齐全,布局完整,环境良好,以低层住宅为主的用地
	R2	二类居住用地	市政公用设施齐全,布局完整,环境较好,以多、中、高层住宅为主的用地
	R3	三类居住用地	市政公用设施比较齐全,布局不完整,环境一般,或住宅与工业等用地有混合交叉的用地
	R4	四类居住用地	以简陋住宅为主的用地
C		公共设施用地	居住区及居住区级以上的行政、经济、文化、教育、卫生、体育以及科研设计等机构和设施的用地,不包括居住用地中的公共服务设施用地
	C1	行政办公用地	行政、党派和团体等机构用地
	C2	商业金融业用地	商业、金融业、服务业、旅馆业和市场等用地
	C3	文化娱乐用地	新闻出版、文化艺术团体、广播电视、图书展览、游乐等设施用地
	C4	体育用地	体育场馆和体育训练基地等用地,不包括学校等单位内的体育用地
	C5	医疗卫生用地	医疗、保健、卫生、防疫、康复和急救设施等用地
	C6	教育科研设计用地	高等院校、中等专业学校、科学研究和勘测设计机构用地,不包括中学、小学和幼托用地,该用地应归入居住用地(R)
	C7	文物古迹用地	具有保护价值的古遗址、古墓葬、古建筑、革命遗址等用地,不包括已作其他用途的文物古迹用地,该用地应分别归入相应的用地类别
	C9	其他公共设施用地	除以上之外的公共设施用地,如宗教活动场所、社会福利院等用地
M		工业用地	工矿企业的生产车间、库房及其附属设施等用地,包括专用的铁路、码头和道路等用地。不包括露天矿用地,该用地应归入水域和其他用地(E)
	M1	一类工业用地	对居住和公共设施等环境基本无干扰和污染的工业用地,如电子工业、缝纫工业、工艺品制造工业等用地
	M2	二类工业用地	对居住和公共设施等环境有一定干扰和污染的工业用地,如食品工业、医药制造工业、纺织工业等用地
	M3	三类工业用地	对居住和公共设施等环境有严重干扰和污染的工业用地,如采掘工业、冶金工业、大中型机械制造工业、化学工业、造纸工业、制革工业、建材工业等用地

续表

类别代号		类别名称	范围
大类	中类		
W		仓储用地	仓储企业的库房、堆场和包装加工车间及其附属设施等用地
	W1	普通仓库用地	以库房建筑为主的储存一般货物的普通仓库用地
	W2	危险品仓库用地	存放易燃、易爆和剧毒等危险品的专用仓库用地
	W3	堆场用地	露天堆放货物为主的仓库用地
T		对外交通用地	铁路、公路、管道运输、港口和机场等城市对外交通运输及其附属设施等用地
	T1	铁路用地	铁路站场和线路等用地
	T2	公路用地	高速公路和一、二、三级公路线路及长途客运站等用地,不包括村镇公路用地,该用地应归入水域和其他用地(E)
	T3	管道运输用地	运输煤炭、石油和天然气等地面管道运输用地
	T4	港口用地	海港和河港的陆域部分,包括码头作业区、辅助生产区和客运站等用地
	T5	机场用地	民用及军民合用的机场用地,包括飞行区、航站区等用地,不包括净空控制范围用地
S		道路广场用地	市级、区级和居住区级的道路、广场和停车场等用地
	S1	道路用地	主干路、次干路和支路用地,包括其交叉路口用地;不包括居住用地、工业用地等内部的道路用地
	S2	广场用地	公共活动广场用地,不包括单位内的广场用地
	S3	社会停车场库用地	公共使用的停车场和停车库用地,不包括其他各类用地配建的停车场库用地
U		市政公用设施用地	市级、区级和居住区级的市政公用设施用地,包括其建筑物、构筑物及管理维修设施等用地
	U1	供应设施用地	供水、供电、供燃气和供热等设施用地
	U2	交通设施用地	公共交通和货运交通等设施用地
	U3	邮电设施用地	邮政、电信和电话等设施用地
	U4	环境卫生设施用地	环境卫生设施用地
	U5	施工与维修设施用地	房屋建筑、设备安装、市政工程、绿化和地下构筑物等施工及养护维修设施等用地
	U6	殡葬设施用地	殡仪馆、火葬场、骨灰存放处和墓地等设施用地
	U9	其他市政公共设施用地	除以上之外的市政公用设施用地,如消防、防洪等设施用地
G		绿地	市级、区级和居住区级的公共绿地及生产防护绿地,不包括专用绿地、园地和林地
	G1	公共绿地	向公众开放有一定游憩设施的绿化用地,包括其范围内的水域
	G2	生产防护绿地	园林生产绿地和防护绿地
D		特殊用地	特殊性质的用地
	D1	军事用地	直接用于军事目的的设施用地,如指挥机关、营区、训练场、试验场、军用机场、港口、码头、军用洞库、仓库、军用通信、侦察、导航、观测台站等用地,不包括部队家属生活区等用地
	D2	外事用地	外国驻华使馆、领事馆及其生活设施等用地
	D3	保安用地	监狱、拘留所、劳改场所和安全保卫部门等用地,不包括公安局和公安分局,该用地应归入公共设施用地(C)
E		水域和其他用地	除以上各大类用地之外的用地
	E1	水域	江、河、湖、海、水库、苇地、滩涂和渠道等水域,不包括公共绿地及单位内的水域
	E2	耕地	种植各种农作物的土地
	E3	园地	果园、桑园、茶园、橡胶园等园地
	E4	林地	生长乔木、竹类、灌木、沿海红树林等林木的土地
	E5	牧草地	生长各种牧草的土地
	E6	村镇建设用地	集镇、村庄等农村居住点生产和生活的各类建设用地
	E7	弃置地	由于各种原因未使用或尚不能使用的土地,如裸岩、石砾地、陡坡地、塌陷地、盐碱地、沙荒地、沼泽地、废窑坑等
	E8	露天矿用地	各种矿藏的露天开采用地

注:本表节引自《城市用地分类与规划建设用地标准》(GBJ137—90),未列入小类用地。

1.5.3 建筑实体

1.5.3.1 概述

(1)建筑实体为广义概念,包括单体建筑物、群体建筑物及桥梁、堤坝、高架快速路、电视塔等构筑物,是对城市形体环境质量最重要的影响因素之一。

(2)城市设计并不直接设计建筑,但却对其区位、布局、功能、形态,包括体量、色彩、质地及风格等提出合理的控制与引导要求。

(3)建筑实体对城市环境的影响,关键不在于一楼一房本身的优劣,而是建筑物和构筑物的群体效应,如对城市天际线的影响。

(4)组织建筑群体时,既要考虑其在城市环境中的历时性文脉(历史文脉),也要考虑其共时性文脉(环境文脉)。

(5)古、旧建筑能够反映城市历史和城市文化,要尽力予以积极保护和合理利用。

1.5.3.2 设计要点

(1)对建筑实体要素控制与引导的主要内容见表1.5.3。

(2)设计对策

①标志性建筑应位于可见性强的环境中。

②建筑高度控制应有利于反映与强化地形特征。

③防止大体量建筑对城市环境的破坏作用,如阻景、遮阳等。

④新、老建筑应保持视觉联系和协调过渡。

⑤位置显著的建筑必须有高质量的建筑设计和环境设计。

⑥妥善保护历史性建筑及其环境。

⑦不仅考虑建筑本体设计,而且更要重视建筑之间的关系。

1.5.4 开放空间

1.5.4.1 概述

开放空间又称开敞空间或旷地,指在城市中向公众开放的开敞性共享空间,亦即非建筑实体所占用的公共外部空间以及室内化的城市公共空间。

城市开放空间是城市形体环境中最易识别、最易记忆、最具活力的组成部分。

1.5.4.2 类型

主要包括自然环境和人工环境两大类,详见表1.5.4-1。

现对表中所列主要类型说明如下:

①**风景名胜区** 以自然元素为主的自然、人文复合景观区,是市民大众企望回归自然,避开城市喧嚣,进行休憩、郊游的场所。

②**自然绿地** 以城市郊野及嵌入城区的自然山体、水体、林地、湿地为主要元素的大型环境绿地,是城市氧气库和野生生物的主要栖息地。

③**公园** 供公众游览、观赏、休憩和开展户外科普、文娱及健身等活动,并向全社会开放、有较完善的设施及美好生态环境的城市绿地,其类型有综合公园、社区公园、专类公园、带状公园、街旁绿地之分。

④**广场** 城市中由建筑物、道路

建筑实体控制与引导内容 表1.5.3

项目名称	内 容 说 明
建筑高度	建筑物的竖向尺寸,常以自室外地坪至女儿墙顶或檐口或屋脊的高差(m)来计算
建筑密度	一定地块内,所有建筑物的基底总面积占用地面积的比率(%)
容积率	一定地块内,总建筑面积与建筑用地面积的比值
绿地率	城市一定地区内各类绿化用地总面积占该地区总用地面积的比率(%)
出入口方位	建筑出入口在其用地上开设的方位,以此确定其与城市道路的联系
建筑后退红线距离	城市道路两侧建筑外墙自道路红线后退的距离(m),其界线又称建筑控制线
建筑间距	两栋建筑外墙之间的水平距离(m),常根据各地日照标准等因素确定
建筑形式	建筑物的外部形象,常为建筑的形状、尺寸、色彩、质感的综合体现
建筑体量	建筑物所占空间的大小及其对人们的感受,一般在一定高度限制内,以此来避免建筑物过于庞大,可以建筑物最大平面尺寸或最大对角线平面尺寸计量
建筑色彩	建筑物外饰面的色彩,是建筑形态的主要影响因素之一,常分为主导色与辅助色两类,在色彩运用中一般以调和为主,对比为辅
建筑风格	建筑在历史文化积淀中所形成的总体形态特征,它反映了一定时代和地域内人们所追求的精神风貌和文化品格

城市开放空间类型 表1.5.4-1

类 别		举 例
自然环境	景观游憩区	风景名胜区、森林公园、自然文化遗址保护区、观光农业区、野生动植物园
	生态景观区	风景林地、滨水生态廊道、自然绿地
人工环境	公 园	综合性公园、社区公园、儿童公园、动物园、植物园、历史名园、雕塑公园、带状公园、街旁绿地、林阴散步道、墓园、盲人公园、袖珍绿地
	街 道	景观大道、行人专用道、步行街区
	广 场	市政广场、交通广场、纪念广场、商业广场、宗教广场、文化休闲广场
	体育休闲设施	体育公园、游乐园、体育场、运动场、滑雪场、滑冰场、跑马场
	室内化开放空间	室内步行商业街、室内广场、建筑内部公共通道
	防护绿地	防灾绿地、防公害绿地、隔离带绿地

或绿化地带围绕而成的点状空间，是城市公众社会生活中心，是集中反映城市历史文化和艺术面貌的城市空间，其类型有市政广场、交通广场、纪念广场、宗教广场、商业广场、文化休闲广场等。

⑤**街道** 城市中由建筑物、道路或行道树围合而成的，供人车运动、停留，为人们感知城市的带状空间。

⑥**步行街区** 步行街为专供步行者使用，禁止或限制车辆通行的一种街道类型。有若干条相邻街道确定为步行街的街区即构成步行区。步行街区一般位于市中心商业区，其类型有：

a.旧城区原有的中心商业街通过交通控制改造而成的步行商业街。

b.在新城市(区)按人车分流原则设计的步行街。

c.地面层行人专用道：一般与街道绿地、滨水绿地、防护绿地结合形成林阴散步道，也包括在城市干道用地上与车行道并行设置的路幅较大的路旁人行道。

d.非地面层步道：指地下或街道上空的人行通道，常与街道两侧的商业性公共建筑连通。

⑦**滨水区** 城市沿江、沿河、沿湖、沿海的滨水地带，是城市自然环境与人工环境相互交融、渗透地区的开放空间，是城市开发建设和公众社会活动的热点地区。保护与利用好滨水区对提高城市环境质量作用极大。

⑧**室内化公共空间** 即将城市公共空间延伸入建筑内部，用以摆脱室外恶劣气候影响，增加空间的舒适度，其类型有加采光顶的街道与广场、庭院、冬季花园、空中步道、地下街等。

1.5.4.3 功能与特征

(1)开放空间是城市中多层次、多含义、多功能的共生系统，往往集节庆、交往、流通、休憩、观演、购物、游乐、健身、餐饮、文化、教育、防灾、避难等功能于一体。

(2)开放空间是城市自然生态、社会经济、历史和文化信息的物质载体，这里积淀着世世代代人民大众所创造的物质财富与精神财富，是人们阅读城市和体验城市的首选场所。

(3)开放空间是人们社会生活的发生器和舞台，是城市形象建设的重点，也是提高城市知名度和美誉度的"窗口"。

(4)开放空间是以人为主体的促进社会生活事件发生的社会活动场所，对其特征的理解应从人、事件、场所三方面及其相互关系予以分析：

①**活动主体** 即空间场所的使用者，他们可以在开放空间中自由平等地进行情感、物质、经济和信息交流。

②**活动事件** 主要指社会活动，由使用者的行为构成，其中最重要的、发生频率最高的是人际吸引与人际交往。

③**活动场所** 即人的活动事件发生地与载体，是物质环境设计的对象。

④**三者关系** 主体制造活动，活动强化场所，场所又吸引主体(图1.5.4)。

(5)各类开放空间应具有如下特性，见表1.5.4-2。

1.5.4.4 设计要点

(1)把提高环境的吸引力作为创造高质量开放空间的重要目标，见表1.5.4-3。

(2)现代开放空间设计应重视其文化品味和文化氛围的创造。

开放空间特性 表1.5.4-2

序号	特性	含义
1	识别性	具有个性特征，易于识别
2	社会性	基本特性，大众共创共享
3	舒适性	环境压力小，身心轻松、安逸
4	通达性	交通方便，既可望又可及
5	安全性	步行环境，无汽车干扰，无视线死角，夜间有照明
6	愉悦性	有视觉趣味和人情味，环境优美、卫生
7	和谐性	各类环境元素整体协调有序
8	多样性	功能与形式灵活多样，丰富多彩
9	文化性	具有文化品味，有利于文明建设
10	生态性	尊重自然，尊重历史，保护生态

具有吸引力的城市开放空间环境实例 表1.5.4-3

序号	类型与特征	实例
1	有文脉意义的环境	北京天安门广场、平遥古城旧街区、澳门"大三巴"广场
2	有生命活力和人情味的环境	南京夫子庙、上海城隍庙、北京什刹海地区、哈尔滨中央大街
3	独具特色的环境	西安城墙公园及钟鼓楼广场、巴黎拉维莱特公园
4	可获取丰富信息量的环境	罗马西班牙大台阶、昆明世博园、北京世纪坛
5	构成元素对比强烈的环境	上海浦东陆家嘴中心地区、纽约中央公园、巴黎卢佛尔宫广场
6	富有趣味戏剧性的环境	大连礁石园、苏州园林、洛杉矶中国剧院前庭广场
7	主题鲜明，文化品味高尚的环境	深圳民俗村、世界之窗、哈尔滨建筑艺术广场
8	整体空间协调有序的环境	丽江大研古城、成都府南河地区、北京故宫、威尼斯圣马可广场
9	市民大众能自由参与使用的环境	波特兰会堂前庭水景园、纽约帕利公园、悉尼达令港滨水区
10	通达便捷，行人优先的环境	重庆解放碑广场、巴黎德方斯步行平台、名古屋久屋大道公园
11	设施完备，舒适愉悦的环境	香港海洋公园、多伦多伊顿中心、上海外滩风光带
12	以自然景观为依托的环境	大连、青岛、厦门、珠海等城市的滨海景观大道、扬州瘦西湖

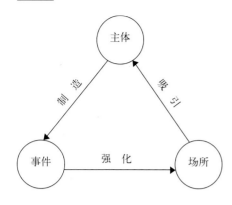

图1.5.4 活动主体、事件与场所关系

(3)以人为主体,组织为人所用为人所体验的人性空间。

(4)强化形式信息,增强空间的观赏性和感染力。

(5)充分利用自然生态条件,建立完整连续的公共空间体系。

(6)珍惜历史遗存,保护与利用其环境,为现代生活服务。

(7)作好气候防护和微气候设计,减轻环境压力。

1.5.5 使用活动

1.5.5.1 概述

使用活动为城市环境中的动态要素。城市设计的任务就是要为各种使用活动提供适宜的物质条件支持,并组合引导各类活动构成城市的动感景观,使城市空间富有活力,展现个性特征。

1.5.5.2 类型

(1)按活动特征分:

① 必要性活动,指日常生活必须进行的活动,如上学、上班出行等。

② 自发性活动,指只有在适宜的环境条件下才发生的活动,具有一定随意性与选择性,如散步、健身等休闲活动。

③ 社会性活动,指在公共空间中公众共同参与的活动,如礼仪、文化娱乐等。

上述三类活动详见表1.5.5。

(2)按运动方式分:

① 人行,慢速;

② 车行,快速;

③ 自行车,慢速或中速。

(3)按活动环境特征分:

① 公共性活动环境;

② 半公共性活动环境;

③ 私密性活动环境。

(4)上述各类活动交融于一体,构成城市使用活动系列。各类活动对城市形体环境都有相应的要求。环境质量的优劣对必要性活动的发生频率影响不大,但对自发性活动、社会性活动的影响较甚。

1.5.5.3 设计要点

(1)根据活动行为规律,精心组织各种空间场所和环境要素,要特别重视步行环境的创造,为不同人群的行为活动提供合理支持条件。

(2)努力提高环境质量,增加各类活动事件特别是自发性活动的发生频率。

(3)按照不同的运动速度和观赏要求,组织街道景观序列,并促进人流车流畅通。

(4)组织多功能场所,促进使用活动的多样化;鼓励公共活动,提高城市公共空间的活力和吸引力。正确处理好公共场所和使用活动之间的互依互补关系。

(5)合理分析、评价、确定各相关空间环境的活动强度与活动领域。

① 活动强度 即特定环境中使用活动的发生频率。活动强度可反映环境的吸引力,对此可在城市区域中对各种空间环境的活动强度进行测定分析,以确定设计重点。

② 活动领域 即活动特性分区,通过现场调查访问,根据主导性使用活动的性质进行区划,确定活动领域,并通过城市设计强化其领域性。

使用活动类型　　表1.5.5

类别		活动主体	活动时间	最适宜的活动场所	对环境要求
必要性活动	通勤出行	职工、师生、成年、青少年	上下班、上下学	街道	通畅、安全
	物资流通	以成年为主	以白天为主	街道	通畅
	购物	老年成年为主,家庭主妇	以白天为主	街道、步行街、商业区	便捷,商业业态分布合理
	交通工具存放	以成年为主	通勤时间前后	停车场、库	方便、安全
	保安、医护	保安、救护人员	全日、事件发生时刻	街道、居住区	通畅、及时、安全
自发性活动	休憩	以老年为主	白天、节假日	公园、绿地、广场、庭院	舒适、安全、清洁、有坐憩设施
	游赏观光	市民大众及旅游者	节假日为主,业余时间	各类开放空间	方便、舒适、有特色
	健身	以老年为主	清晨、晚饭后	以公园、广场、居住区绿地为主	方便、舒适、设备完善、空间规模适度
	文化娱乐	市民大众,以青少年为主	夜晚、业余	广场、商业区、文化区	品位好,内容丰富多样化
社会性活动	节日庆典	市民大众及旅游者	节庆日	街道、广场、公园	喜庆气氛浓郁
	民俗礼仪	市民大众	民俗日	街道、广场、公园	延续历史文化
	社会交往	市民大众,以老年为主	以白天为主	居住社区为主	方便、亲切
	商品展销	市民大众	节假日、3.15	步行商业街、广场	具有一定规模,通达性好
	餐饮	市民大众	全日	以步行环境为主	方便、卫生
	宗教活动	教民	假日、特定日	特定宗教场地	方便、卫生、宗教气氛

2 区域发展战略及总体城市设计：区域、城市、中心城、分区

阐述了区域发展及总体(宏观)城市设计的范畴，重点阐明城市发展战略、结构格局和实施控制的意义。

实例部分包括秦皇岛西部海岸、深圳、广州、厦门东南滨海和上海城市总体结构或城市发展战略；澳大利亚堪培拉和美国旧金山两个国外总体城市设计实例；上海、金华、唐山、宜昌、昆明和蓬莱等城市的中心城或分区城市设计实例共14个，试图在城市战略、总体结构、中心城区或分区规划层次上体现城市设计理念，有助于城市设计学科的拓展。

2.1 概述

2.1.1 范畴

大洲、国土、经济区域、大河大江流域、海岸带、大城市带、大城市区域、大城市等都可作为宏观城市设计的范畴。本章以理论与实践结合为宗旨，探索区域宏观城市设计。由于国内对宏观范畴的城市设计尚未系统展开，目前仅一些大城市正在开展城市结构、总体设计或发展战略研究。随着时间的推移和城市化的发展，宏观城市设计的实践与理论研究范畴必将外延。

随着国际经济全球化，作为国际经济中心的世界城市正在形成；我国改革开放后经济和城市化持续快速成长，同时，国土资源、环境可持续发展面临挑战，对宏观城市设计的研究就显得非常必要和十分迫切。

宏观城市设计理念的重点是发展战略、结构格局和实施控制；与此密切相关的是城市化发展规律和理性对策。宏观城市设计主要通过设计范围内的结构、格局体现；发展战略是它的基础，实施控制则是它的保证。宏观城市设计不是一成不变的，它会适应城市化发展规律而变化。人们必须认识这种规律和发展所处的阶段，联系设计范围的经济、社会、地域、历史、人文、资源、环境等因素的实际情况，采取符合城市化发展趋势和发展阶段性特征的理性对策。

2.1.2 发展战略

国内快速成长中的大城市，特别是中心城市、特大城市，在已有总体规划的基础上多在研究、制定发展战略，这实际上属于以大城市为中心的区域规划的范畴。本资料集分册的立意是：城市设计理念、研究、运用应贯穿在各层次各阶段城市规划之中。因此，制订科学合理有序的发展战略既是完善城市总体规划的基本要求，更是宏观城市设计的基础，关键是要对大城市区域的山川格局、历史发展、公共空间、绿化生态园林、对外交通、市政设施等进行系统整合，确定发展性质、功能、形态，并合理确定发展规模，获得正确的发展依据。城市化发展的主要动因是经济增长，由此带动产业结构调整，预测就业岗位规模和总人口。预测建筑总量及构成对确定城市发展用地规模至关重要，可从居住建筑总量入手。按照经济增长、各收入阶层收入增长及住房需求，预测住宅及配套生活设施总量与发展进度，根据原有建筑保护、保留改善、重新使用(Re-use)及符合市情国情的新建建筑层次比重，结合分区土地使用规划或总体结构规划布局及开发强度，求得各类建筑分布、总量及相应的建筑用地。由于一定阶段各类建筑存量及增量不同，以固定比例住宅量推算非居住建筑及总建筑量将失之偏颇，建议据实框算汇总。参照规划推算非建筑用地求得发展总用地。其结果可能与规划总人口和人均用地指标推算的总用地规模大相径庭，这就需要对原定总规模、总用地、人均居住及办公建筑面积、新增基础设施投入的需要与可能，以及实现发展战略的年限等，进行综合平衡和必要的调整。

2.1.3 结构、格局

在城市设计论著中，大城市区域、城市化发展带的城市设计形态，其实施是按发展战略确定的人口、用地、建筑总规模，以一定的结构、格局在规划发展地域中进行展开的。任何一个发展实例似乎都难以找到一个先验的、完全匹配的理论形态和发展取向。纵观城市化发展进程，在若干大城市区域或城市化发展带中，同心圆和轴向发展两种模式和取向都显示出一定的影响(图2.1.3-1、图2.1.3-2、图2.1.3-3、图2.1.3-4、图2.1.3-5)。中心城在一定历史阶段内按同心圆模式圈层式向外发展，如伦敦、莫斯科。有的中心城发展到一定阶段，或因地理文脉特殊，依托主城沿江河、海岸线或交通轴呈带状或序列组团作轴向发展，形成带状组团型城市、组合城市、指掌型城市乃至城市化带。

宏观总体城市设计结构、格局的表达一般为二维形态，体现发展与控制用地之间的间隔空间关系，就如微观城市设计表现实体与空间关系的"图底关系"(Figure and ground)一样。然而，考虑其中各部分区位不同，因而功能、影响力、可达性、聚集度等各异，从而具有不同的高度、密度

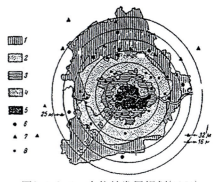

图2.1.3-1 大伦敦发展规划(1951)

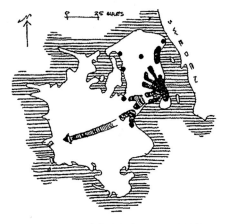

图2.1.3-2 哥本哈根指型发展规划将城市发展走廊与自然旷地结合

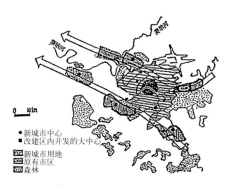

图2.1.3-4 大巴黎城市区域发展规划

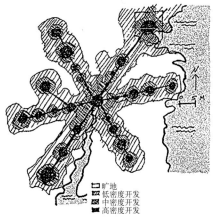

图2.1.3-3 华盛顿市域发展理念

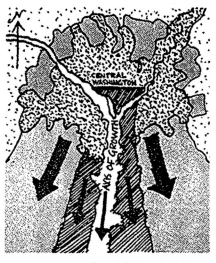

图2.1.3-5 道萨亚迪斯关于华盛顿沿波托马克河向南发展的理念

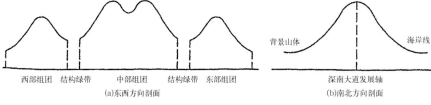

图2.1.3-6 深圳市特区城市空间结构
(引自《深圳经济特区密度分布研究》，同济大学城市规划系、深圳规划院)

与空间形态。我国发达地区地少人多和广泛采用的TOD规划发展模式也将在活动中心、综合交通节点形成较高强度开发，并配置必要的公共旷地。因此，这种二维结构格局实际上具有三维内涵(图2.1.3-6)。一个成熟的统筹策划的宏观总体城市设计发展战略，依循可持续发展原则，必须体现分阶段、集中、有机、有序的发展特征，时空兼顾，人与自然和谐，具有四维内涵。

2.1.4 实施控制

科学合理的宏观城市设计结构格局是该城市化区域空间场所环境生态质量的载体，实施控制是它的保证，必须贯穿在战略制订、结构格局乃至实施和必要的调整全过程中。必须特别关注发展规模、城市化范围、点线面发展结构格局和发展实体与空间间隔的有机组织，以及在实施中如何划分阶段、范围、分期规模等。相对集中和集聚才能有效保持空间间隔。

必须认识到，城市设计历来面对着"弱控制"、"资源有限"、"限定的松弛和松弛的限定"；实施的法律地位不强，加以宏观规划机制不健全，决策层对宏观城市设计期望值过高……因而实施控制是一个大难题。然而，在快速城市化的中国，改革开放逐渐走向成熟的今天，机遇总是与挑战并存的。只要坚信宏观城市设计与宏观城市规划相辅相成，坚持在"策划—规划"与"城市设计—实施—管理"不断循环反馈过程中，深刻认识和分析影响城市化发展的经济与社会、环境与生态、历史与人文、国情与市情、资源与财力、国际国内城市化发展的经验与教训等因素，及时形成、不断修订完善宏观城市设计诸环节，使之科学合理可操作。人们可以确信，通过一个负责任的政府的决策实施，宏观城市设计将持续发挥有效的作用。

2.2 秦皇岛西部滨海地带

设计单位：中国城市规划设计研究院

2.2.1 概况

秦皇岛市地处渤海湾，是我国著名的风景旅游城市。秦皇岛西部滨海地带(北戴河、南戴河、黄金海岸)是河北省乃至全国旅游、休养的"黄金地带"。整个地带长60km，纵深约2km，规划面积111km^2。其中北戴河是国家级风景名胜区；南戴河是省级旅游度假区，黄金海岸是以沙滩为主的著名的旅游胜地、市级旅游开发区。规划范围内有沙滩浴场、自然沙丘、鸽子窝、联峰山、中海滩、森林公园、湿地等多种自然资源和亚运水上运动基地、联合国观鸟基地等多种人文景观资源。

2.2.2 总体构思

针对西部滨海地带地域广、资源多、游客集中等条件，设计从自然生态资源的综合评价入手，以适宜环境容量及环境承载力分析为基础，从城市结构、土地利用、交通组织及景观要素分析等方面构筑总体城市设计的框架。

2.2.3 总体城市设计

2.2.3.1 生态背景研究

滨海地带宏观层次的城市设计由于其资源的独特性，考虑的首要问题是在保护资源的前提下确定其合理的开发规模。本方案采用了规划区的饱和环境容量和生态适宜环境容量的概念。环境容量以可用陆域面积与海岸线长度、单个游人占用浴场面积、单个游人占用陆域面积、绿化覆盖率和建筑密度等各项指标来确定，并以旅游、休疗养的床位数作为这一容量的参照值。同时，还从大气、水体、生物、水资源、土地资源等方面的数值确定规划区内的综合环境承载力。

2.2.3.2 开发规模核定

根据生态背景研究，以生态容量的床位数推算建设用地，结合滨海旅游度假区的规划建设要求，确定111km^2规划范围内建设用地总规模为47.48km^2。其中北戴河21.73km^2，南戴河9.15km^2，黄金海岸8.21km^2，海港区文教组团8.39km^2。

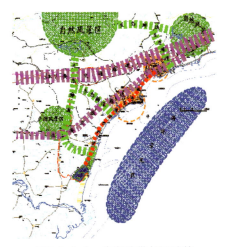

图2.2.3-1 滨海地带与区域的景观背景关系

图2.2.1 滨海地带的现状

图2.2.3-2　滨海地带城市建设与景观生态用地的关系

图2.2.3-3　景观分析

2.2.3.3　总体布局结构

(1)空间结构：根据西部滨海地带自然条件和现状条件，确定"带状组团结构"。组团间辅以大片绿地、水面和保护区，形成大组团间以大块绿地隔离、小组团间以小型绿化镶嵌、层次分明、井然有序的生态型滨海旅游度假区。

(2)绿地系统：总体上确定"块状分割、网状穿插、点状充实"的结构。即大面积生态景观绿地以块状方式将黄金海岸、南戴河、北戴河、海港区文教组团分割，沿海岸、公路、河流的绿地网将各类绿地有机联系，而点状绿地则起到充实、完善绿地体系的作用。

根据西部滨海地带临海、土质差等特点，确定符合地域特点的基调树种、观赏树种、防护树种和道路绿化树种。

(3)交通系统：结合布局结构确定3条不同速率、不同功能的横向骨干道路，即位于规划区北部的联系四区交通的快速路，位于规划区中部以客运为主的中速客运专线，位于规划区南部(沿海)的以步行交通和旅游专线为主的低速滨海观光路，并在此基础上形成道路网。

2.2.3.4　景观设计

(1)景观层次划分：将西部滨海地带及其影响范围划分为宏观、中观两个景观层次。在宏观层次里，研究区域内各项景观主体之间的关系，确定各项景观主体的景观特征和其间的空间廊道；在中观层次里研究城市的线

图2.2.3-4　向海景观通道

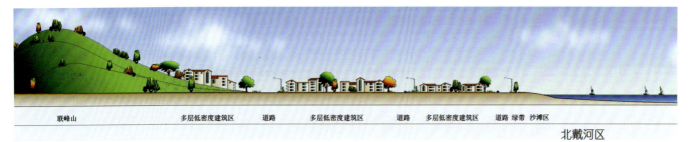

图2.2.3-5 北戴河——山、城、海的轮廓线

型活动、景观资源的线型分布特征，确定城市的空间结构形态。

(2)线型空间规划

景观轴线：利用滨海道路建设连接各景区的景观轴线。

向海景观通道：为强调亲水性，在各个片区中设置通向海滨的绿色景观通道，利用河流、道路将人流引向海滨地带。

城市轮廓线：对临海界面进行设计，形成高低错落、优美的临海天际线及立面。

城市道路：公路两侧设置大于10m宽的林带，景观道路重点设计两侧设施，一般道路考虑绿化配置。

(3)开敞空间设计

景区公共中心：在南戴河、黄金海岸、海港区文教组团各布置一个公共中心，作为连接河道、海域的开敞空间。

楔形绿地：将楔形、块状绿地伸入度假区内部，形成自然景观要素和人造环境之间的均衡。

边缘地带：在建筑物与开敞空间、自然河道与驳岸、大面积林地与城市建设区交接处进行详细设计。

(4)城市形象特征

景观节点：在黄金海岸二期、南戴河二期及北戴河建设4处景观节点，成为各个区域及人流活动中心。

景观标志：在各景区的中心区设置具有特色的建筑物、构筑物，体现各区特色。

入口：确定4个景观区入口，对其进行重点环境设计。

图2.2.3-6 滨海城市开敞空间设计

图2.2.3-7 城市公共区域与道路的结合

2.3 深圳总体城市结构

设计单位：深圳市城市规划设计研究院

2.3.1 概况

深圳市位于广东省中南部沿海，东临大鹏湾，西连珠江口，北邻东莞及惠州，南接香港新界。地形呈东西长、南北短的狭长形状，以丘陵和平原为主，背山面海，地势东北高，西南低，地面坡度平缓。全市陆地面积2020km²，其中经济特区位于南部与香港相邻的地区及滨海地区，面积327.5km²。

深圳作为基本按规划建设的新兴特大城市，总体规划上突出了城市设计思想。

2.3.2 1986年版总体规划的特区城市结构设计

1986年编制的《深圳经济特区总体规划》充分依据深圳特区背山面海、地形狭长的特点，从东至西，依次布置了沙头角、罗湖、福田、华侨城、南头等五个组团，组团内部基本保证"就业—居住—服务"的平衡，每个组团分担全市性的功能，组团之间留出宽度1km以上的绿化隔离带，构筑了"带状组团式"的城市结构，使得城市建设有分有合，城市生态有机连为一体。这种布局结构还具有极大的弹性，基本适应了深圳特区快速超常规发展及城市功能迅速演化的需要，使得城市根据社会经济发展要求，或重点开发某些组团，或几个组团同时大规模建设，但在快速发展中保持整体结构的完整性与合理性，为各阶段城市功能的协调均衡发展提供了良好的基础。

2.3.3 1996年版总体规划确立的全市整体城市结构

深圳城市的快速发展使得特区的建设空间在仅仅10年左右就不敷需要。1993年开始编制的新一轮总体规划覆盖了全市域2020km²的范围，顺应了城市建设全境开拓的新局面，不仅使1986年总体规划所确定的"带状组团式"的城市结构理念得到进一步强化，而且使它沿区域产业走廊延伸而发展成为一种"网状组团式"的发展模式。顺应珠江三角洲区域布局，与深圳特有的自然地形和山水环境交融共生，形成有机的空间整体。在总体结构上划分"3条轴线、3个圈层、

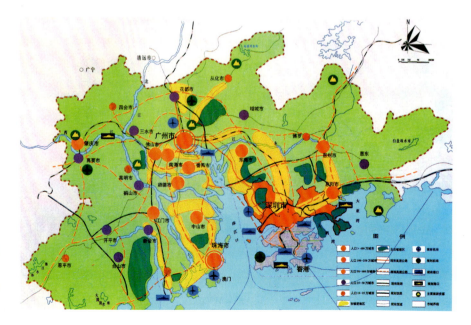

图2.3.3-1 珠江三角洲城市群体协调规划图
（资料来源：《广东省珠江三角洲城市群协调发展规划》）

3级城市中心和9个功能组团"。全市域总体结构以特区为中心,特区是全市行政、经济、文化中心,在空间上是市域城市结构的核心。在此基础上,以交通干线为指向,以东、中、西3条放射发展轴为基本骨架,形成轴带结合、梯度推进的组团集合结构。

2.3.3.1 适应区域发展的布局结构

东部轴线连接惠州,是珠江三角洲连接粤东的门户,是珠江三角洲地区重要的工业基地;中部轴线连接东莞东部,在区域中位于"京九"与"京广"铁路交会后通向香港和深圳东、西港区的物流走廊上,是深圳发挥区域及国际交流功能的重要辅助地域;西部轴线连接东莞西部,是未来港—深—穗国际城市带上的交通枢纽之一和重要工业地带。

3条城镇发展轴有助于充分发挥深圳的区位优势,增强吸引辐射能力。在深港经济密切合作的基础上进一步强化与珠三角城市群的衔接,实现与粤西、粤中和粤东乃至更大范围的充分衔接,将深圳的城市结构纳入整个区域城市网络中,扮演区域协调发展的重要角色。

2.3.3.2 轴向拓展的产业结构

3条发展轴体现了产业布局的新格局,是深圳生产力布局的重点。东部发展轴线沿布吉、横岗、龙岗、坪地、坪山和坑梓构成,该轴线上的龙岗中心组团和东部工业组团是全市最具潜力的经济增长点;中部轴线由龙华、布吉、平湖和观澜构成,是特区中心组团的外围配套组团及重要的物流基地;西部轴线由特区经新安、西乡、福永、沙井至松岗,该轴线上的宝安中心组团和西部工业组团是全市重要的产业密集区。

以3条发展轴为依托,对产业结构进行功能分工,利用高新技术改造传统产业;特区内工业向高技术化、总部化发展,工业重心沿3条发展轴向特区外转移;特区外的零散工业区逐步整合,实现规模化和集约化。这种轴向拓展、多层次、多中心的网络发展模式将有效提高城市运行效率并与自然环境形成相互依托的整体格局。

2.3.3.3 可持续发展的生态结构

深圳属低山丘陵地区,建设用地只占土地总面积的1/2,规划城市建设用地占其一半,全市3/4面积列为非建设用地。3条发展轴有机地将城市建设用地融入自然生态用地之中,从城市空间结构上建立了自然生态和人工生态两个层次相互咬合的架构:以带状组团式为原型的、呈"W"字形的人工生态结构,与以山体、水系、植被和组团分隔用地为要素联成系统的、呈"M"字形的自然生态结构在空间上互相渗透,构成有机的空间实体,既结合了深圳的自然条件,又顺应了城市开发的特点,在宏观层次上为实现城市可持续发展目标奠定了生态结构基础。

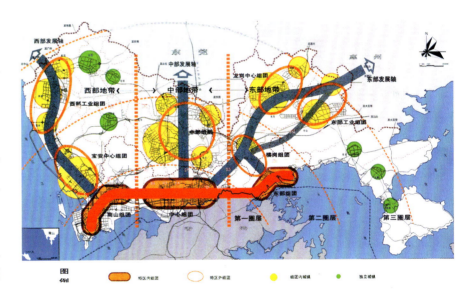

图2.3.3-2 1996年深圳市城市总体规划(1996—2010年)——城市布局结构

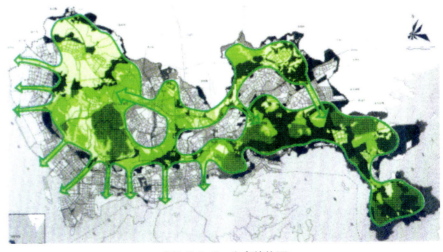

图2.3.3-3 生态结构图

2.3.4 特区空间结构的再提炼

1996年总体规划对1986年经济特区总体规划所确定的5个功能组团进行了功能重组，进一步整合完善了"带状组团式"的城市空间结构，形成从东到西的3个组团，清晰地顺应了全市域东、中、西3条放射发展轴，明确了3条轴线的起点。在总体规划基础上，深圳又于1999年编制了"特区整体城市设计"。

2.3.4.1 带状延展的组团系统

特区的城市结构基本上呈方格网状分布，但东、中、西组团肌理结构各有差异，形态上相对完整，在功能上联动发展。

(1)东部组团背依梧桐山，东南临大鹏湾，以国际性集装箱枢纽港——盐田港的建设为龙头，集航运、物流、旅游于一体，依托自然地形地貌，呈组团式发展，体现出顺应自然地形的灵活布局。

(2)中心组团是全市的政治、经济和文化中心，以典型的方格网格局为特征，其发展目标是以福田中心区的建设为重点，引导已建设区城市形态及功能的更新，形成内部协调发展、外部吸引辐射能力强劲的现代都会区。

(3)西部组团背山面海，环抱深圳湾，为全市高新技术产业基地、教育科研基地和旅游度假胜地，是特区西部区域性交通枢纽和物流中心，以蛇口、华侨城为代表，已形成环境优美、具有亚热带地区风貌的海滨城区。

2.3.4.2 鱼骨形状的空间系统

特区由"三横数纵"等多条城市道路组织为有机的整体网络，以横贯东西的深南大道为景观主轴线，串联各组团的重要节点；以联系各组团的东西向干道形成副轴。结合各组团的分布，各南北向干道、绿化带、景观视廊又产生若干南北向的轴线，与东西向轴线共同构成鱼骨状的空间骨架。位于中心组团的福田中心区是鱼骨状空间骨架上最重要的南北向空间轴线，集中了全市主要行政、文化、商务办公、商业设施，成为特区乃至全市域的城市核心。

2.3.4.3 由北向南梳状渗透的绿地系统

北部山体属梧桐山和羊台山两脉，将其开发为郊野公园，再将其向南延伸的绿化隔离带进行整理，成为森林公园和休闲活动空间，与北部自然生态绿地相联成系统的、不断扩展的自然生态结构，犹如"梳状"。绿化隔离带既是组团之间的过渡地带，也是城市建设的缓冲地带，缓解了城市高强度开发的压力，大大丰富了城市空间结构，提高了城市景观环境品质，同时也维系了特区内外城市生态结构的连续生长。

2.3.4.4 岸线利用与城市景观的相互映衬

改变"滨海不见水"的状况，大大提高水域条件对城市的影响，将东部岸线造就为"黄金海岸"，将西部深圳湾和前海湾作为城市生活与景观岸线加以整理，对中间的深圳河及其上游的若干条河流进行水质治理和环境改善。在此基础上，利用海湾条件，引导各组团中的相互间的视觉渗透，使水、城、山三个层次构成一幅美丽的城市画卷。

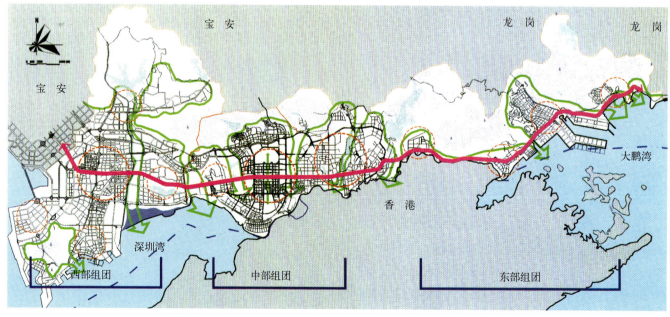

图2.3.4　1999年深圳市整体城市设计研究——城市空间结构模型

2.4 广州城市发展战略概念

2.4.1 概况

广州拥有"云山珠水"得天独厚的自然地理优势，拥有2000多年悠久的历史文明，"商市"的繁荣源远流长，历史上便是华南地区的中心城市，及最大的商业、金融、科技、文化教育中心与交通枢纽。改革开放以来，广州利用国家给予的特殊政策和灵活措施，对外开放，对内搞活，实现了经济发展的大跨越，经济和社会发展取得了令人瞩目的辉煌成就。

广州市的空间发展多年以来一直受到行政边界的制约，广州市政府提出的向东南部地区发展的战略由于受到行政界限的限制一直未能得到很好的贯彻。针对花都、番禺撤市设区带来城市发展空间结构的新变化，同时为了应对国内外社会经济发展的新趋势，广州市抓紧开展城市总体规划方法的研究工作，积极进行实践的探索，在新一轮总体规划编制之前，于2000年6月开展了广州总体发展战略规划研究。在清华大学、中国城市规划设计研究院、中山大学和广州市城市规划勘测设计研究院等五家规划设计单位战略规划咨询成果的基础上进行选择、整理与归纳，以城市土地利用、城市生态环境和城市综合交通三个专题的深化研究为核心，形成了广州市长远发展的纲领性文件《广州城市建设总体战略概念规划纲要》，并于2001年4月30日市政府常务会议审议通过，为实现城市发展目标提供了一个比较稳定的城市结构和可持续的空间发展模式，以适应全市国民经济快速增长的需要，促进社会、经济与环境的协调发展。

2.4.2 发展战略目标

充分发挥中心城市政治、文化、商贸、信息中心和交通枢纽等城市功能；坚持实施可持续发展战略，实现资源开发利用和环境保护相协调；巩固、提高广州作为华南地区的中心城市和全国的经济、文化中心城市之一的地位与作用，使广州在21世纪建设成为一个高效、繁荣和文明的国际性区域中心城市，一个适宜创业发展和生活居住的山水型生态城市。规划试图通过制定土地利用、生态环境、综合交通三个方面的规划政策来实施战略目标。

在城市规划中，以区域共同发展

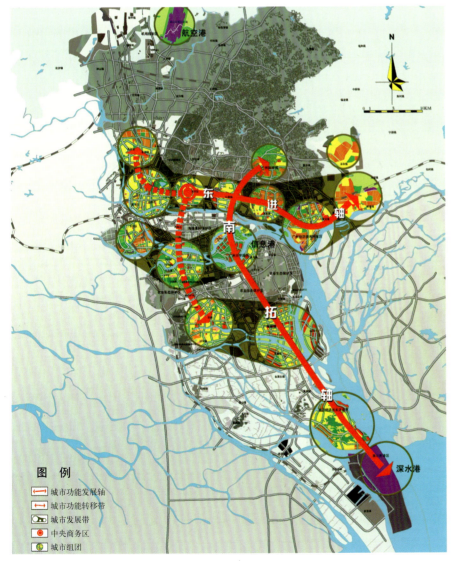

图2.4.3-1　土地使用规划结构

与生态优先为前提，保持地区生态环境的平衡，利用广州经济高速增长和中国快速城市化的机遇，采取跨越式发展，完善城市功能，调整城市空间结构，促使城市结构由单中心向多中心转变，保护历史文化名城，加强城市基础设施建设，以促进产业化水平的提高和经济健康增长，并保持社会稳定。

2.4.3 城市空间结构

《广州城市建设总体战略概念规划纲要》提出广州市未来较长时间内比较稳定的城市空间发展目标，形成广州长远发展政策框架。作为华南地区的中心城市，城市空间结构应从单中心向多中心转变，采取南拓、北优、东进、西联的发展战略，以山、城、田、海的自然格局为基础，建立沿珠江水系发展的多中心组团式网络型城市结构。

广州市未来城市空间结构为：一江多岸，两轴三带，两个转移带的多中心、网络型、生态系统复合的城市结构。

珠江呈枝状蜿蜒流过广州，提供了得天独厚的"一江多岸"的城市景观。内环线、环城高速、珠江三角洲环线和7条放射线建设形成环形加放射状的高速公路主骨架，与沿珠江前、后航道、沙湾水道发展带，加上旧城中轴线、城市新中轴线(地铁三号线)、地铁二号线、地铁四号线等多条发展轴交会形成网络型发展形态。

两轴——两条城市功能拓展轴：

东进轴：规划以珠江新城和天河中心商务区拉动城市商务中心功能东移，形成自中心城区、珠江新城、黄埔工业带向新塘方向发展的传统产业"东进轴"。

南拓轴：地铁四号线和京珠高速公路的定线，串联了一批基于IT和信息产业的新兴产业地区，从广州科学城、琶洲国际会展中心、广州生物岛、广州大学园区到广州新城、南沙经济技术开发区、广州港南沙港区，形成的这条发展轴为"南拓轴"。

三带——3条城市发展带：

结合广州市"一江多岸"城市景观，重塑珠江"母亲河"形象，形成"江城一体"的适宜人居住的富有滨江城市特色的山水人情城市，再造美丽江城。规划提出沿珠江前航道、珠江后航道、沙湾水道3条城市用地发展带的城市空间方案。

两个转移带：

白云山西侧"北部转移带"，是广州旧城传统商业贸易功能疏散和发展的继续，必须采用严格控制下的低强度开发。

海珠区——市桥"南部转移带"，是旧城人口主要疏散地区。

通过构筑"三纵四横"的生态主廊道，建设多层次、多功能、立体化、复合型网络式的生态结构体系，建立和控制稳定的城市空间结构。

2.4.4 片区发展规划和重点地区城市设计

在战略规划的指导下，广州组织开展了番禺区、花都区两个新区的片区发展规划，并相继组织开展了广州珠江口地区城市设计国际咨询、广州南沙地区整体城市设计及重要节点城

图2.4.3-2 广州市域生态结构分析图

2.4 广州城市发展战略概念

图2.4.4-1 珠江口地区城市设计规划概念(SASAKI方案)

市设计国际竞赛、广州新城发展规划研究国内咨询。

片区发展规划是战略规划下一层次的规划,是对战略规划制定的全市性策略与纲领在不同行政区的深化落实,其主要任务是根据各片区的现状条件和发展水平以及战略规划对片区的原则性定位,分解落实战略规划的各项战略目标,确定片区的城乡建设用地及人口规模,明确城乡功能布局、土地利用、生态环境和综合交通,控制各类用地边界、性质、开发强度,制定相关用地政策,是以用地控制为核心的地方性总体发展规划。片区发展规划重点是"线性导控",即对由红线、黄线、绿线、蓝线、紫线和黑线共同构成的"六线控制体系"的定位定级。红线控制系统主要控制主干道及以上级别道路用地边界;黄线控制系统主要控制城市建设区边界;绿线控制系统主要控制生态建设区边界;蓝线控制系统主要控制河流水系、滨水地区边界;紫线控制系统主要控制人文景观保护区、历史街区、文物保护单位保护边界;黑线控制系统主要控制主要市政公用设施与走廊用地边界。通过"六线控制体系"实现对城乡土地利用布局及其结构性控制。

珠江是广州城市的"母亲河"和重要景观轴线,珠江口地区是这条轴线上的重要城市门户,也是战略规划确定的"三纵四横"生态廊道三纵中的东廊道的重要组成部分。为了充分体现和发挥滨水城市的特色,塑造具有广州特色的滨水地区新形象,实现城市发展战略目标,2000年9~12月组织开展了广州珠江口地区城市设计国际咨询,规划设计范围从琶洲岛东端到龙穴岛的珠江西南岸沿江地区,共邀请了4家国际知名的规划设计单位参加咨询活动。4个方案都充分体现了战略规划的要求,基本贯彻了可持续发展的观念和适度、合理、高效开发,平衡和协调好保护与开发之间关系的原则,对珠江口地区的发展目标和功能定位、城市形象塑造和城市空间形态、开发强度控制、琶洲岛和长洲岛地区、莲花山和海鸥岛及大小虎山沿江地区、南沙岛和虎门大桥门户地区的等重要地段的发展定位及城市设计提出了各具特色的构想。方案评审委员会建议推荐美国Sasaki事务所和日本黑川纪章建筑都市设计事务所+RIA都市建筑设计研究所的方案为优胜方案。在4个咨询方案的基础上进行了方案综合和深化,有效地引导和控制滨水地区的规划建设。

为了实施"南拓"战略,高水平、高标准地规划建设好广州南沙地区,塑造具有滨海风貌特色的城市形象,2002年6月18日至11月5日,组织开展了广州南沙地区整体城市设计及重要节点城市设计国际竞赛工作,共邀请国内外5家国际设计机构或设计联合体参加竞赛。竞赛评审委员会认为5个方案均能从较高的角度充分认识分析南沙地区的功能定位、确定规划原则,设计内容全面系统,各自提出了许多很好的建设性的意见,不仅对未来广州城市的健康发展,而且对珠江三角洲甚至更大范围内快速城市化条件下城市发展和大城市带形成的研究,提供了很好的借鉴经验和很高的参考价值。5个方案各具特色,并评出香港泛亚易道公司(EDAW & Kohn Pedersen Fox Associates PC)(美国)的方案为优胜方案。竞赛评审委员会建议下一阶段深化设计工作时综合吸收各方案优点,从而形成一套完整的形体环境的规划框架,以引导南沙未来的发展。

广州南部地区由于有广阔的发展空间,将成为未来城市拓展的主轴线,北起科学城,经国际会展中心、生

图2.4.4-2 珠江口地区城市设计规划(黑川+RIA方案)

2.4 广州城市发展战略概念

图2.4.4-3 南沙城市设计(EDAW & KPF方案图1)

物岛、大学城、广州新城,南至南沙地区等城市"南拓轴",广州新城则是"南拓轴"上的核心节点之一。为了将广州新城建设为面向21世纪、强化广州国际化区域中心城市地位的新功能区,提高规划研究水平,2001年11月至2002年5月组织开展了广州新城发展规划研究国内咨询,共邀请了4家国内设计单位参加咨询活动。同济大学、清华大学和广州市城市规划勘测设计研究院等3家单位提交了成果。3家规划设计单位都运用了新城发展理论,借鉴了国内外新城发展的成功经验,在对广州的经济社会发展进行深入的调查研究基础上,提出了广州新城的功能定位、发展规模、动力机制和开发建设模式,并对新城的土地利用、交通和环境进行了综合的布局。

1. 端点公园
2. 台阶踏步
3. 东端广场
4. 北端散步道
5. 运河绿带
6. 运河街
7. 艺术岛观景处
8. 艺术岛
9. 中心渡船码头
10. 中央岛
11. 中央绿地
12. 中央公园坡地
13. 中央公园
14. 西端广场
15. 邻里公园
16. 横道
17. 天然岛
18. 城市海湾码头
19. 滨海咖啡屋
20. 植物园
21. 环礁浴场
22. 发现岛

图2.4.4-4　南沙城市设计(EDAW & KPF方案图2)

2.5 厦门本岛东南滨海地区

设计单位：厦门市城市规划设计研究院

2.5.1 概况

水是最活跃的环境要素，滨水区自然成为城市最具吸引力的环境载体，其中又以背山面海的滨海区最具魅力，因为这种滨海区往往是城市山、水环境特色的集中所在，不仅是城市建设的重点，更是风景旅游开发的宝地。厦门本岛东南滨海地区，随着环岛路从乡村小道—海防路—滨海路，向城市风景旅游主线的转化性飞跃，逐渐成为市民、游客休闲旅游的首选目标，同时由于基地独特的地理区位和优美的自然环境，具有极高的风景旅游开发价值，业已成为投资开发的热点地区。厦门本岛东南滨海地区城市设计从东南滨海地区自然地理环境出发，通过对已有规划的分析比较，确立地段及其所在地区的整体发展目标，强调引入和运用城市规划的生态主义理论和整体城市设计观念，对该地区进行用地布局优化，再分宏观、中观、微观三个层面对地区、地段（片区）和局部进行相应的城市设计建构和意象表达。

2.5.2 区域条件分析

2.5.2.1 区位关系

东南滨海地区位于厦门本岛东南沿海，南起胡里山，北至香山，西以万石山脉为屏障，南临本岛东部海域，东南滨海地区隔东部海域与台湾大、小金门及周围列岛遥相呼应。海滨地区海岸线全长约12.9km。基地范围主要包括曾厝安、黄厝和前埔3个片区，滨海地区总用地范围为12.77km²（图2.5.2）。

2.5.2.2 厦门本岛功能分区

根据城市总体规划，厦门本岛划为五大功能分区，分区划片及其功能定位分别为：湖里分区（工业）、员当—江头分区（综合）、旧城分区（商业、居住）、东北部分区（居住、高科技产业）和鼓浪屿—万石山风景名胜区（游憩、休闲）等。东南滨海地区即位于万石山风景区内。

2.5.2.3 岸线利用

厦门本岛岸线长47.7km，生活和生产岸线比为1.35∶1，东南滨海地段岸线属生活性岸线，是体现厦门城

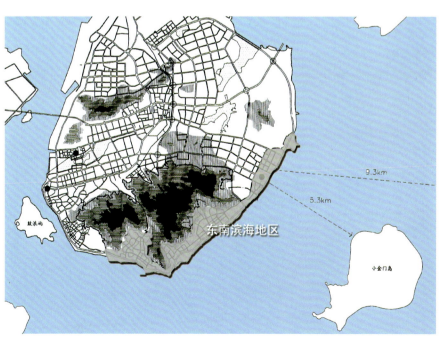

图2.5.2　东南滨海地区区位

市风景旅游性质的典型地段,并以其延绵的沙滩和开阔的海域成为本岛最重要的休闲观光场所。

2.5.2.4 市政条件

东南滨海地区依托本岛城市大路网为骨架,其间贯穿有连接各片区的环岛路及各片区与城市其他地区相连的文曾路、县黄路、湖里大道和莲前路。根据总体规划,东南滨海地区的污水均进入广播山西侧石胄头污水厂处理后排放。

2.5.3 环境特征分析

东南滨海地区总体环境特征表现为"山海相依、山海相融",重点环境要素表达在"山"和"海"。海有全区域长达12.9km的临海见海岸线,其中有连绵沙滩达8.5km。山是以万石山余脉为屏障形成群山环绕、峰峦叠障的陆域生态绿化环境。山海相融则表现为区域内多处形成山海相接相融的典型山海特色环境。

由于作为海防前线的历史原因,东南滨海地区未受过度开发而保持较好的自然绿化生态,这也是该地区的明显环境特征之一,特别是沿环岛路两侧及近山体处均有长势良好和起生态维护作用(防风固沙)的树木林地(图2.5.3-1、图2.5.3-2)。

2.5.4 城市设计思想

东南滨海地区的山海环境表现出显著的自然生态特征,城市设计的理念则主要以生态主义规划理论为依据而展开。美国著名生态学家奥德姆在1992年发表了《1990年代生态学的重要观点》,其中最重要的生态学观点是生态系统整体性的观点。而表现在生态主义的城市思想则主要为两大原则。第一个原则为保护生态完整,即从生态的角度去了解自然系统与城市系统的关系,即城市规划要尊重和造就自然系统。由于城市规划只能规范和指导城市系统,而不能规范自然系统,所以规划工作要从城市层面下手,重点是城市形态,包括用地种类、土地使用的密度、道路网络的疏密、空地的部署等。基本手段是:如城市形态是紧凑的,那么,城市化需要围绕着自然生态的完整来进行,如城市网络是稀松的,自然生态就多了生存的空间,那么,城市化就可以按城市系统和自然系统各自的需要来进行。第二个原则为巩固人与自然的连接。城市化活动与自然生态活动的连接主要表现在:①要教育市民"自然"不一定是"美丽"的,自然包括弱肉强食和山崩海啸;②与自然系统妥协,以求达到用最少的资源和能源来创造最多的社会、经济和环境效益;③争取生态多样化、能源多样化;④了解整个自然环境与地区性、个别性的自然环境连接的地方;⑤了解日常生活中的自然规律;⑥探讨城市化活动对自然生态的良性影响;⑦把城市化活动对自然系统的冲突"透明化"。

图2.5.3-1 东南滨海地区"山海"环境特征

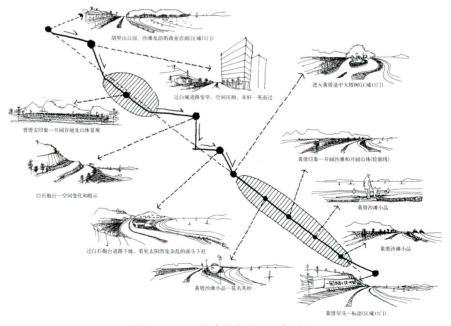

图2.5.3-2 东南滨海地区记忆地图

2.5.5 已有规划分析

2.5.5.1 对鼓浪屿-万石山风景名胜区总体规划和本岛东北部分区规划的分析

鼓浪屿-万石山风景名胜区总体规划指导思想是："保护自然景观、人文景观为前提，重点保护景区内的景点、名胜古迹，保护生态环境最脆弱的滨海沙滩资源，以及濒临毁坏的景观，重视历史文脉的延续，尊重历史和文化"，这成为城市设计的基本思路。东南滨海地区在万石山风景名胜区内主要表现为"帆出晨曦"(黄厝)和"珍珠浴海"(曾厝垵)两个景区。规划景区年环境容量分别为450万人／年和380万人／年。东南滨海地区内的前埔片区位于本岛东北部分区内，在总体规划中拟发展为本岛东部以国际会议展览为主的城市次中心。

2.5.5.2 对东南滨海地区开发控制性详细规划的分析

东南滨海地区共包含3个已编制的相对独立片区的控制性详细规划，3个控规为东南滨海地区的开发建立了基本骨架，其中以已实施的环岛路为主，将3个片区相连并接入城市交通大框架，为东南滨海地段开发风景旅游活动奠定基础。但从东南滨海地区整体区域来看存在着3个主要问题：一是3个"控规"相对独立而缺少从整体规划布局和城市设计出发的安排和控制，即整体空间结构关系不够明确；二是在黄厝、曾厝垵片区"控规"中，与风景旅游无关或关系不大的用地和项目比重过大，对风景旅游的性质有所影响，同时由于居住及其他用地比重的增加，导致风景旅游本体开发和旅游服务配套比例失调，又由于风景旅游开发相对滞后，沙滩海边成为市民游客的惟一吸引点，人流的过度密集可能造成对这些地区的环境和环境再生机能的破坏，此外，"控规"的游人容量大幅度超过原风景区规划控制的环境容量，将可能对东南滨海地区的环境保护和生态平衡造成破坏；三是东南滨海地区规划中过度的一般城市开发(如居住、办公、商业等)，造成功能布局较为纷杂，道路密度过高，填充式的地块开发和沿环岛路的连续开发则使城市形态陷入一般模式而失去作为滨海风景区应有的环境特质。这种开发模式也切断了滨海地段山海相依相融的自然地理脉络，将对该地段城市设计产生不良影响。

2.5.6 规划布局优化

城市设计是以相应阶段的城市规划为依据的，针对前述问题，用地布局的优化对东南滨海地区城市设计就有特别重要的意义。规划布局优化的主旨是运用生态主义城市设计思想，以保护区域生态平衡为前提，突出东南滨海地区以风景旅游为主体的功能定位，具体优化主要表现在：①最大限度减少与风景旅游区无关或关系不大的用地规模和项目类别(如规划原则上不再安排居住用地和办公用地等)；②切实把握东南滨海地区的自然地理脉络，突出区域的段落式组团空间结构关系，并根据城市设计要求调整用地布局和道路网络；③改变由等高线(如30m或50m)控制用地和保护山体的消极做法，提出以较宽生态绿化带(如串联若干大型主题公园或山地公园)的形式控制开发和协调环境保护，切实有效保护东南滨海地区山体及其自然景观资源；④调整各片区内部的用地布局结构，目标是减缩城市一般性开发规模，优化片区结构，增加环

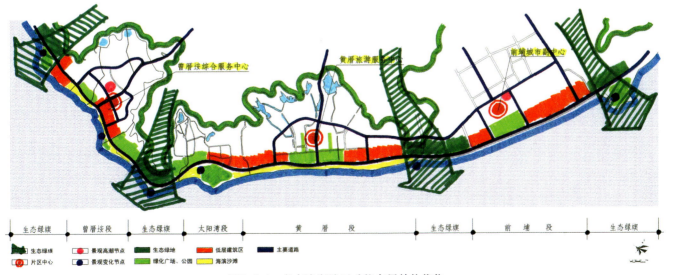

图2.5.6　东南滨海地区功能布局结构优化

境生态保护的措施(如留出空间、引入水系、开辟宽绿带等);⑤针对沿环岛路连续开发而出现山海分离的问题,根据片区布局结构,打破退线一刀切的做法,以城市设计和空间景观的需要,重点调整沿环岛路内侧的用地性质、规模和位置,提出显山露水的环境和景观改善具体措施(图2.5.6)。

2.5.7 中观层次城市设计框架结构

2.5.7.1 城市设计结构框架

以凯文·林奇关于城市意象的构成要素定义东南滨海地区总体城市设计框架,通过把握区域内五大设计要素,来体验整体的场所环境。各要素在东南滨海地区主要表述为:

区域——前埔片区、黄厝片区、曾厝安片区;边缘——曾厝安生态绿化带、黄厝生态绿化带、东南滨海地区沿环岛路两侧区域;

节点——胡里山、白石炮台(曾山)、广播山(石胄头山)、香山(及半面山)、前埔国际会展中心海滨广场、黄厝游务中心、曾厝安游务中心;

标志——前埔国际会展中心、广播山、溪头下、曾山(白石炮台);

空间路径——东南滨海地区以城市大路网骨架作为其主要交通路径,包括环岛路、莲前路、胡里大道、县黄路、文曾路及地区内部的次要道路等;视觉路径则包括山→海、路→海(山)、海→山三种类型(图2.5.7-1)。

2.5.7.2 整体轴向空间景观序列组织

东南滨海地区整体空间景观序

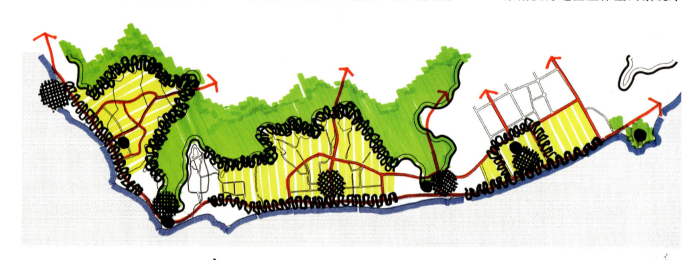

图2.5.7-1 东南滨海地区城市设计框架

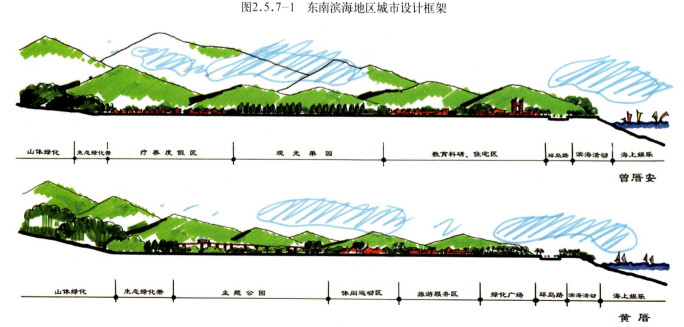

图2.5.7-2 东南滨海地区各片区由山→海的轴向空间景观安排

列(图2.5.7-2)主要分两个轴向展开。轴向一：沿滨海岸线展开，共分4个段落场景。4个段落分别为曾厝垵段、太阳湾段、黄厝段和前埔段。段落场景的划分是为了帮助人们易于体验场所感和认知滨海区形象。段落和场景的划分将对滨海区的轮廓线起控制作用。轴向二：东南滨海地区各片区由山→海的轴向空间景观安排，空间景观序列为山体—山体生态绿化带(含大型主题公园)—度假村—游务中心—绿化广场(或绿化带)—环岛路—绿化带—沙滩—海域，总体表现为顺应地理走向、保持环境的自然形态。

2.5.7.3 整体城市设计意象

保持东南滨海地区作为城市游憩功能的主要载体，成为本岛片区开发的生态保护翼，突出体现厦门城市的海滨风景特色。区段的自然山海特色以"山、海、人"作为环境的共生形态，总体环境意象(图2.5.7-3、图2.5.7-4、图2.5.7-5、图2.5.7-6)表达为"山海相融、天人合一"，力求人与环境达到高度的协调和统一。地区内形成以区段为单位的场所格局，形成空间开敞、景观优美、气氛静谧、环境生态化的总体城市设计意向。地区内的3个片区城市设计意象则有所区别，可分别描述为：①前埔片区以城市标志性建筑国际会展中心为空间景观主体，其周边地块开发保持与其形成协调和呼应，突出会展中心作为标志性建筑的地位，避免喧宾夺主。同时以沿海岸线南北对峙的广播山和香山作为片区的结构和轮廓控制点，形成以人工标志为主，辅以自

图2.5.7-3　前埔片区城市设计意向

图2.5.7-4　黄厝片区城市设计意向

图2.5.7-5　东南滨海地区城市设计总平面意向

图2.5.7-6 曾厝垵片区城市设计意向

然景观共同组成的形态意象;②黄厝片区以沙滩带和山体生态绿化带为空间景观形态主体,片区内的配套设施以小品式人工景观为点缀,重点突出片区以自然生态环境和海滨空间景观为主的形态意象;③曾厝垵片区以山体绿化带和海滨景观带为自然形态构成,结合片区内文教区和其他设施区,形成自然、人工景观相结合并且两者相互协调的形态意象;④片区之间的节点,即片区之间的城市设计口门位置,包括胡里山、曾山(白石炮台)、广播山、香山等,以表现其固有的自然地理特征(如临海见海)为主,以其原有的空间态势和景观特质作为城市设计的意象。

2.5.8 中观层次——东南滨海地段城市设计要素系统建构

2.5.8.1 绿地水面系统

以生态绿化带的概念,实现山体的积极保护,并从"点(广场绿化)—线(道路绿化、滨海绿带)—面(观光果园、主题公园)"三个梯度上突出生态保护的指导思想。充分保护基地绿化生态环境和山体绿化,将山体绿化以绿楔的形式引入基地内部,设计成对公众开放的5个山体绿地公园。沿环岛路内侧设计50~100m宽用地,作为防护绿地和公共开放式休闲游览绿化带。环岛路滨海一侧控制20m宽用地作为防风林绿化用地,以防风固沙,并以低矮花灌木与高大乔木相结合,避免土壤裸露,形成连续不断的绿化带,提高防护功能。结合基地内7条排洪渠,设计贯穿基地南北的7条排洪渠防护绿化带。在基地内贯穿式和网络状的纵横交织绿化带与滨海沙滩、公园、绿化山体、开放广场及各地块中心绿地相连接,形成包容整个基地的绿化生态系统。

2.5.8.2 空间景观系统

(1)以自然山体轮廓和海平面为远景,以旅游服务区和点点帆影为中景,以环岛路两侧景观为近景,形成多层次景观组合,通过环岛路的线型变化,凸显"你方唱罢我登台"的变换景象。在空间处理上突出"显山露水"的指导思想。基地的空间环境在纵向上表现为四个组合:海体、绿化、建筑、山体。保护山林植被和山体的自然形态,尤其要保护基地的优美的

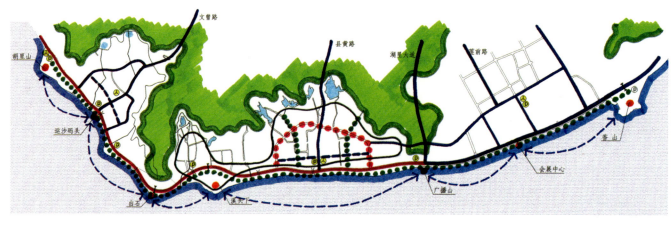

图2.5.8 道路交通系统

山岩石景。基地内的人工开发景观(主要为建筑)主要体现滨海区的特色,体现与山、海的对话,因而,整体形态应表现为北高南低、临海跌落、顺应山势的走向,达到与山海融合的目的。同时,在高度设计中,结合每段的区位,以显山露水为原则进行控制,在横向上表现为海滨天际线的起伏效果。海滨天际线作为城市海滨风景区的重要标志之一,可以提供大量的景观信息,其突出特征是具有明显的底界线(底界线由海平面形成)。海体与构成天际线的建筑物等人文景观以及自然山体、植被等自然景观形成了动与静、软质与硬质的对比,使整体景观形态丰富,个性鲜明。

(2)基地内部的建筑组群形成面向海域的局部开敞空间,并结合道路、水系、绿化带形成若干通向海滨的轴向空间,使滨海区内部的空间和海域的空间取得沟通和联系,形成整体。滨海绿化带是最有吸引力的公共空间,应向市民整体开放,并在人流可能集中的地段设置绿化广场,使之成为海滨休闲的核心空间。

(3)基地景观系统主要由景观与观景共同组成,包括景观视廊的控制和景观序列的组织。景观视廊控制规定一个空间范围以保证视线的通达,使人与自然或人文的景观保持良好的视觉联系,避免优美的景观受到遮挡。景观视廊控制包括基地对外部景观视廊控制(即远眺系统组织)和基地内部视廊组织。景观序列的组织与引导是指景观欣赏的组织,它是在时间流程上和在空间的位移中逐步实现的,是由环岛路游览路线组织形成的"时空序列"。因此,有意识地对游览线路的起点、终点和重要节点进行组织引导,形成富有节奏与变化的景观序列是有趣而重要的。景观设计总体构想为红瓦白墙、碧海金沙、绿阴掩映、小筑缤纷。景观风貌总体构想为椰风海韵,都市绿心,山水之间。

2.5.8.3 广场步行系统

(1)滨海地区开放空间的有机组合形成空间序列的变化。公共开放空间由步行道串联,形成功能各异、形式多样的广场空间序列。根据各广场所在位置、大小,形成核心广场、动态游憩性广场、静态游赏性广场三种类型。

(2)滨海区是步行者的天堂,形成方便、舒适、合理、亲切的步行系统,是城市设计以人为本的重要体现。沿环岛路两侧形成两条连续的步行通道。其中,环岛路内侧13km林阴步道,串联各个公共开放空间,将沿线的山体、观景平台、广场、绿化水系组织起来,形成丰富的步行交通空间。基地各地块内半开放绿地与13km林阴带以若干个步行小径相连,并结合到片区环山步行系统中,形成有机联系的步行网络。环岛路4个地下通道和会展地面人行广场、胡里山公交枢纽站天桥、溪头下风雨桥、香山公园入口天桥,将环岛路两侧步行系统相互联系。在3个核心区也同样开辟步行街区,为游客提供购物交往、人车分流的场所。

2.5.8.4 道路交通系统

(1)充实完善道路设计与交通组织,满足功能与美观两方面的要求。实行人车分流,步行优先,形成平面与空间结合的人车分流系统,尤其重视行人交通的安全、方便与舒适;创造优美宜人的道路景观,提高道路空间环境质量;配备完善的道路交通设施,在确保功能的前提下使其融入城市景观;提倡公交、自行车、轻轨、步行等多种出行方式并存,并使各种交通方式之间有机衔接。

(2)道路交通系统优化包括基地内道路从功能上分为机动车道路系统和步行道(包含自行车专用道)两部分;提倡公交优先,大力发展现代化高效便捷的旅游公共交通系统;结合旅游开发开辟高架旅游干线和海上交通系统;组织道路景观和利用道路空间引导开展人文活动(图2.5.8)。

2.5.9 微观层次——局部城市设计控制和引导

局部城市设计控制和引导工作主要包括制定局部地段概念设计和局部设计意象表达。局部地段概念设计内容包括现状地形地貌反映、现状特点、规划条件、总平面意象图、设计概念图、设计要点和形态意象等。制定局部地段概念设计有利于进一步表达设计思路,并便于融合到相关阶段的规划管理和实施操作工作(图2.5.9-1、图2.5.9-2)。

2 区域发展战略及总体城市设计：区域、城市、中心城、分区

✗ 应避免设置与环岛路平行或垂直的广告牌，以免形成对空间引导的破坏和对景观的遮挡

✗ 应避免在短距离内出现过多过大的交通指示牌，以免影响空间和景观

✓ 在平面用地受限制时，挡墙立面应作艺术化处理

✗ 沿环岛路内侧高地应避免出现高宽比大于1∶3挡墙，以免形成对道路空间的压抑和生硬

✓ 高差处理应尽量采用高宽比小于1∶6的绿化护坡做法，美化沿路绿化景观

图2.5.9-1　局部城市设计导引1

2.5 厦门本岛东南滨海地区

❌ 建筑不应建于离山体过近的位置，以免出现建筑破坏山体轮廓线

❌ 建筑也不应建于离环岛路过近的位置，以免由于透视形成"一叶障目"

✅ 建筑应生成于体现场整体环境之中

✅ 建筑群应分组成团并相对集中，并产生建筑隐现在多层次绿化中的效果

❌ 建筑群应避免形成组合体量而与滨海区空间通透特点不协调

图2.5.9-2　局部城市设计导引2

2.6 上海城市空间发展结构

城市空间结构是在一定时期内城市各要素在发展中相互作用而形成的空间形态。上海市域的城市空间结构演变过程集中体现在大城市区域的城市化拓展与城镇体系的优化整合上。联系上海城市在政策、经济、文化、区域等各种动力因素，分析城市发展的形态特征和发展阶段的规律，展现城市化发展的形态轨迹和时序特征，是上海城市宏观城市设计研究的基础。

2.6.1 规划回顾

1959年上海城市总体规划提出开辟近郊工业区和闵行、吴泾、嘉定、安亭、松江等卫星城，以适应从市区疏散工业和人口的需要，同时拥有工业发展协作网络和基础设施以及较完善的生活设施。卫星城建设从根本上改变了上海单一中心城市的发展格局，开始形成以市区为主体，近郊工业区和远郊卫星城镇既相对独立又有机联系的群体组合城市空间结构。但是上海中心城扩展初始阶段，中心城边缘的向心就近发展力度远大于卫星城的独立发展能力，人口的疏散并没有取得明显的效果，近郊工业区及隔离绿带逐渐被蚕食而形成新一轮同心圆式圈层发展。

1986年总体规划基于改革开放的形势，明确了城市发展方向为：有计划地建设和改造中心城，充实与发展卫星城，有步骤地开发长江口南岸和杭州湾北岸的"两翼"。近郊工业区融入中心城的组成部分。金山和宝山两翼依托黄浦江和快速公路、郊区铁路和港口建设，吸引大量的居民就近居住，从而形成轴向城市化沿黄浦江引向长江南岸和杭州湾北岸发展的格局（图2.6.1-1、图2.6.1-2）。

2.6.2 新一轮总体规划

新一轮总体规划将上海定性为国际经济、金融、贸易中心和国际航运中心之一，提出了"多轴、多层、多核"的市域空间结构。"多层"指中心城、新城、中心镇、一般镇所构成的市域城镇体系和中心村5个层次，"多核"指中心城和11个新城中心。但随着城市化进程的加快，原城镇体系外围部分出现与日益强劲的轴向发展整合的趋势（图2.6.2），上海正进入一个轴向城市

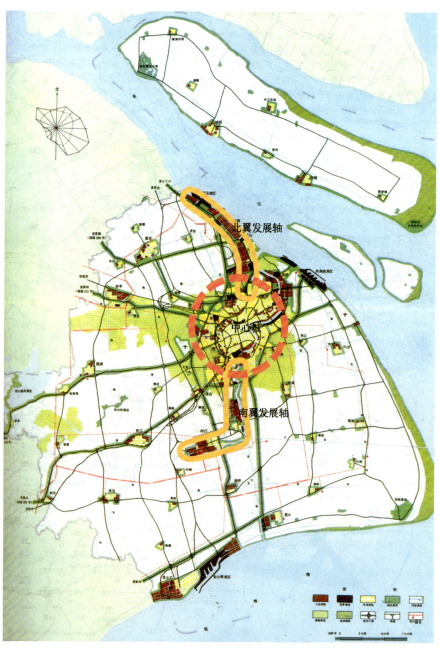

图2.6.1-1 1986年上海市城市总体规划

化发展与城镇体系有机、有序发展交融整合阶段。新的总体规划建议在上海市域分别依托江岸、海岸已建的和规划快速道路、铁路干线，建立沪宁发展轴、沪杭发展轴、上海—杭州湾沿海大通道发展轴以及沪青平旅游发展轴，形成核心城市群及城市化带，同时合理发展其余城镇体系，保留扩展轴间农田、森林等形成绿楔，增强城市生态功能，避免轴间连续扩展演变为新一轮圈层发展(图2.6.3-2)，为宏观范畴的城市设计建立骨架体系。

沪宁发展轴以沪嘉、沪宁高速公路和沪宁铁路为主要联系，以嘉定、安亭为核心城市，带动沿线地区的城镇发展；沪杭发展轴以沪杭高速公路和沪杭铁路为主要联系，以松江为核心城市，带动沿线地区的城镇发展；沿海城镇发展轴依托沿海大通道，并随着海港建设发展步伐的加快，逐步形成以海港城为核心城市，与周边城镇功能互补，共同服务和促进区域内部的城镇发展；青浦城市群组从大的空间构架看处于上海市区与周边地域生态空间的交会处，包括淀山湖和佘山国家旅游度假区；沪青平发展轴适宜依托交通线发展旅游与太湖区域生态旅游区整合，在加强行政区协调基础上，保护环境生态，控制城市化发展。

上述城市发展轴同时也是上海区域宏观层次城市设计中需要展开的城市景观轴，宏观城市设计应对此在城市设计政策、规划敏感区控制、区域交通、城市生态维护和水系片林等方面予以重视，在正确定位上海城市空间发展阶段的基础上，明确城市发展战略目标（世界城市）和宏观城市设计原则（整体性、可持续性、协调性、美学性和独特性等），探索城市设计融入城市发展结构的方法，构筑上海宏观城市设计研究的框架。

图2.6.1-2　长江三角洲城镇发展规划

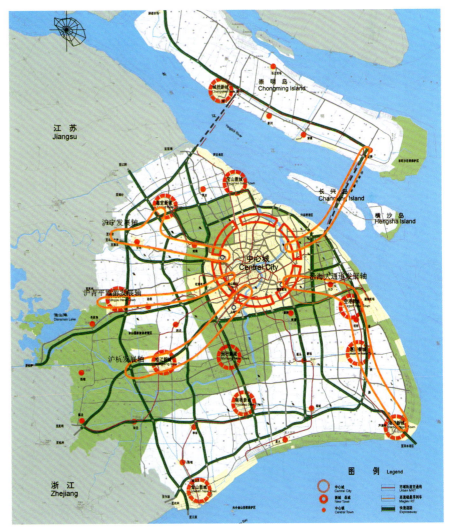

图2.6.2　2001年上海市城镇体系规划图

2.7 澳大利亚堪培拉总体城市设计

无论从专业人士的角度，还是一般民众的理解，堪培拉都是一个富于个性的典范。经历了多年的规划与发展，来履行其作为首都的职责，方才有了今日的景象，可以说，它体现了政治理想和美学追求的完美结合。

作为澳大利亚的首都，堪培拉的特色并不仅仅在于个别的特征或某个特定区域，行政中心区、格里芬大道及遍及整个城市的景观都十分引人注目，但最重要的是，它们形成了一个整体。正是这一整体的关系，决定了城市的发展规模、交通状况、环境质量以及融入城市的开放空间，而这种整体性的原则还将继续引导将来的发展。

2.7.1 概况

1911年澳大利亚宣布联邦首都进行规划竞标时，世界各地的规划师心目中的"美好城市"的图景，均源于一个世纪以前奥斯曼(Baron Haussmann)在巴黎赖以成名的方案：以强行推进放射状街道，以轴线作为城市构成主要元素。在城市美化运动的背景下，堪培拉依据这一基本理念形成类似的城市结构和景观几乎是顺理成章的。然而格里芬(Walter Burley Griffin)的方案脱颖而出，因为他意识到堪培拉的自然环境带来的契机，他的设计不仅仅是放射状的轴线大道和宏伟的大型建筑，而是将自然景观与之密切的结合，使其融入到更为壮观的自然背景中，同时，城市又为人们提供了自然的生活空间。他成功地将美好城市和花园城市合二为一。

在此后的30年中，堪培拉一直在努力建设中，但进展缓慢。1965年被视为堪培拉成为行政中心的新纪元，政府的决心、新兴城市的高度繁荣和郊区的迅速拓展，促使国家首都发展委员会将堪培拉放在国家级的重要位置上来考虑其城市发展。委员会意识到如果不进行适当的疏解，城市的原始特征将毁于一旦。1966年至1975年，城市进入高速发展期，委员会为了应对发展的压力，推出了所谓的"Y"型规划，即依据原有的基本构思，扩充城市网络，连接新城发展，以适应未来30年增长至50万人的城市人口规模。就目前来看，虽然城市结构不断发展和丰富，但这一过程并没有偏离格里芬的最初构想。成功的基础除了出色的方案，还在于有效的城市规划与管理体系。具体而言，规划分为概念性的结构规划(Structure Plans)和实施性的发展规划(Development Plans)。其中国家首都规划署针对于城市发展有着重大意义的地区列出了三类特定地区，置于联邦国会和政府的直接控制之下，并提出了极为严格和详尽的规划原则、政策导向和具体

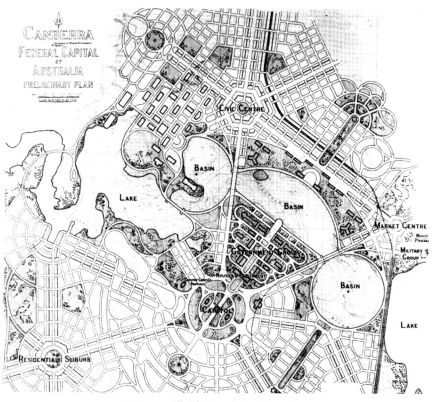

图2.7.1 堪培拉1913年规划基本构思

设计条件,以确保堪培拉作为首都的特性,并延续其优秀的城市设计理念和成就。

2.7.2 结构规划

在结构规划层次确定三类特定区域,代表了堪培拉城市结构的主要元素,而相应制定的规划原则和引导政策也充分考虑到获取或保持应有的城市景观效果。

2.7.2.1 行政中心区

规划、发展和保留基础设施、湖区和景区环境,综合土地利用、交通规划、城市设计、景观营造、自然和文化遗存保护诸多方面,以最合理的整体设计,确保该区域的规模和尺度的和谐。

2.7.2.2 格里芬规划中的放射大道

确保这些放射大道作为行政中心区域直达系统的整体性,以适应现代化交通的高标准要求,增进行政建筑的功能发挥,保留、延续、增进核心区城市景观和自然背景的融合。

2.7.2.3 结构性开放空间

结构性开放空间包括格里芬湖及沿岸滨水地带、城内丘陵及马鲁比吉河流域。

格里芬湖及其滨水地带应作为首都地区的核心景观予以保护和发展;维持水位和保护岸线与水质,鼓励与整体景观的各方面,包括视觉感受、风貌保护、象征意义等相协调的娱乐和旅游活动。

城内丘陵则注重保护澳大利亚的自然景观特点,以及作为行政中心区和干道系统的背景效果;保持现有的山体清晰轮廓以及周边城镇的发展规模,城镇规划须确保山脉和丘陵景观及象征价值免遭损害,并保证自然景观和休闲娱乐相辅相成,成为一个整体要素。

保护和提高马鲁比吉河流域的环境质量、特色景观、自然和文化资源,将其作为重要的国家资源和开放空间

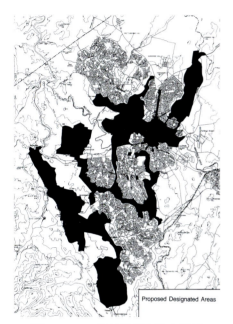

图2.7.2-1 堪培拉规划特定区域

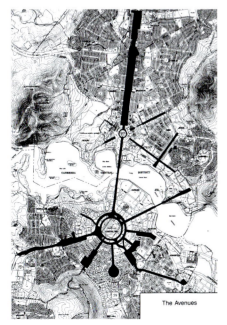

图2.7.2-2 堪培拉放射大道

图2.7.2-3 堪培拉开放空间

保留而避免人工开发,使之成为发达的城市地区与原始的山地和荒林地带的缓冲区。

规划的层次以行政中心的议会区为例,依据首都发展委员会1982—1983年制定的发展原则如下:

首先,建成格里芬轴线林阴道,从而将湖区周围的新议会、临时议会和其他国家机构等重要建筑物连接起来;

第二,确定未来建筑物的选址;

第三,逐步美化环境,营造整体景观,改变当时支离破碎、凌乱的格局;

第四,进行相应的交通体系和停车设施的改善措施。

按照上述意图,分别对行政办公建筑、就业岗位、旅游者、交通体系(包括通勤和旅游)、步行环境和景观体系进行需求评估。由于评估的建立有一定不确定性,为此,在上述原则指导下,当局制定了针对城市结构更为详尽的各项目标,以便及时依据变化的环境定期校核具体的发展进程和效果。

2.7.3 城市设计目标

2.7.3.1 轴线的划定

格里芬轴线以林阴道的形式由新议会大厦一直延伸到湖区,并连接各重要设施。林阴道人车共行,强调人行环境。

2.7.3.2 林阴道

林阴道设为双车道,路面宽阔,留出中央绿带,创造视觉趣味,提升道路的休闲功能。

2.7.3.3 滨水地区

滨水地区与湖面同样重要,并提供视觉和使用上的舒适感。

2.7.3.4 标志物

格里芬地面和水道轴线的相交处应设置标志物,如建筑、艺术作品、特色装饰或是开辟某种公共活动的集中区域。

2.7.3.5 路网

调整东西贯通的道路体系,使其首要功能成为尽可能直接连接主林阴

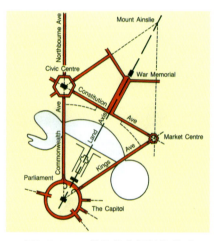

图2.7.3-1 堪培拉空间轴线关系

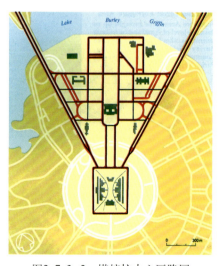

图2.7.3-2 堪培拉中心区路网

图2.7.3-3 堪培拉局部鸟瞰

道和两侧放射大道，远离林阴道的每个入口均用景观修饰使其清晰可见；建立支路和人行道系统以提高议会区与附属区的便利程度。

2.7.3.6 建筑选址

今后的建筑选址后，先进行场地的树木和灌木种植，以使将来新建筑建成时，其环境与原有建筑环境协调一致；重要的国家机构建筑应面向林阴道，其他建筑则更多的选择东西向布置，使整体的建筑布局与格里芬规划的设想一致。

2.7.3.7 停车

应逐步限制地面停车，以地下或室内停车替代；由于可用的停车场地减少，须引入公共交通系统，以满足游客在该区内活动的需求。

2.7.3.8 旅游服务

临时议会大厦处于核心位置，应作为旅游信息和服务设施中心，以及配备相应的必要或适当的功能。

2.7.3.9 景观

主要景观结构由行植和丛植的树木构成，它们从视觉上强调了路网走向，界定了开放空间。在相当长的时间内，议会区的很大部分景观由于建筑的空缺，需要树木作为围合要素来限定通道空间。

2.7.3.10 消费者服务设施

议会区的功能应更为人性化，提供各种设施以满足不断增加的工作人员和游客日常购物和服务需求，需要建设高水准但不具纪念性的实用建筑。开放空间内的建筑应逐步达到更加平衡的状态，以实现格里芬有关堪培拉的最终设想。

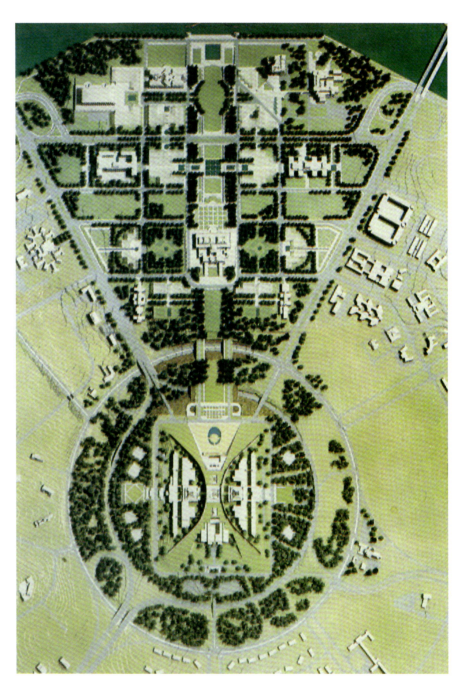

图2.7.3-4 堪培拉中心区标志物　　　　图2.7.3-5 堪培拉建筑选址

2.8 美国旧金山城市设计研究

2.8.1 城市格局

旧金山城市格局是由城市所在的自然基地和人工开发构成的视觉框架，是由水面、山体、旷地和风景区、街道、建筑组群等要素组成的。城市格局影响城市的形象和特征，同时对居民具有重要的心理影响，能帮助人们识别地区和邻里。因此强调有特性的格局，以给予城市及其邻里以意象、目的感和导向。

(1)基本原理

在城市设计政策中受到重点关注的城市格局基本原理有：

①运用某些街道的大规模种植和旷地，加强城市视觉结构。

②街道布置和建筑形式结合地形变化。

③街道空间给予城市格局和意象以统一的韵律；主要街道格局通过种植、照明等手段强化。

④揭示道路上的主要目标，以及

图2.8.1-1　早期旧金山海湾

图2.8.1-2　旧金山市区

提供城市俯瞰景观，有助于提供导向。

(2)城市格局政策

①意象和特征

a.认识和保护城市中的主要景观，特别注意旷地和水的主要景观。

b.认识、保护和加强现有的街道格局，特别是与地形结合的街道格局。

c.建筑群是形成城市格局特征的最大可变因素，既要强调城市的地形和活动中心的结合，又应当有助于限定街道用地及其他公共旷地的范围。

d.提倡旷地和大规模造景。

②组织和目的感

a.通过与众不同的造景和其他特征加强每个区的特性。

b.通过有特色的街道设计及其他手段使活动中心更加突出。

c.明确地区及邻里单位的边界，并加强区与区之间的联系。

③导向性

a.增加主要目的地及其他导向点的可见性，如提供俯瞰的城市景观。

b.建立良好的指向标志系统和有秩序的道路环境，以增强出行路线的明确性。

c.以全城性街道绿化规划和照明规划来强化街道格局。

2.8.2 城市保护

城市环境中有特色的要素为人们提供超越时间的连续感。随着城市发展，保持那些不可置换的要素，也是一项衡量人类成就的尺度，如自然区、地貌、海湾岸线、公园和其他人工开发的旷地等历时很久、变化不大的资源，它们具有游憩和疏解城市拥挤的价值。而历史建筑作为视觉焦点，使城市格局更富特性。城市街道更是一项需要保护的资源，它们的价

图2.8.1-3 意象和特征：注意旷地和水

图2.8.1-4 街道特征：连续感、秩序感

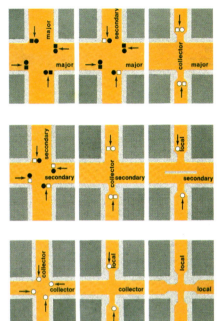

图2.8.1-5 主次道路的连接

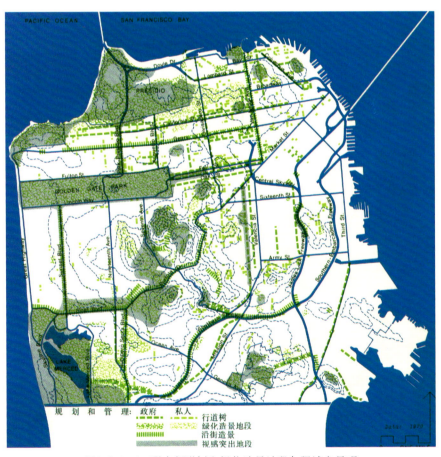

图2.8.1-6 现有行道树和绿化造景地段加强城市景观

2 区域发展战略及总体城市设计：区域、城市、中心城、分区

图2.8.2-1 新旧建筑关系：控制大体量新建筑

图2.8.2-2 保护历史建筑

图2.8.2-3 历史性或有建筑艺术价值的结构和地段

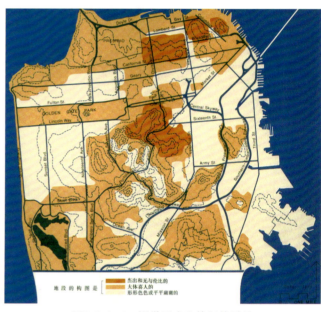

图2.8.2-4 视觉形式和特征的质量

图2.8.2-5 感知城市方面重要的街道地段

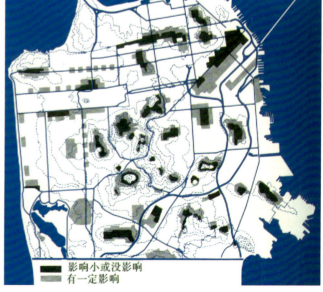

图2.8.2-6 高层建筑对附近建筑景观影响的分析

值不仅在于承担交通，有助于调节建筑开发的组织和尺度，更在于强化人们对城市格局的感知。

所以，保护具有自然感和历史连续感的资源对保持旧金山的魅力和人性尺度具有重要意义。以下是关于城市保护的政策。

(1) 自然区的保护

①少数迄今尚存未经人工开发的地区必须保存其自然状态。

②公园和其他人工开发的旷地、风景地的游憩和开放价值不应该被无关的、不必要的构筑物所降低。

③避免侵蚀海湾。

(2) 保持丰富多彩的历史建筑

①保护具有历史性、建筑艺术或美学价值的著名里程碑建筑和街区，并提倡保护其他与历史建筑有连续性的建筑和特征。

②加强而不是削弱古建筑的原始特征，在修复时必须谨慎从事；建筑细部、尺度、比例、质感、材料、色彩、形式和历史性的尺度与质地相适应。

③在设计新建筑时必须尊重附近历史建筑的特征。

④认识和保护在视觉形式和特点方面有特大贡献的、杰出的和独一无二的地区。

2.8.3 新建筑开发

新建筑对这个城市或它的邻里的格局的影响主要体现在建筑尺度上。好的尺度取决于高度、体量和总的外观。早在1927年，旧金山已经建立起全美各城市中最广泛的、经过立法的高度控制体系，以示对建筑高度的关注，然而却没有一个全市性的建筑高度控制规划，公众都对建筑轮廓外观可能急剧变迁感到关切。要调节主要新建筑开发，以完善城市格局、资源保护和邻里环境。新建筑的尺度必须与所在地区的主导高度和体量，以及它对大范围的建筑轮廓线、景观和地形的影响结合考虑。

(1) 新建筑开发的基本原理

①充分考虑建筑的规模与外形及

图2.8.3-1 高大建筑处理不当

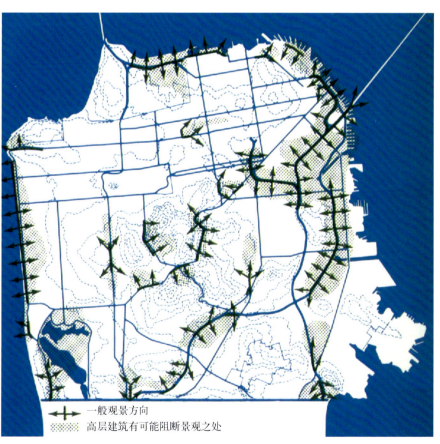

图2.8.3-2 新建筑阴影控制

图2.8.3-3 高层建筑对主要道路上景观影响的分析

其在城市景观中的可见性，及与重要的自然特征、现有建筑之间的关系。

②建筑的场地定位、体量大小与街道格局的关系会影响街道空间景观的质量。

③高大建筑在重要的活动中心（例如快速交通站）成组布置能从视觉上表现这些中心功能上的重要性。

④低层、尺度良好的建筑地段与高层、大尺度建筑地段之间应有良好的过渡。

⑤较高的或视觉上更为突出的建筑能提供导向点，增加街区的形态特征、变化和对比。

⑥过分强调重要的公共建筑之间形式的对比变化，会减弱城市形式的明晰性。

⑦当一座体量过大的建筑作为轮廓线中的主体时会在视觉上产生最具破坏性的效果。

⑧高大建筑应妥善定位，减少在公共性或半公共性旷地上的投影。

⑨架空的各步行层要在视觉上、功能上与街道步行层系统相联系。

⑩统一建筑高度对大型广场起良好的限定空间的作用。如较大的公共旷地由不规则的建筑包围，则形成贫

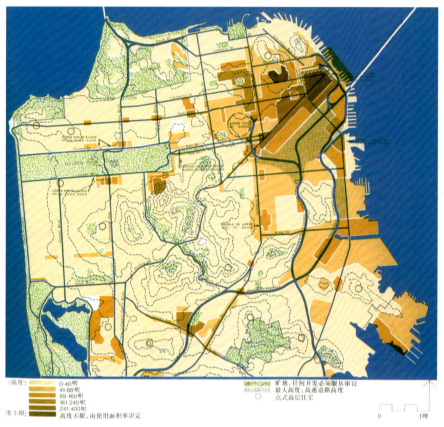

图2.8.3-4 关于建筑高度的城市设计准则

图2.8.3-5 关于建筑体量的城市设计准则

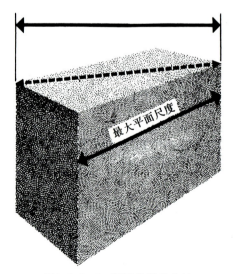

图2.8.3-6 测量体量的方法

乏的空间。

(2)主要新建筑开发的政策

①视觉和谐

a.提倡新老建筑之间视觉联系和协调过渡。在新建筑高度和体量过分时就要对建筑的大块面进一步划分，并作质感上的处理。

b.避免色彩、体型及其他特征的极端对比，从而招致新建筑过分突出超过其重要性。

c.在显要的位置做出最好的建筑处理，以强调基地的潜在优越性。

②高度与体量

a.提倡能重视和加强旷地及其他公共用地整体性的建筑形式。

b.把新建筑高度同城市格局的重要象征和已有开发的高度、特征联系起来。

③大型基地处理

a.较大的基地开发意味着在视觉上更为突出，并对城市格局产生更大的影响。自然区、历史性建筑和街道空间等资源和公共服务设施受影响也随之增大，要求在城市设计的过程给予密切关注。

b.不鼓励大基地的聚集和开发。大基地开发应由政府介入，予以更多的限制和各方的意见交换。

2.8.4 邻里环境

城市未来长期的形体环境也可取决于邻里环境质量，它对个人具有压倒一切的重要性。人们对邻里环境特别关心的是卫生和安全，以及是否应具备旷地和游憩的机会。邻里环境的改善主要增加个人的安全、舒适、自豪感和机会。

(1)邻里环境的基本原理

①使用恰当的种植材料，在造景和旷地设计中有助于识别一个邻里并

图2.8.4-1 主要道路交通流量对邻里的影响

图2.8.4-2 环境需求的社会指标

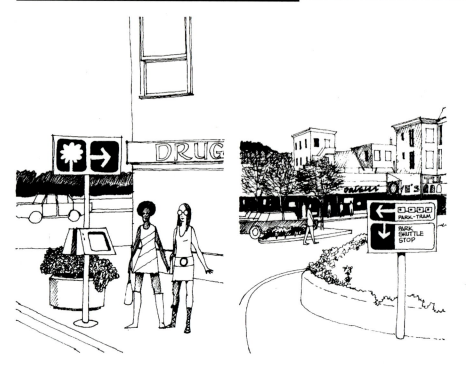

图2.8.4-3 邻里环境

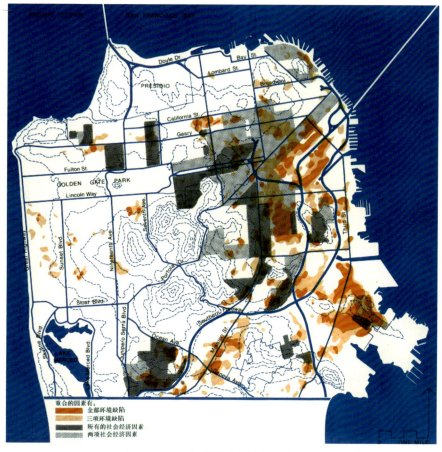

图2.8.4-4 环境缺陷与社会经济因素

改善它的环境质量。

②宽阔而丰富的行人道可供室外游憩并使步行者感到舒适。街道小品、铺砌和其他设施能增添街道的舒适感和特色。

③居住邻里内交通速度过快、流量过大可以通过一系列设计技术措施使之降低。消除交通矛盾，人流与车流分离以提高步行的舒适感。

④拱廊提供连续的、有顶的建筑出入口，并大大增加恶劣气候下步行者的舒适感。加强高大建筑立面水平划分、质感和其他建筑细部，以取得"步行者"的尺度。

⑤私有土地经过造景或开发成旷地能对城市视觉资源和游憩资源起补充作用。

⑥开发沿岸地带时使陆地与水面的分界面达到最大限度，以增加公众接近水边的机会。

(2)改善邻里环境的政策

①卫生与安全

a.保护居住区免受噪声、污染和过量交通带来的危险影响；避免或阻止大量、快速穿越交通经过居住区街道，而把它引向对居住区较少破坏性影响的交通干道。

b.当大量交通不可避免时，要为居住用地设置缓冲带。在街道两侧和分隔岛上布置密集绿化，或利用围墙、高差和住宅建筑后退等手段提供有效的屏障。

c.公共活动地区要提供足够的照明。

d.设计步行道和停车设施，使对步行者的危险减少到最低限度。

②邻里气氛

a.对公共活动地段提供足够的维护。

b.以造景、有特色的铺砌和其他

特征,强调商业和政府服务的地区中心的重要性。

c. 鼓励、扶持与改善邻里有关的志愿活动,能保证这些计划完成后给居民增添一份自豪感和满足感,并有助于激励持续的维护和改善。

③游憩机会

a. 给游憩设施提供方便的交通,并开拓增加游憩设施的一切可能途径,将居住区街道空间和其他未加利用的公共用地用于游憩。

b. 游憩区用地要最大限度地用于游憩目的。

c. 鼓励或要求在私人开发中提供游憩空间。

④悦目视感

a. 树木和其他造景对任何城市环境都有增益。政府和私人两方面对设置和维护造景所作的努力都应当加强。

b. 通过赋予人的尺度和情趣改善步行区。

c. 搬迁或遮掩引起视觉混乱的要素,如停车场、架空线等。

d. 保护邻里居住用地的可居住性及特征,免受不协调的新建筑的干扰。

图2.8.4-5 邻里环境与亲水

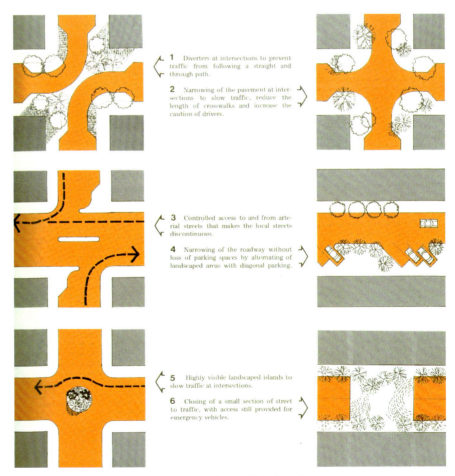

图2.8.4-6 邻里环境与路口处理

2.9 上海中心城总体城市设计研究

根据上海城市建设快速发展情况,建议总体城市设计结合发展规划调控,确立符合上海市情的城市格局、历史保护、城区环境方面的需求、目标、原理与政策,提出完善、实施总体规划的思路。

总体规划、分区规划及重要地区规划等作为城市设计的前提,规划越合理越有利于调控。城市设计应当贯穿在各层次的规划实施中,应当而且可能结合调控,相辅相成,使规划实施趋于完善。政府可以对市场调研、预测,进行规划调控,制定指导建筑开发的中心城总体城市设计,有利于实现开发的良性循环和可持续发展。

2.9.1 建筑开发

建国后,上海建筑开发经历前30年缓慢及恢复、稳步发展、调整,改革开放后快速发展和1990年代超常发展的过程。如1978年中心城建筑总量为8652.9万 km^2,1990、2000年分别增长至2及3倍。为上海实施跨世纪总体规划,建成经济、金融、贸易、航运中心打下初步物质基础;作为上海总体城市设计主要特征的上海东西发展轴建筑开发战略实施初见眉目,市中心、副中心、专业中心"多心"格局开始展现。但是,中心城也出现高层、高密度建筑开发过热,绿地不足等问题,政府已开始进行调控。

2.9.1.1 需求

实践表明:上海中心城需要按现代城市设计理念、方法,结合市情和发展态势制订指导建筑开发的总体城市设计。

2.9.1.2 目标

(1)实施完善"多心"格局和东西轴建筑发展战略,体现上海"四个中心"的城市功能。

(2)开拓中心滨水区,造就21世纪水都风貌。

(3)从经济、市场、历史文化、环境、能源等方面贯彻可持续发展战略。

(4)创造环境优美、可居住性强、经济实用的多元化居住社区。

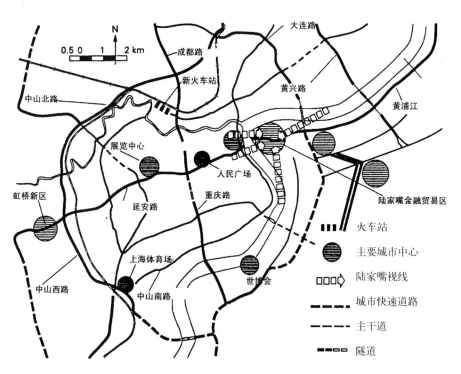

图2.9.1-1 上海中心城地标系统

2.9.1.3 原理

(1)贯彻总体规划进行建筑开发，必须经常进行规划汇总平衡，避免出现开发总量宏观失控。

(2)总体城市设计要抓住重点，体现开发目标：如形成、完善中心城地标系统、主要旷地系统等；通过凸显发展轴、环境景观轴及"多心"格局形象，产生秩序感，使城市结构明朗，提高城市景观环境质量。

大规模住宅开发和旧区住宅更新应以城市设计为指导，创造适宜居住的现代化社区。作为21世纪重点建筑开发的背景，历史建筑的保存和历史文化风貌区保护性开发更将以其历史文脉的延续为城市增添光彩。

上海中心城地标系统包括：标志性建筑(群)(LAND MARKS)●、结构型标志(SYMBOL)○组成的系统，不包括单个建筑或标志，构成如下：

① 沿东西发展轴

市政中心	●行政、会议、展览
(兼作浦东副中心)	●科技城
张杨路东方路交叉口	○日晷雕
CBD：陆家嘴中心区	●核心三塔、多向视廊
	○东方明珠、多向视廊
外滩	●浦发银行、海关、和平饭店、中国银行
	○人民英雄纪念碑
	●金光大厦
人民广场	●市政中心主楼(远)博物馆、大剧院、规划展示馆
展览中心	●展览中心、波特曼酒店、恒隆广场
虹桥新区	●国贸大厦、世贸大厦

② 市中心滨水区环境观轴

●黄浦江滨江

三岔港	○港口入城标志
宁国路	○杨浦大桥
虹口港、大名路	●客运站
CBD：陆家嘴	●核心三塔、多向视廊
	○东方明珠、多向视廊
外滩	●浦发银行、海关、和平饭店、中国银行
复兴东路、中山南路	●规划建筑
陆家浜路	○南浦大桥
世博会	○主馆、标志

●苏州河沿河

曹家渡主楼(远)	●视廊引向河滨
上海站商业城	●视廊引向河滨
虹口港、大名路	●规划建筑、客运站与沿河视廊结合
河口	○人民英雄纪念碑

③ 副中心

徐家汇	●广场西北角建筑
江湾五角场	●规划建筑
真如/花木	●规划建筑
	○入城标志

(3)对建筑开发进行宏观调控

①控制高强度开发：超强度开发损害城市设计效果。为此，市政府决定今后开发容积率严格按住宅≤2.5、非居住≤4.0控制。

②严格控制高层建筑：改革开放前，1980年代及1990年代末建筑总量以1∶2∶3的算术级数高速增长。同期高层建筑面积及每年建成的幢数呈几何级数超常增长，2000年末中心城有8层以上高层2647幢，4669万m²，2000年后已严加控制，过热现象可望逐步缓解。

③控制办公、商场、旅馆建筑规划总量。

a.办公楼：相对集中于外滩、陆家嘴中心ＣＢＤ，及虹桥、不夜城、大柏树等商务副中心和人民广场、浦东市政中心等，中心城规划办公楼总量可设想为2500～2800万m²。2000年末，建成办公楼约2040万m²。今后办公楼需严格控制，应严格按规划布置。

b.商场店铺：应与各类建筑开发总量同步增长，2000年末已建成804万m²。上海中心城以平均1.1～1.2m²/人计，商业设施规划总量可控制为1000万m²左右。

c.旅馆：2000年末全市有旅游旅馆3万余间，大部分为高层，可适当控制。近年来，本市星级以下社会旅馆、招待所的客房、床位数与本市流动人口300多万人需求很不适应，应有调整增容余地。

④住宅要控制高层高档住宅。住宅建设强调增加经济适用房比重，兼顾改善与改建，以多层为主。中心城按户籍人口800万人、人均住宅建筑30～32m²计，共需2.4～2.6亿m²。2000年末有住宅1.6亿m²，考虑保留

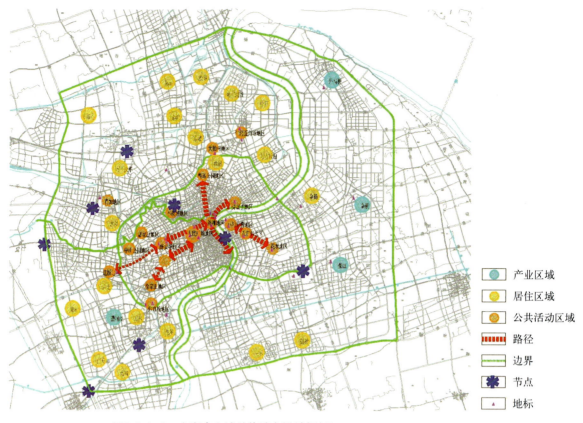

图2.9.1-2　上海中心城总体城市设计框架1

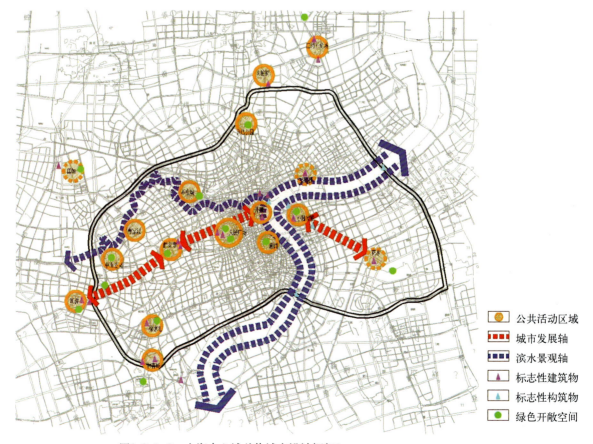

图2.9.1-3　上海中心城总体城市设计框架2

改善1.2亿m², 改建0.4~0.5亿m², 新建0.8~0.9亿m², 主要分布于内外环间。

⑤调整重要地区规划布局。要控制零售商业与办公楼布局不当引发的车流和人流的矛盾, 进行布局重整。

⑥调整盘活现有空置房, 研究改为社会旅馆、招待所、外来人员宿舍使用的可能性。

建筑开发面对市场, 调控与发展是规划实施走向良性循环的需要, 更是建筑开发能否结合城市设计的前提。

2.9.1.4 政策

(1)梳理、调整重要地区规划, 实施总体城市设计战略

①保留、控制标志性建筑(群)及结构性标志用地。

②在汇总平衡原有规划总量基础上核定各重要地区规划建筑规模布局。

③严格控制高层密度开发, 实行容积率与旷地率项目联动(FAR-OSR Linkage Project)原则, 使按规划实施高层建筑与绿化旷地的扩展同步发展。开发强度过高项目应研究"FAR转移"和置换措施, 非居住建筑局部改建考虑增加绿化与重新使用(Re-Use)。

(2)掌握基础设施配套调控手段

建议分析各市政公用设施系统对不同地区基地综合配套条件及投资有效性, 梳理开发基地, 按基础设施投资收效及配套困难程度, 分别采取不同计费处理。

(3)强化、完善规划管理

重要地区和重大项目的规划调控、项目审批和综合平衡决策应由市政府直接掌握, 这是引导开发良性循环的必要保证和实现总体城市设计的前提。

2.9.2 空间格局

空间格局是由城市自然地理和人工开发构成的视觉框架, 应具有以特征和变化组成的整体平衡性。

2.9.2.1 需求

上海城市面貌日新月异。城市空间格局特征应在人们心理上留下连续的、认同的意象。

2.9.2.2 目标

塑造富有历史、地域、发展特征而又能经受岁月考验的上海中心城市格局, 使人们保持连续的认同感。

2.9.2.3 原理

(1)滨水空间：建筑景观必须按城市设计形成滨水空间序列, 安排活动功能、休闲设施和造景空间。岸边应组织连续的绿化步行带, 毗邻用地与之保持视觉和实际的可达性。滨水建筑应保持临水跌落的高度秩序, 以利观景。成片高密度开发会影响滨水空间的形成, 阻碍视廊通达, 应严格控制。外滩和陆家嘴滨江大道应向南北延伸至两桥, 形成连续步行为主的滨水林荫道、滨水广场、亲水平台。苏州河沿岸应迁出工厂建筑, 安排旅游休闲及世博会服务设施, 开辟较宽的滨水绿化空间。更新里弄住宅, 配建绿地, 形成中心滨水景观带。

(2)建筑开发是重要的三维城市格局形成动因, 东西轴建筑开发战略和标志体系的形成将对中心城建筑开发形成秩序感。

(3)路网是重要的空间格局要素, 是视觉运动渠道和城市空间网络载体。沿干道绿化也是中心城最大绿化载体之一, 对中心城景观影响很大。要重视绿化照明系统的设计。

①高架路："环加十字"路网使内环内外各区之间任何交通到发点(OD), 通过"慢—快—慢"行程缩短出行时间, 从而完善城市功能, 提高工作、生活质量, 从快速运动中领略现代城市设计的意象。可使用低杆悬链式控照钠灯系统加强连续感, 减少夜间干扰, 要加强地面和垂直绿化, 加强屏蔽绿带。

②交通干道：采用生长迅速、连续性强的树种绿化, 以较高灯杆错位排列控照钠灯为路灯, 体现快速交通特性。放射干道应增加建筑后退, 形成引风绿带, 与外围大型绿地联成系统。

③外环：将毗邻乡划作生态敏感区和农业发展保护带, 除原有集镇、中心村外, 作为发展控制(Development Controlled)用地。

④商业街：用大量宜人树种, 配置传色指数高的金属卤化物灯照明, 重点地段用投光灯照明。

⑤广场、滨水区：保持总绿量, 注意树草均衡。按活动功能设置高杆灯和装饰灯, 少用大面积铺砌。

(4)人：必须提高人的驻留、坐憩、活动的空间规模、设施与质量。建立架空或地下穿越建筑和交通干道的、环境宜人的步行系统。

2.9.2.4 政策

(1)保护上海独特的历史文化空间格局, 严格实施有关法规。

(2)保护路网结构、广场空间, 在人流拥塞之处辟出骑楼、廊道等。

(3)控制规划分区间结构性绿带。

(4)加强和完善城市绿化系统。

2.9.3 城市保护

以历史建筑保护为核心的历史文化风貌区包含历史建筑保存(Preservation)和毗邻地段或风貌区内保护性发展(Conservation), 应通过制定城市设计才能实施(详见4.9上海历史文化风貌区保护)。

2.9.4 城区环境

2.9.4.1 需求

城区环境主要问题是日益增长的交通污染。其次，绿化系统特别是周边生态型片林正在形成，旧区也需要布置小、多、匀和可达性强的绿地，实现园林城市的发展目标。

2.9.4.2 目标

合理解决公共交通功能，防治交通污染。重点开拓完善中心滨水区公共绿地，扩展环城生态绿带，开辟市区大型公共绿地，普及旧区小、多、匀绿地，逐步实现上海生态可持续发展和国家园林城市目标。

2.9.4.3 原理

(1)发展小汽车势不可挡，要正视需求。

(2)市中心区确立轨道交通为核心、公交为主的交通战略，限制小汽车无序使用。

(3)中心城城市设计／交通规划思路：

①加强轨道交通网，组织高架路及放射干道快速公交线(BRT)作为轨道交通的辅助干线。

②按公交为主的要求完善路网，完善公共交通设施。

③建立完善高效的地面综合公共交通网。

④交通区划：a.交通核心区(长寿路—华山路—肇嘉浜路—浦东南路区内)通行公交为主，含出租车，限制小汽车、摩托车；b.周边区(内环内外)通行公交车、出租车、货车、小汽车、摩托车(控制执照总量)，自行车地区化(B+R)；c.郊区(外环以外)不限制。通过交通区划实施，发挥道路交通容量的能力，最大限度控制中心城区交通污染。

⑤规定工作通勤单程公交1小时作为交通规划技术经济指标。

(4)绿地与景观

①结合"多轴、多心"空间格局，开辟公共绿地作为标志性建筑及各公共活动中心建筑的空间背景。沿黄浦江、苏州河中心段开辟河滨林阴道。副中心辟出不小于5hm^{2}开放性公共绿地。中山公园、曹家渡地区中心分别以林阴步行通道引向河滨，形成城市景观基础。

②实施旧区小、多、匀绿地，体现以人为本的思想，提高可居住性。

③组织几条都市旅游线，以景观环境良好的上海中心城区作为旅游的基点和归宿。

2.9.4.4 政策

①确立中心城区以公交为主的交通政策

②实行交通区划立法

③建立公交发展基金。

④完善绿化条例，建议对已开发项目未达到10%绿地率者有追溯义务，为所在地区集资开发绿地。

2.10 浙江金华总体城市设计

2.10.1 概况

金华位于浙江省中部，东邻台州，南连丽水，西毗衢州，北与杭州、绍兴接壤。作为4省9地市的中心城市，它的发展具有很多有利的条件：其交通发达，是"陆路关隘，水上通路"，是浙中地区的重要交通枢纽城市；地处金衢盆地中部，市域地貌形态主要分山地、丘陵、平原三大类型，其最大的地理特点是城市被3条江交汇穿过，3条江成为城市几何中心；作为历史文化古城，具有丰厚的历史文化传统；她还以丰饶的物产成为购物旅游的天堂。

根据1995年编制的《金华市城市总体规划》，城市性质定为浙江省重要的交通枢纽和中部地区的中心城市；至2020年金华市市区人口将达到60万人，城市规划区范围总面积将达约2044km²。而此次总体城市设计主要以《金华市城市总体规划(1994—2020)》为依据，范围为环城路以内的金华城区，总面积约32km²。

2.10.2 目标

(1)创造金华市具有独特风格，并符合人性尺度的现代化城市风貌。

(2)充分利用金华市作为浙中交通枢纽的优势，以及自然景观和历史文化资源，把金华建设成为面向全国的旅游城市。

(3)保护并发展优美的婺江水体环境，水、桥、绿化相结合，协调建设，使其成为生态化、园林化的山水城市。

(4)以人为本，建设丰富、舒适的城市公共活动空间。

2.10.3 整体意象形态结构

金华市的整体意象形态结构，是以金华这个城市特有的构架、景观、性格三方面进行综合。立足金华历史沿革，预见金华未来发展，概括为20字：

一核居中，二轴纵贯，三江交汇，多心烘托，立体空间。

一核居中，提示了五百滩对于金华城市未来发展的重要地位。从五百滩自身的地理、自然条件及城市景观环境要求和城市功能布局出发，立意把五百滩建成金华的文化中心、市民中心和生态中心。

八一街与双龙街是金华市贯穿南北新旧城区主要交通流线，它们不仅是金华客流、货流的运输大动脉，而且在金华市民指认结构中是重要的参照系。

金华城市三江交汇，自然地将城市分为南、北、东三部分，同时形成宽阔的水面，辅助五百滩共同组成"水""陆"结合的城市意象中心。三

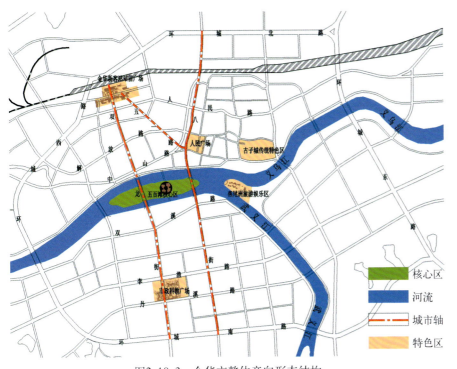

图2.10.3 金华市整体意向形态结构

江交汇是金华重要的自然特色，是城市意象中极为重要的一部分。

多心烘托，是商业中心人民广场、交通中心新客站广场、市政中心市政科教广场、传统文化中心古子城遗迹和旅游娱乐中心燕尾洲(三江口)，与五百滩核心共同组成城市开放空间体系。多心作为城市的开放空间机能，包含着各种功能，各具特色，相得益彰。

立体空间，是基于金华地势南北高、中部低的特点，提出城市的建设发展应充分利用地形地貌，遵循可持续发展的原则，构筑立体化的城市空间。

2.10.4 体系设计举例

2.10.4.1 公共空间体系

金华市公共空间体系为：以五百滩地区为整个金华城市空间的核心，通过三江两岸步行道把三江口及整个三江水域开敞空间串联起来，并通过八一街、双龙街两条林阴绿化主干道开放空间，把金华市的新客站广场、人民广场、市政科教广场、五百滩文化中心等联系起来，形成公共空间的系统，并以城市公园、地块绿地、小型公共空间穿插均布其间，作为补充。

2.10.4.2 城市步行系统

城市步行系统根据地形起伏与现状条件进行设计，可有地面、地下及两层步行的系统，立体化强，达到人车分流的安全需要。同时，结合街廊设施的完善，创造可达性强、环境品质高的步行连续空间，形成步行尺度意义上的良好景观。

2.10.4.3 旅游观光体系

旅游观光体系可将城市人文、历史、自然及现代的特有风格系统地介绍给游客，使他们对城市风貌形成整体的印象。根据金华城市特点、景观资源的分布，将旅游观光策划为机动车路线、水上观光路线、步行观光路线。

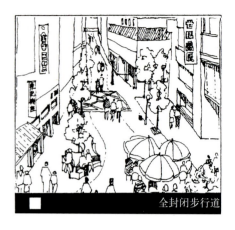

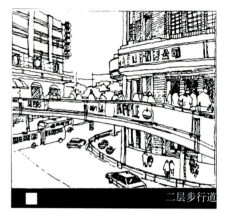

图2.10.4-1 步行系统

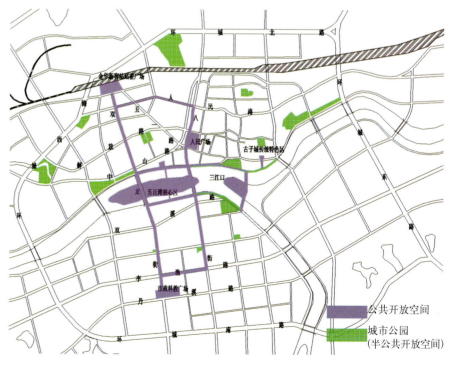

图2.10.4-2 公共开放空间体系图

2.10 浙江金华总体城市设计

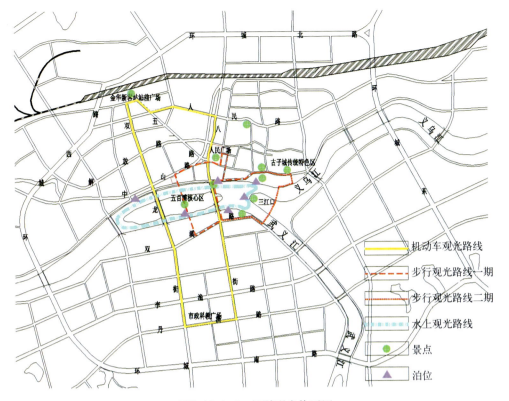

图2.10.4-3　旅游观光体系图

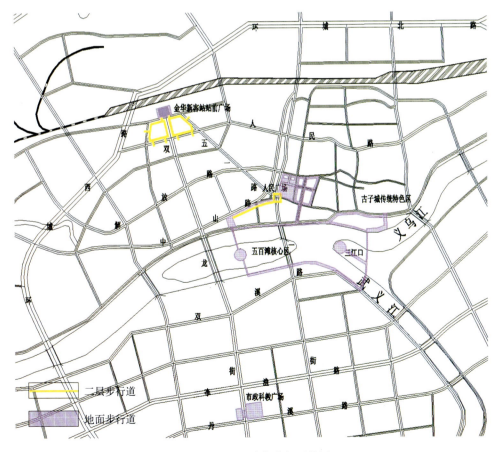

图2.10.4-4　城市步行系统图

63

2.11 上海中心城分区城市设计结构

设计单位：上海市城市规划设计研究院

2.11.1 概况

上海在1986年城市总体规划后进行的分区规划贯穿了"有机疏散"的城市设计理念，试图创建较鲜明的城区、边界、路径、中心及其相关要素之间的合理结构，一定程度上体现合理安排城市设计五要素的城市设计理念。

2.11.2 1986年分区规划结构

1986年上海城市总体规划提出中心城"多心开敞"的规划布局结构，改变原有"单心圈层封闭式"发展模式。按照中心城、分区、地区、居住区分级结构，相应设置市级中心、分区级中心、地区中心、居住区级中心等分层次公共活动中心。同时结合考虑城市发展沿革、黄浦江、苏州河、铁路干线和快速干道等因素，将中心城旧区划分为南北2个分区，边缘地区划分为9个分区，每个分区都具有居住、生活、工作、游憩等相对独立完整的综合功能并各具特色。分区之间沿铁路干线、快速干道和河流规划绿化带、楔形绿地等，以增强城市的生态功能。

图2.11.2　1986年上海市中心城分区规划结构

2.11.3 新的分区规划结构

跨世纪的上海面临城市化持续快速发展态势。上海新一轮城市总体规划延续了原有中心城规划"多心、开敞"的布局结构，按主要道路、河流、楔形绿地为分隔，考虑城市地域扩展、主要公共活动中心分布、资源优化配置等因素，将中心城划分为6个具有综合功能的分区(中央分区、北分区、西分区、南分区、东北分区、东南分区)。

中央分区范围为内环线以内地区，包括1986年总体规划南北分区及陆家嘴分区西半部。其主导功能定位于金融、贸易、商务服务信息为主的第三产业，配以居住、行政、文化、商业、游憩等综合功能。核心区包括以人民广场为核心的市政中心，以及徐家汇、花木市级副中心；浦东陆家嘴和外滩组成的中央商务区；南京路、西藏路、淮海路、四川北路商业街以及豫园、上海站、张阳路商业城、中山北路物资中心、虹桥等形成多个专业中心。规划保护和加强了上海独特的城市空间格局，依托并继续完善东西发展轴空间序列，分期有序完善"多心"格局，结合和重点发展黄浦江、苏州河中心滨水区环境景观轴，创建上海国际水都形象。

2010年世博会的主题是"城市，让生活更美好"，世博会会址建设带动周边地区特别是滨江核心区的环境改善，城市内涵得到提升，并使核心区适当南扩。

分区规划结构的实施注重城市总体设计，将达到提升城市生活品质、文化品质、生态环境品质和让生活更美好的目标。

中央分区与1986年南分区的对比，充分体现了与时俱进的发展特征。

图2.11.3 1999年上海市中心城分区规划结构

2.12 唐山市中心城区

2.12.1 概况

唐山市位于河北省东部，是京、津、唐城市密集区的重要组成部分。市区现状由相对独立的3个区片即中心城区、古冶区和新区组成。其中，中心城区是全市政治、经济和文化中心，现状建成区面积70k㎡，人口70万人，占市区总体规模的70%。经过震后20多年的恢复和发展建设，唐山市从地震废墟上重新崛起。随着社会经济的飞速发展和人民生活质量的提高，唐山市对城市整体环境质量、城市特色与形象建设提出了更高的要求，中心城区的有机更新也迫在眉睫。

唐山市中心城区的有机更新规划设计是在大量现状调研的基础上，深刻挖掘其自然、历史、人文资源，明确城市的风貌特色，针对现状环境质量提出改善对策，为下一步的城市规划和城市设计工作提供了有效的整体调控依据和原则指导，深化完善了城市总体规划。

2.12.2 指导思想

(1)以总体规划为依据，为深化总体规划以下层次的各类规划和设计提出整体环境设计构想，成果要体现超前性、科学性、高标准；

(2)重视挖掘城市特色资源，综合调度自然、人工和社会环境元素，促进其有机结合；

(3)尊重历史，尊重自然，尊重地方文化，保护和发展城市特色；

(4)以人为主体，考虑市民大众的行为需求，探讨生活质量和场所意义，促进城市环境的有机更新和可持续发展；

(5)从实际出发，适应国情市情，讲求综合效益，寻求跨世纪建设发展的渐进之路。

2.12.3 规划设计

2.12.3.1 城市风貌特色

通过对唐山市形态特征、重要特色景观资源以及景观印象元素的分析研究，将唐山市中心城区的城市特色概括为：

格网方正，三山主城，
凤亭揽胜，陡水清莹，
碑塔擎天，广场恢弘，
陷地披翠，故道列景。

这32个字的含义是："格网方正"

图2.12.3-1 总体城市设计重点工程示意

指市区格局形态规整；"三山主城"指市区内的大城山、弯道山、凤凰山3座山体控制城市天际线；"凤亭揽胜"指凤凰亭是最佳观景点及景观点；"陡水"即陡河；"碑塔"与"广场"指抗震纪念碑及广场（见图2.12.3-1）；"陷地披翠"指将采煤塌陷区改造为郊野绿地；"故道列景"指将废弃铁路线改造为观光列车及市内公交线。

城市风貌特色目标是城市旧区有机更新和新区开发建设的方向，是用以贯穿今后城市环境更新改造及开发建设的灵魂。依据唐山市中心城区各个不同区域的风貌特点，将全城分为9个风貌特色分区，对各个不同的风貌特色分区提出统一在整体风貌特色之下的具体发展方向和对策措施。这9个分区分别是工业风貌特色区、居住风貌特色区、中心商业风貌特色区、科技教育风貌特色区、铁路运输风貌特色区、园林绿化风貌特色区、体育风貌特色区、滨水地带风貌特色区及城市外围复原生态风貌特色区。

2.12.3.2 城市景观

对城市竖向与建筑高度分区、高层建筑布局、视觉走廊及眺望系统、城市雕塑与标志系统、建筑景观、城市夜景进行现状分析评价，提出了目标、原则以及整治对策。

2.12.3.3 城市开放空间系统

对唐山市中心城区的绿化与水体环境、广场空间、街道空间进行了详细的现状调研，在现状分析评价的基础上，确定了发展目标；结合城市性质和功能提出发展对策和控制引导措施；特别注重对中心城区生态环境的保护和利用，加大绿地率和绿化覆盖率。例如唐山市由于抗震的需要，街道空间宽阔，设计中充分利用此有利条件，加强街道绿化。

2.12.3.4 主要功能区环境

唐山市在早期城市规划指导下，中心城区由几个占比例较大的主要功能区组成，这些功能区域一般都成为具有自身性格特点的风貌特色分区。在设计中对居住区、商业区、工业区进行了特色、风格和环境等方面具体的研究和引导，并对功能混合区也予以关注。

2.12.3.5 人文活动体系

从调查分析中心城区的人文活动资源入手，研究各类人文活动的特征和场所分布规律，提出各个不同的活动空间和为适应各自的活动内容所应遵循的设计对策和导则，并合理组织了中心城区的旅游路线。

2.12.3.6 重点特色环境工程构想

作为对总体城市特色、景观和环

图2.12.3-2 抗震纪念碑及广场

图2.12.3-3 东部塌陷区改造工程后的水面环境

境设计框架以及各项更新发展策略的深化，提出了塑造城市特色环境的9项重点工程构想，进行了意向性方案设计(见图2.12.3-2)。这9项重点工程是：

(1)城市历史文化观光列车工程

利用原来的军用机场运油专用铁路线改造为城市历史文化观光列车线路，并使其参与城市公交运营。沿铁路线结合现状条件开辟4个大型广场，即"五一"广场、文化广场、名人广场、民俗广场，并把途经的传统商业区、唐山煤矿、陶瓷厂、文化博览中心、体育公园等组织为游览区，以反映唐山的历史文化发展和工业建设成就，展示唐山市由老区走向新区，从历史走向未来的风采，为进一步开辟以知识旅游、工业旅游、产业文化旅游为代表的现代旅游创造条件。

(2)抗震纪念碑广场环境工程

现状广场与其北面的绿地和商业区被新华道隔断，为贯彻"行人优先"的现代交通管理原则，使之相互联系紧密、便捷，将新华道在广场前引入地下；拆除广场与大钊公园间的围墙，使广场与公园融为一体；改善周边建筑与广场的呼应关系。

(3)机场新区滨水环境工程

为了更充分利用陡河水资源，改善生态条件，创造机场新区的活力和特色，在陡河中段向西开辟一条小断面水道，河流路线结合地形，避免直线贯通，做到曲直结合，适当部位局部扩大水面，以创造宜人景观。

(4)新世纪广场工程

利用迁出市区的原有机场的独特历史资源和巨大工程设施，对原有飞机跑道等设施最大限度地加以利用，形成一个大绿化带，体现园林城的特点，使这些历史文脉构成城市的特色。

(5)陡河—弯道山山水公园工程

弯道山西侧的沿陡河瓷厂和地方小煤矿塌陷区面积约有$60hm^2$，基地地势低洼，临山靠水，可蓄水建湖构成山水特色公园，其中水面面积达$25hm^2$。

(6)南部塌陷区改造工程

以复原和提高自然风貌为主，因地制宜地提供接触自然的场所，以绿化和水面为主，对现有植被、水面、道路、构筑物尽量予以保留，形成良好的生态园区。

(7)东部塌陷区改造工程

以植物绿化为主，适当考虑垂钓、游船、果园、渔村式旅游度假村、水鸟养殖等内容(见图2.12.3-3)。

(8)陡河沿岸环境工程

加强沿岸的园林绿化，并设置立体绿化，局部适当扩大水面，局部护岸改建成双台式或多层台阶式；设置可调控水流的橡胶坝；枯水时期坝内截流充水，解决局部地区水面断流现象，丰水时期成为陡河水上瀑布景观。

(9)站前广场环境工程

对广场的交通进行合理的组织，减少人车混行交叉；适当增加广场周边建筑的高度，形成良好围合感；统一立面风格，提高建筑艺术水平；改造广场地面。

在设计全过程中，紧紧抓住现场调研、专题研究、编制导则和公众参与四个主要环节，重视创新研究与设计相结合，把专题研究成果作为设计依据。特别是重点特色环境工程构想的提出，为唐山市提出了环境整治与更新工作的重点和发展方向，以促进城市形象建设，提高城市整体环境质量。

2.13 宜昌中心城区

2.13.1 概况

宜昌市是湖北省西部地区中心城市和举世瞩目的三峡水利枢纽工程所在地。宜昌中心城区城市(景观)设计是以宜昌中心城区景观概念规划国际征集方案为基础,进行综合汇总和深化完善的成果。它从城市总体规划到详细规划阶段都重视城市设计。

城市设计以建立宜昌中心城区景观体系为重点,并在此体系框架内针对两个重要的城市滨水区(老城区和黄柏河风景区)进行局部的城市设计,旨在对城市的总体景观格局到城市的重要地段进行全面而系统的景观设计,提出景观控制要求,使城市形成良好

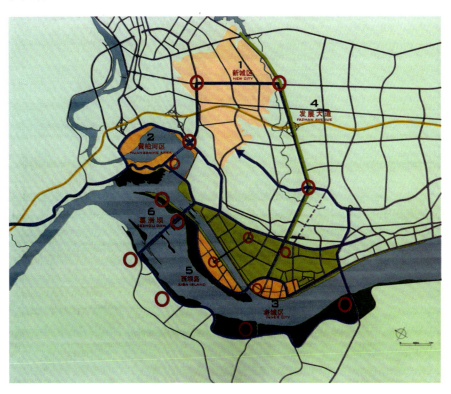

图2.13.1-1 澳大利亚方案特点:反映宜昌"光城"地位,借鉴传统民居,加强地方特色;突出老城区、黄柏河、新城与西坝岛之间的联系。

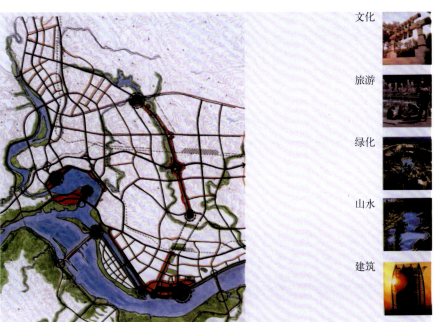

图2.13.1-2 美国方案特点:建设沿江城市基轴和沿西陵一路城市发展轴,以弘扬文化、开发旅游、优化景观、交融山水、整合建筑构成城市设计框架。

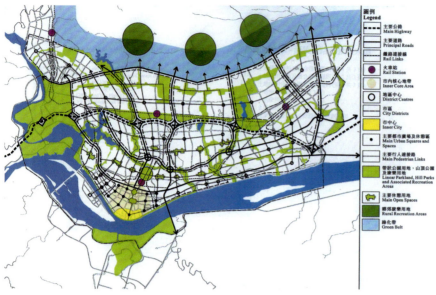

图2.13.1-3 香港方案特点：以巩固现有景观模式为核心，以街道、行人专用道、广场组成系统，建设连续绿化网络；修复滨江地带的城市功能。

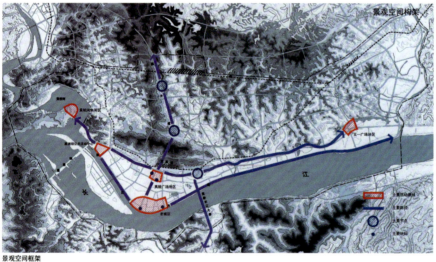

景观空间框架
对宜昌中心城区的城市设计分析，建构宜昌整体的城市空间形象框架，以突出反映宜昌山、水、城相互交融的环境空间特征。
- 领域的特质：有归属感、认同感的空间；有公众群聚的区域；有特定活动的场所。宜昌中心城区的主要领域多由人流集中的公共活动中心为核心组成。
- 路径的特质：活动的轨迹；集结领域的结构媒体；方向指示的空间；宜昌中心城区的主要路径为与带型城市延伸方向一致的东山大道、沿江大道和与城市近期发展方向一致的发展大道及夷陵大桥及其接线。
- 节点（交通节点）的特质：在交通路径上，远处可见；能与别的交通汇交点分辨；特定区域的入口。宜昌中心城区的主要节点为宜黄公路与发展大道的交汇点，和发展大道的东珧隧道入口段。
- 地标的特质：有突出的高度；有永恒性价值的设计品质；有形象或意义的认同；有活动公共性的认同。宜昌中心城区的地标应与主要领域和路径相结合，成为地区乃至城市的象征。

图2.13.1-4 上海方案特点：结合自然与人工环境，突出反映宜昌山、水、城交融的环境空间特征。

的空间形象。

2.13.2 总体城市设计

2.13.2.1 指导思想

结合宜昌的带形城市、组团发展、纵深拓展的布局形态，充分利用自然山水条件，突出城市生态框架和地域历史文化特征，构筑山、水、城、绿相交融的城市环境，创造优美和富有吸引力的城市景观环境。

2.13.2.2 景观架构

基于宜昌中心城区140k m²区域特色，提出"山、水、城、坝、光"的景观要素，突出宜昌得天独厚的自然山水环境、悠久而独特的历史与地域文化，以及作为世界上最大的水坝工程基地的风貌和"光电城市"的主题，建构宜昌"两轴架构、三廊横亘、五区雄居、点带结合"的景观总体结构。

2.13.2.3 景观设计

（1）山水景观保护利用：以"借山、亲水"的造景手法，建设优美有序的山水景观。对山体景观以三种方式进行处理，点军江岸山体重在保护形态、丰富自然色彩；城中东山山系重在适度开发、营造休闲娱乐环境；城东连绵山体重在保护生态、回归自然。在水体景观中，长江表现雄浑壮阔、烟波浩森的景象；黄柏河表现水景交融、活泼喧嚣的景象；水库和运河重在塑造自然、宁静、野趣的氛围。对城市和山体、水体的关系处理给出

图2.13.2-1 宜昌滨江环境

了相应的设计模式和指导原则。

(2)轴线景观布局：沿长江的城市基轴以展现城市特色为景观建设核心，以"水、岸、林、城、坝、广场"为主要景观建设内容。对于建设发展轴线，以延续城市文脉为景观建设主线，形成"旧城、新区、边缘"的景观布局序列。

(3)绿地广场及主题场馆布局：结合景观结构布局和城市总体规划安排，以生态框架分析为基础，布局了类型丰富、分布均衡的绿地、广场体系。其中公园布局依山傍水、完善生态，与大自然山形水体相呼应，将自然引入城市中心；广场布局结合交通构造景观，满足大众群体休闲活动需求；同时为强化城市景观特色，规划布局8个主题场馆，突出地区景观特色，形成城市景观标志。

(4)夜景景观：以明晰城市轮廓、突出城市结构、反映城市特色为目标，建构昼夜呼应的夜景观体系。重点采取三种措施：一是以自然山体、大型建(构)筑物夜景轮廓勾勒、街道与岸线亮化等构筑城市夜景轮廓；二是重点采用建筑夜景轮廓勾勒和泛光照明两种方式，突出标志性建筑或建筑群的夜景形象；三是安排夜景节庆活动场所，适应城市公共活动需要，烘托城市夜景气氛。

(5)视线组织：以观景视线的组织和景观视廊的建设控制，突出展现宜昌城市"山、水、城、坝"景观特色。利用长江、黄柏河、东山地区的开敞空间，组织观景视线通廊，促进自然景观和城市景观的相互交融和渗透，丰富城市视觉效果。控制3条全城性的景观视廊，视廊范围内控制建筑高度和建设密度，确保嫘祖庙和东山、磨基山作为城市观景点的视线畅通。

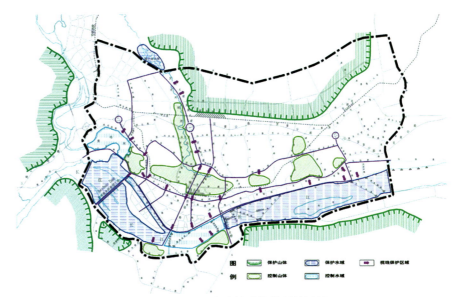

图2.13.2-2　山水景观保护利用规划

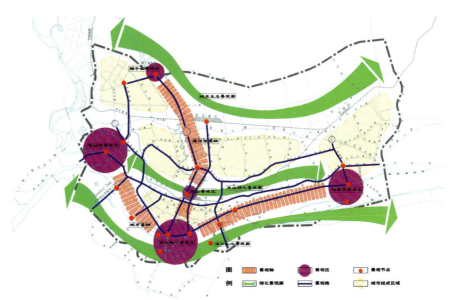

图2.13.2-3　景观结构规划

图2.13.2-4　景观设计例1

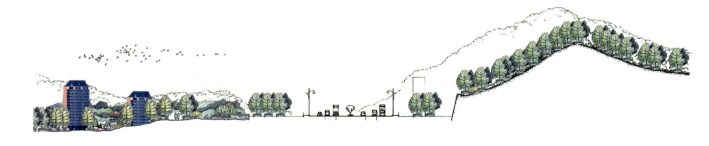

图2.13.2-5　景观设计例2

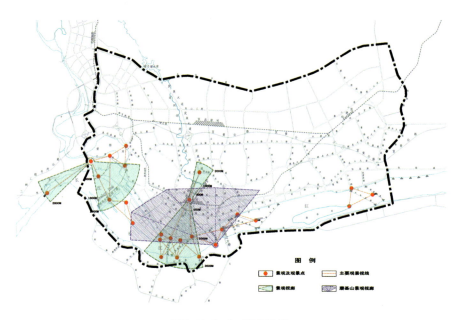

图2.13.2-6　视线组织

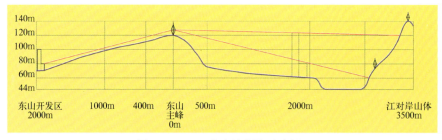

图2.13.2-7　高度控制关系分析1

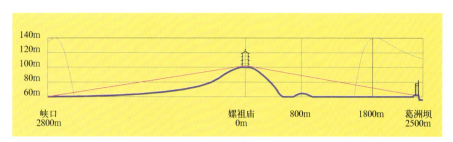

图2.13.2-8　高度控制关系分析2

2.13.3　老城区城市设计

2.13.3.1　概况

宜昌市老城区位于中心城区的核心，西临长江，南北长约1.8km，东西宽0.5km，为环城北路、东路、解放路和二马路所围合的区域，用地面积74.78hm²。

老城区城市设计以中心城区景观体系总体设计为指导，充分吸纳4个国际征集方案的优点，结合宜昌市城市特点和发展条件，合理确定老城区的功能定位、用地布局、开发建设容量、城市绿化和步行空间系统及城市历史街区保护要求等内容，以达到对老城区景观实施整体控制的目的。

2.13.3.2　功能结构

老城区的建设，以外向型金融、商贸、文化娱乐、旅游服务等功能为主，兼顾内向式居住功能的完善。重点在于处理好滨江建筑与山、水、城、路的关系；同时注重新旧建筑的维护，以及老城区的保护和更新，建成为宜昌特色标志区；营造老城区传统商业文化、"巴楚"地域文化与现代旅游文化交相辉映与和谐共生的文化示范区；以人为本，构筑老城区独具特色的步行空间。

老城区规划平均容积率2.3，平均建筑密度25%，绿化率45%。开发模式为整治与重建相结合。

(1)绿化体系：以县府路和民主路

图2.13.3-1　老城区规划模型

图2.13.3-2　澳大利亚方案特点：强调复兴老城区原城市格局，塑造滨江区活力，强调老城区的绿化步行空间

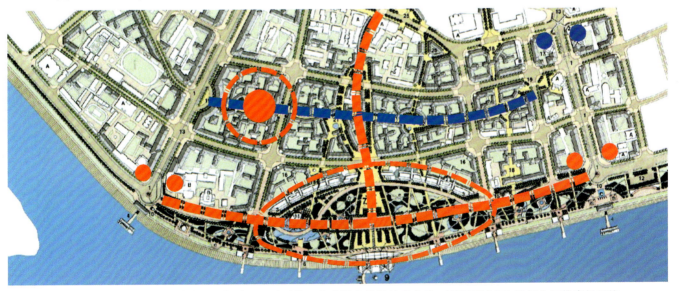

图2.13.3-3　香港方案特点：强调滨江区域功能，突出城市的街坊式布局，及联系城市和滨江公园的步行系统

两条生活性道路为基线，形成东西、南北向两条生活步行绿化景观轴，与滨江公园绿化景观带共同构筑老城区总体绿化框架。

规划以西陵一路、云集路、学院路、献福路、环城路道路沿线绿化串连成若干城市中心绿化广场形成城市绿化系统。

(2)历史街区保护：结合宜昌市旅游业的发展，协调与老城区公共空间的关系，以历史文化中心区建设为重点，复建墨池书院、六一书院、尔雅、明月台等重要历史建筑形成历史文化中心区。

结合道路广场建设采用设置路名标识、历史简介碑牌、雕塑等方式，反映老城区的悠久历史文化发展史。

在历史风貌区内布置宜昌特色小吃、茶肆、旅游商品等旅游休闲项目，建筑风格以仿古建筑为主，突出宜昌老城历史风貌特色。

图2.13.3-4 美国方案特点：强调街道的空间界面，突出老城区重要地段的标志性建筑的景观控制作用

图2.13.3-5 上海方案特点：着重老城区的功能重组，突出其旅游服务和商业配套功能，通过大片的拆建，重塑城市形象

中山路—陶珠路发展商业步行街；民主路建设旅游服务步行街，展示宜昌老城历史风貌特色，增强老城区旅游吸引力。

(3)地下空间开发与利用：确定老城区地下空间利用重点地段如西陵一路、云集路和滨江大道中段，将部分地面设施安排在建筑物地下室。公共建筑地下空间主要作为地下商场、人防及车库等用途；居住建筑地下空间主要作为地下车库和部分市政设施等用途；绿化空间下不宜作地下空间开发。

2.13.3.3 空间形态

(1)空间景观：老城区空间景观组织以西陵一路、云集路、环城路、沿江大道等城市主要道路建筑形式、体量、风格、色彩、景观轮廓线以及主要道路及其节点的控制为主要景观控制要素，同时强调街道空间的创造，沿街建筑在城市主、次干道和支路上分别后退10m、7m和3m的距离，以保证街道空间的统一和尺度的协调。

(2)空间肌理：沿江大道建筑基本呈现南北走向，体量较大，保证沿江大道景观界面清晰、完整；沿西陵一路和云集路等主要建筑充分结合道路走向，形成强烈的韵律感；街坊内部建筑朝向结合实际处理，保留和新建建筑围合成一系列的庭院，延续老城区的历史文脉，克服当前城市开发中街廓消失的倾向。

(3)建筑高度：建筑高度分区从两个控制方向对城市建筑景观加以控制，南北向以沿江大道为城市建筑空间景观控制主体，重点控制西陵一路、云集路两个道口节点，布置24层塔式高层标志性建筑；中部区域建筑高度控制以低层、多层为主，点缀部分中高层建筑，形成起伏变化的天际

图2.13.3-6 规划结构规划

图2.13.3-7 用地规划图

图2.13.3-8 空间景观规划

轮廓线；建筑高度由沿江大道向东逐渐增加，形成良好的观江景观，增强滨江城市景观的层次感和纵深感。

2.13.3.4 道路交通

完善道路系统，形成主干路、次干路、支路相互配合的道路骨架。以西陵一路、云集路和沿江大道为交通主干道，确保老城区交通的便捷和畅通。

强调步行优先，在老城区内以3条道路为基线形成步行交通轴线。以学院北路、中山路—陶珠路和民主路3条步行交通轴线为骨架，辅以周边4条步行街，以环城南路为界，形成独立的步行区域。

图2.13.3-9 总平面规划图

图2.13.3-10 高度控制

图2.13.3-12 现状图底关系

图2.13.3-13 图底关系

图2.13.3-11 沿江大道景观

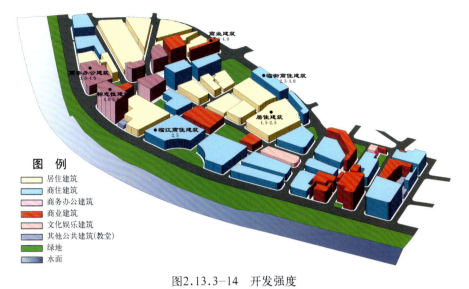

商业建筑
临街商住建筑
2.5-3.0
居住建筑
1.5-2.5
临江商住建筑
2.5
图 例
居住建筑
商住建筑
商务办公建筑
商业建筑
文化娱乐建筑
其他公共建筑(教堂)
绿地
水面

图2.13.3-14 开发强度

加强老城区与滨江公园的可达性，沿江大道采用局部下穿方式，使居民和游客能够自由地享受优美的滨江山水景色。

步行区停车利用陶珠路和学院北路步行景观走廊两侧局部地段设置机动车和自行车路边停车场。

2.13.4 黄柏河风景区总体设计

2.13.4.1 概况

黄柏河风景区位于西陵峡口，由葛洲坝回水所形成的平湖水面和西陵山半岛构成，是三峡游线的起止点，是宜昌市总体规划确定的旅游、度假及娱乐服务区。风景区面积3.52km^2，其中水域1.74km^2。

2.13.4.2 景观生态框架

从风景区所处的自然资源条件和

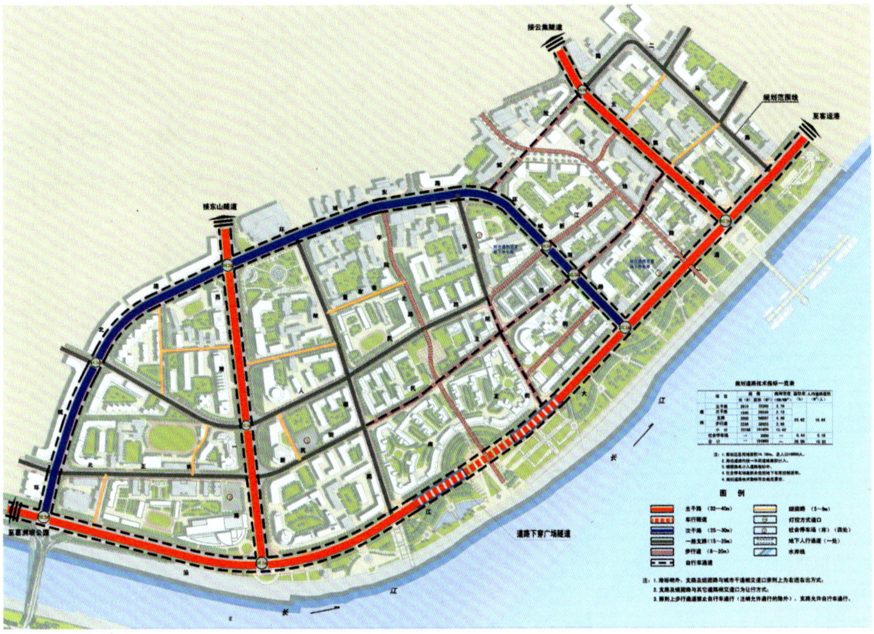

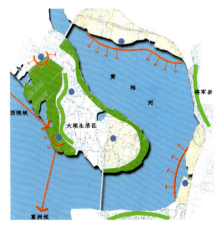

图2.13.3-15 道路交通分析

黄
柏
河
将军岩
西陵峡
大坝生活区
葛洲坝

图2.13.4-1 风景区景观分析图

长江
畔江亭
西陵山
大坝生活区
黄柏河
虾子沟
国际度假村

图2.13.4-3 剖面分析

长江三峡
旅游线

图2.13.4-2 区位分析

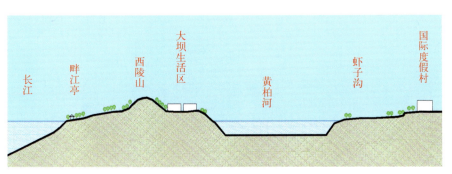

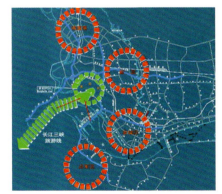

2 区域发展战略及总体城市设计：区域、城市、中心城、分区

图2.13.4-5 规划结构图

功能定位出发，综合征集方案的优点，全面分析基地的高程、视线关系等景观要素，采取外向和内向结合方式，对外确定风景区的生态体系与周边自然环境相融合，确定沿长江岸坡的生态区域和将军山、马羊山和包头尖的生态保持区，作为风景区的自然背景；对内采取内向式的布局方式，围绕黄柏河水域进行景点、景区和服务设施布局。

2.13.4.3 规划布局

充分利用黄柏河的自然资源条件，将黄柏河建成为人文与自然景观和谐的风景区；景色迷人、独具特色的游览观光区；功能先进、服务完备的休闲娱乐区。

（1）规划结构：以景区建设为核心，以旅游线路相贯穿，重点建设1个综合服务中心及景观核心、3个生态保持区、6个功能明确、风格各异的风

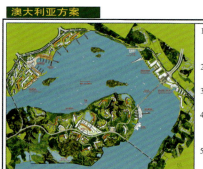

澳大利亚方案
1. 澳大利亚方案基本为重建方案，对现状大坝区进行了整体改造。
2. 整体结构考虑与周边城市的关系。
3. 以综合性度假为主要功能，其规模还需论证。
4. 对水上利用较为充分，考虑内容丰富全面，景点设置富有创意性。
5. 在水中填岛，并规划步行桥，需进一步考虑其可行性。

香港方案
1. 香港方案也为重建方案，对大坝区进行了完全的改造。
2. 充分考虑对周边自然环境的保护和利用，但规划建设量较大。
3. 规划考虑了轴线对称关系。
4. 西陵半岛以度假、住宅为主，以建筑景观为主体。
5. 运动及康乐地区用地狭长，占用水面，且建筑体量较大。

美国方案
1. 美国方案基本为重建方案，对大坝区进行了改造。
2. 考虑了与周边的环境关系，将此区域作为城市功能的延伸。
3. 对水上利用富有生活情趣，人水相戏结合较好。
4. 建筑量较大，且游船码头较多，环湖景观缺乏自然及绿化空间。

上海方案
1. 上海方案在保留大坝生活区的基础上进行规划，现实操作性较强。
2. 分区合理，对周边环境关系予以充分利用和保护。
3. 考虑与三峡旅游线的关系，作为起点和终点，规划了直升飞机场和巴楚文化风情园。
4. 在夜明珠码头规划布置的建筑，其体量和高度对山体的连续轮廓有所破坏。

图2.13.4-4 国际征集方案

景园区。

(2)**景点及服务设施**：围绕各景区功能主题，规划布局丰富多彩的景点序列。采用"服务部"和"旅游点"两级服务配套设施，形成布局均衡、分工协调、服务完善的配套服务体系。

(3)**绿化系统**：以景区建设为基础，布局五大类型植被，形成全覆盖、多样化的绿化系统。一是生态保持性植被，为周边山体的保持水土和改善生态环境的植被；二是游览性绿地，是绿地和景点的充分结合；三是生态风景林，以三峡本地乡土树种为主；四是生活性绿地，为居民和住宿人群就近提供休憩空间和生活环境的绿地；五是水生湿地植被，体现物种多样性。

(4)**旅游线路**：兼顾市民和游客的游览需要，安排立体、多样化的游览线路。陆上游线安排市民一日游和旅客一日游；水上游线安排风景区内短途游和到重庆的长途游；空中游线为观赏葛洲坝、三峡大坝、三峡的直升机游线。

(5)**道路交通**：景区道路系统分为四级：主干路、次干路、支路、步行道。主干路为宜昌西大门的进出要道，断面形式布置为"两块板"，双向四车道；次干路为半岛和市区的连通路，作为景区道路，断面形式布置一定比例的绿化；支路设计侧重于景区道路的游览性，断面形式"一块板"；景区步行系统以"宜曲不宜直"为原则，依山就势布置。

图2.13.4-6　游线规划图

图2.13.4-7　总平面图

2.14 昆明主城核心区概念规划

设计单位：中国城市规划设计研究院

2.14.1 概况

当代中国城市普遍具有较长的历史，功能的复杂性高，大部分中心城市同时具有政治、产业、文化、旅游、交通枢纽、历史文化名城等综合职能，在快速发展时期普遍面临许多复杂的矛盾，如城市中新老功能分布的矛盾，环境保护、历史保护与城市建设开发的矛盾，如果不能采取恰当的发展策略，那么中国城市的健康发展将受到极大的影响。昆明核心区概念规划实际上就是通过对昆明所特有的问题、矛盾进行分析、解决，同时也是对中国城市发展中普遍存在的矛盾做出积极回应。

规划从对城市的认识开始，准确把握城市的特点，既包括城市特色，也包括对问题与矛盾的分析。由于城市所处的地理气候环境，在特色方面可归纳为"多样性融合"，体现在城市格局与自然格局的并存的自然融合、人与动植物共荣的生命融合、多种文化结合的人文融合、多种活动繁荣的功能融合等四个方面。融合是历史遗留的宝贵财产的浓缩表现，而未来发展将为昆明带来更多新的内涵。但是，城市的现代化发展也带来了环境与发展、结构与发展、布局与功能、特色与现代化等矛盾，主要是单中心结构下的反复改造使各种功能过度混合所造成的，致使物种及传统文化消失、城市运转成本高、功能相互干扰等问题在城市核心区集中体现。

2.14.2 设计目标与概念主题

结合昆明主城核心区的现实条件和城市发展的需要，必须以多样化的功能、生态化的环境、特色化城市形象为规划设计目标。以"物象融合"、"金碧交辉"作为设计主题，处理好昆明山、水、城、文化的和谐关系，用以指导在规划中重点解决已有功能间及新老功能间的矛盾，使城市的子系统具有多样化适应性，继而使城市多样化的功能减少相互间的冲突和消极影响，达到共荣共栖状态。

2.14.3 途径

本规划的目标和设计主题主要通过塑造昆明市的"都、城和区"三个空间层次的规划手段来具体落实与营建。"营都"是对未来面向东南亚的大昆明概念的构想框架。其空间层次是指现有昆明主城区，主要目的是城市

图2.14.1-1 滨水环境1

图2.14.1-2 滨水环境2

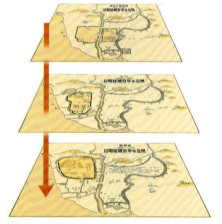

图2.14.1-3 历代城市沿革

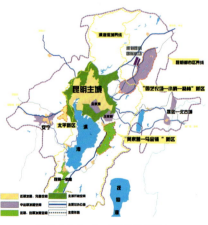

图2.14.1-4 区位分析图

总体结构形态的调整,并对核心区的功能、空间发展等提供依据;"营城"是对主城核心区的用地布局和各系统加以重建;"营区"是通过划定核心区不同的特色区(SPD),对主城核心区各类的主题特色区片与节点进行设计控制,便于实际操作。

2.14.3.1 营都——结构的创建

"营都"重点解决区域发展、城市结构和空间布局的问题,保证城市的发展动力。

根据昆明周边城镇发展、交通条件、用地条件以及环境状况等考虑,昆明主城的理想空间模式是"平行滇池的组团跳跃式线型发展格局";城市组团间是以河流为主干的生态廊道加以隔离,形成城市格局与自然格局的共存,有利于发展多样化的城市功能和生态环境的保持,同时增加了城市与自然的界面,便于强化昆明依山傍水、城绿交融的春城特色;功能布局上将城市的区域性功能例如省政府行政功能、外向的商务中心、口岸商贸区、物流中心等沿主发展轴分离出去,减少多种功能过度混合的负面作用,便于城市为不同的功能提供不同标准的服务,可以促进新城市格局的形成,促进新区的发展,引导人口的疏解;为了使交通系统与城市功能形成互动关系,将不同交通需求的功能加以空间上的分离,分别提供不同的交通设施,形成多样的交通模式共存,使交通的供需关系更明确,包括商务快速干道、公交专用道、旅游路线、货运快速路等子系统;通过恢复和保护河道、湿地,形成生态廊道串联和完善城市生态网络,提高河道自然净化能力,对协调城市建设与滇池水环境的保护有重大意义,同时也为开发新的生态旅游资源和建设人居城市环境奠定了良好的基础。

2.14.3.2 营城——系统的整合

"营城"是在核心区范围内体现宏观层面规划构思的措施,整合子系统,激发城市活力。

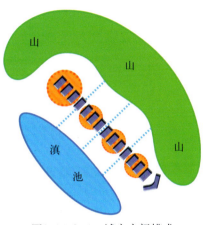

图2.14.3-1 城市空间模式

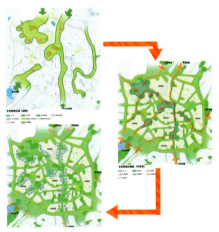

图2.14.3-3 生态网络规划

图2.14.3-5 交通规划

核心区的空间结构延续宏观结构和功能布局,用地布局做出相应调整;交通方面加强东南方向快速交通联系、实施核心区内的全面公交化、建立旅游景点及商业中心间的步行联系及快速通达;完善绿地系统规划建

图2.14.3-2 主城空间结构

图2.14.3-4 主城交通概念

图2.14.3-6 主城生态格局

图2.14.3-7 景观规划

图2.14.3-8 历史保护规划

设,开放大学校园,充分利用大学绿色资源作为补充,为生态恢复构建平台;生态系统建设以水的保持与利用为基础,借助公共绿地建设,恢复生态系统,恢复河道,建设以河道为支干的城市湿地,并规划合理的实施时序;开敞空间与城市的绿色空间、历史街区、商业文化设施等充分结合,满足功能和活动的需要,同时也体现昆明的特色;城市景观系统由不同特征的景观风貌片区和景观点构成,充分利用山、水、历史遗迹、现代建筑、人的活动等重要要素;历史保护重点保持整体性,设置较大范围的传统风貌区,设计重点是建设控制城市历史中轴线,恢复修缮历史遗迹,开辟历史人文游线。

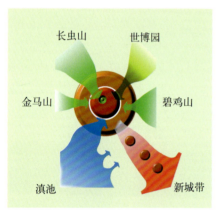
图2.14.3-9 城市发展格局概念

图2.14.3-10 特色区划分

2.14.3.3 营区——城市设计准则

"营区"根据核心区多样性特征进行分区,分别采用不同控制策略和建设标准,在建设过程中强化城市多样化的功能和特色,增加城市魅力。依据对核心区内各自不同特色与功能特点的地区所进行的鉴别,划定不同的特征区,并分别赋予"古城"、"山"、"园"、"池水"、"新城"的整体城市意象。以落实核心区"共栖城市"的设计主题为目标,对所划定的特征区进行空间结构和形态设计,制订相应的设计控制政策与设计要点,并通过节点设计表达在微观层面上实际操作的要求和手段。

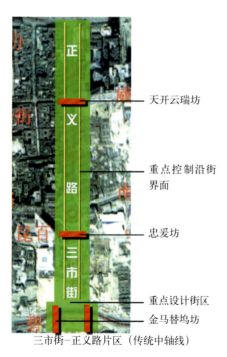
图2.14.3-11 重点片区设计要求

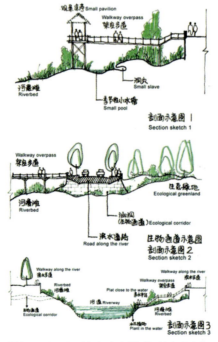
图2.14.3-12 滨水生态景观区剖面示意

2.15 山东蓬莱中心城区

设计单位：中国城市规划学会、中国城市规划设计研究院、蓬莱市建委规划处

2.15.1 概况

蓬莱市位于胶东半岛北端，地处黄海与渤海交界处，是华北、华东地区与东北地区海上交通联系最便捷的城市。2001年市区人口10万人，是省级历史文化名城，早在四五千年以前就有人类居住的活动。蓬莱—长岛国家级风景名胜区以"人间仙境"、"海市蜃楼"著称。近年来，蓬莱城市发展迅速，但同时原来富有特色的城市风貌却日益丧失，城市建设陷于"特色危机"之中。为从宏观上对城市景观风貌进行整体把握，并对下一层次的城市设计提供指导，结合《城市设计实施制度构筑的框架》课题和《山东省城市设计技术导则（试行）》进行研究，提出尝试进行蓬莱市中心城区总体城市设计。

本次城市设计的目标是：塑造鲜明的城市形象特色，改善城市生活环境质量，提高城市文化品位。

城市设计研究的重点包括两个方面：

(1)研究在城市总体规划前提下的城市形体结构、城市景观体系、开敞空间和公共性人文活动空间的组织；确立城市特色形象塑造的标志、标识性景观区域及景观节点，构筑城市景观整体框架。

(2)研究确立城市特色形象标志、标识性区域的景观空间品质，并对其重要的节点进行景观意向性设计。

设计思路分为四个主要步骤。首先，研究城市自然地理环境特征和历史人文特色，分析城市的现状空间环境和社会生活，寻找存在的主要问题；其次，在此基础上，结合城市总体规划和城市性质、规模及社会经济发展水平，构筑城市形象整体景观框架；再次，在框架指导下，进行系统的城市景观整体空间设计；最后对城市特色地区进行更进一步的城市设计研究。

2.15.2 现状分析

首先，对城市的自然地理区位、社会文化区位和景观区位进行特征总结；其次，分析城市的自然生态景观

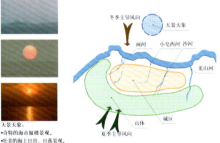

图2.15.2-1　自然生态、历史人文景观分析图

与历史人文景观；然后，从城市结构形态、各功能分区、高层建筑景观、城市空间轮廓线、开放空间(道路、广场、街头绿地等)等方面对现状城市空间进行深入评析，并找出现状城市空间存在的主要问题：

——滨海城市空间形象突出不够。

——城市空间形象塑造与城市自然景观融合的力度不够。

——山、海、城共创城市形象不协调，区域分异现象较为突出。

——滨海城市活力不足，景观需进一步加强。

——城市历史文化保护力度不够，空间品质有待改善、营造。

——城市开敞空间在性质、功能、空间、数量、区域分布上缺乏总体设计，空间品质有待营建、改善。

——城市绿化严重不足，山体植被有待加强。

——城市建设摊子偏大，不利于集中紧凑发展，有无序化倾向。

——城市功能分区景观、建筑景观需进一步组织、加强。

2.15.3 整体景观框架

(1)确立城市形象整体空间品质意境

青山绿水、碧海蓝天、悠悠水城、人间仙境。

"青山绿水、碧海蓝天"，是蓬莱城市形象特色所根植的自然地理环境特征的意境表达。"悠悠水城"，是蓬莱历史悠久、人文丰厚的意境表达。"人间仙境"，是蓬莱未来城市空间品质塑造的意境表达。即：浓郁的历史人文风情，充满活力的滨海人文景象，自然、历史、传统与现代共生的城市文化品质，尺度亲切、空间宜人、富于时代特征的现代化滨海城市。

(2)研究城市形态空间结构

"三面环山"、"一面临海"、"组团布局"、"田园楔入"的城市空间结构，山、海、城相互因借互为一体的城市设计空间景观。

(3)分析城市形象区域分异空间结构

登州组团(中心城区)——城市形象塑造集中展示空间，融自然、历史、传统、现代为一体的城市景观空间品质。

卧虎组团(开发区)——城市形象集中展示空间。景观特征：现代化产业园区和滨海城市形象的展示。

铜井组团——未来城市形象塑造集中展示空间。

(4)探讨城市特色形象标志性区域

滨海城市特色形象展示空间：以田横山(蓬莱老港)、北关路、海市西路和海岸线所限定的地域空间，空间品质——自然、历史、传统、现代共生的城市文化品位。

历史人文传统风貌特色形象展示

图2.15.2-2 现状城市建设空间分析

2.15 山东蓬莱中心城区

▲ 城市形象空间品质意境

青山绿水 碧海蓝天 悠悠水城 人间仙境

▲ 城市设计指导思想

以城市所在地域的自然地理环境特征和历史人文特色为依据，立足于文化的继承与创新，以塑造城市特色形象为目标，正确处理城市形象塑造与城市更新、城市滨水地区开发的关系，充分运用城市设计的感性原则与方法，努力营造自然、历史、传统与现代共生的城市文化空间品质。

▲ 设计原则
- 力求城市形象空间品质的展示，突出城市性质——现代化的海滨风景旅游城市。
- 立足于"三面环山、一面临海"、"组团布局"、"田园楔入"的城市空间格局，突出"山、海、城"相互因借，共创城市形象的空间品质。
- 加强历史文化名城的空间品质，突出时代特征，力展滨海城市形象。

沧波浩荡浮轻舸
紫石崚嶒出画楼
——（明）戚继光

图2.15.3-1 城市形象整体景观构筑图

图2.15.3-2 城市意象空间设计

城市设计意境——青山绿水，碧海蓝天，悠悠水城，人间仙境

空间：以西关路、南北大街和海岸线、南关路所限定的空间，空间品质——历史人文、传统民俗文化空间品质。

(5) 城市发展时空轴

北关路道路，由西向东展现着城市建设发展的时空——过去、现在、未来。

2.15.4 整体空间设计

城市景观整体空间设计实际上是城市形象整体框架构筑的第二个层次和它的进一步深化，是将城市形象整体空间品质的要求相对具体地落实到城市风貌的各项景观组成要素之中，通过对各项景观要素的空间品质的概念性设计及其意境表达，来达到控制和引导城市建设的目的，从而实现对城市整体形象风貌和特色的塑造。

本次城市设计探讨性地从城市风貌分区及其景观控制、城市标志性景观视域及其驻足点的确立、城市标志性景观轴线、城市开敞体系的空间设计、城市轮廓线的控制、重要景观节点的控制及旅游线路的组织、城市主要人文活动场所的构筑、城市各功能分区景观的整体空间设计、城市夜景整体空间景观设计和城市环境小品、标识的整体空间设计等十个方面来探讨城市景观整体空间的形象塑造问题。

(1) 城市风貌分区及景观控制

城市总体风貌分区为：滨海城市风貌及其滨海城市活力形象标志性区域；古城风貌及其历史、人文、传统风貌特色标志性区域；现代城市建设风貌区和山岳生态自然风光区。

(2) 标志性景观视域及其驻足点

在城市自然、人文景观特色区域分析研究的基础上，依据城市自然地理环境特征，立足于山、海、城城市空间格局的整体形象展示，以获得城市形象标志性景观最佳视觉感受为前提，根据人的视度原理和公众的可达性确立相关内容。

城市重要景观视域扇面：历史人文特色和传统风貌、滨海城市活力形象、海上自然人文风情等景观视域扇面。

标志性景观视域驻足点：蓬莱阁、水城、田横山、庙山、蓬莱广场、八仙渡海口。

重要景观视域驻足点：振扬门、黑烽台。

(3) 城市轮廓线的控制

立足于人工景观顺应和加强山形走势，突出山、海、城的空间格局为原则，通过城市风貌分区的景观控制，来达到城市轮廓线的控制。

(4) 城市标志性景观轴线

确立城市发展时空轴、滨海景观

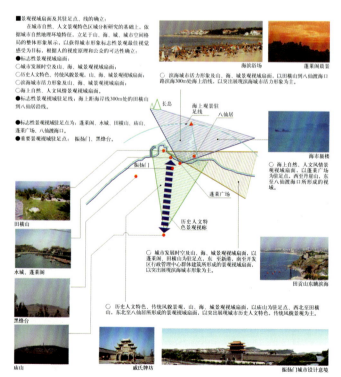

图2.15.4 城市景观整体空间设计——景观风貌分区、标志性景观视域

轴、画河风情景观轴等3条城市特色景观轴线，并对其景观组织提出设计组织原则。

(5) 城市开敞体系空间设计

分别对城市自然开敞空间、城市绿地系统、城市道路广场体系进行设计与控制。

另外，还对城市景观节点及旅游线路的组织、主要人文活动场所、城市各功能分区景观、城市夜景景观设计、城市雕塑、环境小品、标识的设计提出了设计与控制。

2.15.5 特色景观整体空间设计

(1) 城市滨海地区的城市设计

城市滨海地区是城市最具活力场所之一。但现在的蓬莱滨海地区城市活力十分不足。原因主要是现状滨海用地的使用功能过于单一，除一些工业用地外只集中于旅游及其相应的开发上。这加大了城市居民到滨海活动的距离，降低了市民的亲水性，所以旅游旺季时滨海活力尚可，而季节一过，活力顿失。对此，建议结合蓬莱广场建设，在其周围适当增加一定的城市公共功能开发，诸如城市商业、文化、金融、信息等；未来变更滨海工业用地性质，增加适当的城市住宅建设，以使更多的市民接近滨海。

在上述思考的基础上，确立了滨海地区城市设计的指导思想、设计原则、整体空间品质、空间界定、用地性质调整、风貌控制及滨海景观空间设计。

(2) 古城风貌及历史、人文、传统文化空间的城市设计

首先，确立古城风貌保护的原则；其次，进行古城风貌整体形象展示空间的整体框架构筑；对古城历史、传统文化保护进行空间界定和保护区划分，并提出相应的风貌控制要求；然后对古城风貌主要展示空间进行城市设计。

古城风貌整体形象的空间展示分为三个层次，从视觉空间形象氛围和特色景观空间品质两个层面来展示古城风貌。

第一层次 古城历史见证及其隐喻空间的形象展示：水城遗址、蓬莱阁、田横寨遗址、古城墙遗址等历史见证及其隐喻空间；

第二层次 历史、人文、传统风情空间的形象展示：蓬莱老港、渔市人文景象、画河民俗风情街、地方传统民居等传统人文风情；

第三层次 古城风貌整体形象及其传统文化氛围空间的形象展示：古城自然环境和古城建筑整体形象风貌

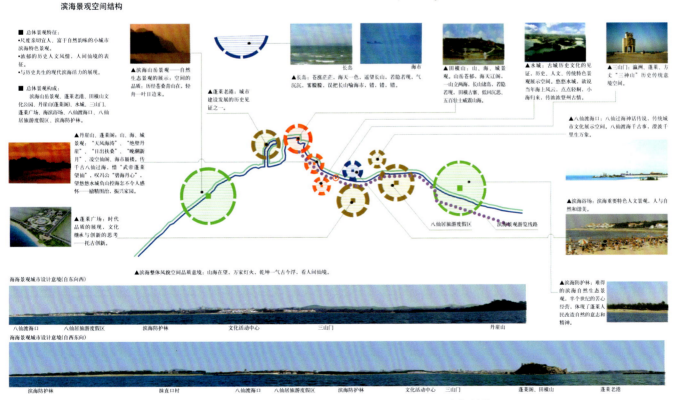

图2.15.5-1 特色景观整体空间设计——滨海景观空间结构

及其文化氛围。

① 关于古城风貌保护思想方法的探索

历史上的蓬莱由沙城、水城、府城组成。这一城市空间布局在我国古代城市建设史上实属罕见，具有重要的历史价值，尤以水城——我国现存最完整的古代水军基地，具有极高的历史、学术、考古价值。然而，如今面貌早已残缺不全了，破坏十分严重。对此，应重点保护古城的历史空间格局和古城所赖以生存的自然环境以及传统建筑风貌。

② 关于水城保护思想方法的探索

水城保护的最大矛盾是：水城历

画河风情古城风貌城市设计意境

画河风情街城市设计意境

钟楼东西大街城市设计意境

北关路古城段城市设计意境

南北大街城市设计意境

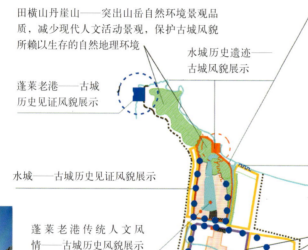

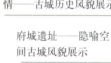

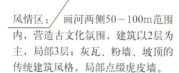

画河现状

图2.15.5-2　特色景观整体空间设计——历史文化名城的古城风貌空间设计

史、考古价值与其在社会文化生活及其实用方面的普遍价值之间的矛盾。具体而言：一是水城历史信息可读性——作为历史见证及其环境真实性的问题；二是古城水军基地历史文化再现，与水城人文、历史风貌地段保护的问题。

a. 关于历史信息可读性的问题

首先，应进一步重点加强水城入海口这一文物古迹保护，切不可在水城及其周围再搞诸如有关水城历史题材的景点，以确保历史、文物的考古价值及其环境的真实性；其次，应加强水城整体空间格局的历史遗址保护，尤以水城古城墙遗址空间的保护和整治为重；再者，是水城周边环境的保护，尤以丹崖山、田横山作为水城"负山控海"的这一历史空间品质的保护，减少现代景观，突出田横山、丹崖山的山岳自然空间品质。

b. 关于古城水军基地历史文化再现与水城历史、人文传统风貌的问题

水城历史上就是"三山云净仙迹渺，万里澄波贾舶来"的繁荣之地，只是到了明代，由于军事功能的加强，才有了今天水城及其作为古代军事基地的意义；到了清咸丰年间，又恢复了这一地域的历史功能，时至今日，我们仍然可以感受到这一浓浓的传统人文风情——小海渔市景观。因此，无论从城市历史的见证，还是从传统文化及其风貌的保护来看，小海渔市人文风情都值得我们倍加关注。这样看来，"全面修复水城"的问题，实在值得深思。

纵览世界历史文化遗产的保护与发展，从《雅典宪章》、《威尼斯宪章》，到《内罗毕建议》再到《华盛顿宪章》，不难发现除了从单个的文物古迹扩大到历史地段外，亦更加强调由保护物质实体发展到非物质形态的城市传统文化，保护的内容和范围愈加深广。

因此，在水城保护问题上既要保护文物古迹，又要保护传统文化，既要把水城作为古代水军基地的历史见证，又要留下小海渔市的城市历史印记。就这一特定的历史地域来看，正是由于这纷繁嘈杂的气息，转述了浓浓的登州古情，体现了古城风貌的城市设计意境——悠悠水城，欲说当年海上风云，点点轻舸，小海归来，传浓浓登州古情。

城市设计意境——悠悠水城，欲说当年海上风云，点点轻舸，晚潮归来，传浓浓登州古情。

水城历史、传统人间保护的总原则

● 坚持水城文物古迹保护与传统文化保护相结合的原则，既要水城作为古代水军基地的历史见证，又要小海渔市的城市印记

坚持"保护第一"、"整旧如故"、"以存其真"的历史文化保护原则。重点加强水城历史遗址和整体空间格局及其环境的保护整治

● 加强水城历史信息可读性的空间品质，坚持历史文化保护与现代社会生活相和谐的原则，不建或少建有关水城历史及其他历史题材的人文活动景观。坚决反对与水城历史地区性质、功能不相适应的任何现代城市人文活动景观的营建

● 水城遗址内的建筑形式，应采用地方传统民居的形式，色彩以灰白两色，建筑高度应控制在7m以内，体形、体量应以小尺度为原则，对于其周边地区的建筑，应视其与水城的关系，采取相应的控制要求

新派蒙娜丽莎

◀锋静园与振扬门一试上下

◀由此带来水城及其周边建筑形式、色彩问题的思考

▲振扬门的"眉毛"与蒙娜丽莎穿牛仔有何区别，这种所谓"艺术的第二次生命"和"后现代的城市"要展示怎样的艺术真谛和传统文化品质，应加强历史文化保护的严肃性和历史责任感

▲加强田横山、丹崖山山林绿化的自然环境空间品质，减少现代城市人文活动景观，保护和加强水城"负山控海"的空间品质

▲鉴于振扬门的修复，考虑到"古城墙"这一空间界面的连续性和城市设计中"画河风情"城市设计空间品质的要求，建议在水城古城墙遗址上修复水城东侧古城墙，并与振扬门连为一体，以加强这一历史文化空间的形象展示

▲拆迁改造锋静园宾馆，开辟一定的空间，以加强水师府与小海的视觉空间联系，改善水师府、振扬门历史文化空间品质

▲开辟水城向北关路的开敞空间，并与振扬门开敞空间连为一体，空间开敞以不超过小海商两中心线为度。底面空间的设计，要求以青条石或仿古城墙砖建设（包括振扬门、水师府硬质底面空间的改造）。底面空间以硬质景观为主，适当辅以绿化，开敞空间的绿化以灌木为主，适当采取乔木孤植的形式

水师府城市设计景观（锋静园改造）

水城开敞空间城市景观

水城保护整治城市设计景观

振扬门开敞空间城市设计景观

图2.15.5-3 城市设计景观空间解析——水城的历史、传统空间城市设计（部分）

3 城市局部范围的城市设计（一）：中心、商业街、大道

　　对城市局部范围内的中心区、商业街及大道等属中观层次城市设计的内容，点、线、面结合进行阐述。收录了上海、深圳、北京、大连、江阴、嘉兴、法国巴黎、美国华盛顿、德国柏林等中外城市中心和中心区12例；大连、厦门、北京、青岛、法国巴黎、美国华盛顿等中外城市轴线和大道两侧区域6例；上海、北京、哈尔滨、厦门、中山、香港、澳大利亚布里斯班、美国明尼阿波利斯等中外城市商业步行街(步行系统)8例，共26个实例。

3.1 概述

3.1.1 概论

城市局部范围城市设计是中观层次城市设计。对于大城市和特大城市而言，局部范围城市设计则是其中某一部分，通常是城市的最重要部分，如城市中心区、城市主要轴线、主要干道及其两侧、居住区、旧城区、城市滨水地区以及城市风景区等。

局部范围城市设计具有承上启下的作用，它将宏观城市总体空间设计构思具体化，又为微观城市设计建立整体空间形象，是城市设计中一个重要阶段。本资料分册案例也以这部分内容最为丰富，集中体现了近年来我国城市设计的大量实践和较优秀的实例。

局部范围城市设计也称为中观城市设计，它重在设计构思，营造意境和氛围，以创造整体效果，形成特色。因此，中观城市设计更需要有一定的理论指导，对设计对象地区有深入的理解，并建立一个明确的设计理念。

3.1.2 意象

中观层次城市设计中意象(image)观念要十分明确，因此，K·林奇的"城市意象"理论具有很重要的指导意义。在城市意象中通道、边缘、地区、节点和地标等5项要素是这阶段城市设计的一种细分，而这阶段城市设计则是这5项要素的综合体现。

此外，E·培根的设计结构(design structure)思路对中观城市设计也十分重要，它是把城市功能与交通、空间与景观、建筑与绿化综合起来进行整体构思，形成这一层次的设计结构。城市设计实施是一个较长的时间过程，设计结构也是在实践过程中不断调整和充实，但其基本构思和特色是比较稳定的，就以北京、巴黎、华盛顿3座首都来讲，都拥有很强的轴线。北京的南北中轴线、巴黎的东西轴线和华盛顿D.C.的带状公园(The Mall)轴线都是经过几百年的历史沧桑，不断保护、继承与发展，成为当今城市设计优秀实例中的典范。

3.1.3 结构

K·林奇《城市意象》中也提到任何意象(image)都由自明性(legibility)、结构(structure)和意义(meaning)等三部分所形成。结构是其中重要因素。这个"结构"和E·培根的"设计结构"含义基本上是一致的，即指城市空间结构(spatial structure)。以城市轴线为例，中国传统城市空间结构是一种封闭型院落模式，北京旧城南北中轴线就是由外城、内城、皇城、紫禁城以及三大殿、乾清宫等层层院落系列所组成，体现出中国封建皇权的至高无上；而巴黎、华盛顿城市轴线是由广场、干道、绿地等开敞空间所组成，其表达思想内容和空间特色与北京相比是迥然不同的。因此，城市空间模式及其结构是形成城市意象和特色的重要因素。另外，城市空间也不仅是由物质围合而成的一般空间，而是一种经过处理的空间(articulated space)。这种处理无不打上民族、地区、时代和文化的种种烙印。因此，在学习参考中外古今优秀实例时，只能汲取其精神，而不能盲目照搬。

3.2 上海虹桥新区

设计单位：上海市城市规划设计研究院

3.2.1 概况

虹桥新区位于上海市区西部的延安西路、中山西路地区，距虹桥机场5.5km，距市中心6.5km，用地65.2hm²，交通方便，环境良好。

上世纪80年代初，上海市政府决定在这里建设近40个领事馆(其中15个是独立基地，其余设在综合楼中)、旅馆客房近4000间和一个18万m²的国际贸易中心。此外，计划还建造两组综合楼，包括公寓20余万m²、商业服务设施3～4万m²，还配备必要的学校、管理服务中心、体育设施和公共绿地，总的建筑面积约70余万m²。

3.2.2 规划布局

虹桥新区具备公共活动中心的基本特征。首先，它以外事、经贸、旅游为主，又具有居住功能和作为地区商业活动中心的综合功能。它交通方便而又与干道交通互不干扰。在东西两端有干道立体交叉，留有天桥步行系统，有2000余车位的车库，设有大型花园、小公园、绿带，公共绿地指标达12m²/人，环境质量较高，建筑面积密度2.5m²/hm²。贸易中心、旅馆、商住综合楼均采取塔楼裙房方式，以天桥连成整体，实行综合开发。

规划与实施过程大体分为两个阶段。第一阶段通过多次详细规划方案，确定建设内容、规模、布局、配套，经过审批确定市政公用设施及动迁计划，建立开发机构并专拨资金。根据"先地下后地上"的原则，于1983年开始土地开发。第二阶段，市府批准开发规划后，于1984年5月向东京、香港发布招商信息。至1995年底经过国家计划和引资谈判落实项目。开发建成的项目有虹桥宾馆、银河宾馆、世贸商城、国际贸易中心、太平洋大

图3.2.2-1 虹桥新区基地布局(1984年)

饭店、扬子江大酒店、领馆综合楼及商住综合楼(新虹桥、天宇、太阳广场、协泰、金桥、锦明、仲盛、丽晶等)、友谊商城等近110万m²。世贸商城等项目的开发使本新区开发规模明显增大。

规划、城市设计与实施探索采取规划立法和与开发实施相结合的探索性做法。

关于规划立法，在中心城土地使用规划的基础上进行土地重划，做出基地布局规划，对34块基地的性质、范围及面积、建筑后退、建筑面积密度、建筑密度、高度限制、出入口方位、停车车位数等8项要素作定性定量的约束性规定，并经过市政府批准，要求在设计中严格执行。按国际通行的做法，土地重划的定性定量规定要以经过立法批准的修建性规划管理规章为基础，作为立法实施的基础。

关于城市设计，以传统的详细规划建筑体型示意的方式，在基地布局规划定量立法的基础上，着重表达整个群体在变化中求统一的秩序感、高层建筑成组布局的空间视感，以及街景视点和起伏节奏、序列空间等城市设计概念和意图，经过批准后，要求单项设计参考执行和深化完善。

3.2.3 开发实施

1987年11月29日上海市政府发布了《上海市土地使用权有偿转让办法》。1988年3月22日，市土地制度改革领导小组在上海和香港，就上海虹桥新区26号地块土地使用权有偿转让，公开实行国际招标。同年7月8日"由日本孙氏企业有限公司以2800万美元支付出让金，获得虹桥经济技术开发区第26号地块的土地使用权"。1988年11月8日，市土地局又推出第二幅土地使用权有偿转让地块国际招标。1989年1月21日，土地使用权有偿转让成功，香港普豪投资有限公司以828万美元，获得虹桥新区28-3C地块的土地使用权。土地使用权有偿转让成功，标志着上海城市规划正经历了深化改革，开始适应市场经济机制，规划实施开始转向以法治为基础。

虹桥新区规划、城市设计与实施的实践表明：城市设计必须与城市规划结合。作为城市设计基础和前提的规划，必须科学、合理、可行。虹桥新区规划经过4轮、10个方案，历时5年后决策。它吸收了国际规划立法实施经验，形成了以基地为单位，8项要素定性定量、立法控制，为城市设计思维的建筑形态空间格局规划，即城市设计提供了坚实的基础，推进了土地有偿使用，建筑形态、空间环境质量得以深化完善，从而也提高了新区开发的综合效益，加快了开发进程。

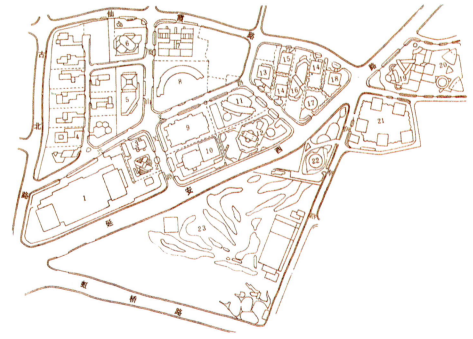

虹桥经济技术开发区建设项目实施情况图

代号	建设项目	建筑面积(万m²)	竣工年份
1	世界贸易商城	28	在建
2	新虹桥俱乐部	0.76	1990
3	新虹桥大厦	2.7	1990
4	领馆区		待建
5	天宇中心	8	1994
6	外贸大厦	4.7	1995
7	太阳广场	7.2	1995
8	新世纪广场	4	1995
9	国际展览中心	2	1992
10	国际贸易中心	9	1990
11	太平洋大饭店	6.7	1980
12	扬子江大酒店	5.3	1988
13	协泰中心	3	1992
14	锦明公寓	7	1990
15	丽晶大厦	3	1995
16	友谊商城	1.96	1994
17	金桥大厦	3.4	1990
18	仲盛大厦	3.7	1995
19	虹桥宾馆	5.5	1988
20	银河宾馆	6.5	1990
21	商住综合楼		待建
22	音乐喷泉		1991
23	花园		

图3.2.2-2 建设项目实施情况

虹桥新区各类基地的建设内容及规划建筑管理规定 表3.2.2

小区	编号	建设内容	用地面积(hm²)	建筑后退(m)	建筑面积密度	建筑密度(%)	建筑高度(m)	出入口方位	停车库(车位)
		领馆综合基地	(12.63)						
	1	领馆综合楼	1.37	5	4	60	45	北、东	2/馆
	2	领馆	0.39	5	1.6	40	14	北	5
	3	领馆	0.45	5	1.6	40	14	北	5
	4	领馆	0.43	5	1.6	40	14	北	5
	5	领馆	0.57	5	1.6	40	14	东	5
	6	领馆	0.37	5	1.6	40	14	北	5
	7	领馆	0.41	5	1.6	40	14	北	5
	8	领馆	0.48	5	1.6	40	14	西、北	5
I	9	领馆	0.49	5	1.6	40	14	西	5
	10	领馆	0.45	5	1.6	40	14	西	5
	11	领馆	0.44	5	1.6	40	14	西	5
	12	领馆	0.56	5	1.6	40	14	东	5
	13	领馆	0.44	5	1.6	40	14	东	5
	14	领馆	0.43	5	1.6	40	14	东	5
	15	领馆	0.42	5	1.6	40	14	东	5
	16	领馆	0.43	5	1.6	40	14	东	5
	17	保留用地	1.02	5	4	40	30	东	
	18	管理服务中心	0.97	5	4	40	45	南	(1/300m²)
	19	子弟学校	0.85	5	2	30	20	南	待定
	20	体育设施	1.16	8	个别决定	15	15	东	待定
		办公楼—旅馆综合基地	(9.63)						
	21	综合办公楼及公共设施	1.31	8	6	60	140	西	(1/300m²)
	22	综合办公楼及公共设施	1.30	8	6	60	140	西、北	
II	23	旅馆、办公、综合楼	1.59	8	5	60	100	东	(1/250m²)
	24	旅馆、办公、综合楼	1.14	8	5	60	100	东、北	
	25	旅馆、办公楼或综合楼	1.62	8	5	60	120	西、南	(1/250m²)
	26	旅馆、办公楼或综合楼	1.28	8	5	10	120	南	
	27	待定或旷地	0.18	3				南	
	27a	保留发展控制用地	1.21	3				北	
I		商住综合楼基地	(5.55)						
III	28	商住综合楼(甲组)	3.33	5	(商业楼6	80	100	西、东、北	1/户
	31	商住综合楼(乙组)	2.22	8	住宅楼4)	60	75	西、北	1/户
		旅馆基地							
III	32	虹桥宾馆	1.72	8	5	60	120	西、北、南	(1/4间客房)
	33	虹桥宾馆二期	1.33	8	5	60	120	北、西、东	
I		旷地、绿带、游憩基地	(19.34)						
II		绿带	1.02						
	29	公建(游憩基地)	2.86	8	0.4	40	15	北、南	
III	30	花圃	14.67	5	逐个决定	10	15	北、南、东	
	34	小花园	0.70	3				北、东、南	

3.3 上海陆家嘴中心区

3.3.1 概况

3.3.1.1 经济发展背景

陆家嘴金融贸易中心区是上海城市化进程以及我国改革开放深化的结果。当代国际经济发展的重心正逐步由北美、欧洲移向东半球。国际城市化的快速成长、大城市群的城市化向大城市带(Megalopolis Zone)发展，逐步形成世界城市(World City)或全球性城市(Global City)。1994年国际经济合作发展组织(OECD)与澳大利亚政府联合在墨尔本召开的《城市与新的全球经济》国际会议，指出太平洋西岸的汉城、东京、横滨、大阪、北京、天津、上海、香港、深圳、广州、曼谷、吉隆坡、新加坡、雅加达、马尼拉、悉尼、墨尔本等国际区域性经济中心城市已形成网络。

20世纪80年代初在中国南方率先开始的开放与开发重心从沿海城市走廊北移至与长江经济带会合处的长江三角洲以及经济中心城市上海。上海产业结构逐步转向三产主导型。全球最大500家企业亚太总部或中国总部入驻，上海将向国际经济中心城市方向发展，建国100周年时，将可达中等发达国家经济中心城市应有的经济发展规模。

3.3.1.2 技术基础

(1)虹桥新区规划开发变革奠定了规划立法、土地批租、城市设计试点基础；

(2)东西轴建筑发展战略从城市设计战略上明确了陆家嘴中心区作为战略终端、高潮、视觉焦点，成为城市标志和浦东开发的象征和发展轴折点；

(3)1986—1995年一系列国际水都学术交流确立了陆家嘴中心区地位和开发原则。

3.3.1.3 规划酝酿

(1)1979年《外滩、陆家嘴、十六铺规划》对本地区作视觉分析，探讨

图3.3.1-1　1986年陆家嘴地区方案

图3.3.1-2　上海城市东西发展轴示意

图3.3.1-3　陆家嘴地区(1992年)

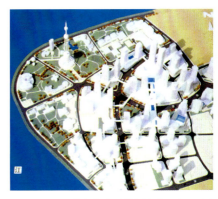

图3.3.1-4　陆家嘴地区规划方案三(1991年)

发展条件，提出延安路隧道建设，嗣后《陆家嘴地区详细规划》继续探索酝酿。

(2) 1986年上海总体规划经中央批复后，强调浦东开发，推动上海提出陆家嘴地区CBD规划(1.7km², 240万km²)，并参与国际交流及方案合作。

(3) 1990年浦东开发启动后，《陆家嘴地区调整规划》4个方案出台，上海市政府原则同意方案三，要求开展方案国际竞赛/咨询。

3.3.2 城市设计国际咨询

1991年4月朱镕基访欧并与法国政府装备部长贝松签署协议，法方提供技术经济援助；1992年5~11月组织法、意、日、英和上海5家参加陆家嘴核心区城市设计国际咨询。5个规划咨询方案立意、形态各具特色：包括Foksus方案设想建设椭圆形高密度金融城；Toyo Ito提出分层、条码式平行带状结构适应信息城市综合功能要求；Perault方案构想强有力的直角形高层带与外滩呼应和对比；Rogers分析河湾空间，选择圆形组团格局；上海方案通过东西发展轴展示城市改造开发、建筑景观与交通综合功能。通过咨询形成了《城市设计建议书》，其要点是：

(1) 交通 完善隧道、地铁、公共交通，形成大容量、便捷有效的区内外交通系统。

(2) 绿化 形成滨江绿地、中央绿地和绿带系统，成为建筑与环境、水与绿、历史与未来结合的卓越城市空间的基础。

(3) 城市形态 以整体的建筑形态、清晰的脉络和由中心向滨江跌落的高度格局，形成强有力的21世纪城市形象。

(4) 分期实施 根据总目标拟定分期实施目标，使道路、市政公用设施、绿化造景、通讯等基础设施分期超前建设，并研究相应的筹资和经济可行性。

(5) 其他 包括重视历史文脉，注意昼夜功能形象的协调，创造注重信息、节能与生态的未来环境，平衡区内外关系，编制整体、单体及未来扩展的设计文件，建立权威的规划与实施机构等。

(6) 深化比选 根据《城市设计建议书》，已启动项目和原有路网条件，组织了深化规划小组，提出了3个比较方案，其中方案三结合现状和开发态势好，格局和谐，章法严谨，被选定作为深化完善基础。

3.3.3 规划深化完善

完善方案的决策确定后，1993年3~7月，规划深化完善工作按城市形态、城市设计、综合功能、道路交通、基础设施、控制与实施等重点展开，并结合考察听取国际专家意见后定稿上报。

(1) 容量、容积率、启动原则 开发总量控制为418万m²；容积率：核

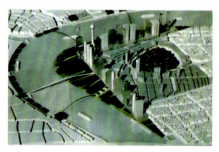

图3.3.2-1 1992年Perault(法)咨询方案

图3.3.2-2 1992年Rogers咨询方案

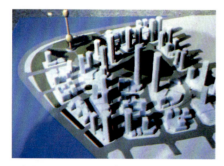

图3.3.2-3 1993年深化规划方案三

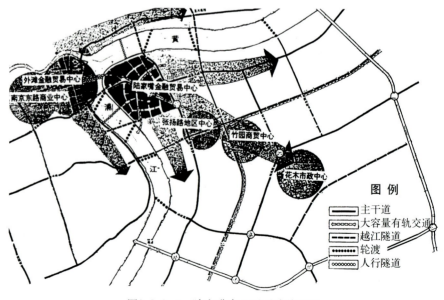

图3.3.2-4 陆家嘴中心区区域关系图

心区10、高层带8~10、其他楼宇6~8、滨江及文化设施2~4。以较少的一期投入和尽量不变更已启动项目为前提，形成强有力的城市形象。

(2) **用地平衡**　总用地68.12hm²：开发地块80.34hm²，占47.9%；实际道路用地(地面、地下)45.83hm²，占27.32%；公共绿地36.35 hm²，占21.62%，连同滨江大道、发展轴绿带及平台绿地共57.34hm²，占34.12%。

3.3.3.1 城市形态

(1) **绿化系统**　主要由"滨江绿地+中央绿地+沿发展轴绿带"组成，并作为设计结构的基础。

(2) **空间形态格局**　16hm²中央绿地空间包围核心区超高层"三塔"(建筑高度原规划320m、340m、360m，实施中已调高至420m、480m)作为里程碑建筑，这个核心空间又为弧形高层带(建筑高度180~220m)及其他开发带高层建筑所围合(图3.3.3-8、图3.3.3-9)。

(3) **滨江建筑高度**　滨江建筑高度及其变化顺序高层带与外滩间隔600m~1200m~800m，由于江面宽约500m而缺乏景深参考景物，高层带建筑高度可以定为200m左右，重点建筑高度可达220m，有的可定为180m，以形成有韵律的起伏。

3.3.3.2 城市设计

(1) **合理的设计结构**　本方案绿化系统与空间形态格局互动，保证水与绿、建筑与环境、历史与未来的结合，形成卓越的城市空间环境。

(2) **恰当安排城市意象要素**

路与边：沿车行通道建筑作韵律布局，沿步行道建筑界面连续，活动功能连续。

分区与节点：全区分为东、西、南、北、中5个次区，有绿地作结构分隔，各有中心，并以步行系统连成整体。

里程碑建筑："核心三塔"与电视塔分居发展轴两侧；核心区5个入口作重点处理，以加强中心感和城市结构感。

视感：建筑高度由核心区、高层带至滨江带渐次跌落，使多数建筑保持与水面及外滩的视觉接触，形成良好的景观效果。沿外滩、江面及轴线等主要视觉运动渠道考虑主要视点，

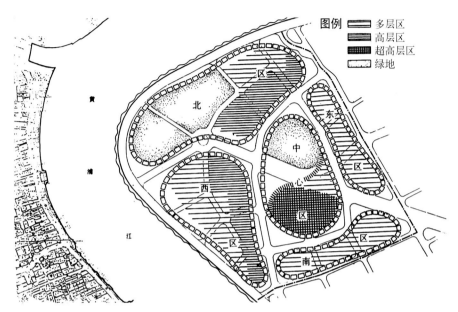

图3.3.3-1　陆家嘴中心区规划空间分区结构

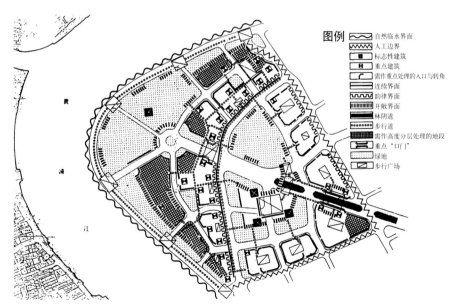

图3.3.3-2　陆家嘴中心区规划意向要素分析

图3.3.3-3　陆家嘴中心区规划天际轮廓线

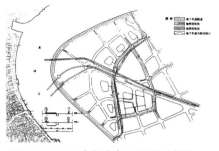
图3.3.3-4 陆家嘴中心区地下车道、隧道、地铁、轻轨规划示意

图3.3.3-5 地区交通组织

(3) **空间、活动与场所感** 将本中心区的全日活动与空间组织结合起来,形成特有的场所感。通过城市设计保证陆家嘴中心区的空间、活动、景观与环境的高质量。

3.3.3.3 综合功能

陆家嘴中心区开发的使用功能是根据CBD的要求而定的。为避免形成白天拥挤繁忙、夜晚冷落人稀的办公区,对城市活动给予了特别重视。具有全日活动性质的商业、文化、娱乐、公寓等项目占建筑总量的46%,并布置在各中心地段,结合绿地系统保持布局和活动的连续性。该中心注意配置文化娱乐设施,大部分所需住宅可以就近安排。

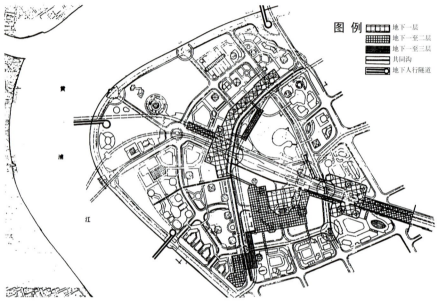
图3.3.3-6 陆家嘴中心区地下设施规划示意

图3.3.3-8 陆家嘴中心区规划建筑形态

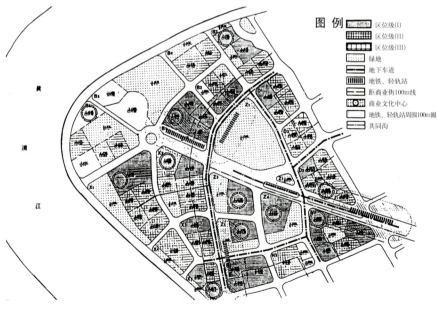
图3.3.3-7 陆家嘴中心区基地区位价值分布

图3.3.3-9 规划模型

图3.3.3-10 规划全景

3.3.3.4 道路交通

根据陆家嘴地区(1.7km²)的交通预测,力求交通容能匹配。

(1) 交通战略 按陆家嘴中心CBD开发需要,调整总体规划交通系统;建筑与交通结合进行规划开发,建立高效的区内综合交通系统。

(2) 区外交通 增加两条地下轻轨,形成4~5个地铁站,增加越江隧道至16车道,增加3处地下人行隧道,3处轮渡改建为双层,设置5个公交终点站及12条线路,逐步限制非机动车交通。

(3) 区内交通 以路堑——地面分层反向单行环道为基础组织单行交通,设置两处简单立交,使区内交通便捷,容能匹配,免除红绿灯;以街坊为基础设置车库。

(4) 人流交通的特殊性与对策:国际性CBD功能中交通活动一般以车行为主,甚少与购物、文娱等大量人流交通混杂。但是,上海是人口密集的大都会,陆家嘴中心与外滩遥遥相对,是城市景观特征所在和浦东开发的标志,也是城市旅游观光的重点。陆家嘴滨水区按城市设计需要与可能,配置了公园、绿带、小品、音乐厅、水族馆、娱乐设施、商场等,自然形成新的人流集结点。在公共空间紧缺的上海,这种配置符合市民需求,也是"以人为本"的考虑。人流交通的特殊性与人车密度需求必须制订交通对策,特别是处理好人流问题。为此,采取分区、分层、分流方式解决。分区——人流为主设施集中滨江带,车流为主设施集中在高层带、核心区;分层——规划建立天桥系统及地下共同层(Concourse)联系滨江带与地铁站、公交换乘点;分流——规划建立3条越江人行隧道直接疏导人流,兼顾旅游购物及上下班、来访人流。另外,陆家嘴轮渡逐步向东昌路、泰同栈轮渡分流,也可减少陆家嘴中心核心区内人流、自行车穿越干扰。

3.3.3.5 基础设施与地下开发

(1) 共同沟 沿发展轴及高层带设置共同沟,并设支线通向滨江,可服务92%的总建筑量。

(2) 开发地下共同层 该核心区、高层带地下商场与4个地铁站连成地下城。

(3) 竖向规划 对几个地下空间交错复杂的结点做出竖向规划剖面。

3.3.4 规划实施

(1) 本项目规划复杂,一经批准就应当而且可能通过立法并实施。

(2) 对地块不同区位的评价 根据与绿化旷地的关系、交通可达性、共同沟服务方便程度、与文化商业中心的距离,以及高密度开发可能造成的负面影响等5项要素评分、记点、列级。本方案62个营利地块评价为合格(Ⅲ级),占1.6%,良好(Ⅱ级)占58.1%,优越(Ⅰ级)占40.3%,总体优化率127.74%。

(3) 决策与评价:上海陆家嘴中心规划设计经过1993年的深化、完善,于同年5月东亚运动会前定案,8月上报,经专家评议和市政府审议,年底被正式批准。

上海市政府对上报方案的评价是:深化规划小组在深化完善陆家嘴中心区规划中尽心尽责,做到了中外结合、东西结合、历史与未来结合。1994年方案获上海市优秀规划设计一等奖。

截止2003年底项目已启动建设320万m²,已建成部分租售情况良好,市政交通配套工程仍需要加强。

陆家嘴中心区规划设计方案的主要特点是:与城市设计紧密结合,塑造城市形象和卓越环境;规划与交通结合,解决复杂的交通问题;统一规划,简化共同沟开发;将二维区划(土地细分)控制提高为三维形态控制;通过量化研究,对基地做出区位评价。此外,在规划工作的组织与运作方法方面也提供了新的经验。

(注:陆家嘴中心区深化规划小组由上海市城市规划设计研究院、华东建筑设计院、同济大学建筑系、陆家嘴金融贸易开发公司组成)

图3.3.4 建设中的陆家嘴中心区

3.4 深圳中心区

3.4.1 概况

深圳市中心区位于深圳经济特区的地理中心，是未来深圳的城市商务中心和行政文化中心，集金融、商贸、信息、文化、会展及行政功能于一体，由滨河大道、莲花路、彩田路和新洲路四条城市干道围合而成，总用地面积607hm²。深南大道由东向西穿越其间，将中心区分成南、北两片区。其中，南片区面积233hm²，是城市商务中心（CBD）；北片区面积180hm²，是行政、文化中心；莲花山公园194hm²，是开放性城市公园。中心区规划总建筑面积750万m²，建筑面积密度约1.8万m²/hm²，规划居住人口7.7万人，提供就业岗位26万个（图3.4.1-1）。

1986年《深圳经济特区总体规划》就已提出建设一个国际水准的城市中心区。历经十多年严格的规划管理控制，中心区的开发条件日益成熟。1995年深圳市开展了中心区城市设计国际咨询活动，邀请了国外4家著名事务所参加。1996年8月，由国内外一批著名设计大师组成评委会，评出了优选方案，即美国李名仪／廷丘勒建筑事务所的规划方案。1998年末，中心区的开发建设全面启动(图3.4.1-2)。

3.4.2 总体布局

中心区北片区是行政文化中心。处于中轴线核心位置的标志性建筑是造型独特的深圳市民中心，总建筑面积约20万m²，除了深圳市政府主要机关办公用房外，还是市民公共活动中心，包括博物馆、展览馆、档案馆、礼仪庆典等为市民服务的设施。市民中心北面两侧分别布置了图书馆、音乐厅、少年宫及科技馆等文化建筑（图3.4.2-1）。

中心区南片区中央绿化带两侧的60hm²用地上集中布置了中心商务区（CBD），是深圳市未来金融、贸易、信息、管理以及服务业的集中地。在CBD与周边居住区之间安排了两个社区购物公园，作为功能和空间上的过渡，将形成一种融商业购物与绿化休闲于一体的独特活动场所（图3.4.2-2）。

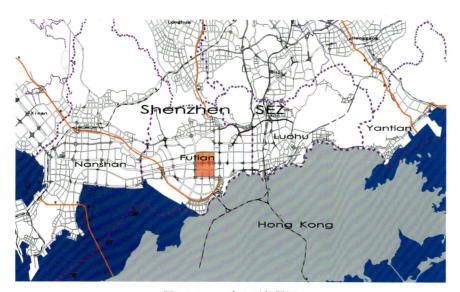

图3.4.1-1 中心区位置图

图3.4.1-2 国际咨询方案

3.4 深圳中心区

3.4.3 开敞空间及步行系统

中心区实施方案的主要特点是在原方格网道路骨架基础上进一步强调南北轴线，以一条约250m宽、2km长的中央绿化带，由北部的莲花山向南一直延伸到南端的生态公园，直至滨河大道。这条中央绿化带是由一系列公共广场、步行系统、地下商业街、停车库、地铁站组成的多层面复合空间。

公交系统除穿过中心区的地铁1号线和4号线外，还布置了两个公交枢纽站并规划了内部公交环线。为方便行人，主要商业街上设立了两层步行系统，商场两层空间与架空步行道连成一体，为市民提供全天候步行环境(图3.4.3-1、图3.4.3-2)。

图3.4.2-1 总平面图

图3.4.2-2 模型照片

图3.4.3-1 公园网络分析图1

3 城市局部范围的城市设计(一)：中心、商业街、大道

3.4.4 建筑设计

市政府为实现在5至10年内使中心区建设初具规模的战略设想，制定了中心区近期重点项目的建设计划，并对重点公共建筑项目进行了国际竞赛，邀请了国际上著名的设计机构和建筑大师参加。日本著名建筑师黑川纪章设计了构思新奇、气势宏大的中央绿化带；ＳＯＭ设计公司做了22、23－1街坊城市设计；美国华裔建筑师李名仪做了市民中心方案及其南广场和水晶岛的规划设计；日本矶崎新事务所设计了由图书馆和音乐厅组成的文化中心实施方案；加拿大Ｂ＋Ｈ建筑师事务所设计了社区购物公园；日本黑川纪章建筑／都市计划事务所设计了第二工人文化宫；青少年宫、电视中心和高交会展览中心则分别为深圳宗灏建筑事务所、华渝建筑事务所和中建(深圳)设计公司在竞赛中的中标方案(图3.4.4)。

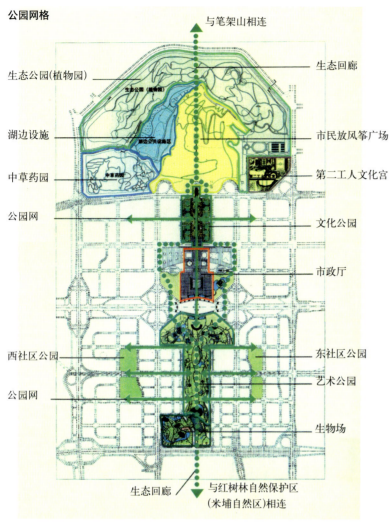

图3.4.3－2　公园网络分析图2

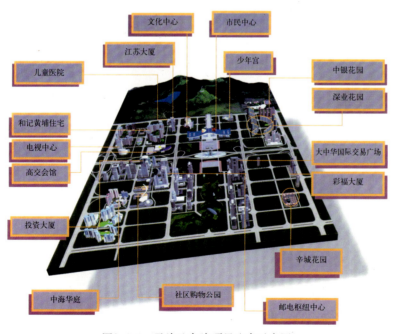

图3.4.4　已建及在建项目分布示意图

3.5 北京商务中心区(CBD)

设计单位：北京市城市规划设计研究院

3.5.1 概况

北京作为首都，是全国的政治、文化中心和对外交往中心。经过改革开放十几年的发展，经济结构发生了重大变化，第三产业已逐步成为城市经济的支柱产业。随着我国国际政治地位的提高和经济、科技实力的增强，北京的国际交往和经济活动将更加频繁，得天独厚的地域优势将得到更加充分的发挥，目前已吸引了众多的国内外投资者来北京发展。因此，北京的商务办公设施有着广阔的发展空间及前景。北京商务中心区的建设和发展，无论是对北京经济的推动、对城市环境和城市形象的改善，还是对确立北京在全球经济一体化中的地位都将具有深远的战略意义。

3.5.2 功能布局

商务中心区是以商务办公为主，兼有酒店、公寓、会展、文化娱乐及商业服务等配套设施的一个复合功能区。公司总部、银行和金融服务以及专业化生产服务业成为当今商务中心区的三大主要职能。

北京商务中心区前期规划就整体的功能构成和规模作了深入的研究，在综合比较了国内外已形成的CBD的基础上，提出了建筑规模800～1000万m^2的设想，其中写字楼约50%，公寓25%，其他25%为商业、服务、文化及娱乐设施等。

CBD规划吸取国外的建设经验，为避免办公建筑过度集中，构成过于单纯而到夜间成为空城，以及缺乏绿地、开发强度过高而给人以钢筋混凝土森林般冰冷的感觉，在满足CBD主要功能的基础上，致力于创造一个24小时都能够活动的充满活力与情趣、文化氛围浓厚的人性化社区。

①将主要的商务设施沿东三环路、建国门外大街两侧布置。东三环路是城市的快速路，空间尺度开阔，适宜布置大体量的商务建筑，目前CBD内已建成的超高层建筑基本集中于其两侧。建国门外大街是长安街的延长线，两侧的建筑应延续与长安街空间形态的关系，并且以公共建筑为主。

②居住区布置在CBD的外围区

图3.5.2-1 规划平面图

图3.5.2-2 规划鸟瞰图1

域，且西北、西南、东北、东南四个区域均保证一定面积的居住用地。一方面可与现状居住用地的分布较好地结合，另一方面避开机动车流量较大的东三环路和建国门外大街，满足居住对环境趋静的要求。

③混合功能区布置在商务办公区与居住区之间。可在商务中心区的发展建设过程中，随市场的变化适当作灵活的调整，建设内容包括办公、酒店、公寓、商业、娱乐、市政设施等。服务类及文化类建筑比重较大，各部分比例应视其所处不同位置各有侧重，人行系统两侧应多布置商业服务设施，主要城市街道两侧则以公共建筑为主。

商务区、混合功能区、居住区在各个区域内的综合布置，一方面可保持各自的用地功能平衡，减少昼夜人口差别，另一方面也可减少出行交通生成量，减轻对城市交通的压力。

3.5.3 空间形态

商务中心区是一个土地成本高、开发强度大的建设区域，其整体的建筑高度和密度会比城市的其他地区高。因本地区处于二环之外、三环附近，距离天安门较远，布置高层建筑对旧城影响较小，高度可适当提高。但是受到飞行净空要求的限制，CBD内最高的建筑高度应在300m以内。

根据用地功能的布局，商务办公区集中于用地中部，沿东三环路与建国门外大街两侧布置，其外围是混合功能区和居住区，他们的开发强度是一个依次递减的顺序，空间形态设计顺应这种变化趋势，形成一个中间高、向外逐渐递减的整体形态。

①超高层建筑集中于东三环路两侧布置，部分建筑高度在150m～300m之间。标志性建筑在宽敞的道路两侧沿三环路成序列展开，产生一种强烈的震撼力，使东三环路成为展示CBD形象的窗口。

②建国门外大街延续长安街的传统格局，建筑较庄重、严整，临街形成一个基本平直的界面。

③混合功能区和居住区建筑的基本高度控制在80m以下，建筑采用街坊式的布局。基本统一的高度成为一个大背景，从而形成一个层次分明的城市轮廓线，起到烘托商务办公区的作用。

④国贸桥东北角的核心区将是一个超高层建筑较为集中的区域，主体建筑围绕中心广场展开，保证各自的景观效果。区内地标性的建筑组群、极具震撼力的空间形态、统一协调的公共空间将成为北京新世纪城市形象的代表。

⑤东三环路贯穿南北，连接北部的首都机场高速路与南部的京津塘高速路；建国门外大街横穿东西，连接西部的城市中心区和东部的京通快速路；成为进入CBD的重要门户，规划在进入CBD的入口处规划一组高层建筑，以强化其印象。

3.5.4 绿化系统和公共开放空间

公共绿地和开放空间是城市有机体中最具活力的部分，在绿色的环境中享受宁静，在公共的空间里相互交流，提供一个环境优美、市民喜爱、以步行为基本尺度的城市公共空间，是CBD规划的目标之一。

受现状条件和土地开发方式的制约，在CBD内形成大面积集中绿地的难度很大。规划在西北、西南、东北、东南四个区域各布置一个面积约2.5hm²左右的主题公园：历史人文公园、表演艺术广场、科技信息公园、自然科学公园。4个公园形成具有不同题材的景观节点，有绿化带和步行道连接，并与南侧通惠河沿岸的滨河绿化相连，组成商务中心区包含多种元素的环状绿化系统。环状绿化系统穿越全区，且位于用地中部和人流比较集中的位置，为CBD创造良好的生态环境和活动空间。

绿化系统在主要道路的路口尽量放大成较为开阔的开放空间，增强它的识别性和导向性，同时为连续、紧张的街道界面提供一个休息的空间，为CBD密集的建筑群体提供一个观

图3.5.2-3　规划鸟瞰图2

赏的距离。部分道路两侧的沿街绿化适当加宽至20～30m，形成连续、舒适的林阴道。

通惠河是CBD区内步行距离最易亲近的自然景观资源。规划中设置了阶梯状的亲水平台、活动广场以及四季的植物，使它成为一条带状的绿色开放空间。沿途设置码头、戏水、溜冰等亲水设施，使人与自然环境更加贴近。

在核心区内设置一面积约1.5hm²的中心广场，结合会展中心的布置，可为今后商务中心区内举行大型公共活动提供条件。大型展览时中心广场可作为露天展场使用，平时供人们休闲、集会或举办各种露天的表演等活动。

城市空间的尺度感应以步行为度量，城市的建筑、公共空间等的尺度应从属于步行，而非汽车。方便、安全的步行系统可以使CBD区内相互间的联络用步行来解决，鼓励使用健康、环保的交通方式，同时又为人们提供了一个休闲、游览的情趣空间。

除了地面结合绿化系统和道路两侧人行道所做的步行系统外，另外又分别规划了地上二层和地下一层的步行系统，为人们提供多种选择、不受干扰、舒适的步行环境。步行系统规划着重强调地铁车站与三环路两侧的CBD核心区、国贸中心、财富中心等商务设施之间的联系，使之成为一个有机联系的整体。同时鼓励各建设地块内的公共建筑之间的连接，并鼓励在步行通道的两侧安排可供人们使用的公共设施。

另外，CBD规划在地下空间利用、城市重要街道景观、临街建筑墙面线等方面都进行了相应的研究，以便为今后的管理实施和进一步的城市设计深化工作提供依据。

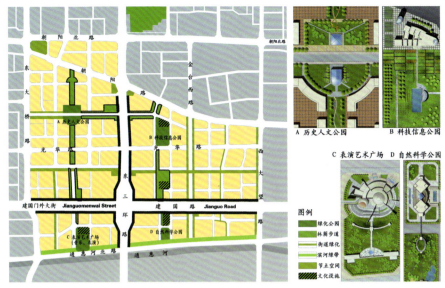

图3.5.4-1　绿化系统

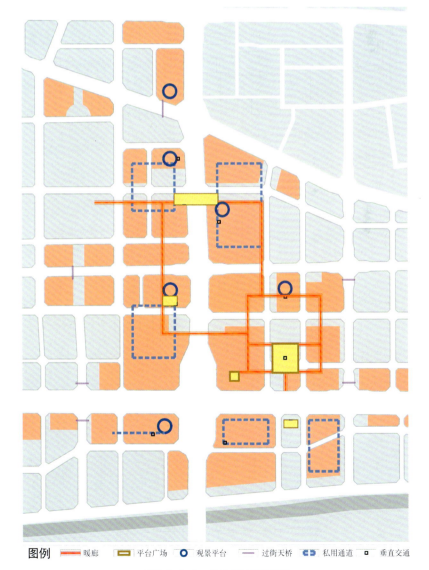

图3.5.4-2　地下空间利用图

3.6 北京中关村西区

3.6.1 概况

1999年党中央、国务院批复了北京市和科技部联合提出的关于建设中关村科技园区的报告，提出要将中关村建设成为环境优美、设施完善、交通便捷、信息通畅的国家科技创新示范基地；科技成果转化基地和高新技术企业孵化基地；高素质创新人才的培育基地和世界一流的科技工业园区。

北京中关村高科技园区总用地为75km²，而本次规划的中关村西区是其重要组成部分，也是白颐路发展轴北端的重要节点。

中关村西区位于海淀镇，是海淀区委、区政府所在地。规划范围东起白颐路，西至海淀区政府大院西墙及规划彩和坊路，北起规划的北四环路，南至规划的海淀镇南街，总占地面积51.44hm²，规划用地面积为38.36hm²。地理位置优越，交通便捷，自然环境良好，文化氛围较浓厚。

3.6.2 规划布局

3.6.2.1 功能定位

中关村西区是中关村高科技园区海淀园核心区的重要组成部分，将规划建设成为高科技商务中心区，其主要功能是：

(1)高科技产业的管理决策、信息交流、研究开发、成果展示中心；

(2)高科技产业资本市场中心；

(3)高科技产品专业销售市场的集散中心。

3.6.2.2 指导思想

创世界一流：科技创新、产业和服务支撑系统、信息网络、交通、市政设施、绿化环境建设都要以世界一流水平的标准进行规划、设计、建设和管理。

具有中国特色：地处北京上风上游，紧临西郊著名风景名胜区，在空间布局和建设形态上，要有鲜明的中国和北京特色。

坚持可持续发展：坚持生产、生活、生态协调发展，坚持环境建设与功能建设同步，创造良好的生态环境和理想的工作、生活环境。

加强社会化服务：加强各种生活服务设施和为高科技创新、产业化、市场化服务的各种支撑体系的社会化建设。

3.6.2.3 规划原则

根据中关村西区的城市功能定位，依据以下原则进行规划：

(1)综合利用土地，增强地区综合功能；

(2)控制合理的开发规模，地面建

图3.6.1 现状图

筑总规模控制在100万m²以内(不含保留建筑);

(3)形成便捷、安全的交通体系,解决好公共交通问题;

(4)与周围地区的规划建设相协调,共同形成完整的城市功能布局和空间形态;

(5)重点研究公共领域及开放空间的城市设计,充分体现该地区独特的文化内涵和历史底蕴,以塑造良好的城市空间形象;

(6)建设高质量的配套基础设施;

(7)规划留有余地,分期实施,逐步发展,为后期规划设计提供完善可行的发展框架和指导原则;

(8)建筑高度控制应结合西郊机场对该地区的净空要求和城市形象设计综合考虑。

3.6.2.4 规划创意

(1)科学定位城市形象,构筑代表21世纪强国策略的宏伟地标;

(2)以人为本,满足高科技人才的全面需求;

(3)锐意创新,体现高科技商务中心区的时代特征;

(4)师法自然,"绿色"优先,创造良好社区环境;

(5)映射传统,实现新老文明的交相辉映。

3.6.3 规划设计要点

3.6.3.1 主体功能明确分区与服务职能相对分散相结合

根据中关村西区的功能发展定位,在用地范围内安排的主体功能有金融资讯、科技贸易、行政办公、科技会展、大型公共绿地等内容。首先,将金融资讯中心、大型科技会展中心、综合性行政管理中心及计划进入西区的"火炬大厦"等带有明显公共

图3.6.2 规划平面图

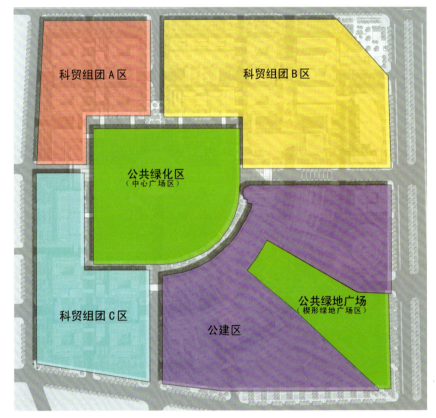

图3.6.3-1 功能分区

图3.6.3-2 绿地系统分析

图3.6.3-3 交通系统分析图

建筑色彩的建筑群体集中于规划用地四区统一考虑。其次,将数量较大、功能混合程度较高的(集办公、贸易、商业、服务为一体)一般性科技贸易建筑群体在规划用地一、二、三区呈"L"形展开。以中央大型公共绿地和用地四区中的楔形开敞绿带为纽带整合空间环境。第三,将各类配套性公共服务职能散布于建筑地下1~2层和地上1~2层的开放性公共空间之中,并充分利用大型绿地的地下空间和绿化平台下的地面及地下空间布置商业和市政配套设施。

3.6.3.2 采用相对规整的建筑布局手法,确立整体性的城市形象

以规整的格网布局为基础,形成整体性的城市形象。除构成城市轮廓线的个别建筑达到80~120m高度,其他建筑在50~65m左右。

3.6.3.3 通过外部条件的改善和内部交通的合理组织创造良好的交通环境

首先,以大运量轨道交通和其他公共交通为主体,引入地面公交枢纽,以解决西区对外交通问题,改善周边交通环境;其次,通过步行系统的组织,将公交站场、绿化空间、商业服务设施、休息场地、主要公共建筑沟通起来,使机动车和步行系统基本分离,避免相互干扰。地面二层连续的步行系统是全区步行系统的主体,行人可通过二层平台方便、快捷地到达每个地块;地下一、二层步行通道可与建筑地下公共空间和停车场相联系,形成与地下商业、办公、娱乐设施相互连通、紧密结合的地下步行交通系统。第三,在充分考虑公交和步行系统的前提下,区内分时段对自行车采用限行政策,从而大大增强了道路的通行能力。规划在周边分散

设置半地下自行车停放点,实行自行车停放分区。

3.6.3.4 建立立体的绿化系统

以中心广场绿化和楔形广场绿化为核心,结合地段内小型公共绿地、公共平台绿化及建筑内部的"生态舱体"绿化,形成层次丰富、形式多样、现实可行的立体绿化网络,创造良好的生态环境,将绿色自然引入城市。

城市中心的广场以林阴和草地覆盖,通过便捷、安全的交通易达,以文化、商业、旅游设施吸引游人,使西区中心地带成为宽敞、优美而富有生气的休闲空间。街边绿地在考虑绿化的同时,充分考虑人员活动和驻留的需求,营造舒适的休闲小环境。

3.6.3.5 形成北京西北部城市公共活动中心

本次规划保留并发展中关村西区原有的文化娱乐功能,加强了科技、商贸综合利用空间,将现代会展、商业等功能引入,形成多样化、繁荣的城市地区。

(1)中心广场(世纪之光广场)

本区占地3.89hm^2,建筑面积5万m^2,集中绿地面积约1.72hm^2。由半环形的金融资讯中心和半圆形的中心广场组成,广场的中心是浅碟形的中关村科技园接待中心。接待中心高25m,分3层,主要有旅游信息交流、展览、纪念品出售等功能。广场北端规划的金融资讯中心主体建筑高120m,形成广场的制高点;其群房部分由3组架空的巨大电子屏幕围合而成,成为西区视觉焦点。由于该组建筑正对白颐路开敞绿地,亦将成为中关村西区面向白颐路的主要视觉焦点。

(2)科技商贸区(A—C区)

科技商贸区共占地约12.15hm^2,建筑面积约67万m^2,集中绿地面积约3.58hm^2。规划高层建筑16幢,其中B区东北部的两幢90m高标志性建筑将用于进入西区的大型高科技公司总部。

城市设计力求从以下方面建立21世纪的崭新综合科技商贸区概念:

① 中庭式布局。改变以往的高层—裙房式布局方式,建立"生态中庭式"的布局模式,它适应北方气候特点,营造小气候,将绿色科技的营造落实到建筑设计中。

② 标准化柱网。灵活性安排,适应科技企业自身"小、巧、灵"的特点。

③ 地下空间的大面积利用。充分利用该地区工程地质结构的特点,将部分办公、商业空间和大部分停车空间引入地下4~6层,以节省能源。

(3)楔形绿带建筑群(阳光谷广场)

由"火炬大厦"、大型综合性会展中心及楔形绿带组成,占地约8hm^2,建筑面积22万m^2,集中绿地约2.5hm^2。

大型综合性会展中心位于中关村西区的东南角,是中关村西区最大的综合性开发项目。综合会展中心以多层裙房的方式顺应保留海淀斜街,形成新型商业步行街。步行街南接白颐路,北连中心广场,与海淀图书城步行街遥相呼应。

步行街北侧保留大面积的开敞绿化广场,称为"阳光谷",广场经过景观设计,有水体、喷泉、步行区,地下是商业步行区,形成全方位的休闲空间。阳光谷广场地下两层为步行商业空间。

规划的火炬大厦位于西区东部,是中关村西区直接面向白颐路的主体建筑。它集会议中心、展览中心、旅馆、商业、办公等功能为一体,初步计划建设成我国53个高新技术产业区的对外窗口。该综合体的主体建筑高度为90m,借鉴生态建筑的基本原理,

图3.6.3-4 火炬大厦

图3.6.3-5 世纪之光广场

将绿化引入建筑内部。外部造型使人联想到中关村的标志物——螺旋上升的DNA模型。

3.6.3.6 将城市传统特色与现代生活相结合

(1) 建立新型的城市"生态街坊"

改变传统的街区规划方式,一方面通过道路形成街坊的良好分隔,同时在街区内部通过一层建筑开敞空间的组织和二层步行平台系统的建设,建立街坊内部舒适的公共交往空间和绿化环境,以满足高科技产业广泛的人际交往需求。

(2) 创造具有中国特色的空间环境氛围

规划借鉴北京传统城市肌理"合院空间",将历史文化引入,构成高科技、生态环境和历史文化三位一体的城市形象。

合院式空间格局、模式化的建筑群体:传统"合院"空间的"巨构",模式化建筑群的采用,闹中取静,便于交往。

引入绿色开敞空间:保留海淀斜街,顺应历史文化肌理,同时借鉴北京古城"引水灌都"改善生态环境的经验,将大片开敞绿地引入,改善核心区的生态环境。

(3) 对历史文化建筑和风貌的保护

海淀斜街是西区内一条古老的街道,具有深厚的历史文化内涵。作为历史文化保护的重点,方案保留了斜街的走向和街上树木,并对斜街内部加以改造,形成一条具有现代气息的商业步行街。

3.6.3.7 合理开发和利用地下空间

规划对地下空间的开发建设进行多方位的考虑:引入综合管沟系统,有利于基础设施的建设;将部分功能放入地下,缓解用地紧张的矛盾;通过地下通道联系各地块,对整个西区的地下空间进行一体化设计。规划力图通过对地下空间的合理开发利用,提高土地利用效率。

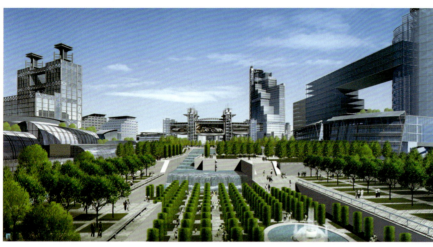

图3.6.3-6 阳光谷广场

图3.6.3-7 生态街坊街景

图3.6.3-8 合院空间夜景

3.7 上海人民广场地区

设计单位：上海市城市规划设计研究院

3.7.1 概况

人民广场地区位于上海市中心，是上海最重要的以行政、文化、商业、旅游等为内容的公共活动中心和主要的人流聚散地和综合交通枢纽。

从人民广场地区的历史、文化背景、开发实际分析本地区城市、建筑、空间特色，发现现状存在着用地结构不合理、土地开发强度失衡、居住环境欠佳、建筑间协调较差、室外广告失控、街道小品缺乏统一、历史建筑保护面临发展压力等问题。

3.7.2 整体规划架构

3.7.2.1 土地使用功能和开发强度

本地区原有各类建筑约205万㎡，前一轮美国HOK设计公司城市设计咨询方案确定规划总建筑面积580万㎡，本规划将总建筑面积调整至490万㎡。方案建议：引导同类开发相对集中，适当提高综合开发强度，合理分布各项功能，划分四种不同的主导功能区域：

①办公，位于人民广场以南，适合高密度的开发；

②商业/办公，位于凤阳路以北至北京西路，适合高密度的开发；

③文化娱乐/商业，包括人民公园、人民广场以及南京西路、黄陂北路沿线地区，适合中高密度的开发。

④居住/商业，位于北京西路以北至苏州河沿线地带以及人民广场西侧威海路沿线，适合中密度的开发。

3.7.2.2 地区空间形态及城市设计要素

(1)城市核心区的空间形态关系

人民广场地区作为上海最主要的行政、商业、文化中心必须与作为上海中央商务区的外滩—陆家嘴地区相呼应，形成上海大都会的核心标志。城市核心区的空间形态，被设想为由东向西3个不同的层次：

①陆家嘴中心区以金融、贸易为主，其空间形式是以一组低密度的滨江高层建筑围绕中央核心三塔和绿化布局，建筑由黄浦江边向内渐次升高形成"波峰"，并形成丰富的滨水轮廓线。

②外滩地区以金融为主，是重要的历史建筑保护区，建筑的体量、尺度应与历史建筑相协调，建筑轮廓起伏不大但有韵律和重点，建筑高度一般在70m以下。

③外滩与人民广场之间是传统的商业区，应以中低密度的高层结合中高密度的多层形式为主，建筑的体量、尺度较小，建筑高度一般在100～120m左右，进行合理的过渡。而建筑密度、高度较高的几条主要中心商业街(南京路、淮海路)的线状布局成为

图3.7.2-1 总平面

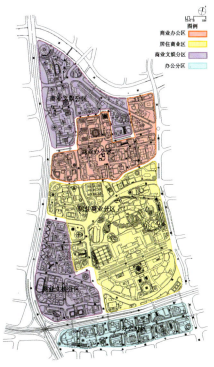

图3.7.2-2 分区结构分析图

113

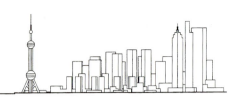

图3.7.2-3 建筑高度控制

联系各区域的纽带。

④人民广场地区以商业、文化、娱乐、行政、居住多种活动混合,其空间形式是以3组高层建筑群围绕广场主空间布局,其建筑天际线有3个不同高度的"波峰"。

(2)建筑形态与空间组合

①以人民广场和公园为核心主空间,是大都会中心不可多得的绿化开放空间,新的开发将不可避免地改变原有的空间包围建筑的单一格局与尺度,形成南北开放空间包围人民大厦、博物馆、大剧院、规划展示厅等标志性建筑的有机组合的空间形态。

②新建筑布局按距广场和公园较近处安排较低建筑、较远处安排较高建筑的原则布置,使更多的建筑共享开放空间,使广场公园在视觉上更宽畅,增强建筑群的层次感,丰富观景效果。

③新建筑形成视觉边界,同时构成若干富有情趣的公共空间或子空间,形成空间的组合。

④苏州河沿线是未来上海核心区重要的"景观走廊"之一,并加强与公园广场视觉、实际可达线路的联系。

(3)开放空间、活动与场所感

开放空间应表现本地区的功能和空间环境特征,为丰富市民生活提供多元的表现舞台,激发更活跃的人际交往和社会文化交流。本地区的开放空间是以人民公园和广场为中心的点、线、面结合的丰富多样的系统,而不同形式的开放空间就市民活动特征而言又包括:观光游览、交往聚会、展示、演艺、体育锻炼、儿童游戏等不同的活动特征,在广场地区的空间体系中有不同类型的开放空间与相应的特色鲜明的各类活动,形成令人流连忘返的场所感。

(4)运动系统

人民广场室外运动系统包括高架路、干道、汇流性道路和步行系统。南北高架、延安路高架是高视点、快速视觉运动渠道;干道如北京路、黄陂路是一般低视点、快速运动渠道。快速运动感受空间建筑界面的秩序感、韵律感;建筑轮廓和纹理的变化由建筑界面的连与断、实与虚、高与低、色彩的浓与淡、体型的统一与变化来体现。汇流性道路容纳公交到达和出发车辆、停车换乘等,兼有快速和慢速运动;步行系统则属慢速运动,人们在其中感受建筑界面的质感和细部,

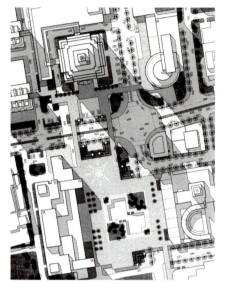

图3.7.2-4 多层次步行平台

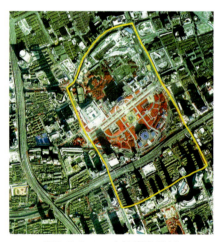

图3.7.2-5 广场影象地图

图3.7.2-6 广场鸟瞰

图3.7.2-7 规划效果图1

图3.7.2-8 规划效果图2

尤其要求其连续感,这种连续感由沿街建筑及连接体组成,并经过细致推敲建筑的比例、尺度、材料、色彩、装饰及广告照明等来完善。

(5)步行系统

通过空中、地面、地下3层步行系统疏解人流解决人车矛盾,多层次的步行通道将上述主要开放空间、公交枢纽、公共建筑等联成步行可达的整体。

①地面层,以传统的街道空间、建筑之间的通道及建筑内部的拱廊、公园中的小径构成步行空间。人行道和沿街建筑的退界构成主要的步行空间,同时沿街建筑应有助于形成符合人体尺度的空间环境。

②地上二层,以一系列的人行天桥、步行平台、横跨基地的附属建筑等构成步行空间。这些二层的步行系统主要位于人民广场的北侧,以及南北高架沿线的居住区和苏州河沿线。

③地下层,以人民广场的地铁车站和地下商场为中心,建设向外辐射的地下步行街或通道,连接周边建筑的地下室或地面人行道。

上述不同层面的步行路径以一系列的楼梯、自动扶梯、电梯等强化垂直联系,构成整体。

(6)绿化系统

结合步行系统和开放空间布局,构成点、线、面结合的系统,包括公园、街头绿地、基地绿化、道路绿化、隔离绿带、平台绿化等。面状绿化主要指人民公园和南北高架沿线的隔离绿带等;线状绿化主要指道路绿化、苏州河滨小绿化等;点状绿化主要指基地绿化、平台绿化等。绿地率为15%,绿化覆盖率可达30%。

(7)空间界面

街道及空间建筑界面对于空间的形成和造就良好的视感具有特殊的意义。界面形式的确定取决于人们的运动方式和界面所围合的场所的性质:开敞界面在人民公园和广场、南北高架一侧的绿化带、苏州河滨等主要的自然景观点,要求界面开敞、无视线阻挡;在商业街、公共活动的广场周围,要求界面连续封闭,在街道或广场层面安排公众使用的内容,如零售商店、餐厅、咖啡馆、书店等,界面的形式应能体现室内外交流的精神,采用"虚"的设计;在办公楼围合的公共空间或街道空间,建筑界面应连续,适度封闭,底层尽量安排公共活动的内容,如餐厅、书店、茶馆等,界面可采用"虚"、"实"结合的设计;在住宅区,建筑界面应体现传统空间特色,连续封闭,沿街层面安排方便邻里交往和日常生活的设施,如邻里会堂、居委会、派出所、便利商店、超市等,作为非私密性界面形式以"实"为主,强调过渡空间(如阳台、门厅)等的设计。

(8)入口(Gateway)

人民广场地区作为上海市的"心脏",强调入口设计是使其具有识别性和内聚性的有效方法。

①主要入口:主干道进入本地区的入口采用大片绿地广场,加大建筑

图3.7.2-9 开放空间分析

图3.7.2-10 步行系统分析

图3.7.2-11 建筑界面系统

退界以获得较大的"前庭空间",提供观赏本地区的整体形象的机会,并能强烈体现本地区特征和导向性。

②次要入口:指次要道路进入本地区的入口,通常视野相对较为狭窄,仅观赏局部,因而有效的方式是设计一系列代表本地区特征的构筑物,作为入口标志。入口处应有一定的广场空间,建筑应体现本区特色和有较强的导向性。

③步行入口:指主要的商业街及地铁的步行入口,应依人的尺度及入口所在位置的特点进行灵活的处理。由于本地区主要的步行入口均面向人民公园、广场,入口设计应能增强面向广场的导向性。

(9)边界

区域边界设计特征鲜明,有助于强化本地区的识别性和领域感。本地区周边南北高架及延安路高架、苏州河为本地区提供了一个鲜明的区域边界。

①南北高架及延安路高架沿线通过加大建筑退界,增加绿化,强化边界特征。

②苏州河沿岸以自然河道为屏障,通过强调建筑与水的结合,形成良好的界面。

③西藏中路沿线主要利用人民广场及公园与东侧黄浦区虚实对比强烈的空间效果,强化东侧建筑的"街墙"设计,并增加西藏中路的道路绿化,形成明确的地区边界。

3.7.3 设计准则

设计准则在整体架构的基础上试图通过建立起对构成都市空间环境的主要要素的建设指导原则,针对近期建设项目和影响全局的远景项目,在城市规划与建筑设计、道路建设以及建设者、使用者、管理者之间架起沟通的桥梁。主要包括以下内容:

①建筑设计准则,从建筑的尺度、形式、材料、色彩、交通等设计要素着手,规定应遵守的准则,以保证建筑间的协调,强化地区总体特征。

②街道景观设计准则,将街道作为重要的公共活动空间,通过规定断面、地面铺设、沿街建筑、交叉口等街道空间构成诸要素的设计准则,创造舒适宜人、特色鲜明的高品质街道景观。

③开放空间设计准则,规定本地区点、线、面结合的开放空间系统中各不同性质开放空间的设计准则,以形成丰富多彩、品质高尚的空间环境。

④步行系统设计准则,确立以人民广场为核心的多层步行系统并规定相关设计准则。

⑤绿化设计准则,对本地区由公园、街头绿地、基地绿化、道路绿化及隔离绿带组成的绿化系统的各组成部分,提出相应设计准则,以创造良好的绿化环境。

⑥室外广告物设计准则,针对本地区杂乱无序的室外广告物现状,借鉴国外有关经验,制定室外广告物的布局和设计准则。

⑦照明设计准则,把照明视为城市设计的重要构成元素,设计具有本地区特色的照明系统,并确定道路、人行道、公园、建筑等不同对象的照明设计准则。

⑧街道小品设计准则,为创造有秩序的街道环境,对各类街道小品的位置、色彩、形式等提出设计准则。

3.7.4 实施建议

为保证城市设计的实施制定一系列建议,包括:将人民广场地区作为一个"特殊意图区"(SPD)对待;建立完善的开发组织机制,实施全过程的控制;建立平衡利益机制如设利益平衡基金、运用税收调节等,率先对保护建筑试行开发权有偿转移(TDR)机制;建立形态实施机制,包括设计评审、公众参与等,确保实施成效。

图3.7.2-12 广场建筑之一

图3.7.2-13 广场前空间

图3.7.2-14 广场雕塑之一

图3.7.2-15 广场东侧建筑之一

3.8 上海南京东路商业步行街

设计单位：上海市城市规划设计研究院

上海南京东路已经历170余年发展。经济的蓬勃发展、人民生活水平的日益提高，基础设施的不断完善，地铁的投入使用，使南京东路购物环境逐步完善。但是，上海全面展开的旧城改造和多个商业中心、副中心、近郊大型仓储式购物中心的建设也使南京东路的传统优势被逐渐削弱，商业逐步分流；南京东路地价高、密度高、公共空间少、绿化少，以及核心区交通低效的矛盾却日益突显。

《南京东路商业步行街详细规划》力图通过规划进一步提高市中心商业区位优势，激发都市活力，树立都市良好形象，为市民提供一个新的高效优质的商业、文化、旅游休闲公共活动空间，形成新的场所感。

3.8.1 概况

(1)历史沿革

南京东路的前身是"花园弄"，1865年租界工部局正式命名为南京路。之后的150年，南京路经历了上世纪30年代、80年代、90年代等3个阶段社会、经济环境的变迁，形成了现在的建筑风貌与商业格局。

(2)现状

南京东路商业步行街从外滩至黄河路沿线两侧各一个街坊范围内，用地面积约42.6hm²，现状办公3.5hm²，商业10.5hm²，住宅8.9hm²。至1996年底，商业零售、餐饮、服务业年利润额34亿元。全国大型零售企业销售三强：市百一店、华联商厦、新世界城均位于南京路。

近年来，南京东路客流量持续增长。南京东路目前道路红线宽度为28m，其南侧的九江路交通状况良好，北侧的天津路已辟通拓宽。商业、交通、城市的现代化提出了南京东路发展步行街的任务。

(3)国际化大城市的经验

国际化大城市形成的不同形式的步行街，就其处理"人车分离"的手法而言，包括空间分离和时间分离两大类。

空间分离包括平面分离和立体分离两种手法。如日本大阪的"虹"地下街，英国的哈罗、瑞典的魏林比等。时间分离是分时段使用街道。如日本横滨的元町，白天为步行街，夜间及早、晚高峰时段允许机动车进入。准步行街则是按照"步行者优先"的原则，对"纯"步行街人车交通矛盾进行的修正。如德国不莱梅仅允许公交车辆缓行；美国明尼阿波利斯改变车行道的线型、铺设，从而使行人和车辆"友好相处"。

规划通过对这些先进经验的分析与借鉴，结合南京路不同路段的情况，确定适当的步行街的形式。

3.8.2 规划设想

3.8.2.1 步行街范围

东起外滩，西至黄河路，全长约1.9km，南北分别以九江路、天津路为界，纵深约200m左右。近期实施河南中路以西段至黄河路段，全长约1.4km。

3.8.2.2 商业功能结构

(1)商业格局

遵循从"一"字形→"丰"字形→"田"字形、从平面→立体的发展规律，其内在的经济动因是"级差地租"。未来南京路地区商业格局必然呈现立体的空间网络型结构。其周边将形成一系列平面为主的专业街、特色街。

(2)商业功能结构

以一系列中小规模的商店串联起

图3.8.1-1　1898年的南京路

图3.8.1-2　1927年的南京路

几座大型百货店的形式,百货店占据交通最便利、地价最高的位置,并因此而形成了有张有驰有高潮的商业活动和商业空间节奏。1930年代南京路即具备了这种典型形态。

南京路大规模的改造后,营业面积大大增加。南京东路商业布局由东向西,可形成4个不同特色的区段及3处高潮:

①外滩——河南路,以外滩金融贸易区为背景,形成以中高档旅游、文化、餐饮为主的区段,以"洋"为特色;

②河南路——浙江路,以一系列中、大规模的专业、特色商厦为主,功能齐全的区段,以"专"为特色;

③浙江路——西藏路,依托历史上形成的"四大公司",以及新建的"新世界城","万象国际广场"等,形成大型百货商厦最集中的区段,以"全"为特色;

④西藏路——黄河路(乃至延伸至南北高架),以一系列的旅游、餐厅、文化设施,结合人民公园与广场等构成较强旅游文化功能区段,以"游"为特色;

⑤由东向西,分别在河南路、浙江路、西藏路形成3个商业活动的高潮,并以若干座大型国际著名百货商厦形成吸引中心。

3.8.2.3 步行街形式

由于南京东路步行街规划距离较长,位于市中心交通最复杂的地区,宜区分不同情况,采取不同的形式:

①河南中路以东段,按行人优先的原则,采用特殊设计的车行道有选择地对车辆开放的准步行街形式;

②河南中路——浙江中路、浙江中路——西藏路段,采用以地面为主,地下、空中相结合的立体步行网络,实行空间分离的形式,以地面为主;

③西藏中路以西段,组织购物、游憩、社会交往和地区性交通诸要素形成步行广场为主的城市开放空间。

3.8.2.4 空间形态设计
(1)建筑肌理风貌

正确对待保护与改造的关系,尊重前人和历史文化遗产是南京路建筑形态设计的关键。南京东路步行街除界面连续、肌理协调等基本特征外,建筑风貌呈现为3个不同特色的区段:

a.河南路——外滩:属外滩建筑风貌保护区,一系列建于上世纪初的金融、餐饮、办公大厦构成该区段的建筑风貌特征。建筑立面较粗犷,纹理均匀。新建的建筑应以原有建筑的尺度为依据,严格控制建筑高度。建筑的表面材料以天然石材为主,色彩应较中性、柔和,与外滩建筑相协调。店面招牌、广告尺寸应较小。

b.河南路——浙江路:该路段原有建筑质量较差,并已进行了较大规模的改建。新建的建筑尺度不宜过大,塑造均匀纹理,强调沿街立面的竖向分割,以减小体量。建筑的形式、

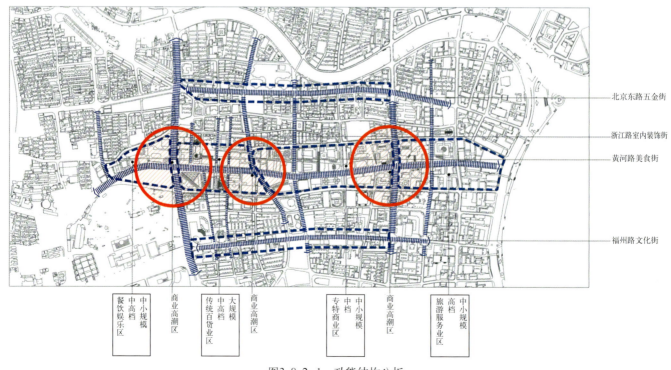

图3.8.2-1 功能结构分析

风格不宜作太多的限制,以形成丰富、活跃、色彩缤纷的商业气氛。店面招牌、广告形式可以多样,但应与建筑立面统一设计。建筑立面强调动态效果。

c. 浙江路——西藏路:应强调以"四大公司"为中心的建筑风貌上的统一、和谐。该路段现已基本完成沿街建筑的改造,应注意保持新旧建筑立面连续、纹理均匀协调。建筑体量较大,沿街立面应以人的尺度进行设计。色彩以明度稍高的中性色为宜。保护建筑的店面招牌、广告应严格控制。

d. 西藏路以西:强调重要历史建筑保护与更新,以及肌理整合,形成包含标志性建筑在内的优秀建筑轮廓作为广场中央纪念性标志建筑群的背景空间界面。

(2) 街道空间形态

a. 南京东路步行街应保持其传统街道空间形态的魅力。重点包括:沿街建筑界面的连续;沿街建筑基本高度的控制保持1:1以上的街道空间高度宽度比;适当运用骑楼、塔楼等传统建筑要素,形成连续感和视觉趣味的中心。

步行街平面设计·三

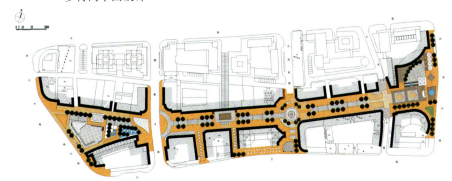

步行街平面设计·二

步行街平面设计·一

图3.8.2-2 步行街平面设计

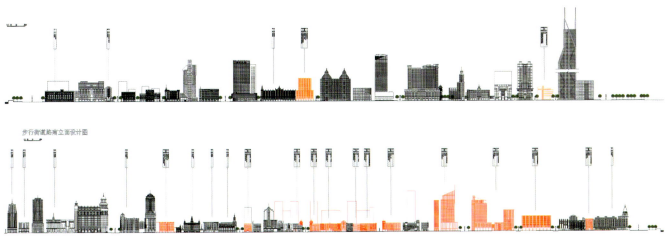

图3.8.2-3 步行街道路立面设计

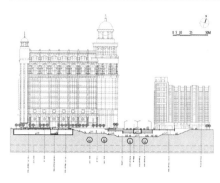

图3.8.2-4 西藏路节点设计剖面方案

图3.8.2-5 河南路节点设计剖面

b.结合沿街地块的改建,通过建筑退界或容积率转移等手段,增加若干广场空间,以适当打破过于封闭、单调的街道空间格局。由西向东,形成3个主要的开放空间:西藏路节点,浙江路节点,河南路节点。

c.步行街采用统一平面标高(满足地面排水要求),运用不同肌理、色彩的道板铺砌,分别规划"驻留区"及"活动区";合理配置绿化、座椅、小型雕塑等街道小品,并结合地面铺砌的变化以丰富步行街的布局,为购物者提供休息驻留空间,也可成为慢速购物观光车上下客的站点。

(3)标志性景点

通过视线分析和空间设计,南京路由东向西将形成"四老二新"6组标志性景点。这些景点通过绿化、灯光、建筑形态等的重点设计,使形象更鲜明突出。

(4)路面设计

南京东路步行街的断面,根据不同区段的性质,设计不同的断面类型。

①纯步行区

a.南京东路:运用不同肌理、色彩的人行道板铺砌,划分"驻留区"和"流动区"。"驻留区"采用较小的铺砌单元,并设置椅、凳、庭院灯,栽种乔木,设置花坛,放置各类街道公用设施和小型的环境艺术品,供购物观光人流停留休息。"流动区"为一宽7~10m平面呈折线型的区域,采用较大的铺砌单元。该区域为一贯穿步行区的无阻碍通道,可供观光车缓行,必要时可行驶特种车辆。

b.两侧支路:采用统一平面标高,并铺设统一的小单元彩色人行道板砌块。

c.在西藏中路、浙江中路口及河南中路口分别设置为购物者借用的手推车站点。

②准步行区

采用类似城市道路一块板的形式。设独立的允许车行的通道。车行通道采用比两侧稍低的标高。地面铺设彩色人行道板。其中车行道部分采用较大的铺砌单元,表面肌理较粗糙,以减缓车速。车行通道两旁设"纯步行道"略高于车行通道标高,并布置各类街道小品。两个不同标高之间应作无障碍设计。

3.8.2.5 节点设计

南京东路步行街沿线河南路和西藏路是重要的公共交通枢纽、步行街主要的入口空间。规划引进"联合开发"概念,更有效的组织空间,提高各部分空间的价值;另外中段增加公共开放空间,以提升步行街环境品质。规划对步行街上述3个重要节点的环境设计进行了多方案比较。

3.8.2.6 道路交通

①地面道路:辟通九江路(西藏中路至南京西路段),天津路和九江路承担南京东路及该地区的客运机动车交通,从而使南京东路实行全天开放的步行街,达到人车分流,提高原有通行能力。

②道路交通规划:南京东路改为步行街,道路上可行驶慢速的观光车;将南京东路周边道路按照机、非分流,客、货分行的原则,规划一系列的机动车专用道、非机动车专用道、客车专用道及单行道。规划进行多方案比较,为步行街的顺利实施提供了充足的依据。

③轨道交通规划:规划范围内将有地铁一号线、地铁二号线、地铁五号线、地铁六号线等四条线路。规划结合地铁车站,合理布置公交线路及站点,确保道路交通的畅通。

④社会停车场规划:布置在步行街的两侧,同时,为了保证道路畅通、行人安全,占路停车现象应予以逐步解决。

3.8.3 实施建议

3.8.3.1 分步实施设想

对南京东路步行街的实施提出了详尽而切实可行的进程规划,将道路、市政、环境等工程纳入统筹计划中,有条理地分步实施,最大限度地缩小工程实施过程给居民带来的不便,保证城市生活的正常运行。

3.8.3.2 政策措施建议

从宏观城市发展战略、实施机构、资金筹措、规划管理等方面入手,对规划的实施提出了一系列的政策措施建议。

本规划报审后经过中法合作设计深化完善后付诸实施。

南京东路步行街经过半年多的封路改造，已于1999年国庆向市民开放，购物环境和街道景观有了明显的改善，客流量与营业额大幅增长，重现"中华第一街"的繁华，成为上海最重要的旅游观光购物景点之一。

图3.8.2-6　步行街实景

图3.8.2-7　步行街绿化

图3.8.2-8　步行街公用设施

图3.8.2-9　步行街夜景

图3.8.2-10　重要路段节点城市设计

3.9 北京王府井商业街

设计单位：北京市城市规划设计研究院、
北京华特建筑设计顾问公司等

3.9.1 概况

王府井商业街自建国以来一直是首都第一商业街，驰名海内外。自1992年首都的房地产开发迅速进入高潮时期，王府井商业街开始大规模改造，但由于缺少城市设计的指导，改造规模过大，单体建筑体量偏大，写字楼比重过高，对历史形成的老字号、名店及传统文脉缺少继承和延续，几乎使这条传统商业街面临消失的危险。

1998年通过反思，否定了"推土机式"的改造模式，强化了营造步行商业街的理念，停止了一切新的建设，着手进行城市景观设计。商业街的整治城市设计到2001年已进行了三期。

在城市设计过程中坚持了统一、人本、文化、简洁四大原则，把国外步行商业街的理念与北京的实际相结合。通过对保留下来的传统商店的恢复与整治，使王府井原有的肌理得以延续，弥补了大规模开发对王府井带来的不利影响。

3.9.2 城市设计

总体来说，可以概括为以下几个方面：

3.9.2.1 公交步行街

将王府井商业街定义为步行街是从城市中心复兴的意义出发，开辟一块宜人空间，为王府井地区乃至整个北京市带来生机与活力。鉴于周边道路的通行情况及现有公共交通的重要性，短期内暂保留原有公交线路，形成公交步行街的格局。在王府井大街的辅路和支路系统形成之后，逐步形成完全步行街。

3.9.2.2 街道空间布置

王府井商业街坚持步行优先，人行道是步行者的天堂，车行道不排斥行人，行人与车辆共存，保证了王府井商业街的交通可达性和便利性；为尽量给行人以活动空间，路板宽度采用12m，但市政管线与一些街道设施如行道树、路灯等都沿原道路规划16m范围布置，在车行道与人行道之间留出了4m宽的一个中间区域，形成了王府井商业街所特有的逗留空间，垃圾桶、绿化、座椅等街道家具均布置在这

图3.9.2-1 入口节点牌匾

图3.9.2-2 步行街实景

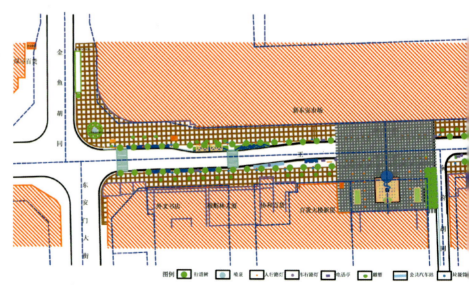

一区域内；人行道与车行道之间不设道牙，只是以不同的铺装材质区分，这样更加强了商业街的一体性。

3.9.2.3 重要节点设计

南段810m长的商业街共设计了4个重要节点，使整个街道空间有重点、主从、收放。这4个节点分别是：商业街北入口、百货大楼前广场、好友世界商场小广场、商业街南入口。南北两个入口节点通过牌匾、雕塑等的设置形成局部环境，强调入口的标志性；百货大楼前广场使用整体铺装，结合原张炳贵雕像形成主广场；好友世界商场广场做一些情趣化处理，形成了一个气氛轻松的休息小广场。

3.9.2.4 沿街建筑整治

王府井商业街两侧的建筑建成年代不一、风格形式多样、体量对比悬殊，为商业街的布置既提供了丰富的背景，也造成了不小的难度。新与旧、洋与中、高与矮、美与丑交织在一体，从其发展过程来看，则表现为一种渐进的变化，整治规划实际上是一种秩序的重组和整合。以空间的各个层面来分析诸如建筑立面、街道设施立面、景观设施立面、行人活动景象等，表现为一种秩序的拼贴。在实际设计中，拼贴可表现为店面装修的效果，不同时期、风格、色彩、材质、高度的建筑立面沿街展开，形成背景，系列化的街道小品则是点缀。而规划中对店面装修的一些要求(如统一檐口高度、底层通透等)则是拼贴所遵循的秩序。

对于具有历史标志性的建筑立面，如北京饭店、百货大楼、东来顺饭庄、穆斯林大厦等应予以重点保护，使整条商业街在长期的发展中保持其历史延续性。

3.9.2.5 环境艺术

通过竞赛招标设计王府井商业街特有的主题符号图案，作为街标，可在街道的局部(如门牌号、花饰、地面铺装、电话亭等)反复出现。通过南口牌匾、北口井盖的浮雕设计，体现王府井的历史与文化，并起到标志性作用。通过新东安门口一组写实雕塑，进一步拉近行人与街道、老北京与金街的关系。通过经营、管理、宣传、设计等手段形成王府井商业街的主题形象。

3.9.3 城市设计特点

在规划理念上，以现代城市规划理念为指导，可以概括为把握空间尺度、强化场所精神、营造独特环境。

本次整治工作在空间尺度上具有弱化大体量建筑带来的不利影响，强化原有建筑及空间形态，延续历史文脉的作用。

在历史文化特征的把握上，有效地挖掘历史形成的特点。以南入口处的牌匾、新东安市场附近的写实雕像及施工中发现的"井"，展示出王府井商业街厚实的历史文化底蕴，用具象的环境要素表达商业街特有的深层次的特征，强化了场所精神。

王府井商业街以现代而典雅的环境特征去适应大尺度的空间，与首都国际化大都市的形象与地位相称。而街道两侧的建筑及街道内的各类小品设施既高雅又不乏市井民俗，营造出王府井商业街独特的环境氛围。

在工作方法上，作了一些新的尝试。首先以概念规划的方法，提出整治规划的主要原则与要求，以此来统一思想，形成规划共识。其次，将城市设计理论贯穿于工作之中，在确定街道立面、景观组织、小品设施等方面力求创意新颖，统一协调，最终营造出

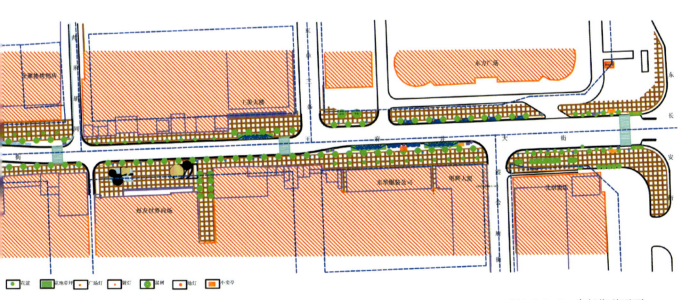

图3.9.2-3 步行街总平面

图3.9.2-4　南口井盖

图3.9.2-5　百货大楼前广场

图3.9.2-6　步行街环境

完整而特色鲜明的城市街道景观。最后，针对以往城市规划设计与实施脱节的问题，规划人员参与了整治工程的全过程，与各设计专业配合，将规划设计与实施紧密联系起来。

3.9.4　实施效果

整治后王府井商业街的实际功效表现为客流量增加，商业效益增长，老北京的历史文化认同以及区域环境质量的提高，最终带动北京旧城中心走向繁荣。

王府井商业街一期整治初步改善了王府井地区的环境，但还存在一些不足，如：商业结构比较单一，缺乏餐饮、娱乐设施；周边交通不够顺畅；缺少绿化休闲广场等。

据此，又进行了王府井商业街二期整治，作为一期整治工作的延续和完善。

二期规划方案为王府井地区实现集购物、饮食、旅游、休闲、娱乐等为一体的多元和错位经营格局创造条件，努力营造该地区的文化氛围，增加绿化休憩场所，形成王府井地区文化古都与现代城市特色的优美环境。

通过二期整治，形成了王府井商业街北延、西进、东扩的"金十字"构架，提高了文化品位，丰富了商业服务内容，改善了历史环境。着重塑造"金鱼胡同口"、"王府井天主教堂广场"、"利生体育馆广场"、"东安门夜市小吃街"等重要节点，形成各具特色的空间气氛。此外，继续改善市政基础设施条件，进一步解决交通与停车问题，对夜景照明、商业广告、店面橱窗等都要求精心设计，逐项落实，使城市设计的内容渗透到每一方面。

在实施过程中，仍然坚持规划、设计、施工的统一。从宏观到微观设计逐步深入，规划设计人员全程参与指导，与各设计专业密切配合，使城市设计思想贯彻始终。2000年9月11日，王府井商业街二次开街仪式如期举行，商业街一、二期融为一体，使王府井步行商业街的形象更加完整、丰富。

在一、二期工作的基础上，又进一步着手开始了三期整治城市设计工作。重点是进一步完善"金十字"街的建设，完成王府井大街北段的整治。在城市设计中，以中国美术馆、金帆音乐厅、人民艺术剧院、商务印书馆、中华书局等为依托，突出文化功能，从而完成整条王府井大街的整治。同时在王府井大街与故宫之间，在明皇城遗址的原位置实施总体规划中划定的绿化带，用一年时间设计完成了"皇城根遗址公园"。公园以绿化为主体，挖掘历史文化内涵，延续历史文脉，为游客和当地居民提供了一个优美的绿化环境和人文环境。

图3.9.4-1　天主教堂

3.10 大连城市中轴
——人民路、中山路

设计单位：大连市城市规划设计研究院

3.10.1 概况

大连城市主干道——人民路、中山路位于市区的东南部，自西向东横跨城市的中山、西岗和沙河口三个行政辖区，自港湾桥至星海湾段道路全长8km。沿线集中了大连的开埠根基——港口和火车站，以及城市的中央商务区、金融中心区、商业中心区、行政办公区、体育中心和展览中心等城市重要的功能中心与节点，包括大小不等、形态各异的十几个广场。经过百余年的建设积累，这条城市主干道逐步发展成为重要的城市中轴。规划目标是：

①以城市广场、开放绿地为主要节点，营造序列开敞空间，延续城市文脉，体现城市特色风貌。

②注重自然景观和人文景观的融合，以绿地、建筑、山体、海景的有机融合和亲水空间创造，重塑城市景观，形成有机生态城市。

③通过城市更新改造，进一步完善中轴的多心格局，促进城市的繁荣和可持续发展。

3.10.2 空间意象

人民路、中山路中轴的整体意象是以城市发展建设百余年所形成的城市肌理、功能、景观、风貌等多方面综合而成，其特点体现为历史延续性、城市功能能量凝聚性、城市空间多样性和风貌景观特征性。

3.10.2.1 城市文脉的历史延续性

在人民路、中山路这条城市中轴上，清晰地展现并融会了城市百余年发展建设的历史印迹：城市开埠(沙俄租借时期)、日本占领时期、新中国成立时期以及改革开放后城市繁荣发展

图3.10.1 功能轴示意

时期各个阶段的城市建设风格、不同民族的文化背景和艺术精华充分体现在中轴周边的建筑造型及空间环境上。中轴东部城市肌理以中心广场与放射形道路的结合为骨架,道路对景则为标志性建筑物或山体背景的主要景观控制点,城市空间形态及方向感清晰明了;中部则以方格网加中轴对称式构图,表现城市的大气;西部则结合自然山体,依山就势而成。因此,中轴的每一地段尽量反映大连城市各时期的建设足迹和文化背景。

3.10.2.2 城市功能能量凝聚性

通过城市更新改造,人民路、中山路中轴已形成了一轴多心的格局,包括多个功能中心:人民路——商务中心;中山广场——金融中心;友好广场——文化娱乐中心;青泥洼桥——综合商业中心;人民广场——行政办公中心;奥林匹克广场——休闲体育中心;星海湾——信息展示和旅游中心。各个功能中心以中轴为纽带紧密联系,互成序列;同时,又以独立的广场或开放空间为核心围合自成体系,形成标志性节点,使中轴能量拓展,扩散成面,空间形态丰富多彩。这些多核中心的共同烘托使中轴成为典型的城市功能轴和市民活动轴。

3.10.2.3 城市风貌景观特征性

在中轴更新改造中,构思上既重视追求意境,突出城市风貌及环境艺术的个性,又起到丰富城市空间环境的作用。在绿化环境方面主要以改造7个重要节点的中心广场为核心,以开敞绿地、小游园及道路绿带、河滨林阴步道等为辅穿插其间,并以大型雕塑、喷泉、小品等在细部上加以点缀,共同形成绿色景观轴。

同时,由于中轴的历史形成不同,沿线的建筑造型和风格亦随地段形成的不同而有差异。因此,改造中通过对中轴两侧建筑所在功能区域、城市空间景观视线及交通设施要求等做出分析后,对沿线主要建筑的形体、色彩、光影、材料选择、空间创意,乃至门面装修等都做出了具体的规定与要求,从而使轴线两侧的整体风貌更有秩序感。

总之,通过城市基础设施的改

图3.10.2-1　中轴广场之一——港湾桥广场

图3.10.2-2　中轴广场之一——人民广场

图3.10.2-3　中轴广场之一——中山广场

造、交通体系的完善，以及城市环境的治理和"绿化、美化、亮化"工程的实施，中轴沿线的城市景观特色已基本形成。中轴不仅成为城市交通的导向目标与地区的识别标志，更是观光游客的视觉焦点和城市的礼仪大道。

3.10.3 主要节点

3.10.3.1 胜利广场

胜利广场作为中轴上的综合商业中心，总占地面积2.7万m²，包括地面休闲广场、下沉广场、城市绿地、地下商业用房、地下公共停车库、地下过街通道等。其中地面休闲广场1.5万m²，下沉广场0.5万m²，地下商业中心总建筑面积近14.7万m²，总投资14亿元。胜利广场北侧为大连火车站，不仅其特殊的商业位置吸引了大量的交通流，同时又是城市对内和对外交通的枢纽。规划采用了人车分离的立体交通系统，即：车行系统在地面通过，人行系统全部在地下分层解决，共有21处地下出入口，并设自动扶梯。完整的步行系统使购物者在商业中心内具有良好的安全感和舒适感，并结合下沉广场露天舞台、座椅、亭廊等休闲设施的引导，可参与到广场文化的活动中去。

3.10.3.2 奥林匹克广场

奥林匹克广场地处中轴的中部地区和大连城市人民体育场北侧，1999年9月为纪念大连市建市100周年改造扩建而成。其特点是突出休闲性、参与性和体育运动精神。广场总占地面积6.8万m²，地下建筑总面积9.2万m²，总投资2亿元。

图3.10.3-1　胜利广场夜景全貌

图3.10.2-4　中轴绿化系统

广场主题构思取材于体育运动的最高境界——奥林匹克精神：公平公正、团结进取、勇于拼搏。以奥运五环为基本构图要素，在地面铺装、构筑物、雕塑等诸方面反复运用，强化主题。

① 广场硬铺装以花岗岩石材为基本素材(樱花红火烧板花岗岩)，上刻五大洲地形，以直径36m的奥运五环(莱州红磨光板花岗岩)连环串起，象征着奥运精神贯穿在人们的心中。

② 广场轴线上以花坛、叠水、喷泉构成空间序列，重重叠叠，形成导向性和序列感，并辅之以向心的踏步、座椅、灯柱等小品，从三维空间上形成向心的凝聚力，象征团结进取的奥运精神。

③ 灯光照明采用了路灯、庭院灯、草坪灯、投光灯及镭射激光等10种灯型，力求从地上、地下、空中形成不同的灯光效果。

图3.10.3-2　奥林匹克广场

图3.10.3-3　胜利广场下沉广场

图3.10.3-4　胜利广场休闲设施

3.11 大连星海湾商务中心

设计单位：大连市城市规划设计研究院

3.11.1 概况

星海湾商务中心位于大连城市西南部星海公园东侧，北靠台山，紧邻城市主干道中山路，东依白云山下马栏河旁，南面黄海，地理位置非常优越。1990年代初出于对城市土地资源的战略储备考虑，大连市政府开始对星海湾滩涂区进行填海造地，并规划星海湾商务中心为集国际会议、展览信息、旅游娱乐于一体的城市西部公共中心。至1995年共整理出土地176hm²，其中填海造地114hm²；打通了周边数条城市主要交通干道；疏通并改造治理了马栏河全段流域，星海湾周边环境得到了基本改善，商务中心的开发条件已经基本成熟。

同年，大连市召开了大连星海湾商务中心城市设计国际方案咨询活动，美、日、加等国家以及台湾、大连等城市的5个小组参加了规划国际咨询。翌年，由专家评出了最优方案，即美国NADEL公司的椭圆形方案，并在此方案基础上综合其他方案特色，形成最终方案。至此，星海湾商务中心的开发全面启动。

3.11.2 设计构思

3.11.2.1 开发容量

规划总用地面积176hm²，可开发地块面积81hm²（其中道路停车场用地46hm²），中央绿化通廊及海滨公园49hm²，建筑开发总量为290万m²。规划分为六大功能区：会展区、办公区、商业区、住宅区、娱乐区和开放公园区。

3.11.2.2 城市形态

(1)道路格局　沿袭大连城市开埠之初道路网络注重平面构图的特征：以圆形广场、放射型道路为主要构图要素。在星海湾商务中心设计中拓展原有构想：以椭圆形街道和圆形中央广场结合，并以长1000m，宽80m的中央林阴大道(绿化通廊)为中轴，圆形中央广场为核心，凝聚整个星海湾商务区居民的经济、文化和娱乐活动。

(2)空间形态　建筑高度上以核心区为高层控制区向海滨、河滨及会展区层层跌落，形成韵律感。开放空间上以海滨公园、运河公园、中央林阴大道、道路绿带及诸多广场共同构成多样化的绿色空间。

3.11.2.3 开放空间

星海湾包括五类不同的开放空间：广场、中央林阴大道、海滨公园、海滩及运河公园。此类空间将为市民提供享受户外、社交、体育、休闲、漫步等活动的乐趣。

(1)中心广场　中心广场(星海广场)的设计寓意把中华民族的传统文化与现代文化融汇贯通在一起。广场中心设有大型的汉白玉华表：高

图3.11.2-1　星海湾商务中心规划图

图3.11.2-2 林阴大道名人足印

图3.11.2-3 林阴大道中央水景

图3.11.2-4 步行道

19.97m，直径1.997m，寓意该华表落成于1997年，以此纪念香港回归祖国。广场中心由999块红色大理石铺装而成，"999"象征至大至极；大理石上雕刻着天干地支、24节气及12生肖。红色大理石的外围是黄色大五角星，红黄两色象征着炎黄子孙，五角星象征着共和国的繁荣昌盛源于中华民族悠久灿烂的文化。广场周边设有5盏大型宫灯，由汉白玉石柱高高托起；还按照西周、东周以来的图谱，雕刻了造型各异的9只大鼎，每只鼎上刻有一个大字，共同组成"中华民族大团结万岁"，象征着中华民族的团结与昌盛一言九鼎，重于泰山。巨大的星形广场与大海遥相呼应，恰为星海湾的象征。

(2) **中央林阴大道** 中央林阴大道长1000m，宽80m，由中心广场分成南、北两段。大道中央设有15m宽的水池和音乐喷泉、雕塑，两侧为人行步道。步道与道路之间的边缘用经过精心设计的模纹花坛、绿树界定。

(3) **海滩公园** 海滩对于城市而言是最直接的亲水空间。星海湾海滩公园使用了由北戴河引进的细白沙来布置海滩，使当地居民和观光游客充分享受世外桃源般的舒适与自在。

(4) **运河公园** 弯曲步径和宽敞步道沿运河边展开，为居民提供散步、慢跑、郊游、休闲、儿童游乐、划船、剧场表演等开敞空间。

3.11.2.4 招牌标志

招牌标志的设计应美观独特，具有艺术性；招牌标志的尺度、材料及图案皆应与建筑环境协调。规定商业建筑的招牌尺度不超过：1.5m×建筑面宽；住宅建筑之招牌尺度不超过：0.7m×建筑面宽；墙面招牌面积不超过1.5m²；窗户上招牌面积不超过窗户总面积的25%。

3.11.2.5 入口空间

在商务中心的入口设置人工标志，使其扮演着欢迎居民和游客的角色，是城市形象的表征之一。在主入口处是大型的广场绿地或喷泉，起着焦点的作用；在次入口处设置旗帜型标志，起着方向指示和资讯的功能，但尺度较大，在视觉上要具有吸引力。

3.11.3 实施机制

星海湾商务中心的开发运作与城市设计机制的实施有着紧密关系。作为一项长远投资计划可能需要10年乃至20年的时间，城市设计准则提供了一套指导纲领来引导正确的投资方向，鉴别投资机会，落实远景构想。同时，大连市政府成立了一个专业的设计审查委员会，不仅代表政府行使行政职能，并将督促所有开发者确实依照整体开发计划的策划进行开发。

图3.11.2-5　星海会展中心

图3.11.2-6　运河公园一隅

图3.11.2-7　铺地与座椅

图3.11.2-8　运河公园休息设施

3 城市局部范围的城市设计(一)：中心、商业街、大道

3.12 江阴新中心

设计单位：中国城市规划设计研究院

3.12.1 概况

江阴为地处苏南中心的经济较为发达的中等城市。其交通区位得天独厚，素有"锁航要塞"、"南北咽喉"之称，自开埠以来就成为长江下游重要的物资集散中心，城市发展具有良好的基础和前景。随着江阴长江大桥建成通车，江阴的"门户"地位更为突出，也加快了江阴市实现城市总体规划所提出的带状组团式沿江发展结构形态的步伐，为此江阴市作出了建设城市新中心的重大决策(图3.12.1-1城市区位)。

规划新中心区位于城市城东新区组团内，向西距老城中心约3km。区内地势平坦，视野开阔，北依黄山和长江大桥，南望花山和定山(图3.12.1-2新中心区位置)。

图3.12.1-1 城市区位

图3.12.1-2 新中心区位置

3.12.2 城市设计方法

中观层次的城市设计贯穿于城市规划各阶段的城市设计中，具有承上启下的地位。一方面，它必须对上一层次的宏观分析所提出的城市设计政策深刻领会，并落实到中观层次的片区城市设计方案中；另一方面，将本层次的城市设计成果通过方案和城市设计导则的形式，传达给各个特定地段的详细规划和建筑设计中去。"江阴市新中心区城市设计"项目是一个较为典型的中观层次的城市设计项目，其内容可分为宏观把握、中观控制和微观指导三部分。

3.12.2.1 宏观把握

在进行具体的新中心区方案设计之前，首先对其进行定性、定位、定量和定形分析，内容包括性质和功能的确定、项目设置、总体建筑规模的预测和控制、能够体现城市格局特色的总体建筑和空间形态的确定等。这是宏观层次须确定的城市设计主题和框架，是中观层次城市设计的前提(图3.12.2-1系统分析和专题研究)。

3.12.2.2 中观控制

中观层次规划设计的工作范围无论从视觉还是城市活动，均为市民日常所及的范围和尺度。这一层次的城市设计应着重研究城市形体元素之间的联系规律，通过对几个主要系统进行规划设计和控制，如步行系统、绿化系统、开敞空间和广场序列、运动中的视觉秩序组织、高层建筑布点与城市轮廓线控制、街景规划等，使这些系统和序列共同建立起一个和谐有序的中心区空间结构(图3.12.2-1城市设计原则控制图)。

3.12.2.3 微观指导

城市各行为空间需要由主题框架和系统结构来维系，但其开发并非一定根据某系统进行，而更多的是在一个地块(点)或几个地块(块)范围内进行。为保证在规划区域内不断建设的过程中系统的完整性，必须将中观层次的城市设计方案的意图物化为一种能融于城市规划管理工作中的手段，用以对建设的长效控制和管理(图3.12.2-3总图图则)。

图3.12.2-3 总图图则

图3.12.3-1 江阴的山水格局图

图3.12.2-1 城市设计原则控制图

定性	→	• 江阴市新中心区的功能定位与规模
定位		• 江阴市新中心区的公共文化设施规划
定量		• 江阴市新中心区的空间形态
定形		

图3.12.2-2 系统分析方法

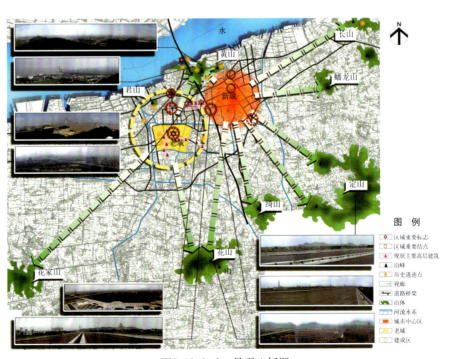

图3.12.3-2 景观分析图

3.12.3 城市设计分析

根据江阴市未来的社会经济和文化发展的宏观辐射力分析、新城区的性质和功能的分析,以及城市带状组团式多中心的形态特征,规划新中心区的核心范围用地规模控制在1km²左右,其建筑总量控制在80万m²左右。

江阴城市历史悠久,宋代时城市格局和形态已较为完整,形成小范围的山环水绕的格局。规模扩大的未来江阴,与长江和其四周东、南、西、北蜿蜒起伏的外围群山浑然一体,构成更大范围的山环水绕的江阴城市山水格局(图3.12.3-1江阴的山水格局图)。

新中心区城市设计的主题就是体现山、水、城三者之间的和谐关系,突出江阴城市的山水格局,"水得山而壮,山得水而活,城得山水而灵"(图3.12.3-2景观分析图)。

3.12.3.1 建立新中心区与老城区的功能联系

按照总体规划确定的带状组团式城市结构,城市各类活动的东西方向的指向非常明确。为此,新中心区的道路规划、用地布局、空间组织和绿地景观系统等均力求在东西方向上,尤其是向老城区方向呈敞开的态势(图3.12.3-5规划结构图)。

3.12.3.2 确立新中心区与"山"的视觉联系

江阴是一个具有良好山水格局的城市,城市周围的山峦给予人们丰富的视觉景观和对于江阴城区的认知感。根据山峦之间的视线分析而确定的区内道路走向、建筑群体量、高层建筑的分布和城市开敞空间的组织

图3.12.3-3 建筑高度控制图

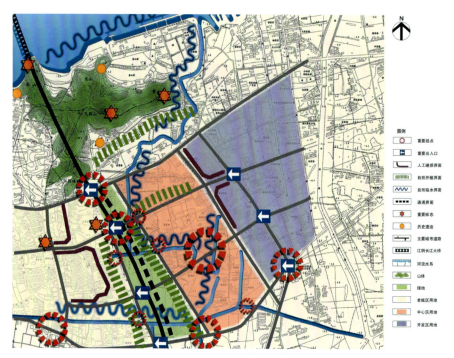

图3.12.3-4 场地分析图

图3.12.3-5 规划结构图

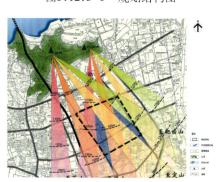

图3.12.3-6 视域分析图

3.12 江阴新中心

图3.12.3-7 规划效果图

等，使新中心区在满足现代化功能需要的同时，更具有江阴地域特征和良好视觉景观环境，充分体现江阴作为山水城市的特点，突出新中心区本身别具一格的风格(图3.12.3-6视域分析图)。

3.12.3.3 加强新中心区与"水"的联系

随着长江大桥的建设，高耸入云的桥塔瞬间成为江阴市人工景观中最为显著的标志象征。紧邻大桥的新中心区的建筑群体量、高层分布、城市开敞空间组织及区内主要道路对景等，均充分考虑到与大桥景观的主从关系，突出大桥形象(图3.12.3-3建筑高度控制图)。

另外，新中心区范围内现有的河网水系，是本次规划场地内的重要特征，也是江南水网城市设计的主要元素。规划中加以整理并组织到城市开敞空间、绿化系统和主要景观通廊中，为市民提供丰富的亲水空间和滨水景观(图3.12.3-4场地分析图)。

融贯城市设计分析的新中心规划平面及效果见图(图3.12.3-7、图3.12.3-8)。

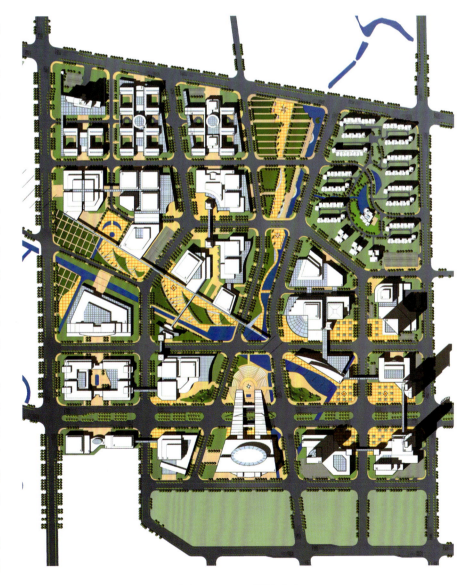

图3.12.3-8 规划平面

3 城市局部范围的城市设计(一)：中心、商业街、大道

3.13 嘉兴中心区

设计单位：中国城市规划设计研究院

3.13.1 概况

嘉兴市中心区城市设计属于中观层次的城市设计，总用地面积约为 3.6 km²。与新区和新城的建设不同，在这样大的传统旧城范围内展开城市设计工作，本身具有较大的难度和探索性。在城市设计展开伊始，在对嘉兴市中心区充分的现状调查和相关条件分析的基础上，针对嘉兴市的自然条件、经济状况和文化背景，确立了宏观认识、中观把握和微观控制三个层次对城市总体特征进行系统把握。内容包括：背景研究、主题确立、结构整合、系统设计、特定区划分和开发范例指导等六方面内容。

地处长江三角洲杭嘉湖平原的嘉兴市，素有"鱼米之乡"、"丝绸之府"和"文化之邦"的美誉，也是全国著名的文化古城和水乡城市。嘉兴市处在我国沿海与长江"T"字形经济发展主轴线的结合部，以及宁沪杭甬"Z"字形经济发达地带的中间位置，区位条件得天独厚。嘉兴市中心(秀城区)现状人口约30万，至2020年期末规划城市人口规模为50万人。城市设计中所涉及的城市中心区是嘉兴市中心区的核心区域，也是传统意义上的嘉兴市旧城区，包括城中片和城外片。

嘉兴市城市中心区城市设计虽然更偏重于中心区"定形"的设计，但它更需要的是从区域的角度，对城市中心区的定性、定位、定量和定形等四个方面进行系统研究，从而确定中心区的性质功能和适宜的开发规模，进而为中心区的最终定形提供前提和依据。

3.13.2 主题确立

主题即城市的特征和特色，因城市的自然条件、经济条件和文化背景的不同而各异。以"城、水、绿、文"为代表的嘉兴文化多元连续性的城市特征，是嘉兴市城市特色和中心区形象的精华所在。这一主题不仅是中心区内各类规划设计活动必须遵循的设计总原则，同时也是中心区内任何建设开发活动必须遵循的控制管理总原则。

3.13.3 结构整合

城市设计从城市总体上把握嘉兴城市空间形象的本质特征，以重塑和强化"城、水、绿、文"的嘉兴特色为目标，以公共利益第一为原则，形成嘉兴未来中心区的建设和开发的基本空间框架。对嘉兴市中心区"两轴、两环、五区"的空间结构进行整合与设计。

3.13.3.1 两轴

a. 子城轴线：保持和延续原有古城格局和子城轴线，展示嘉兴文化的多样性和历史的延续性，形成传统民居区—步行街区—瓶山公园—子城—府南街—南湖风景区的南北城市主轴(子城轴)。

b. 东西现代轴线：强化中山路城

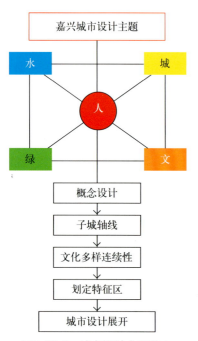

图3.13.2 城市设计主题确立

图3.13.3-1 总体空间结构

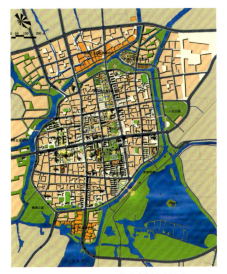

图3.13.3-2 城市设计总图

图3.13.3-3 中心区模型

市景观大道特征,突出时代感和现代气息,展现多元文化的交汇融合,形成火车站—子城、瓶山公园—教堂北广场—杭百广场—休闲广场—中山路西桥的东西城市主轴(现代轴)。

3.13.3.2 两环

a.绿环:以现有环城绿带的建设为基础,结合滨水广场、水上巴士和特色旅游线的设立,逐步完善和加强绿环的建设,形成环绕城市中心区的绿色项链。

b.步行环:规划以现状路径为基础,在中山路两侧辟步行通道,连接老城区内各个特色片区和公园广场,并与步行街区相结合,逐步形成中心区内的步行环路系统。

3.13.3.3 五区

划定5个特定区:步行街区(A区)、古城保护区(B区)、民居保护区(C区)、运河风貌区(D区)和现代风貌区(E区)。

3.13.4 系统设计

本次设计分别对中心区内的水环境、开敞空间、绿地系统、历史保护、街景、轮廓线、居住街区、夜景和交通组织等9个方面进行系统的优化和完善。

3.13.4.1 开敞空间

嘉兴中心区的开敞空间设计是在中心区现状城市空间的各类要素的整理和分析的基础上,通过城市各种功能和活动的组织和连接,以富有场所魅力的开敞空间序列增强其系统的整体性,进而强化城市的格局和"两轴两环"的总体空间结构,使城市整体环境的品质得以提升。同时,对开敞空间周边的建设开发提出和制定相应的控制策略和设计准则。

(1)南北向沿子城轴的城市开敞空间序列设计:体现嘉兴文化的多样性和历史的延续性,通过系列的城市

总平面示意

子城

由公园看戴梦德大厦

教堂

子城公园鸟瞰

图3.13.4-1 子城轴线核心空间设计意向

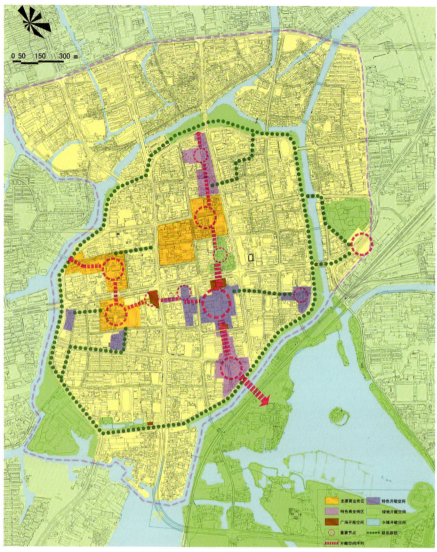

图3.13.4-2 开敞空间序列

秀城桥

街巷现状

芦席汇片区空间意向透视图

芦席汇片区沿河民居现状

图3.13.4-3 芦席汇民居保护区设计意向

广场、绿地和步道的设计组织，延续和伸展原有古城格局中的子城轴线，形成由南至北，即南湖风景区—府南文化街及滨河广场—子城前广场—子城公园及天主教堂广场—瓶山公园—中和街步行区—建国路步行平台广场—环城河滨水广场绿地—民居保护区传统水乡空间的南北城市开敞空间序列(子城轴)。

（2）中心区内的步行环的城市开敞空间序列设计：进行现状条件和改造可行性的研究分析，结合市三中、市政府用地的置换和架空走廊、下沉广场的设置，在中山路两侧辟步行通道，在中心区内逐步形成：子城公园—天主教堂广场—中山影城及杭百广场—城市休闲娱乐广场(原市三中用地)—商务中心带形广场(原市政府用地)—中和街步行区—瓶山公园—鞋城广场—子城公园的环状步行开敞空间序列(步行环)。

3.13.4.2 历史保护

城市设计强化嘉兴市文化多元性的内涵和"前朝后市"的传统布局制度，对嘉兴老城以子城为中心的州府城传统格局和街巷肌理进行保护；保护传统老城与南湖阴阳对应的空间关系；将子城轴线上文物古迹的保护与开敞空间的设计相结合，形成序列的保护；根据现状历史遗存和特色风貌划定保护区，在保护区中进一步划定重点保护区、一般保护区和控制协调区，不同的保护区采取不同的保护措施和政策；对嘉兴老城中现存的重要古迹点如子城城楼、天主教堂、瓶山公园、清真寺、觉海寺、落帆亭和双魁巷等进行严格的保护；恢复壕股塔和铜官塔两塔等。本设计还提出和制定了保护区相应的控制策略和设计准则。

3.13.5 特定区划分

嘉兴城市中心区共划定为5个特定区域(A、B、C、D、E区)：步行街区(A区)——以老城区北部沿建国北路西侧和中和街两侧划定为南北长约800m、东西宽约400m，呈"L"形分布的步行街区；古城保护区(B区)——以子城为核心划定为古城保护区(B区)；民居保护区(C区)——以3片传统民居街区划为民居保护区(C区)；运河风貌区(D区)——以环城河及相关运河水系湖泊划定为运河风貌特定区；现代风貌区(E区)——以中心区高层建筑和现代建筑的集中区段为主，划定为现代风貌特定区。

3.13.6 开发范例指导

选定具有典型性和示范性的地段项目，进行重点地段项目开发的城市设计示范指导。其主要包括：建国北路西侧步行街区意向设计；府前广场、天主教堂、子城公园和府南文化街整体意向设计；原市三中及市政府用地空间意向设计和芦席汇民居保护区空间意向设计等。

北中轴线建国路西侧步行街区

作为嘉兴城市中心区北中轴的启动区和示范项目——建国路西侧步行街区，现状用地37730m²，拆迁户数约500户(包括非住宅用户)，其中可建设用地(拟有偿出让用地)的面积为36600m²。

由于该地段历史上特殊的商业价值区位和其在嘉兴市民心目中的重要地位，其设计上难度主要表现为4个方面：其一，现状新建成的建国路东侧的商业开发的模式并没能真正刺激商业区的繁荣，反而削弱了建国路的整体商业开发价值；其二，历史上建

建国路西侧用地开发两方案的物业分割与价值估算　　表3.13.6

物业分类	方案1			方案2		
	建筑面积(m²)	平均价格(元/m²)	总价值(万元)	建筑面积(m²)	平均价格(元/m²)	总价值(万元)
商业服务娱乐	52000	5500	28600	38000	5500	20900
住宅公寓	15000	1800	2700	22000	1800	3960
办公楼	8000	2500	2000	9000	2500	2250
总　计	75000	4440	33300	69000	3930	27110

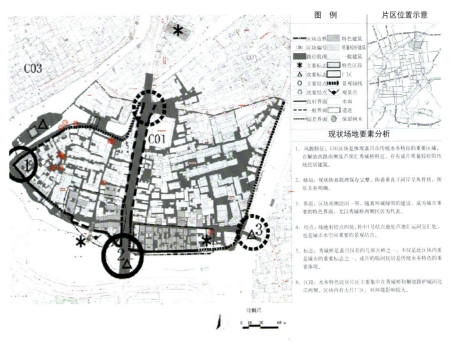

图3.13.6-1　片区设计指导范本1

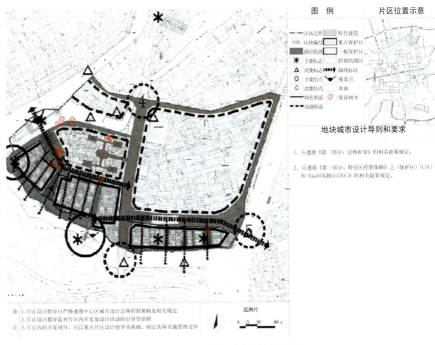

图3.13.6-2　片区设计指导范本2

国路的传统商业人气很旺,现已日渐衰弱,如何恢复人气以增强商业区的活力是设计一大难点;其三,嘉兴市房地产市场和商业经营总体状况的相对低迷,对步行街区的建设起了制约作用和增加了开发风险;最后,被誉为嘉兴的"王府井和南京路"的建国路,从古至今一直是嘉兴市的城市标志和象征,其未来的形象将成为市民关注的焦点。

鉴于此,城市设计一方面重点加强了地段的空间形态研究和土地利用与开发的经济分析;另一方面,更为强调项目实施过程中的城市设计动态指导作用,并参与项目后期实施过程中的具体管理和协调工作。

① 地段空间形态的比较研究和开发业态的经济测算

通过中心区商业网点和场地现状的详细剖析,对适应场地开发的空间形态进行多种可能性和可行性的研究,最终归纳为两种空间形态类型。在空间形态研究的同时,对嘉兴市中心区土地利用的现状和房地产市场状况进行了综合经济评价,并着重比较分析了嘉兴市中心区建国中路北段西侧用地的商业开发和其物业分割与价值估算的方案(见表3.13.6),以确定未来最终推荐的开发业态与空间方案,同时制定相应的开发准则和设计控制准则。

② 实施过程中的城市设计动态指导

内容包括参与政府和规划管理部门对建国中路北段西侧用地的土地拍卖招标条件的制定;协助规划管理部门拟定嘉兴市商业步行街规划设计条件;与地段发展商协调沟通,组织嘉兴商业步行街定位学术研讨会;参与步行街国际竞赛的设计方案招标和方案评审;项目实施过程中的即时咨询等。

图3.13.6-3 SIMITH GROUP步行街中标方案

图3.13.6-4 建国路保留建筑(正春和布店)

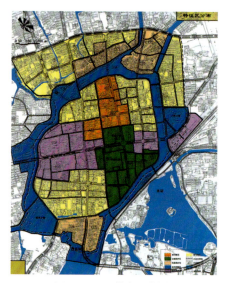

图3.13.5 特定区划分

3.14 哈尔滨中央大街步行街

3.14.1 概况

哈尔滨中央大街形成于1898年，起初被称为"中国大街"。1924年，开始铺设方石路面，1928年7月正式改名为中央大街。整条街南起经纬街，北至松花江畔的防洪胜利纪念塔，全长1450m，宽21.34m。中央大街从形成的那天起，就是一条热闹的商业性街道。在随后的建设中，洋商、富贾为了显示其身份和富有，纷纷选择当时最流行的建筑样式装点门面，使得中央大街两侧汇聚了多种多样的建筑风格。1902年在这里建起的全国第一座电影院；1903年建成了巴洛克风格的松浦洋行；1913年建成了新艺术运动风格的马迭尔旅馆；1916年兴建新艺术运动风格的道里秋林商店等，这条街成了享誉中外的"建筑艺术博物馆"。到1920年代末，中央大街发展到了鼎盛期，沿街两侧舞厅、影院、餐馆、酒吧、洋行、商肆林立，奠定了今天中央大街的风格基调。

3.14.2 步行街的改造

建国后，中央大街仍然是哈尔滨重要的商业街，尤其以自西十二道街到西二道街之间的路段最为繁华。但是由于这条大街始终是人、车混杂的商业街，它的艺术价值和历史风貌并未得到充分的重视。从1986年起，哈尔滨市政府开始对城市的重要历史建筑和街道实施分类、分批挂牌保护的措施，中央大街及位于其两侧的众多特色建筑受到了应有的保护。"东方小巴黎"、"东方莫斯科"的美誉又重新回到了这条百年老街上。

1996年8月12日，哈尔滨市政府决定将中央大街改造成全步行的商业街。为了有效地组织中央大街的城市交通，决定将中央大街步行街工程分为两期实施改造。西二道街至西十四道街段为一期工程，长为860m；西二道街至防洪胜利纪念塔段、经纬街至西十四道街以及若干条东西向副街为二期工程。

3.14.3 规划设计

3.14.3.1 原则

中央大街步行街的改造遵循的是"以人为本，注重历史，立足环境，求精求美，突出特色"的原则。以关怀

图3.14.2-1 步行街平面

图3.14.3-1 步行街教育书店节点

图3.14.3-2 步行街休闲区

图3.14.3-3 步行街实景

图3.14.3-4 步行街街头艺术

图3.14.3-5 中央大街上的冰雕艺术

图3.14.3-6 雕塑作为背景

人为出发点，完善各种服务设施，创造一个可供购物、活动、休闲、观赏的场所。

3.14.3.2 要点

中央大街为完全步行街，除残疾人车外禁止任何车辆通行。人们在步行街内可以尽情地浏览、观赏、购物，增加了交往机会。在主街和副街上设立了6处休闲空间，使中央大街成为由线形主体空间和袋状休闲空间组成的步行街体系。通过空间的有序组织，使街道的整体艺术效果和人文活动有机地融为一体。休闲区之间的距离控制在250m至300m左右，减少了游人的疲劳感，同时也能增加观赏的机会和兴趣。6个休闲区各具特色，根据具体位置分别赋予其相应的性质，如中央商城休闲区为商业性质；金谷大厦休闲区为休闲绿地；西六、西七道街休闲区为娱乐、文化性质；红专街紫丁香休闲区为音乐、文化性质；西十三道街休闲区为休憩性质等。

3.14.4 单项设计

3.14.4.1 建筑立面改造

中央大街两侧现有建筑71栋，具有传统的古典建筑25栋，其中完全保护的建筑是13栋；新建的仿"欧式"建筑29栋；另有其他形式的建筑17栋。为了尊重历史的真实性，保持城市文脉的连续性，从完善中央大街步行空间的整体建筑环境角度出发，在不改变任何原建筑平面的前提下，对其中11栋一般形式的建筑实行了立面改造，对25栋年久失修的建筑重新进行了修缮。整条街按照统一的色彩规划，进行了建筑立面的粉刷，以浅黄色、浅灰色为主调，体现古朴、淡雅、明快、温暖的地方建筑特色，恢复了百年老街的历史风貌。

3.14.4.2 店面设计

中央大街两侧的店铺窗台较低，建筑尺度宜人，规划要求所有的店面牌匾和门面设计要保持这种亲切感。建议采用寓意性、形象性、空透性的牌匾，以减少对建筑物的遮挡，且做到统一设计，统一风格。"欧式"招幌的尺寸尽量小巧，对实体性的牌匾设小型的射灯，对空透性的牌匾设霓虹灯作为背景，既考虑其夜间的装饰性效果，同时又兼顾到白天的景观。

3.14.4.3 夜景观设计

夜景观分为建筑照明、景观照明和路灯照明三项内容。建筑照明主要以保护建筑、休闲区和高层建筑为主，重点体现整体的空间艺术。泛光灯照明采用黄、白、绿三种主题，加强建筑物顶部檐口、各种穹顶、女儿墙和建筑转角部位的轮廓照明，突出整条街道的夜间轮廓线。

3.14.4.4 雕塑设计

首先，选择在西六道街和西七道街两处休闲区内分别设置体现城市特点和精神的雕塑，提高城市步行空间的文化品位。两处雕塑分别为"老街余韵"和"少年乐手"。

3.14.4.5 绿化设计

中央大街两侧原有绿地较少，为了加强绿化，在两侧副街上设置小型带状绿地14块。休闲区内设活动式花盆或固定式花池，同时对残缺的行道树栽齐补全，并更换部分树种。树坑铺设铸铁箅子，提高道路铺设档次，美化步行街的环境。

中央大街两侧共有25条副街，在新一轮的步行街改造活动中，将只保留4条街道作为贯通东西的交通路线，其余21条街道实行半封闭，并扩大副街功能，使其与中央大街一起组成完整的步行系统。

3.15 厦门市府大道地区

设计单位：厦门市城市规划设计研究院

3.15.1 概况

市府大道位于厦门本岛西南部，北起厦门市政府，南抵海军码头，总体呈南北走向，贯穿城市码头区、旧城、新区和新区中心。市府大道长4100m，设计范围201hm^2。市府大道的道路性质为以客运为主，兼具交通和生活功能的城市主干道，是连接新区和旧城的主要道路。道路红线宽38m，道路断面分三块板的双向四车道和一块板的双向六车道两种型式。市府大道与周边道路形成区域道路交通网络关系。

厦门市市府大道地区城市设计包括现状分析、整体城市设计(含要素系统建构)、局部城市设计(图则)。

3.15.2 现状分析

3.15.2.1 历史发展脉络

市府大道贯穿城市历史发展的不同地段，是城市历史的剖面图。总体可分为五大历史发展段落，城市开埠——码头区和厦门古城；20世纪初城市建设——厦门旧城(中山公园、百家村)；城市边缘拓展——厦禾路、禾祥路；城市新区开发——湖滨南路；城市新中心——员当湖白鹭洲。城市中心不同历史发展地段对应不同空间肌理特征。第一阶段：小尺度、自由的、连续的；第二阶段：均质、小尺度的；第三、四阶段：重复而极少变化的；第

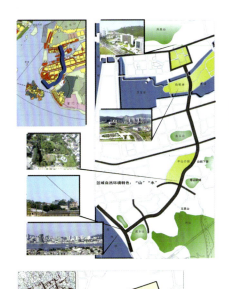

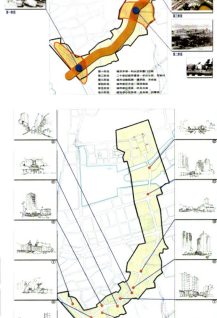

图3.15.1-1 道路交通　　　　　　　　　图3.15.1-2 分析图

3 城市局部范围的城市设计(一):中心、商业街、大道

图3.15.2 规划平面图

五阶段:互相渗透而缺乏连续的。

3.15.2.2 现状

现状分析包括区位、道路交通、历史发展脉络、区域自然环境特色、人文环境、意象地图、建筑质量和土地使用及土地批租。

空间肌理特征的变化对城市设计有明显的引导作用。市府大道两侧和周边具有强烈的"山"、"水"环境特色,是构成城市道路景观特征的重要因素,也是厦门城市自然特色的有力表现。山有凤凰山——道路轴线北端对景(背景);龙头山——道路轴线南端对景;鸿山、虎溪岩、白鹤岭——路段转折对景(背景);虎头山、玉屏山、美头山、同文顶——路段山景。水有鹭江外海,体现城在水中特色;员当内湖体现水在城中景致;中山公园是城市内部山水环境自然景观。人文环境分人文古迹、风貌建筑、历史景观三个方面。人文古迹有水涨上帝公、顶释寺、妙释寺、妙法林、白氏宗祠、圆海宫、保生堂、妈祖宫、陈胜元故居、八角楼等;风貌建筑主要有中华街区风貌建筑群、百家村(厦门近代城市建设第一个带有规划意图的"模范村");历史景观有厦门二十四景之一的"白鹤下田"和"员当渔火"、厦门古景"寿山听禅"等。意象地图是道路现有空间景观环境特征及问题的反映,对改善城市道路空间景观具有针对性。城市设计对同文顶、海军码头等节点进行相关的分析,对道路两侧的建筑进行质量评价,还对市府大道地区的土地使用与土地批租进行分析。

3.15.3 整体城市设计

整体城市设计包括确立定位目标、制定城市设计原则、建构城市设

计框架、描述路段意象和要素系统建构。要素系统包括空间系统、界面系统、景观系统、绿化系统、人文环境系统和道路交通系统。市府大道城市设计定位：历史轴、景观轴、交通轴。城市设计目标：通过创造人、历史和环境的和谐共生空间，实现城市意象感知和体验的回归，演绎城市时空的交响乐。城市设计原则：表现历史、显山露水、人本主义、后续协调、可实施等原则。通过对市府大道现状特征和道路骨架结构的分析，市府大道城市设计框架结构为：二段三片八点。

3.15.3.1 路段城市设计表达意象

白鹭洲段（白鹭洲片）：

弱化路径空间的线性，强化道路与周边整体开放空间的完全融合。重点强调人在路径对周边城市天际线、开放空间(绿地)和空间景观序列高潮变化的认知，突出表现城市的时代感和环境感。

美仁后社段（袁厝）：

作为白鹭洲城市中心区和旧城之间的过渡地段，不过分强调变化，以平稳线性空间为主，成为进入白鹭洲核心地段的前奏空间。

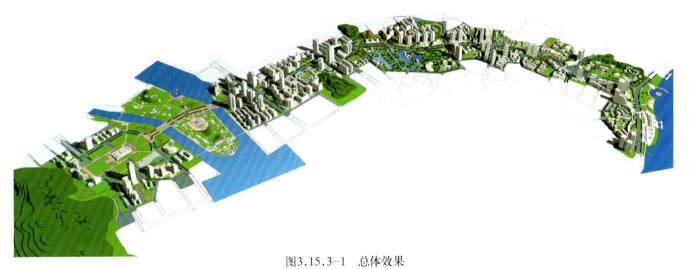

图3.15.3-1 总体效果

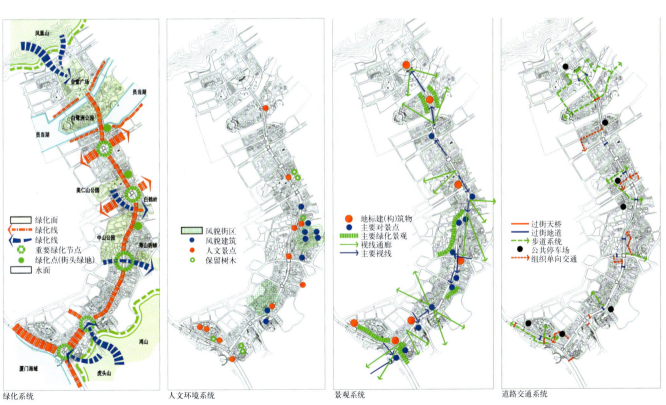

图3.15.3-2 要素系统建构

公园段(百家村片)：

公园和百家村是旧城富有特色的主要组成部分。路西侧中山公园开放空间是百家村片设计的重要依托，表现公园绿化空间和百家村的历史风貌是公园段的城市设计主题。

镇海段(和平码头片)：

地段的地形特色和作为城市发展的历史风貌是城市设计的主要表达意象。和平码头片的交通、景观、空间的整合设计以及它与同文顶的功能和形式的关联将是城市设计的重点，都将和海发生相应的关系。

3.15.3.2 城市设计要素

空间系统要素：建筑高度、开放空间、围合空间、连续路径空间、间断路径空间；

界面系统要素：建筑界面(分一次街廊和二次街廊)、绿化界面、连续界面(含挡墙界面)、间断界面；

景观系统要素：地标建(构)筑物、对景点、视线通廊、视线、绿化景观、自然景观；

绿化系统要素：点(街头绿地和保留树木)、线(纵横式绿化带)、面(公园、山体、水体)；

人文环境系统要素：风貌街区、风貌建筑、人文古迹、保留树木；

道路交通系统要素：步行网络、道路系统、交通设施。

3.15.4 局部城市设计

局部城市设计是对分路段(片区)作重点设计并形成若干城市设计导则，指导建设实施和管理。具体的表达形式为城市设计图则，设计图则是城市设计的思想，要求以条文、图示相结合的综合表达。图则采用"一页

白鹭洲段鸟瞰

百家村段鸟瞰

海军码头段鸟瞰

图3.15.3-3 局部效果

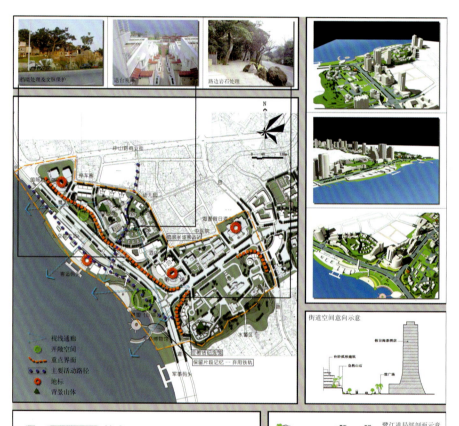

图3.15.4-1 城市设计图则

纸"形式使表达简明、清晰，方便管理查阅使用。根据道路及两侧用地的结构特征，市府大道地区城市设计共分为5个分图图则，作为实施城市设计的基本依据。

为了进一步指导实施，城市设计尝试对部分路段的环境做深化的意向性设计。设计内容包括街头绿化、小品、铺地、路灯、绿化挡墙、护坡、道路绿化、夜景观效果等主要城市街道景观要素。通过实施城市设计，城市环境取得明显成效；吸引公众参与城市建设，有利于创造良好的城市空间景观环境。

图3.15.4-2　道路整体环境

市府大道道路环境

白露洲环境

中山公园内的雕塑成为道路景观

中山公园内的水面成为道路水景

沿路保留的大树和石景

沿路保留的历史建筑景观

图3.15.4-3　实施照片

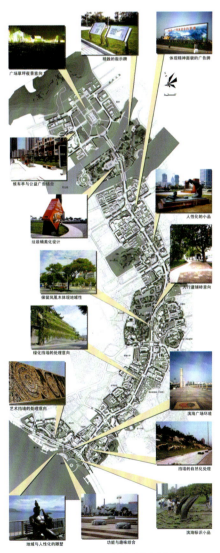

图3.15.4-4　局部城市设计

3.16 厦门旧城保护与中山路商业步行街

设计单位：厦门市城市规划设计研究院

3.16.1 概况

厦门岛旧城位于厦门西南海滨，主要包括中山路片区和厦港片区，是城市中心区的一部分。1920~1930年代的城市建设高潮形成了厦门岛四横一纵的旧城基本格局，并奠定旧城基本风貌。中山路街区是厦门本岛旧城历史最悠久和骑楼保存最完整的片区，其空间肌理、建筑风格和文化特色集中体现了厦门的闽南地方特色。中山路作为传统商业街，其街道空间特色和界面景观更成为厦门人和外来游客心目中的城市形态意象，具有极高的历史、文化和商业价值。

3.16.2 旧城风貌特征分析

(1) 典型街区分析

中山路—思明西路是旧城商业集中地段和相对完整的街区。通过图底关系分析旧城的空间和景观特征，表现在以下几个方面：

①旧城街坊呈现周边连续完整、内部杂乱无序的总体特征；

②旧城区的建筑群高度相对统一，以低层、多层为主，但新建建筑多为高层；

③街区空间主要包括两种形式：有机的街道空间和无序却极富人情的巷道空间。

(2) 街区风貌特征

从街区内部看，街道、骑楼和建筑展示了城市发展形成的历史景象，是城市形象的表现；从街区外部看，街区是城市现实生活的演绎和城市生活场景的表露。

旧城形象特征是：老建筑和有历史感的景象；只有一个立面的建筑(即沿街立面)；建筑形成围合、紧凑连续的街坊；街坊之间形成展示旧城形象的街道；骑楼空间和具有基本高度的建筑保持空间的连续性和景观的统一性；街坊内部则是包容城市生活的建筑和巷道空间，具有空间的随意性和景观的无序性；旧城由若干个完整和非完整的街坊组合形成。

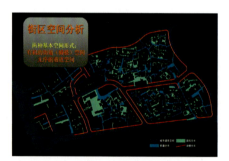

图3.16.2-1 街区空间分析

图3.16.2-3 旧区内部

图3.16.1 旧城发展历程

图3.16.2-2 旧区外貌

图3.16.2-4 骑楼质量评价

(3) 骑楼空间

骑楼符合厦门城市的地域特点：遮阳和避雨，同时又是商业空间与外部空间的过渡。骑楼空间提供城市的商业与交通的公共空间。旧城骑楼连续、集中分布在商业街区中。旧城区现有骑楼长约10375m(两侧)，经改造的骑楼长约有720m，被拆除的骑楼长度约为620m。中山路宽21m，其中车行道15m，两侧各有宽3m的骑楼，其余路段的骑楼宽度在2～3m之间。骑楼主要分布在中山路、思明南北路、思明东西路、大同路、开元路、镇邦路和大中路。旧城的骑楼大都建成于1920～1930年代，后局部有零星改造。建筑风格受西式建筑影响，有明显的折衷主义风格和装饰色彩。中山路和思明南北路的骑楼质量最好，思明西路、大同路、镇邦路和大中路的骑楼质量次之，其余路段的骑楼较差。

(4) 巷道空间

无序但亲切、生活化并富有人情味。在街坊内虽属无序但还是按人的活动形成基本的走向。例如：局口街尺度小，但却形成颇富特色和人气的女人街，是巷道空间活力的很好表现。街道空间和巷道空间具有直接的转换关系而没有过渡，是它的特点。

(5) 旧城风貌建筑

除整体街坊的街道建筑特色外，旧城还分布有多处独立形态的历史风貌建筑。历史风貌建筑也是旧城风貌的特色之一。旧城历史风貌建筑包含有传统特色的闽南建筑(屋脊起翘等)，这些历史建筑多有一定的人文背景，如陈化成故居、家族宗祠等。同时，厦门成为五口通商口岸后，西方国家侵入后带来的文化和形态，形成包括具有西洋折衷主义风格的居住建筑和教堂等，样式风格具有西方建筑风格特点，而材料却出自本土，是典型的中西合璧。

(6) 对旧城改造项目的分析

旧城改造的项目普遍属见缝插针式，高强度的开发严重影响厦门旧城的整体风貌特色。对旧城近来实行改造的项目进行统计可得，改造地块多为数千平方米，最小者为2000m²，而项目开发的容积率高达9，建筑层数也到了20～30层，对旧城的容量控制形成巨大压力，旧城风貌也遭到损害。

3.16.3 中山路商业步行街区城市设计导引

(1) 旧城整体风貌特色保护

为保护旧城的整体风貌与格局，规划要求对旧城的主要道路进行保护，包括控制骑楼、道路线型、连续界面、道路空间高宽比等。

提出四种保护骑楼的模式，对应不同的路段情况，指导未来旧城的改造建设。

模式1：保留原有建筑，按原貌加以整治；

模式2：保留原有建筑立面，其余部分拆除重建；

模式3：建筑拆除，外观按原貌重建；

模式4：建筑拆除重建，建筑空间

图3.16.2-5 骑楼空间分析

图3.16.2-7 历史风貌建筑

图3.16.3-1 保护骑楼模式1

图3.16.2-6 巷道空间分析

图3.16.2-8 改造地块例

图3.16.3-2 保护骑楼模式2

3 城市局部范围的城市设计(一)：中心、商业街、大道

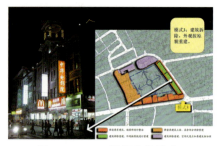

图3.16.3-3　保护骑楼模式3

图3.16.3-4　保护骑楼模式4

图3.16.3-5　巷道、绿化和建筑保护

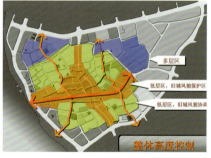

图3.16.3-6　整体高度控制

图3.16.3-8　节点设计1

图3.16.3-9　节点设计2

图3.16.3-10　路段设计1

图3.16.3-11　路段设计2

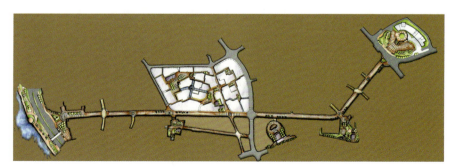

图3.16.3-7　中山路几个节点

尺度应和旧城风貌相协调。

以巷道为主的步行系统将旧城独立分布状的历史风貌建筑有机串联，并结合历史风貌建筑保护，改善建筑周边绿化环境，成为旧城绿化系统。与历史建筑、绿化系统有机重叠的步行系统将是未来开发旧城观光游览的主要线路。

整体高度控制是实现旧城风貌保护的重要措施。根据规划布局和旧城格局提出控制要求：沿中山路、思明南北路和步行街区为旧城风貌重点保护区，控制为低层区；中山路、思明南北路两轴周边为旧城风貌协调区，控制为低层区；周边的营平片区和故宫片区为多层区；旧城外围可根据开发要求开辟高层区。

(2)中山路步行街区城市设计理念

①保护中山路作为城市历史环境的特点，保持路段界面、骑楼和空间连续、完整的特色；

②创造由步行街路段(线)、步行街的节点空间(点)和步行街区(面)共同组成的步行商业购物环境、休闲环境和旅游活动环境，力求使中山路步行商业街区内涵丰富、形式多样和独具吸引力，同时形成厦门中山路步行街区与众不同的特色；

③从城市设计角度出发，对步行街区的设计强调功能支持(包括不同季节和不同时段的功能变换的可能)，同时通过强调人的活动来创造步行街应有的活力。一切设施、场地、空间的设计均围绕人的行为和活动轨迹而展开。

(3)节点设计要点

在中山路约1200m的范围内，结合现状特点及中山路周边片区规划，在全路段内共形成6个供人流停留休闲娱乐和外来游客旅游观光的节

点。节点之间相距均在200m～300m，相对均分。节点将是中山路提供文化休闲娱乐活动等的主要载体，也是有别于一般步行街的特色所在。节点重点强调步行交通衔接关系设计、开放空间与连续界面关系设计、视线与景观关系设计、绿化环境设计、风貌建筑利用设计、活动场所设置设计、地上空间与地下空间关系设计和活动轨迹关系设计等主要方面。

(4)路段设计要点

①中山路作为历史环境原则上应保持街道(包括骑楼、街面和路面)的完整性；

②路段的休闲服务设施以活动式为主，包括凳椅、花坛、树箱、服务设施及遮阳伞等，这些设施可根据不同季节和不同的城市旅游主题加以变化；

③路段设计提供有特殊车辆(如运钞车、垃圾车辆、消防急救车辆)的通道；

④路段留有开展城市人文活动的可能，如踩街活动、艺人表演和艺术活动等。

⑤路段内加强体现"温馨厦门"的装饰，如骑楼立柱的壁灯和挂花等；

⑥骑楼对应的商业界面功能应有所引导，避免过多乏味的银行商家界面或航空售票商家界面，应鼓励设置有吸引力的商家，如音像制品、设计精美的商品展示橱窗等。

(5)步行街区设计要点

①步行街区整体建筑高度3～4层，是以商业空间为主的较高密度街区。沿街部分根据街道骑楼保护要求加以处理，内部可拆除改造重建；

②保留街区内部的历史风貌建筑、局口街和几条主要巷道空间的走向；

③利用保留历史建筑在街区内部形成两个相对开敞空间，配以乔木和栽植形成休闲、交往和开展商业、文化活动的场所；

④街区外围保持骑楼的商业空间形态，内部则采用多种商业空间形式的有机结合，包括全天候步行街、双层式骑楼空间、巷道空间和室外空间室内化的形式等；

⑤在街区内部保留局口街并形成"十"字形主要步行轴，外加一个环和其他巷道的步行系统，提高商业空间的效率和商业空间活动的趣味性；

⑥步行街区设计有与周边街区相连相通的连续步行系统，包括地面层和立体层(地下、地上二层等)等多种形式；立体步行系统的形成也将有效提高2层以上商业空间的价值。

⑦步行街区的建筑风格应与中山路建筑形式和风格相协调，同时也应注重体现建筑的时代性。

(6)夜市和夜景

厦门属亚热带海洋性季风气候，一年四季夏长冬短，夏季天气多为炎热。因而，厦门人多有夜间外出到户外纳凉、休闲和娱乐等活动的习惯。中山路步行街区城市设计应符合厦门地方气候特点和活动习惯。

①中山路商业步行街区应提供市民和游客夜间(特别是在夏季)商业购物和文化娱乐活动的场所，这种场所还应是具有吸引力的并应配有丰富的夜景观效果；

②利用现有的定安路作为夜市场所(白天仍可通车)。定安路具有宜人的尺度感并通过定安路节点小广场、太平路和中山路相连相接，形成步行"环路"，成为中山路的"后街"。通过开辟不同商业需求层次的跳蚤市场，丰富商业街区活动的内涵，同时也增添作为旅游活动的情趣；

图3.16.3-12　街区设计1

图3.16.3-13　街区设计2

图3.16.3-14　夜景设计

图3.16.3-15　街道家具设计1

图3.16.3-16　街道家具设计2

③在夜景观的表现中，有特色的历史建筑、绿化树木、雕塑小品、商家橱窗、广告牌、灯具等都将成为表现的要素。应注意灯光形式的多样性和相互之间的组合，可采用泛光、内透光和点光源等多种形式；

④商家广告牌或产品标志是夜景观表现的重要方面，应和建筑物形成有机配合；

⑤骑楼内应有夜间灯光景观效果。

(7)街道家具之广告牌

商家广告牌对形成商业街的气氛有重要作用，也是街道景观的重要组成，应对其实行规范管理：

①规范广告牌的设置位置和方式，包括垂直于建筑、覆盖于建筑和位于建筑顶部等多种可能的方式。对其悬挑最大尺寸及离街面最小净高度应严格控制和规范化，以保持街道景观的整体效果；

②广告牌的设置原则上不能影响建筑物的固有形象，特别是对风貌街区的建筑立面或历史建筑而言，若广告牌的布设是覆盖于建筑物的正面，广告牌应尽量采用透空方式；

③为增加商业街的气氛，广告牌的设计应注重艺术性、文化性和趣味性，并积极采用高科技手段；

④广告牌的设计应适合步行的观赏速度和视距特征；

⑤广告牌设置应有夜景观表现的配套工程。

(8)街道家具之空调设备

在夏季，由于商业空间的空气调节而出现的空调设备，对步行街是一大景观影响。多数商家的分体式空调外机多放置在骑楼立柱或沿街立面，严重影响街道的整体景观效果。处理措施为：

①尽量采用集中式中央空调设施，减少分散的空调外机设备；

②利用骑楼的高度空间（特别是经改建后的骑楼空间高度较高）作空调设备夹层，既可对骑楼空间进行装饰，又充分利用吊顶内空间。

(9)街道家具之雕塑、路面及其他

①雕塑

a.设置数量应少而精，做到在最适合的位置设置最贴切的雕塑；

b.雕塑的设计尺度应接近真实，表现主题应贴近生活；

c.雕塑的表现主题应体现厦门滨海的特点和文化内涵。

②路面

a.步行街区路面设计应以作为历史环境的有机组成为前提，与建筑共同配合表现城市的历史感；

b.路面以硬质铺装为主，以满足大量和密集人流休闲和活动的使用要求；

c.步行街区范围内以及步行街区与其他建筑、设施的衔接都应有无障碍设计；

d.步行范围与车行范围交界处应有警示标识和相应的设计处理。

③其他

a.街道内的绿化，除保留的大树外，可适当增加绿化景观，包括可移动式的树箱、花坛和组合花卉等；在步行范围内，特别是沿街道范围，不宜开辟过多的草坪绿地，提倡采用地加乔木的组合形式，以提供较多有树阴的休闲空间和场地；

b.步行街区内应有完整的背景音乐系统；

c.步行街区应有完善的标识系统和信息自动查询系统；

d.步行街区内应有安全的消防报警系统和人流疏散通道系统。

图3.16.3-17　街道家具设计3

3.17 中山孙文西路文化旅游步行街

设计单位：中山市城市规划设计院

3.17.1 概况

已建成的中山市孙文西路文化旅游步行街(全长450m)，是按照市政府"保护旧区建新区，建设好新区改旧区"的方针进行的。首期实施的旧城更新工程振兴了旧城中心，凝聚海外华侨乡情，增添了城市活力。

3.17.2 设计构思

(1)通过孙文西路建筑的修缮，将有价值的遗迹予以保留和突出，破损的予以维修，不协调的予以适当改造，从而强化孙文西路建筑空间在文化历史上的象征表现，提高城市品位，使古老的孙文西路更好地为中山人民服务。

(2)将这一段道路改造成以人为核心，充满生活气息，满足步行人群要求的街区环境。

3.17.3 实施手法

3.17.3.1 平面设计

在平面设计上更多考虑步行者的活动，紧紧围绕"步行"做文章，将骑楼路面向外延伸，与道路路面形成一体，在这一界面上布置绿化、座椅、电话亭、小卖亭、饮水机等，创造一个视觉景观宜人的步行空间。

3.17.3.2 建筑立面修缮

对有据可查的历史遗迹如福寿堂、天妃庙等城市人文景观资源进行保留。

修缮：对于建筑比较破损，但仍有"南洋风"的建筑进行修缮，主要表现在女儿墙、柱、窗与窗线上进行加工和强调。

加建：孙文西路1970～1980年代的现代建筑没有骑楼，规划将其加建，使之形成一个连续的界面。

3.17.4 效果

孙文西路文化旅游步行街规划与建筑设计达到了预期效果，不仅使旧城区商业中心的功能得到整体提升，而且成为中山市一个旅游景点。

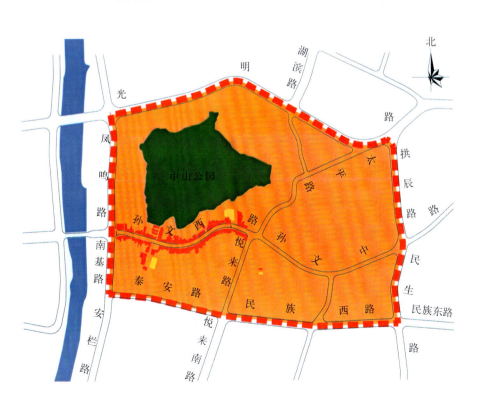

图3.17.1 区位图

3 城市局部范围的城市设计(一)：中心、商业街、大道

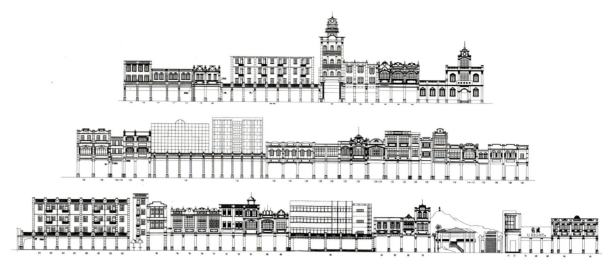

图3.17.3-1 步行街沿街北立面

图3.17.3-2 现状建筑质量及界面评价图

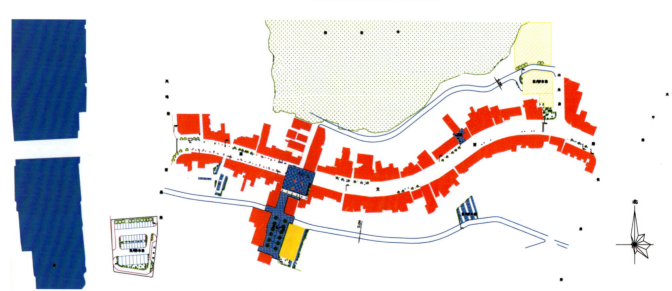

图3.17.3-3 近期规划平面图

图3.17.3-4　历史上的孙文西路　　　图3.17.3-5　今日的孙文西路

图3.17.4-1　步行街实景

图3.17.4-2　修缮后的立面细部

3.18 澳大利亚布里斯班步行街

3.18.1 南布里斯班格雷街

业　　主：布里斯班南岸公司
总规划师：丹顿·科克尔·马歇尔
参与建筑师：考克斯·雷纳尔建筑事务所等

格雷街是位于布里斯班(Brisbane)南岸地区的一条1.2km长的新辟街道,是城市的主要休闲园区和旅游吸引点。

街道的开发源于"南岸园区"的开发,该地区是将原1988年世博会的用地作了永久性置换。南岸园区沿河滨展开,新格雷街与其平行。街道开发的目的在于既保持滨水地区与腹地城市文脉的融合,又在园区环境中创造一种活泼的街道气氛。

直线形的街道宽30m,包括6m宽的人行道和种植有当地杉树与松树的中央隔离带。墨尔本的丹顿·科克尔·马歇尔(Denton Corker Marshall)建筑师为街道编制了总体设计,并为沿街的建筑群和活动制定了严密的导则。建筑群的组成包括了艺术学院、音乐博物馆、10层以内的办公楼、5层以内底层为商店与饭馆的公寓,这些建筑与街道及另一侧的滨水区相连。一家IMAX影院以及几个全景动感电

图3.18.1-2　南岸地区总图

图3.18.1-3　南岸地区

图3.18.1-1　南岸地区夜景

图3.18.1-4　南布里斯班IMAX剧院

图3.18.1-5　格雷街Mirvac办公楼

影院提供了多个娱乐场所。

街道已经建成了一半,将吸引更多的公寓、一个食品市场、一处扩建的布里斯班会展中心以及酒吧等社交场所沿街开发。

马歇尔的部分工作包括设计一个沿人行道的7m高的不锈钢棚架,有助于协调不同形式的建筑。这个棚架形成了一个崭新的、沿园区蜿蜒伸展、装饰着色彩斑斓的九重葛葡萄藤的步行凉廊。

新辟的街道止于南端新建的步行街及自行车桥,便于人们跨越河流进入布里斯班的CBD。"友好"桥的名字来源于布里斯班在2001年成功举办的友好运动会,该桥由考克斯·雷纳尔(Cox Rayner)建筑事务所设计。这是事务所与该街道相关的三个项目之一,另外两个是布里斯班会展中心和为蒂斯(Thiess)国际承包公司而建的综合办公楼。考克斯·雷纳尔建筑事务所还经过国际设计竞赛主导规划了耗资2亿澳元的位于格雷街北端的世纪艺术区,设计突出了新的现代艺术馆。

格雷街是创造全新的具有多种功能和生活交流感的街道的宝贵实例。在部分实施时,布里斯班的市民和游客就赞赏其良好的设计和经过推敲的尺度,以及多样性的活动,说明了它的成功。该街道还连接整合了现存有吸引力的场所空间。

3.18.2 布里斯班皇后街

业　　主:布里斯班市议会
主　　管:布里斯班市城市设计委员会
建筑师:约翰·美因沃林,劳伦斯·尼尔特,约翰·霍金斯(John Mainwaring, Lawrence Neild, John Hockings)
完成日期:2000年

(1)项目概要

①首先注重保持与城市周边地区的联系。设计过程中优先考虑了人流与空间之间的联系,包括市民、商业文化方面的活动机会,以及24小时都能提供活动的舞台。

②强调通过维多利亚桥加强南布里斯班与布里斯班市中心的联系,路网的变化在这个由现代复古主义和后

图3.18.2-1 皇后街夜景1

图3.18.2-2 布里斯班城市地图

图3.18.1-6
南岸地区鸟瞰

图3.18.1-7
南岸鸟瞰

图3.18.1-8
活力藤架

图3.18.1-9
不锈钢棚架

图3.18.2-3 街道景观1

图3.18.1-10 格雷街街道景观

图3.18.1-11 "友好"桥

图3.18.2-4 街道景观2

现代建筑立面围合的狭长方形空间内，造成了6个闪亮的几何形体建筑。

③在街道一边产生鞘翅状建筑结构与另一边的自然形态景观形成对照。

④由于这些几何形态与"应急用地"或"行进通道"经常相联，并在城市道路中创造一条"乡间道路"，这一概念在许多西海岸东方式城市中甚为明显。

(2)项目与所在基地及其文脉的联系

①应确立从乔治王广场到植物园之间的轴线。现在两者之间已有一条明晰的视觉通廊。

②皇后街与阿尔伯特街的交叉口由一高架的"天棚"突出表现。

③建筑构型处理与道路两边的凝重的楼房形成鲜明的对仗。

④饭馆应是"街道上的"而不是"建筑内的"，也就是说人的正常高度视线不应受漫长步行空间中任何障碍物的限制。

⑤在理念上，亚热带环境中的水、风暴与植被应被珍视为社会与自然气候的表达。

⑥总体城市设计理念在于空间质量与光影的抽象，使文化遗产能浓缩城市建筑承前启后的历史。

(3)设计概念的建筑表达

①亚热带地区夏季普降大雨的特点在布里斯班所有的建筑结构上都得以表现。中心结构是一个巨大的水槽，喷涌注入鞘翅状的水池。

②承前启后的新建筑表现了当代的技术、文化与遗产，又不屈从于沿街的老建筑，它与老建筑及拱廊进行着对话，而没有堕入复古圈套中。

③轻质结构在坚实的大地与明朗的天空间支撑着薄云般的爬山虎和半透明的遮阳层。

④使用透明天棚，空间能在其下流动，视线不会被阻隔，一、二层能与街道空间交融。

图3.18.2-5　街道建筑结构1

图3.18.2-6　街道建筑结构2

图3.18.2-7　街道景观3

图3.18.2-8　街道建筑结构3

图3.18.2-9　建筑结构4

图3.18.2-10　皇后街夜景2

图3.18.2-11　皇后街夜景3

3.19 美国明尼阿波利斯尼可莱特步行街

1950年代，明尼阿波利斯市与其他美国中心城市一样经济日衰，许多商业与店铺迁往郊区。即便是市中心多年的老字号也在考虑迁址。城市当局意识到这将打击市中心社会与经济，迫切需要扭转这种趋势。

3.19.1 概况

明尼阿波利斯市中心的首次规划于1959年完成。规划者与市领导层、市中心协会代表、市中心工商界的私人机构共同进行规划与实施工作。10年后，团队对首次规划进行修改，并命名为"Metro Center'85规划"。其间，规划扩大了设计范围，并开始了一系列立法行为和实施方案。这些工作帮助城市恢复市中心的生机，并为明尼阿波利斯市开创了一个新的未来。

规划不仅包括土地使用方式和改善市中心的交通建议，还包含了实施的方案。其中尼可莱特(Nicollet)步行大街和天桥系统都对市中心造成了深远的影响。前者是为改善步行环境而作的努力；后者则是通过以全天候的步行桥(skyway)连接建筑的二层，来改善冬季的步行环境。本例仅介绍尼可莱特步行大街的设计及其影响。

3.19.2 基本概念

起先，计划打算把所有的公交都移到周边道路去，把尼可莱特建设一个纯步行大街，但商场业主认为公交车也会带来顾客。

面对现状80英尺(约等于24.38m)宽的道路，如何在有限的通行空间内创造宜人的环境是关键。首先，建议禁止小汽车进入大街并且设置两条公交车道，然后将余下的路幅用作步行带。使用蜿蜒的道路设计形式，在路幅的一边留下足够的步行空间，另一边创造了较大的步行空间，由此形成了一个宽达40英尺(约等于12.19m)的广场。

该商业区原本从第四大街由北

图3.19.2-1 改为商业区前的尼可莱特大道，车辆拥挤，没有适当的步行空间

图3.19.2-2 图示中心区的天桥系统与边缘的大停车场相连接

图3.19.2-3 天桥内四季如春

图3.19.2-5 管弦乐厅

图3.19.2-6 洛林(Loring)社区的新住宅建筑(部分)

图3.19.2-4 尼可莱特步行大街鸟瞰

图3.19.2-7 洛林社区改造规划,以洛林林阴道与尼可莱特步行大街相连

图3.19.2-8 明尼阿波利斯市中心,左下侧示快车道与大停车场直连;停车后以天桥步入中心区。左上角示密西西比河,许多住宅陆续完成。中心高楼为尼可莱特大街的商业中心,其左为换乘中心、戏院、饭馆等

向南延伸6个街坊至第十大街,以专卖店和办公楼连接了百货公司等主要的商场。后来又继续向北延伸了2个街坊,连接了北侧的重要办公与住宅区,并向南延伸了4个街坊,连接了旅馆和会议中心。东西向的相交街道也有助于商业区连接中心城的其余部分。

3.19.3 景观设计

规划局在与中心城协会和规划顾问巴顿·阿什曼(Barton Aschman)公司确定了大街的基本概念后,聘请著名的景观建筑师劳伦斯·哈普林(Lawrence Halprin)加入了设计开发工作。面对丰富的沿街立面,哈普林采用丰富的景观设计元素:树木、花草、椅凳、灯光、雕塑和喷泉等以充实空间。这种做法整体来说相当成功。此外,为了适应冬季气候也特别设计了加热的候车棚和人行道。

步行大道经费为400万美元,大部分来源于对相邻区域的实业主征税,其余来自两个联邦州的捐款。市府于1964年开始建这条步行街,每年由相邻区域的实业主负责维护工作。

每年举办艺术节等活动,帮助吸引人流进入市中心。1960年代有华人社团在大街建造了牌楼以助市庆,这类建筑有助于界定城市空间。

早些年,特别设计的小型公交车开始试行于大街,但由于连年的亏损,几年后中断,但市内常规的公交车继续在商业区行驶。

3.19.4 步行大街的影响

步行大街为明尼阿波利斯提供了急需的宜人环境,并创造了场所感。大街上不同的活动吸引大量人群前

往。据中心城协会称，商业区还激发了相邻地区数十亿的投资。

哈普林的名声令这步行大道闻名全美，也激励许多城市借鉴明尼阿波利斯的成功经验以建设自己的商业区。

不过，步行大街某些十字路口的铺砖设计不能耐久；电加热的人行道在明城的冬季下长年后也很难保养；由于经费原因，一些喷泉设计较粗糙。

3.19.5 更新规划

经过多年的使用，步行大街急需更新。1980年成立了新实施机构来监督尼可莱特大街的更新。1987年6月选定了明尼阿波利斯的BRW公司开发此项设计。不少设计建议也相继提出。

原先设计中蜿蜒的道路保留了下来，同时沿商业区设置了一系列40英尺（约等于12m）宽的广场，供餐饮、街头表演和大小聚会之用。当地的树木、四时花草以及公众艺术为街道增添了绿茵、色彩和美感，烘托了商业区的气氛。

人行道由花岗石铺就，以多样的色彩和纹理建立起大街清晰的风格。

设计同时针对"北方城市"漫长的冬天气候提出以下几方面的措施：

①在花岗石铺地下埋设化雪设备，以助在冬季保持人行道的清洁和干燥；

②在街道拐角处种植松树以防冷风，并在冬季提供些色彩和植被；

③对灯光照明也加以特殊设计，暖化冬季的长夜，以便在圣诞节和其他节庆张灯结彩；

④沿商业区的不同地点设置小块公园；

⑤螺旋楼梯塔将尼可莱特大街二楼的天桥和街道连接成步行系统。塔中两条楼梯环绕中间的电梯，有助于两个层面间的行人上下，晚间加上灯光效果，这些玻璃塔增添大街光彩；

⑥以小型电动车取代柴油机班车，在高峰时刻每45秒一班；

⑦活动的玻璃幕墙结构在夏季可开启，冬季可关闭，以适应沿街的零售和餐饮业需要。建筑内部自动扶梯把街道的视线引向高处的天桥。

更新规划构想得到了实施部门和市议会的认可，一部分得以实现。新商业区的总投资约2.2亿美元。

3.19.6 实施情况

由于店主顾虑商场安全的关系，圆形玻璃塔的构思没有被采纳；在人行道铺地下也未能铺设热水管道用于化雪。由于明尼阿波利斯没有区域热水供应，这种化雪方法比铲雪花费更多。大街上的松树也被移植了，因为店主们抱怨其阻挡了行人观赏店面。至于小块公园和玻璃幕墙结构只有通过未来的私人开发才可能得以实施。

图3.19.3-1 牌楼有助于界定空间

图3.19.5-1 新尼可莱特大街灯饰

图3.19.3-2 街头绿化

图3.19.5-2 室外休息坐椅

图3.19.3-3 步行街环境小品

图3.19.5-3 公共艺术之一

图3.19.6-1 IDS水晶中庭

图3.19.6-2 市中心天际线

新的地面铺装设计大方，新建喷泉也很美，但灯光照明因为沿街业主一味求新，没有延续过去哈普林设计的风格，令人遗憾。

不过，在更新后的大街上出现了许多路边咖啡店。一些业主还聘请了艺术家创作雕塑等公共艺术。如今，农产品集市每周举行。年度的"水节"游行吸引成千上万的家庭及儿童到市中心来。

在大街两侧还建成了一系列室内外的公共空间。包括菲利普·约翰逊设计的有名的水晶中庭、西萨·佩里设计的Gavidae中庭和保罗·弗里德伯格设计的Peavy广场。商业区还通过洛林林阴道扩展到了洛林公园，刺激公园周边地区改造与发展。尼可莱特大街对未来城市的发展有深远的影响。更多的市民回到了市中心，并引发了该城的复兴。

3.19.7 规划启示

尼可莱特大街的改造是应对1950年代市中心衰退的一种手段，需要天桥系统和停车设备配合。更重要的是工商业的振兴和吸引新的投资。

有限的空间中造出宜人的步行街、广场、喷水池，是靠设计的构思，而不是靠经费的多少。

设计的细节如铺砖、水池、灯饰、树木都应该精心思考、配合才能达到效果。如建造时粗制滥造，最好的设计也无助于市容。

总之，城市的复兴靠卓越的领导、出色的城市设计构思、适当的经费及不断努力才能成功。

图3.19.6-3 建筑室内空间1

图3.19.6-4 建筑室内空间2

3.20 香港中环、湾仔步行系统

香港总用地1096k m²，其中已发展用地176k m²约占1/6；道路、铁路用地29k m²也只占后者约1/6。1997年香港在册车辆55.9万辆，人口650万人，交通需求巨大，但难以依靠拓宽道路解决。除必要的立交桥、隧道外，由507座行人天桥、315条行人隧道组成的行人系统起着疏导交通的重要作用。

中环(1～4号)和湾仔(5～6号)6条行人通道联系着香港商务、商业中心最重要的80～100个金融、商业、贸易中心、广场、大厦、政府机构、会堂、展览馆、教学楼等公共建筑，以及码头、公园、地铁站、人流节点等。步行系统由行人道、天桥、地道、重要建筑室内通道以及传统商市步行小街组成。

1号行人通道由汇丰、渣打银行经太子、太古大厦、交易广场、滨海政府合署至信德中心，并有多座侧向天桥引向腹地传统商业小街。2号行人通道由大会堂经天星码头、邮政总局、卜公码头至交易广场西翼；3号行人通道由万豪酒店、太古广场，经海富中心、力宝中心至希尔顿酒店、中银大厦；4号行人通道由天星码头经皇后像广场、汇丰银行、圣约翰大教堂至山顶缆车站，它们既联系滨水带至山顶，又以步行通道将1号、2号、3号线整合成整体网络。

5号行人通道由湾仔地铁站至湾仔政府综合楼和中环广场；6号行人通道由国卫中心经新鸿基中心、海湾中心至香港会展中心，并在中环广场与5号线连接。多座独立步行天桥、过路设施将整个湾仔步行系统连成整体。

中环、湾仔步行系统不但以可持

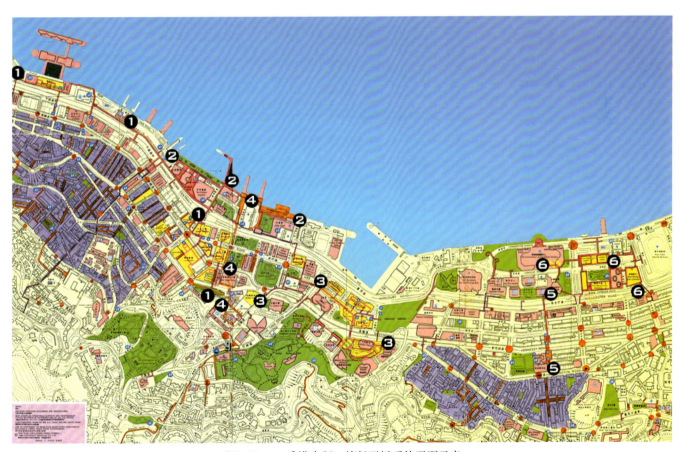

图3.20-1 香港中环、湾仔天桥系统平面示意

3 城市局部范围的城市设计(一)：中心、商业街、大道

续发展的开发方式为香港高强度开发建筑及相关的高容量交通提供合理可行的交通疏解手段，就城市设计而言，它也是一个以人为本的同时运动系统。在该地区内从事商务、购物、休闲、旅游、社交等活动的人们能领略海景山色、市街生活、建筑广场、绿化空间，以及大型建筑中心室内外相联的空间序列、场所、景观，而不受汽车交通的影响。可以说，它们体现了功能、活动、场所感和运动视觉感受的良好结合，体现了可持续发展的思维和实践。

图3.20-2 天桥1

图3.20-4 天桥3

图3.20-3 天桥2

图3.20-5 自动步行系统

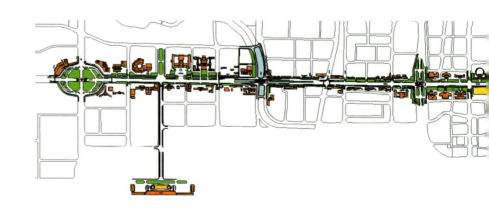

164

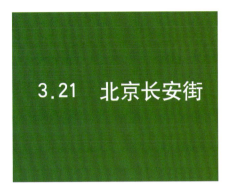

3.21 北京长安街

3.21.1 概况

长安街以天安门广场为中心，西起复兴门，东至建国门，长6.77km。其延长线向西通到石景山，向东通到通州卫星城，全长约40km，素有"神州第一街"的美誉。

东西长安街是与北京传统南北中轴线相垂直的最重要的干道，自1950年代初进行天安门广场规划的同时就开始进行有关城市设计方面的研究。在北京城市规划中将长安街作为集中体现全国政治文化中心功能的重要街道，道路红线宽120m，两侧集中了国家机关办公楼和博物馆、文化宫、剧院等国家大型文化设施与商业设施，是北京市中心最重要的城市干道。

3.21.2 总体目标

长安街和天安门广场的规划设计自1950年代开始就强调以下几点：

①充分体现首都作为全国政治中心和文化中心的特点，在功能上主要安排党和国家领导机关、重要文化设施和大型公共建筑，并为重大集会活动创造条件；

②体现时代和民族特色，既要继承和发扬北京历史文化名城的传统，又要有所创新；

③保持北京旧城中心地区布局严谨、空间平缓开阔的传统格局，严格控制建筑高度；

④突出沿街绿化环境，尽量扩大绿地，使建筑物处在绿荫环抱之中，街道阳光透照；

⑤为人民服务，提供周到方便的游览、休息、交通设施。

3.21.3 城市设计

从城市设计的角度分析，空间布局应呈现以天安门广场为中心、东西对称的格局。

3.21.3.1 天安门广场

天安门广场东西宽500m，南北长860m，作为全国的政治中心汇集了人民大会堂、人民英雄纪念碑、中国国家博物馆等建筑，也是长安街空间布局的中心。

3.21.3.2 建筑高度

在天安门广场上，以及长安街从东单到西单的沿街建筑高度基本上控制在30m以下；长安街东单以东、西单以西的建筑，高度基本上控制在45m以内；为丰富天安门广场和长安街的轮廓线，东单、西单、复兴门、建国门等4个节点周边的建筑高度略有提高，可突破45m，形成局部高点；长安街纵深地段的建筑高度按照城市总体规划的要求，均有所控制和呼应。长安街及其延长线与三环路相交，分别形成大北窑、公主坟两个立交节点，突出了新城的城市形象。公主坟

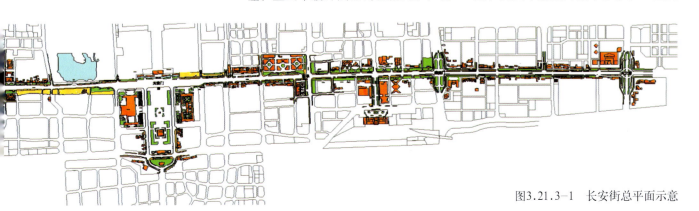

图3.21.3-1 长安街总平面示意

节点的周边建筑控制在100m高，大北窑地区是北京正在规划建设的商务中心区，制高点建筑达到300m。

3.21.3.3 红墙

红墙是明清北京皇城的南城墙，西起府右街，东到南河沿。红墙作为历史文脉与北京的象征，其形象应予以保护和突出。因此，红墙北边不建高大建筑，对长安街对面的建筑也进行了严格控制。

3.21.3.4 绿化

长安街沿街均匀开辟绿地，形成沿长安街的绿化带；强调重要节点的大面积绿化景观，如建国门古观象台以西的紫薇宫、东单公园、新华门对面、西单东北角等。近年已陆续实施了西单文化广场、建国门绿地等大片绿化。建国50年大庆的长安街整治工作中还扩大了天安门广场的绿化面积，形成了前门箭楼下绿地，并重点进行了照明设计。

3.21.3.5 空间布局

天安门广场作为城市布局中心起着统帅作用。东西长安街空间布局强调连续性、节奏性和完整性。在东侧的王府井、西侧的西单以及中间的前门分别与3个市级商业中心相连；长安街在东单、西单、建国门、复兴门等处形成主要节点，环绕这些节点主要布置的是一些商业、办公建筑。东单、西单路口结合地铁设施进行地下空间处理。在长安街延长线上，西侧的公主坟处形成高点，两侧沿街保持了平缓开阔的建筑格局；东侧则在大北窑及其周边地区规划建设商务中心区，形成大规模的超高层群，现代化新城的形象得以重点表现。

3.21.3.6 空间轴线

长安街强调天安门广场上中轴线的统帅作用，并在北京站前街、新华门、民族文化宫处形成3条副轴线。

3.21.3.7 远期发展

长安街的延长线向东随地铁1号线的延伸直抵通州卫星城；向西通达首钢，远期到工业博览园形成空间终点。

图3.21.3-2　东长安街

图3.21.3-3　建国门绿地

图3.21.3-4　东长安街鸟瞰

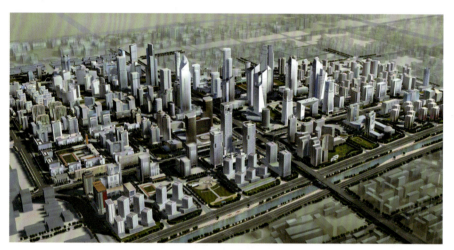

图3.21.3-5　规划CBD

图3.21.3-6　复兴门

3.22 青岛东海路

设计单位：青岛市城市规划设计研究院

3.22.1 概况

青岛市是我国著名的风景旅游城市和历史文化名城，历来十分重视环境建设和文化建设。青岛东海路城市设计在尊重自然和历史、突出特色、提高城市建设文化品位的指导思想下，运用环境、绿化、雕塑、设施有机结合的城市设计手段，把两侧的建筑、园区、绿地、雕塑、广场、照明、市政公用设施等方面进行整合，探索城市景观路线的规划建设方法。

东海路位于东部新市区沿海地带，西起老城区八大关风景区，东至崂山石老人风景区，是一条滨海旅游性干道，全长12.8km。规划道路红线宽44m，其中：车行道14m，两侧人行道各5m，两侧绿化带各10m。

东海路的建设是青岛老城的外延，也是城市历史的连续。因此，东海路的城市设计首先要研究与其衔接的老城区的8km的海滨旅游线的功能与形象，把东海路建成新的旅游线路。东海路通过城市设计手段，试图将建筑、远山、近海融为一体，并突出体现雕塑的作用，把体现中华文明、爱国主义及海之情的雕塑与环境融合。

3.22.2 城市设计构思

(1)突出海滨特色，强调环境艺术设计；源于自然，高于自然；以海为特色，以绿为主调，以山为背景，以城为中心；山、海、城、路为一体，在满足旅游交通功能前提下，展现海滨山城的风貌。

(2)东海路是旅游性干道，不同于商业性、交通性干道。其干道宽度、人行道铺装、绿化带的设置及建筑物的功能、尺度均有特色。路幅以满足旅游交通流量为主，不宜过宽，形成旅游环境的亲切感。两旁人行道及绿化带尽量保持整体性和连续性，在一定的距离上设置相对集中的购物、餐饮、服务设施。

(3)重视时空环境的研究和城市视觉形态研究。考虑车行与人行的时空关系，研究不同车速下的视觉印象和空间尺度，研究人行过程中心理、视觉对环境变换的要求。

(4)重视功能分区和场地设计，充分考虑人的活动空间和行为心理。根据不同区段的功能和环境，通过设计手段体现以人为本的设计思想，在不同环境下创造舒适活动空间。

(5)道路中选择的雕塑作品，追求思想性和艺术性统一。根据环境确定雕塑的内容、体量、尺度、材质，使雕塑成为环境中的一个有机的组成部分。

(6)把人行道铺装及市政公用设施，作为道路和环境设计中的重要组

图3.22.1-1 东海路总平面示意

成部分考虑，把材料、色彩、图案、造型等都统一纳入规划设计，追求艺术、质量、功能及文化品位的协调统一。

3.22.3 绿化设计

东海路绿化设计充分利用全长12.8km两侧10m宽的绿化带和12个园区进行绿化美化。最大程度地发挥绿地的生态效益，同时考虑绿化设计艺术手法。这种设计既不同于私家花园，也有别于大进深的公园，根据不同地段的地质地貌、环境、功能、景观及游人心理，进行不同的造型组合，展现层次、色彩、季相和图案的变化。全线以常绿早熟禾草皮为基调，以青岛特色树种黑松为骨干，以石岩杜鹃、金叶女贞、紫叶小檗、小龙柏为装饰植被贯穿全线；在土厚、地下水丰富地段又种植了水杉；在中心广场—五四广场两侧则以树形高大挺直的银杏为主；在绿地中还保留了具有景观价值的裸岩和适当的点缀风景石。12.8km长的绿化带具有整体性、连续性，统一中求变化，体现了自然与艺术的结合，既有整体的大气，又有景随时迁的变化。在广场及园区中还重视了硬地与绿化的关系，每个园区都有自己的绿化特色和造园手法，丰富了园林及城市空间。

3.22.4 雕塑设计

东海路全线共规划设置雕塑100座。雕塑主要分为四大类：①标志性雕塑；②主题性雕塑；③名人精品雕塑；④对景点雕塑。

东海路雕塑以中华文明和海之情为主题，以"五四广场"和"青岛雕塑园"为重点，建设12处雕塑园区，园区占地面积共约28hm^2。每一园区又有各自的主题，根据不同的主题及环境，确定各园区雕塑的内容、形式、数量。

3.22.5 园区设计

3.22.5.1 一号园区

一号园区位于东海路西部起始点，沿海岸展开，245m长的滨海步行道连接太平角六路对景点和三角绿地，总占地面积16000m^2。园区设置主体雕塑一座。根据规划要求，雕塑内容要反映中华文明和爱国主义的题材。设计既要反映雕塑的内容，又要与城市环境协调，不能遮挡海滨景观，使之成为景观要素中的重要组成部分。规划采用了柱石浮雕的形式，12根高9m，直径1.1m的巨型石柱沿海岸线排列。

城市设计意在创造全开放式空间，突出雕塑柱式序列。波浪般进退的植栽曲线衬托高耸石柱，主体突出，被称为世纪长廊环。

图3.22.1-2 远眺东部

图3.22.1-3 鸟瞰五四广场一角

图3.22.1-4 从老城区看东部新区

图3.22.2-1 俯瞰东部

图3.22.2-2 鸟瞰东海路

3.22.5.2 二号园区

二号园区位于青岛市少儿活动中心与电影城之间，占地14400m²的园内共有雕塑10座。雕塑与环境设计充分考虑所在区域的功能，突出少年儿童的活动特征，设置具有积极、正面寓意和反映儿童活泼欢快情调的雕塑作品，用装饰雕塑的手法把典型的家喻户晓的中华传统美德故事融于其中。园区成为轻松活泼、环境优美的德育基地。

园区设计采用几何构图，利用竖向变化和植物组合分隔空间。发挥乔木遮阴、树木相连的特点，使人驻足观赏。运用水体、图案铺装、绿化、小品等环境要素，结合雕塑内容、形式，形成各具特点的单元空间。如"曹冲称象"泊于池边，"闻鸡起舞"立于草地疏林之间，"螃蟹上岸"介于海与园区入口之间。借助铺装形式，美化地面，诙谐有趣，将园区与大海紧密结合。

3.22.5.3 三号园区

三号园区位于浮山湾花园和青岛市地税局办公楼之间，占地面积4900m²，是东海路游园中袖珍之地。园区共有雕塑7座，浮雕墙一座。根据雕塑园主体表现齐鲁大地人杰地灵、英才辈出的题材。园区规划设计意在创造古朴自然的空间氛围，利用页岩面层斑驳的风霜感，渲染雕塑人物的历史久远；运用花坛与绿化结合的手法，发挥环境设计二次创意的优势，创造每座雕塑的小环境，使园区分隔有序，雕塑布局合理，环境构思巧妙，在绿色丛中自然完成空间转换，使游人在游憩间，欣赏雕塑艺术。周边种植高大的乔木，通过绿地来分隔现代化城区与园区空间，使之在城市之中有一块相对独立的园区。

3.22.5.4 四号园区

四号园区北依青岛市政府办公大

图3.22.3-1 路段绿化1

图3.22.3-2 路段绿化2

图3.22.4-1 雕塑《蓝色的帆》

图3.22.4-2 雕塑《天地间》

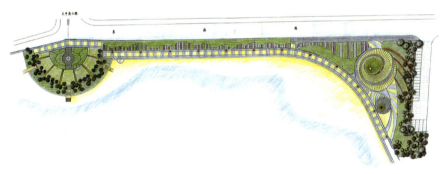
图3.22.5-1 一号园区平面图

图3.22.5-2 二号园区平面图

图3.22.5-3 二号园

图3.22.5-4 雕塑《曹冲秤象》

图3.22.5-5 雕塑《闻鸡起舞》

图3.22.5-6 雕塑《猴子捞月》

图3.22.5-7 雕塑《孙武》

楼，南临浮山湾，总占地面积100000m^2。园区因青岛是中国近代史上"五四运动"导火索而命名为"五四"广场，同时喻含有青春之岛、青春广场，意在弘扬五四爱国精神。

广场规划中轴线上市政府办公大楼、市政铺装广场、隐式喷泉、点阵喷泉、《五月的风》雕塑、海上百米喷泉等。

3.22.5.5 八号园区

八号园区（青岛雕塑园）占地10hm^2，位于东海路东部海岸。园区设计结合园区优美的自然环境和独特的海岸景观，充分调动雕塑、道路、水体、植物等造园因素，突出雕塑公园特色。园区的规划设计突出雕塑语言与自然环境的对话、设计构思与雕塑环境的对话，引入国内外一些著名雕塑家参与雕塑创造。丰富多彩的室内外雕塑和雕塑式的造园手法，使之成为青岛新的旅游文化景观。

3.22.5.6 其他园区

五四广场以东的园区雕塑是以海之情为主题的对景点雕塑和园林雕塑，不拘泥形式、风格，为雕塑家发挥艺术想象力和创造力提供创作空间。城市设计根据雕塑的内容和所在环境，将雕塑与环境有机结合，力求使城市环境具有文化艺术品位。

3.22.6 人行道铺装设计

为避免人行道设计单一、施工质量不高，东海路的人行道设计作了较大改变。设计上从功能、色彩、图案及经济上作了较细的比较，施工上制定了严格规范。因此，人行道铺装成为东海路建设的重点和特色。全线总铺装面积93000m^2。

规划设计根据城市的区域环境、人流交通等分别做了考虑。人流比较

图3.22.5-8　雕塑《孔子师生》

图3.22.5-9　雕塑《孟子》

图3.22.5-10　雕塑《螃蟹上岸》

图3.22.5-11　雕塑园一角

图3.22.5-12　雕塑《三美神》

图3.22.5-13　三号园区平面图

图3.22.5-14　打击系列小品

图3.22.5-15　雕塑园

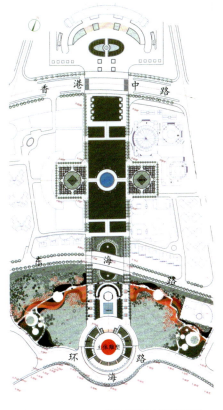

图3.22.5-16　五四广场规划平面图

图3.22.5-17　气势磅礴的巨幅装饰墙

密集的城区大部分地段采用淡黄色耐火砖铺装，色感温暖，质感柔和。而为了求得总体上统一与变化，在风景区地段有的部分又采用了精制龟背纹、彩色水磨石板，让人感到清新明快。在沿海滨的自然景区以乘车观光为主的地段，采用了花岗岩条石嵌草人行道路面，间格部分插入火烧板、马牙石、页岩等，既富于变化，又突出了青岛当地石材特色，显得质朴自然。

考虑到道路宽度及青岛市自行车较少的状况，合理利用道路空间，将自行车道和人行道并用，路口均设置无障碍通道。公交机动车停车采用港湾式车站。人行道铺装中镶嵌的图案是从几千件市徽投标图案经过精选的，体现了青岛的地方文化特色。路边石采用超宽亚光路边石，无障碍路口采用异形石铺装。

施工要求全部采用浆砌，按规范程序操作，彻底改变人行道粗制滥造的作法。人行道铺装同城市环境有机的结合，不但达到功能要求，成为风景线的有机组成部分，也成为东海路城市设计中的重要组成部分。

3.22.7　市政设施设计

市政设施建设是东海路美化、亮化的重要内容。主要设施包括候车亭、电话亭、厕所、管理用房、广告

图3.22.5-18　雕塑《静思》

图3.22.6-1　人行道铺装设计1

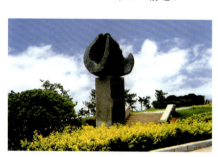

图3.22.5-19　雕塑《海魂》

图3.22.6-2　人行道铺装设计2

图3.22.5-20　雕塑《海之恋》

图3.22.6-3　人行道铺装设计3

图3.22.6-4　人行道铺装设计4

牌、灯箱、果皮箱、休息凳、指示牌、钟表、路灯、庭院灯等。力求功能与审美统一，造型美观大方，与东海路整体环境相协调；数量尺度、布局均应符合规范及环境要求。设计力求增添道路整体性和有序感。草坪、乔灌木、道路、水池、周边建筑、雕塑的灯光考虑环境和功能，采取不同的手法，突出夜晚亮化效果。植物以绿色光源为主，建筑以黄色光源为主，雕塑《五月的风》以红色光源为主。照明及亮化在亮度、色度、透明度上都取得了一定的效果。

为保证东海路海滨的海洋环境质量，东海路规划设计一座日处理能力为10万t的污水处理厂和4座污水泵站，使被污染的水域得到根本的治理，成为洁净无臭的蓝色海域。

3.22.8 城市设计效果

东海路城市设计探索性地将城市建筑与绿化、广场、园区、道路、雕塑、照明等相结合。规划把各历史阶段不同形式的建筑联系起来，形成新、老城区的自然过渡；将红瓦绿树的风貌保护区与体现时代特色的现代建筑有机整合。利用城市设计的手段控制沿街建筑的高度、体量、色彩，使城市显山露水，新城区密而不堵，海岸带疏而不空，山、海、城有机联系。建成后的东海路带动了整个区域的升值与发展，成为青岛的一条海滨旅游热线。

图3.22.7-1　五四广场夜景

图3.22.7-3　休息椅

图3.22.7-2　东部夜景

图3.22.7-4　港湾式候车亭

图3.22.7-5　世纪长廊

图3.22.7-6　雕塑《影子》

图3.22.7-7　五四广场1

图3.22.7-8　五四广场2

图3.22.7-9　鸟瞰雕塑园

3.23 法国巴黎香榭丽舍大街

3.23.1 概况

巴黎是一座历史悠久的世界名城,既保持了传统的城市风貌,又孕育着现代化的勃勃生机。巴黎的规划设计也是世界城市设计的典范之一,城市的规模不断扩大,城市的文脉同样也在延续伸展。经过了多个世纪的不断完善,在今日的巴黎城市中心区塞纳河的两岸,形成了若干条以历史建筑物为主题,在城市空间上呼应相联的城市轴线。以卢浮宫、丢勒里花园、协和广场、香榭丽舍大街、凯旋门和德方斯副中心构成的东西约8km长的城市主轴线,充分利用开阔的水面、绿地,使城市空间更加开朗明快。轴线上串连着丰富的活动内容和开放空间,每段景色各异,是巴黎的城市设计艺术的精华所在。

香榭丽舍大街(Champs-Elysees)取自希腊神话"神话中的仙境"之意。这里历史上曾经是一片沼泽之地,17世纪路易十四时期风景建筑师勒诺特(Andre Le Notre)提出了将丢勒里花园轴线以林阴大街形式延伸出来的宏伟概念,到18世纪形成了香榭丽舍大街的雏形,以此为基础,成为巴黎城市主轴线规划设计发展的决定性因素。

香榭丽舍大街东起协和广场、西至戴高乐广场,全长1800m,是巴黎城市中繁华的中心,也是城市东西向主轴线上的重要部分。这条大街将巴黎分为南北两半。

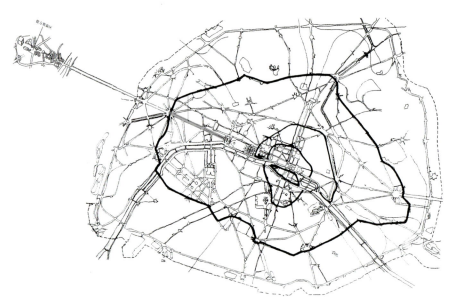

图3.23.1-1 香榭丽舍大街位置图

图3.23.1-2 从卢浮宫到德方斯的巴黎城市主轴线

图3.23.1-3 香榭丽舍大街鸟瞰

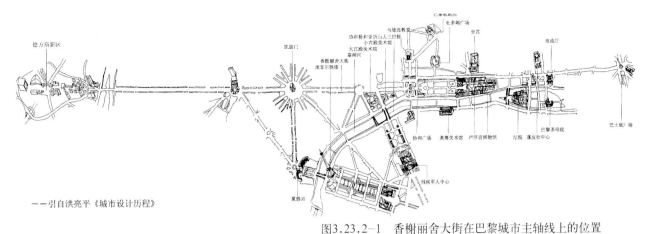

——引自洪亮平《城市设计历程》

图3.23.2-1　香榭丽舍大街在巴黎城市主轴线上的位置

3.23.2　城市设计特点

香榭丽舍大街是西方巴洛克城市设计风格的代表。以方尖碑为中心的协和广场与以凯旋门为中心的戴高乐广场遥相呼应，成为这条城市历史轴线的重要控制点。协和广场以西约800m处是一个小的圆形广场——香榭丽舍广场，直径约50m，是5条大道的交会点，基本上是一个交通型的广场。这个小广场既起到了丰富主轴线的空间变化作用，又将香榭丽舍大街分成风格相异却又相辅相成的东西两段空间内容，东段幽静，西段喧闹。大街的东半部分是700m长的林荫大道，空间开阔，两侧绿树成行，郁郁葱葱，万木丛中隐藏着芳草如茵的花园，间或有白色或乳白色的高级饭店点缀其间。大、小宫殿美术馆掩映其中，与法国总统府爱丽舍宫遥遥相望，是巴黎闹市中的不可多得的一块清幽之处。大街的西半部分长约1100多m，宽约80m，原是贵族住宅区，后来随着资产阶级的兴起，逐渐发展成为日益繁荣开放的商业区。两旁则是建筑风格统一、天际轮廓线整齐的6、7层高的楼房。街道两侧鳞次栉比地汇集了巴黎最著名的一些高档商店、餐馆、电影院等商业娱乐场所，来自

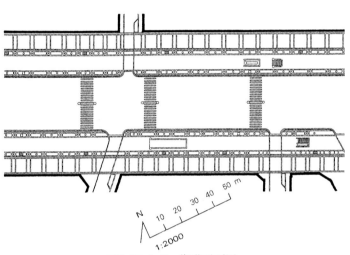

图3.23.2-2　街道平面图

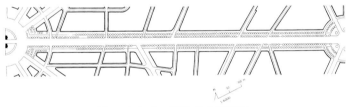

图3.23.2-3　街道节点平面图

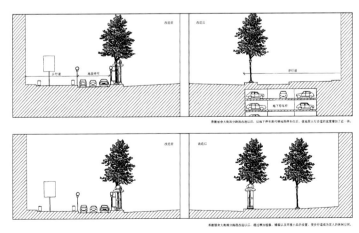

图3.23.2-4　改造前后街道断面示意图

175

世界各地的航空公司、银行、公司也都把这里作为向世界展示自己实力的窗口。整齐的街道建筑的界面与香榭丽舍大街东段开阔的绿色软空间形成了鲜明对比。这里熙熙攘攘的游人摩肩接踵,不少餐馆、咖啡馆在宽阔、宜人的休闲步道边间隔、有序地布置着餐桌、咖啡椅,更加丰富了城市的生活情趣。香榭丽舍大街还是巴黎举行重要活动的场所,每年的法国重大节日、活动这里都会成为举行庆典的中心。巴黎马拉松赛从星形广场出发,绕城至凯旋门附近的终点;一年一度的巴黎电影节在街上的影院揭幕……

3.23.3 步行空间的改造

20世纪90年代,香榭丽舍大街又经过3年多的精心设计和改造,更加成为城市干道景观环境设计的典范。这次改造的重点是靠近凯旋门的闹市区,将原来道路两侧的平行侧道全部改为人行道,并且铺上了浅色的花岗岩,使两侧的人行步道宽度增加了近一倍。并通过修建地下停车库,大大缓解了这一地区的汽车停放与商业休闲环境的矛盾。在每侧人行道中间,还安装了古朴有致、典雅大方的青铜色雕花灯柱。道路两侧的行道树又将人行道与大街中心川流不息的车流很好地隔离开来,将街道的交通性的功能与生活性的功能有机地组织在一起。

3.23.4 街道空间的节点

协和广场(Place De La Concorde)位于香榭丽舍大街的东端,与丢勒里花园相毗邻,是一座南北长275m,东西宽175m,面积4.3hm²的长方形广场。广场始建于1757年,起初是献给路易十五的,因此广场的中央曾经是路易十五的骑马像,直至法国大革命期间被推倒,愤怒的人民把国王路易

图3.23.2-5 人行步道空间改造前后的景象(左为改造前的地面停车场、中为改造后地下车库出入口、右为改造后加宽的人行步道)

图3.23.2-6 从凯旋门回望改造后的香榭丽舍大街

图3.23.3-1 街道上的休闲生活

十五和王后推向设在协和广场上的断头台。1795年该广场改名为协和广场。1836年至1840年进一步改造的协和广场在原来路易十五骑马雕像的位置树立起了高23m、来自埃及卢克索神庙的方尖碑,其南北两侧设喷泉,共同构成了整个广场的构图中心。两个于1836~1846年修建的圆形喷水池模仿了罗马圣彼得广场上的水池风格,造型独特,尤其是在夜晚灯光四射时,水池喷涌,五彩斑斓。8尊象征着法国主要城市的雕塑安放在广场的各个角落,形成了很好的围合效果。广场的北侧,两座对称布置、列柱环抱的古典建筑也使广场显得更加庄重、气派。

戴高乐广场(Place Charles De Gaulle)位于香榭丽舍大街的西端的浅丘之上,这是一个直径大约137m的圆形广场,广场的中心就是凯旋门(Arc De Triomphe)。从该广场四周有12条街道呈辐射状向外伸展开去,所以在20世纪70年代之前这里又称为"星形广场"。凯旋门是奉拿破仑之命于1806年开始修建的,凯旋门既是法国大军的纪念碑,也是一座迎接获胜归来军队的凯旋之门。整个凯旋门尺度巨大,超过了罗马的君士坦丁门。拱底是无名英雄墓,拱门上装饰的浮雕描绘了拿破仑军队的重大战役和胜利的情景,朝向香榭丽舍大街的一幅最富盛名也是最精美的浮雕反映的是1792年志愿者们出发时情景的《马赛曲》。拿破仑曾希望借凯旋门来炫耀其辉煌的功绩,而现在它又和戴高乐广场一起成为法兰西国家强大的象征。

图3.23.3-2　步道的铺装与植栽

图3.23.4-1　协和广场上的雕塑与方尖碑

图3.23.4-2　戴高乐广场上的凯旋门

3.24 法国巴黎德方斯副中心区

3.24.1 概况

作为闻名于世的历史文化名城，巴黎在保持了传统的城市风貌的同时又不断进行着惊世骇俗的大胆创新。卢浮宫凝结了法国历史传统的精华，德方斯副中心则是在传承历史文脉的同时成为颇具创新精神的现代城市文明的象征。以卢浮宫、凯旋门和德方斯副中心(La Defense)构成的东西约8km长的主轴线，是巴黎城市设计艺术的精华所在。

德方斯地区曾经是巴黎市郊一处衰败的贫民窟，经过几十年的建设演变成今日欧洲最大的商务办公区之一，其规划与实施经历了一段曲折而又艰难的历史。20世纪50年代，巴黎日渐增长的办公楼需求促使法国政府做出了扩大巴黎市区范围、新建商务中心区的决策。从卢浮宫到凯旋门4.8km的历史轴线继续向西延伸，跨越3个市镇范围，占地面积750hm²的德方斯副中心区的规划建设就此拉开了序幕。

现在的德方斯副中心区包含了商务办公区130hm²和公园区620hm²两部分，这也是在第一轮规划中确定的占地规模。办公楼建筑面积260万m²，就业人口15万人；15000个居住单元居住人口4万人；商务区的十分之一是开放空间；商场面积达20万m²，其中有欧洲最大的购物中心11万m²。

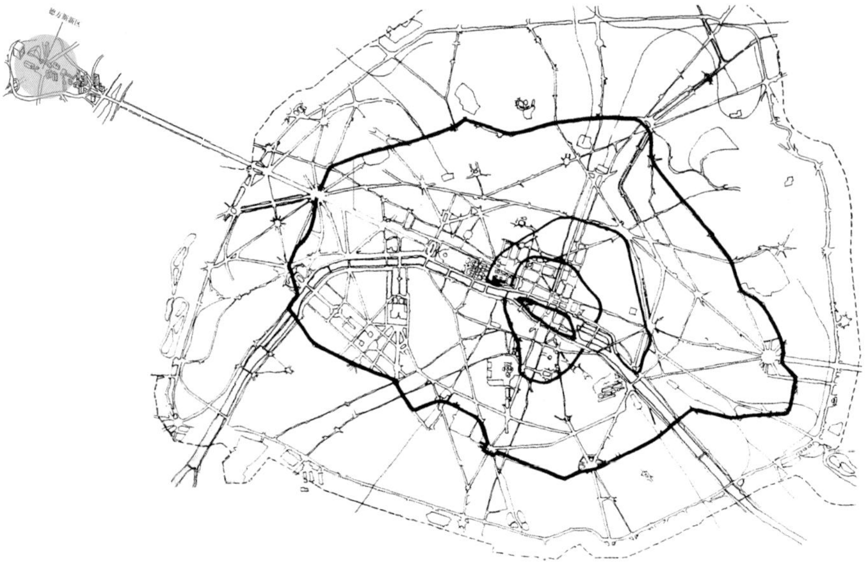

3.24.2 规划设计

在德方斯规划的几个不同阶段中，代表政府负责这一地区规划建设的具有工商性质的公共机构EPAD(Etablissment Public d'Amenagement de la region de la Defense)，依据不同时期的情况不断对规划进行着调整。1950年代的第一轮规划，初步提出了这一地区的规划建设的用地范围、功能性质、建筑高度、建筑规模等，规划的办公楼建筑面积27万m²，住宅27万m²。这一时期建设的标志性建筑是象征着法国工业复兴与活力、面积几乎可以覆盖协和广场、拱顶边长218m的三角拱形建筑——国家工业技术展览中心(CNIT)。1960年代的第二轮规划，设立二层架空平台、实现人车分流的现代主义功能性规划的思想基本确立。这一时期德方斯规划的办公楼总建筑面积达到了85万m²，高速公路、轨道交通、公交线路、地下隧道以及多层地下换乘系统、开放空间高架步行系统的规划建设开始实施，同时为这一地区塑造新的地标性建筑的规划思想开始酝酿。1970~1990年代是德方斯规划建设发展跌宕起伏的一段时间，经济危机的冲击虽对这一地区的建设造成过不小的冲击，但总体上不断增长的市场需求最终使这一地区逐步走向了繁荣与辉煌。1980年代末落成的德方斯大拱门为这一欧洲最大的商务中心区的整体形象带来了新的魅力，同时，这座与在巴黎城市历史轴线上的戴高乐广场、凯旋门遥相呼应的伟大建筑也成

图3.24.1 德方斯副中心区位置图

为巴黎城市灵魂的再生之地。

德方斯的城市设计实践表明，在城市新区的规划中，人口规模、建筑总量、交通体系以及城市轮廓线等，应随着城市社会政治经济发展的变化而不断调整，是一个不断完善、生长互动的过程。

在城市设计上，德方斯商务中心区汲取现代主义城市规划理论中功能至上的思想，大胆采用了人车立体分流的交通系统，将行人和建筑门厅出入口设在高架层，从塞纳河边、德方斯东端向西延伸至大拱门下的长达1200m（大拱门以西平台还在继续延伸）、平均宽度100m、面积达20hm²的步行专用广场和休闲平台成为步行交通联系的中心；城市道路、公交通行及货运交通、停车等服务交通区均设在平台以下，有效地将不同类型的交通方式组织起来，成为德方斯商务中心区得以健康发展的重要基础。

作为德方斯地区走向辉煌的标志，大拱门的规划、建设和最后落成起到了无可替代的作用。35层高的大拱门是一个超大独立结构建筑，采取了100m见方的中空立方体造型。拱门下巨大的台阶成为了游人休息的理想场所，拱门上的观光平台是眺望古老巴黎城市历史中轴线的最好去处。从城市空间设计的角度看，恢弘、壮观、富有寓意的大拱门建筑形象一经落成就成为德方斯商务中心区的极具空间主导意义的标志性建筑。对于巴黎城市历史轴线延伸的这一重要节点，大拱门的设计师斯普瑞克森（Spreckelsen）在介绍大拱门的设计时写道："大拱门是一个开放的立方体，面向世界的窗口，音乐上的短暂停顿……"

图3.24.2-2　德方斯的步行平台

图3.24.2-3　德方斯步行平台上的现代环境艺术雕塑

1969年新增建筑（红色）示意图

1972年新增建筑（红色）示意图

1977年新增建筑（红色）示意图

1997年德方斯地区的建筑分布示意图

图3.24.2-4　德方斯地区不同时期规划建设发展示意图

图3.24.2-1　面向巴黎城市主轴线的德方斯副中心区

3.25 美国华盛顿宾夕法尼亚大街

3.25.1 华盛顿中心区规划结构

1791年当深受巴黎巴洛克城市设计思想影响的法国工程师朗方(Le Enfant)受命负责美国首都的规划设计时,他所尝试的巴洛克式的规划思想和具有强烈秩序感的古典主义构图便为这个新兴国家的首都建设奠定了未来发展的雏形。朗方的规划是以代表人民的国会与代表政府的白宫为中心展开的,棋盘式的街道布局配合向外辐射出的景观大道,构成了未来城市发展的总体格局。

国会与白宫分别坐落于两个山丘之上,由宾夕法尼亚大街(Pennsylvania Avenue)彼此串连,两者可以相互眺望,并遥望著名的波托马克河。国会大厦向西一眼望去就是塑造华盛顿核心区灵魂的3条纪念性轴线。东西轴线的两端是国会大厦和林肯纪念堂,中间是一条林阴、草坪、水池构成的带状公园(The Mall);南北轴线上的两端是汤姆·杰弗逊纪念堂和总统府白宫。这两条相互垂直轴线的交叉点东侧耸立着华盛顿纪念碑,简洁的方尖碑造型、明亮的碑身、高大的尺度控制着整个中心区的空间。另一条轴线则是由国会大厦朝西北方向以白宫为对景的宾夕法尼亚大街。这3条具有纪念性特征的轴线成为华盛顿中心区空间发展的骨架和城市精神的象征。

19世纪初期国会大厦及白宫均开始兴建;至19世纪中叶,宾夕法尼亚大街成为当时华盛顿最繁荣的商业大道;19世纪末期大道两旁林立着由欧洲传来而兴建的法国别墅、希腊庙宇、哥特式教堂等,建筑形式五花八门。

3.25.2 麦克米伦方案与"联邦三角形"

20世纪初,以创造代表美国的新建筑风格为目标,成立了以参议院麦克米伦为首的委员会,提出了在保留朗方规划的总体构思和内在精神的基础上,强化首都的公园化特征,对林

图3.25.1 宾夕法尼亚大街在华盛顿规划中的位置图

图3.25.2-1 麦克米伦方案鸟瞰图

阴大道、公共广场、公园绿地等纪念性城市空间特别予以强化，形成了麦克米伦委员会方案(McMillan Plan)。与宾夕法尼亚大街为邻的南侧三角形用地被划作联邦政府机关用地，即所谓的"联邦三角地带"，规划控制为红瓦坡顶、风貌比较统一的古典式建筑，路的北侧则是旅馆、办公楼、影剧院等。

在1893年芝加哥世界博览会为标志和发端的城市美化运动艺术思潮影响下，美国以城市空间秩序建设和城市美化为代表的城市设计得到了复兴。通过1901年的参议员詹姆士·麦克米兰(James McMillan)领导下的华盛顿中心区规划，华盛顿中心区的建设重新回到严整雄伟和对称有序的纪念性城市空间创造方向上，规划设计的重点再次集中到林阴大道的环境景观设计和重要公共建筑群的布局规划上。

国会山轴线和白宫轴线是麦克米兰规划的重点。以国会山为核心的东西方向主轴线从华盛顿纪念碑向西延伸，进入波托马克河围填新增用地，延伸轴线端景为新规划林肯纪念堂；在林肯纪念堂和华盛顿纪念碑之间安排了一个长长的倒影池，两侧是规则的花园；国会山轴线在林肯纪念堂转折后跨越波托马克河与对岸弗吉尼亚州的阿灵顿公墓相联系；白宫轴线也向南延伸，并在南端安排了一组纪念性建筑群，较好地解决华盛顿纪念碑过分向东偏离白宫轴线的构图和视线端景难题。

通过上述国会山轴线和白宫轴线的延伸，朗方规划中以波托马克河为两条轴线终点的L形开放空间结构演变成为以华盛顿纪念碑为核心的十字形开放空间结构，波托马克河则成为轴线系统外围的自然要素，华盛顿中心区的纪念性风格得到进一步的强化。

除了空间系统的营造，麦克米兰规划提出了3个相对集中的公共建筑群，一个是围绕国会的公建群，一个是作为白宫两翼和围绕拉法耶特广场的公建群，以及位于林阴大道与宾夕法尼亚大道之间三角地带的公建群，即"联邦三角"(Federal Triangle)。

图3.25.2-2 华盛顿中心区总体布局

图3.25.2-3 华盛顿中心区鸟瞰

图3.25.2-4 宾夕法尼亚大街周边地区规划布局平面图

3.25.3 欧文斯方案与国家礼仪大道

20世纪60年代,宾夕法尼亚大街咨询委员会(Advisory Council On Pennsylvania Avenue)的成立标志着宾夕法尼亚大街城市设计进入了一个新的历史阶段。以SOM主持人欧文斯(Natheniel A.Owings)为主席的咨询委员会为宾夕法尼亚大街提出了新的发展规划,被称为欧文斯方案(The Owings Plan)。

规划主要目标为:宾夕法尼亚大街是国家的礼仪性大道,具有强烈的纪念性功能;宾夕法尼亚大街的发展应作为一个统一的整体,要有完整的形象和良好的环境连接白宫和国会;宾夕法尼亚大街与周边地区是不可分割的整体,规划和建筑设计都要与周边和整个城市相协调。

规划提出的具体方案包括:在宾夕法尼亚大街两侧种植3排行道树以营造街道绿化环境,通过统一的植栽形成景观宜人的林荫大道;大街的东端,国会大厦前设计大型水池,西端规划建设国家广场等。规划中对每一街廊、节点、重要的开放空间都进行了详细的设计,对建筑色彩、建筑材

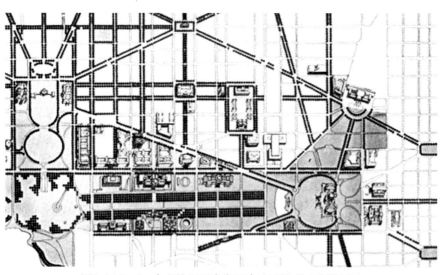

图3.25.2-5 宾夕法尼亚大街周边地区景观系统规划图

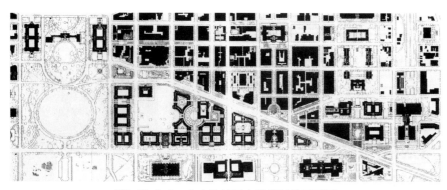

图3.25.3-1 宾夕法尼亚大街规划总平面图

图3.25.3-2 宾夕法尼亚大街规划设计模型鸟瞰

料、建筑造型也都有详细的设计导则。建筑、规划、景观以及其他领域学者的广泛参与使欧文斯方案成为当时极具影响力的城市设计方案。

3.25.4 街道环境的整治与控制

在此基础上，1972年国会立法通过成立宾夕法尼亚大街开发公司（PADC）。在宾夕法尼亚大街开发公司努力推动的再开发工作中，包括了重建宾夕法尼亚大街沿线的5处重要广场，如市集广场(后改名为海军广场)、西方广场等，使这一历史地段的保护与开发更好地适应了政府对这一地区在礼仪庆典、物质环境和历史文化上的定位和需求。

宾夕法尼亚大街的西段以办公楼为主，并有一部分旅馆。东端在办公楼中保留一部分居住用地，并规划有零售商业，这样可以使中心区更富有生活气息。适宜的道路红线和断面设计使整个街道具有较好的空间尺度和景观绿化；与标志性建筑、轴线、古建筑很好配合的几块公共绿地，为创造丰富的街道景观提供了条件。沿街的建筑色彩以浅色为主，饰面材料大都为花岗石或陶砖；建筑立面主要采用1930~1940年代形成的三段式划分，较严谨的古典风格反映了华盛顿旧城建筑风貌的基调；建筑高度控制：旧建筑为4至5层，新建筑为10至12层。建筑环境的严格控制使华盛顿中心区的建筑轮廓层次分明，标志性建筑对整体空间环境起到了很好的控制作用；绿化环境丰富了街道景观；开放空间的精心设计为市民和游人提供了舒适的活动空间；庄重统一的建筑风貌之下，保留下来的历史建筑轮廓丰富，新建建筑的统一协调，使整个宾夕法尼亚大街的空间视廊严谨中富有变化，真正体现了国家纪念性礼仪大道的庄重与尊严。

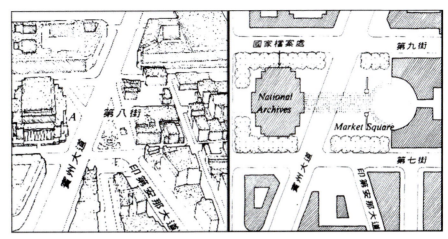

图3.25.4-1 海军广场规划前后示意图

图3.25.4-2 海军广场规划设计方案模型

图3.25.4-3 从宾夕法尼亚大街远望国会大厦

图3.25.4-4 宾夕法尼亚大街鸟瞰

3.26 美国华盛顿中心区

华盛顿中心区是世界城市发展史上具有里程碑意义的城市设计范例，见证了美国的诞生并走向强盛的200年历程，经历了富于传奇的朗方规划和确立中心区整体空间形象的麦克米兰(McMillan)规划。作为美国新古典主义城市理想以及"城市美化运动"时期纪念性城市空间的代表，华盛顿中心区的城市设计是典型的宏伟规划下长期实施而形成的典范之作。

3.26.1 杰弗逊的首都规划思想

从某种意义上讲，杰弗逊是华盛顿首都规划真正的先驱者，正是杰弗逊最早提出了首都规划平面草图，并就城市规模、公建用地、开放空间等具体规划问题提出了自己的见解，杰弗逊的思想甚至影响了后来的朗方规划。在1791年杰弗逊以台伯河(Tyber Creek)北岸(即今天的宪法大道附近)为未来首都建用地的规划草图中，沿台伯河的宽达一个街区的公共散步道(public walk)将总统官邸和国会联系在一起，成为今天林阴大道(the Mall)的雏形。

3.26.2 朗方规划中的中心区设计

朗方的华盛顿首都规划是时代的产物和西欧古典城市设计原理在波托马克河边的实践。在同时期的城市设计中，人们更多地关注建筑群和开放空间的轴线布局、放射形的宏伟大道、作为街道端景的纪念物或纪念性建筑、宏大的气势和开阔的视野，所有这些巴洛克的设计语汇被朗方大量运用于华盛顿首都规划，特别是中心区的城市设计之中。

3.26.2.1 结合地形的规划设计

朗方的华盛顿首都规划从一开始就关注地段的地形条件，并合理利用了地段特定的地形、地貌、河流、方位和朝向等自然生态要素。其中，朗方强调了詹金斯山(Jenkin's Hill)通往波托马克河视线景观在未来首都中心区空间结构中的重要性，并将其作为最重要的公共设施的选址，即以后的国会山；规划还将其他的地形控制点联系在一起，找到这些控制点

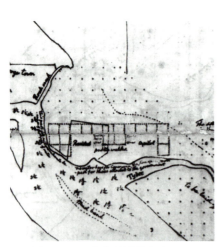

图3.26.1 杰弗逊的首都中心区规划草图局部

图3.26.2 朗方的华盛顿首都规划(1791)

在视觉上和距离上的相互关系，确定了包括总统官邸等在内的重点公共建筑的位置。

3.26.2.2 公共散步道——林阴大道的雏形

联系国会山与波托马克河的东西向空间轴线是朗方华盛顿中心区轴线系统的主干，沿轴线朗方规划了长3.5km的"公共散步道"(public walk)，即今天的林阴大道(the Mall)。朗方设想的"公共散步道"宽400英尺(约等于121.92m)，将国会与总统官邸花园联系在一起，并在与总统官邸轴线的交会处安排华盛顿骑马塑像作为东西—南北两条轴线交点。

3.26.3 麦克米兰规划与华盛顿中心区建设

美国首都从费城迁往华盛顿的初期，华盛顿的城市建设速度缓慢，朗方规划中的"公共散步道"甚至在很长时间里被圈起来作为奶牛场，以至有人预言华盛顿将永远不会形成建筑界面围合的街道系统，而成为"具有伟大距离感的城市"(The City of Magnificent Distances)。

19世纪下半叶是华盛顿首都建设的第一个高潮，但纪念性的"公共散步道"(public walk)及其两侧的公共建筑仍未能实施。1851园林师安德鲁·杰克逊·道宁(Andrew Jackson Downing)的改造方案几乎彻底改变了朗方华盛顿中心区的纪念性风格和整体性原则，将今天的林阴大道分割为几个毫无关联的非对称花园。在19世纪末期林阴大道上铁路横穿并建成一座火车站，彻底破坏了朗方华盛顿中心区城市设计中所力图体现的雄伟壮丽的城市形象。

3.26.3.1 麦克米兰规划

1901年的参议员詹姆士·麦克米兰(James McMillan)领导下的华盛顿中心区规划(The Senate Park Commission Plan)建设强调严整雄伟和对称有序的纪念性城市空间创造，规划设计重点集中在林阴大道环境景观设计和重要公共建筑群布局规划。

麦克米兰规划的重点是国会山轴线和白宫轴线。通过轴线延伸，形成以华盛顿纪念碑为核心的十字形开放空间结构，强化了华盛顿中心区的纪念性风格。

除了空间系统的营造，麦克米兰规划还提出了3个相对集中的公共建筑群。

3.26.3.2 林阴大道的整体空间环境

麦克米兰规划实施的核心是中心区整体纪念性空间系统的建立。通过以华盛顿纪念碑为核心，国会山、白宫、林肯纪念堂、杰弗逊纪念堂为端景的标志性建筑的界定，具有超人尺度的十字形开放空间系统得以形成。

与朗方构想的作为城市生活一部分的充满人流的大散步道(busy promenade)不同，林阴大道景观环境的主题同样是以纪念性为核心的超人尺度的大草坪，两侧各种植4排榆树。这种环境设计风格为大人流的政治集会和其他城市公共活动提供了舞台，其中，最著名的活动包括20世纪60年代的反战运动和黑人民权运动。

图3.26.3-1　1861年的国会山和林阴大道

图3.26.3-2　1900年的林阴大道

图3.26.3-3　华盛顿中心区全景鸟瞰(1979)

图3.26.3-4 从国会山至波托马克河的林阴大道

图3.26.3-5 华盛顿中心区的特色空间与建筑：林肯纪念堂前的倒影池(上)、史密斯索尼亚城堡(中)、荷尔西霍恩雕塑花园(下)

同样作为空间轴线端景，杰弗逊纪念堂前通过以大片自然风格的潮汐湖(Tidal Basin)水面为核心的环境营造，保留了波托马克河区域更多自然环境特征，更在1912年引种了大量的樱花，将白宫轴线消融在绿树花海、碧水倒影之中，形成区别于东西方向国会山轴线的纪念性建筑与自然风景的结合。

3.26.3.3 纪念性空间设计

林阴大道以华盛顿纪念碑为界的东西两部分安排了不同的功能特点。西面部分以纪念性功能为主，东面部分以文化功能为主。除了20世纪上半叶建成的林肯纪念堂(1922)和杰弗逊纪念堂(1943)，一些专门性的纪念性空间在20世纪的后半叶得到了建设，包括越南战争纪念地(1982)、朝鲜战争纪念地(1995)，罗斯福纪念地(1997)等。其中最著名的当数位于倒影池北侧宪法花园(Constitution Garden)内的越南战争纪念地。这个占地2英亩(约等于8093.71m²)、由耶鲁大学21岁的华裔建筑系学生林璎(Maya Ying Lin)设计的纪念碑采用呈V形的匍匐于地面的黑色花岗岩造型，较好地解决了与垂直方向的华盛顿纪念碑的关系，同时含蓄地反映了美国主流文化对越南战争的复杂心情。

3.26.3.4 公共建筑群的建设和建筑风格的演变

在1926年公共建筑法案(Public Buildings Act)的推动下，华盛顿纪念碑以东的沿林阴大道两侧成为世界级的博物馆、美术馆的聚集地。史密斯索尼亚研究院(Smithsonian Institute)作为世界上最大的博物馆管理机构对华盛顿中心区林阴大道两侧的功能特点和城市形象具有决定性的影响。在其下辖的16个博物馆中，有9个沿林阴大道分布，包括世界著名的自然历史博物馆、美国历史博物馆和航天博物馆等。

林阴大道两侧的其他文化设施还包括国家美术馆(1941)、国家大屠杀纪念博物馆(1993)，以及最新建成的美国印第安人博物馆(2002)。

受公共建筑法案(Public Buildings Act)的影响，华盛顿中心区的公共建筑主要采用古典主义复兴风格，其中最具代表性的是国家档案馆、国家美术馆西馆和杰弗逊纪念堂，这些建筑以穹顶、山花门廊和不加装饰的立面为主要特征。

在二战后的现代主义浪潮中，具有代表性的著名现代主义建筑包括爱德华·斯通(Edward Durell Stone)设计的肯尼迪艺术中心(1971)和贝聿铭设计国家美术馆东馆(1978)。位于航空博物馆西侧的荷尔西霍恩博物馆及其雕塑花园(Hirshhorn Museum and Sculpture Garden，1974)则以圆环建筑造型成为争议的焦点，其位于大草坪中的雕塑花园采用下沉的露天艺术展示空间，以近人的尺度形成与林阴大道的尺度对比。

3.26.3.5 城市规划管理与规划法案的建立

华盛顿中心区严整的纪念性风貌的形成有赖于严格的高度控制、规划管理和规划引导。1910年华盛顿成立了艺术委员会(Commission of Fine Art)，同年颁布的建筑高度法案(Height of Buildings Act)进一步规定了华盛顿15层的建筑高度控制，保证了华盛顿中心区水平伸展的整体城市空间形态。1926年颁布的公共建筑法案则对华盛顿中心区的古典主义风格公共建筑在20世纪上半叶的建设起到推动作用。

3.27 德国柏林新行政中心

柏林新行政中心位于城市中心偏北,基地北部毗邻斯普雷河的一个河湾,南部与作为城市绿地的动物园相连。主要建筑物包含新建的联邦议会、总理府和配套的办公建筑,以及经改建的国会大厦。

新行政中心的实施方案是在1993年的国际设计竞赛中被选中的舒尔特斯(Axel Schultes)和弗兰克(Charlotte Frank)的设计。该方案的突出特点在于结合地形特点,将整个建筑群体设计成一个连接东、西柏林的桥体象征。100m宽、1500m长的带形建筑群被称作"联邦纽带"(Band des Bundes),它由东向西穿过施普雷河湾,并在两端跨过施普雷河。"联邦纽带"的西边是联邦总理府,纽带的东边是紧靠国会大厦北墙的阿尔森建筑群(Alsenblock),端头跨过施普雷河的部分是路易森建筑群(Luisenblock),两者以人行桥相连接。在其南面是多罗特恩建筑群(Dorotheenblock)。这几组建筑群将成为联邦议院的办公机构,附设一座柏林墙牺牲者纪念馆。"联邦纽带"的中央,即总理府和阿尔森建筑群之间,将要建一座公共会堂。

所有这些新建筑都众星拱月般地簇拥着国会大厦(Reichstag)。老国会大厦是由保罗·瓦洛特(Paul Wallot)设计的,建成于1884~1894年。对这座古典折衷主义的大厦德国人采取了保留外貌、更新内部设施的改造方

图3.27-1 柏林市行政中心鸟瞰图

针,并为此举行了两轮设计竞赛,最终英国建筑师诺曼·福斯特(Norman Foster)脱颖而出,获得了项目委托。福斯特的方案主要特点在于:①符合联邦议会的形象要求,并且与现代议会的使用要求相适应;②尊重国会大厦的历史,保留了老建筑的框架体系与历史面貌;③最引人注目的还是它的未来能源概念,即合理利用能源,并保持与生态环境的平衡。造型独特的穹顶形状是福斯特方案的一大特色,这是个蛋形的玻璃顶,与瓦洛特设计的半球形穹顶有明显差异。作为"共和国心脏"的象征,夜间被内部照明映亮的透明穹顶,晶莹剔透,成为新柏林的标志之一。

图3.27-2　联邦总理府方案模型

图3.27-3　总体鸟瞰模型

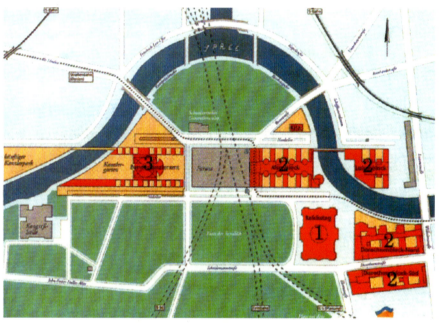

1-国会大厦　　2-联邦议会　　3-总理府

图3.27-4　新行政中心平面图

图3.27-5　国会大厦夜景透视图

图3.27-6　总理府